Otto Mildenberger

System- und Signaltheorie

Otto Mildenberger

System- und Signaltheorie

Grundlagen für das
informationstechnische Studium

3., überarbeitete und erweiterte Auflage

Mit 166 Bildern

CIP-Codierung angefordert

1. Auflage 1988
2., verbesserte Auflage 1989
3., überarbeitete und erweiterte Auflage 1995

Umschlaggestaltung: Klaus Birk, Wiesbaden

Gedruckt auf säurefreiem Papier

ISBN 978-3-528-23039-5   ISBN 978-3-663-11579-3 (eBook)
DOI 10.1007/978-3-663-11579-3

Vorwort

Die Systemtheorie ist eine grundlegende Theorie zur Beschreibung von Signalen und Systemen der Informationstechnik. Systemtheoretische Verfahren spielen auch in der Meß- und Regelungstechnik eine wichtige Rolle. Ihre Bedeutung wird durch Anwendungen im mehrdimensionalen Bereich (Bildverarbeitung, optische Systeme) in Zukunft noch weiter zunehmen.

Das vorliegende Buch soll eine erste Einführung in die Grundlagen der Signal- und Systemtheorie vermitteln. Es ist als Begleitbuch zu Vorlesungen und besonders auch zum Selbststudium konzipiert.

Eine Einführung in die Systemtheorie ist ohne einen gewissen mathematischen Aufwand nicht möglich, es wurde aber versucht, mit möglichst geringen mathematischen Voraussetzungen auszukommen. Häufig enthält das Buch ausführlichere Erklärungen zu Ableitungen, wie dies bei Büchern über dieses Thema sonst üblich ist. Andererseits wird oft auf eine mathematisch strenge Beweisführung zugunsten von Plausibilitätserklärungen verzichtet. Zum guten Verständnis des Stoffes sollen auch die zahlreichen voll durchgerechneten Beispiele beitragen. Eine große Zahl weiterer Übungsbeispiele findet der Leser darüber hinaus noch in der Aufgabensammlung zu diesem Buch (siehe Literaturverzeichnis [16]).

Das Buch gliedert sich in acht Abschnitte. Nach einer Einleitung wird im 2. Abschnitt zuerst der Dirac-Impuls eingeführt. Nach einer Einführung der Begriffe Übertragungsfunktion und Impulsantwort wird die Berechnung von Systemreaktionen mit dem Faltungsintegral behandelt. Im 3. Abschnitt wird die Fourier-Transformation eingeführt, sie wird zur Beschreibung von Signalen und bei der Berechnung von Systemreaktionen angewandt. Die Fourier-Transformation ist auch ein wichtiges Hilfsmittel zur Beschreibung idealisierter Übertragungssysteme, denen der 4. Abschnitt gewidmet ist. Der 5. Abschnitt befaßt sich in kurzer Form mit der Laplace-Transformation und ihren Anwendungen in der Systemtheorie. Die immer wichtiger werdenden zeitdiskreten Signale und Systeme werden im Abschnitt 6 behandelt, dabei kann auf Ergebnisse der früheren Abschnitte zurückgegriffen werden. Die Abschnitte 7 und 8 befassen sich mit Zufallssignalen, deren Beschreibung im Zeit- und Frequenzbereich sowie Systemreaktionen auf zufällige Eingangssignale. Im Anhang A sind wichtige Ergebnisse aus der Wahrscheinlichkeitsrechnung zusammengestellt.

Im Anhang B wird das Programm SIGNAL beschrieben, das zusätzlich zu diesem Buch erhältlich ist. Das Programm ist als Lernprogramm konzipiert und soll den Leser bei der Durcharbeitung des Stoffes und der Lösung der Übungsaufgaben zusätzlich unterstützen.

Die erste und zweite Auflage dieses Buches erschienen 1987 und 1989. Die vorliegende dritte Auflage wurde vollständig neu gestaltet und an zahlreichen Stellen erweitert.

Besonderen Dank schulde ich meiner Frau, die den größten Teil der mühsamen Schreibarbeit übernommen hat. Dem Verlag danke ich für die angenehme Zusammenarbeit.

Mainz, im Februar 1995   Otto Mildenberger

Inhaltsverzeichnis

Verzeichnis der wichtigsten Formelzeichen

$A(\omega)$, $B(\omega)$	Dämpfungs-, Phasenfunktion
$\mathrm{E}[\ ]$, σ^2	Erwartungswert und Streuung einer Zufallsgröße
$\delta(t)$, $\delta(n)$	Dirac-Impuls, Einheitsimpuls
$f(t)$, $f(n)$	Zeitfunktion, Zeitfolge
$F(j\omega)$, $F(s)$	Fourier-, Laplace-Transformierte einer Funktion $f(t)$
$F(z)$	z-Transformierte einer Folge $f(n)$
$g(t)$, $g(n)$	Impulsantwort eines kontinuierlichen und eines zeitdiskreten Systems
$G(j\omega)$	Übertragungsfunktion
$G(s)$, $G(z)$	Laplace- bzw. z-Transformierte der Impulsantwort
$h(t)$, $h(n)$	Sprungantwort eines kontinuierlichen und eines zeitdiskreten Systems
$p(x)$, $F(x)$	Dichte- und Verteilungsfunktion
$P(A)$	Wahrscheinlichkeit der Zufallsgröße A
r	Korrelationskoeffizient
$R(\omega)$, $X(\omega)$	Real- und Imaginärteil einer Fourier-Transformierten
$R_{XX}(\tau)$, $R_{XY}(\tau)$	Auto- und Kreuzkorrelationsfunktion
$s = \sigma + j\omega$	komplexe Variable der Laplace-Transformation
$s(t)$, $s(n)$	Sprungfunktion, Sprungfolge
$\mathrm{sgn}\, t$	Signumfunktion
$S_{XX}(\omega)$, $S_{XY}(\omega)$	spektrale Leistungsdichte, Kreuzleistungsdichte
$x(t)$, $x(n)$	Eingangssignal eines kontinuierlichen bzw. zeitdiskreten Systems
$y(t)$, $y(n)$	Ausgangssignal eines kontinuierlichen bzw. zeitdiskreten Systems
X, Y	Zufallsvariablen
z	komplexe Variable der z-Transformation
$*$	Faltungssymbol
$\circ\!-\!$	Korrespondenzsymbol der Fourier-, Laplace- und z-Transformation

1 Einleitung

1.1 Aufgaben der Systemtheorie

Übertragungssysteme der Nachrichtentechnik sind i.a. komplizierte Anordnungen, deren Analyse häufig außerordentlich kompliziert oder sogar praktisch unmöglich ist. Darüber hinaus ist die Rechnung oft unanschaulich und läßt nicht wesentliche Eigenschaften der Übertragungssysteme erkennen. Dies gilt oft auch dann noch, wenn das Übertragungssystem aus einer Zusammenschaltung von Teilsystemen besteht und die Analyseaufgabe sich im wesentlichen auf eine Analyse der Teilsysteme reduziert.

In der Systemtheorie werden Übertragungssysteme durch wenige (idealisierte) Kenngrößen beschrieben, die es gestatten, bei beliebigen vorgegebenen Eingangssignalen, die Systemreaktionen zu berechnen. Die Übertragungsfunktion eines (linearen) Systems ist eine solche Kenngröße und beschreibt das System im oben genannten Sinne vollständig.

Die das System beschreibenden Kenngrößen (z.B. Übertragungsfunktionen) sind unabhängig von der tatsächlichen Realisierung. Man kann z.B. einen Tiefpaß auf sehr verschiedene Arten realisieren, etwa als Schaltung mit passiven Bauelementen (passives Filter), oder unter Verwendung von aktiven Bauelementen (aktives Filter). Auch eine mechanische Anordnung kann zur Realisierung verwendet werden (mechanisches Filter). Wenn Ein- und Ausgangssignale elektrische Größen sein sollen, benötigt man in diesem Fall noch geeignete Signalwandler. Schließlich ist auch eine digitale Realisierung des Tiefpasses denkbar (digitales Filter), wenn analoge Ein- und Ausgangssignale verlangt sind, benötigt man auch hier geeignete Signalwandler. Alle diese verschiedenartig realisierten Systeme haben eines gemeinsam, sie reagieren auf gleiche Eingangssignale mit gleichen Ausgangssignalen und rechtfertigen daher eine gemeinsame Beschreibungsart.

In der Systemtheorie beschreibt man die Systeme durch möglichst einfache Kenngrößen, die eine einfache Berechnung gestatten und natürlich andererseits eine hinreichend gute Annäherung an die wirklichen Verhältnisse gewährleisten. Man kann auf diese Art vergleichsweise einfache Entwicklungsrichtlinien für zu konzipierende Systeme finden, oder die grundsätzlichen Eigenschaften eines bestehenden Systems ermitteln. Das vorliegende Buch beschränkt sich auf die Behandlung linearer Systeme, die in der Nachrichtentechnik besonders wichtig sind. Oft ist es auch möglich nichtlineare Systeme durch lineare anzunähern, z.B. dann, wenn im Betrieb nur kleine Aussteuerungen von Bedeutung sind (Kleinsignalbetrieb). Systeme in der Regelungs- und auch der Meßtechnik sind oft Zusammenschaltungen aus linearen und nicht linearen Teilsystemen, so daß auch hier Kenntnisse über lineare Systeme wichtig sind.

1.2 Die Signale

Nach DIN 44300 wird ein Signal als Darstellung einer Nachricht durch physikalische Größen erklärt. Bei theoretischen Untersuchungen kann die Bezugnahme auf eine bestimmte physikalische Größe entfallen. Als Signal bezeichnet man dann die zugrunde liegende mathematische Beschreibung des Vorganges. Signale, die eine besonders einfache mathematische Beschreibung gestatten und die technisch leicht erzeugt werden können, nennen wir Elementarsignale. Ein Beispiel für ein Elementarsignal ist die Sprungfunktion. Sie hat die Eigenschaft, daß sie 0 für alle Zeiten $t < 0$ und 1 für alle Zeiten $t > 0$ ist. Durch die Sprungfunktion kann man beispielsweise eine Eingangsspannung für ein System annähern, die für $t < 0$ praktisch verschwindet und die bei $t = 0$ sehr schnell auf 1 (V) ansteigt und diesen Wert dann beibehält. Aus Elementarsignalen lassen sich oft Signale allgemeiner Art zusammensetzen. So kann bekanntlich ein periodisches Signal durch eine Summe von Sinusschwingungen beliebig genau angenähert werden.

Von großer Bedeutung für die Signalbeschreibung ist die Fourier-Transformation (3. Kapitel). Durch sie wird einer Zeitfunktion $f(t)$ eine von der Frequenz abhängige Funktion $F(j\omega)$ umkehrbar eindeutig zugeordnet. Man bezeichnet $F(j\omega)$ auch als Spektrum. Je nach Zweckmäßigkeit kann man das Signal im Zeitbereich durch $f(t)$ oder im Frequenzbereich durch $F(j\omega)$ beschreiben. Bei zeitdiskreten Signalen tritt die z-Transformation an die Stelle der Fourier-Transformation (6. Kapitel).

Determinierte Signale sind solche mit völlig bekanntem Verlauf, die im günstigsten Fall durch geschlossene mathematische Ausdrücke beschrieben werden können. Im Sinne der Informationstheorie (vgl. z.B. [8]) kann man durch völlig determinierte Signale keine Informationen übertragen. Ein determiniertes Signal ist ja in seinem Verlauf völlig bestimmt, eine zunächst unbekannte Nachricht kann nicht in ihm enthalten sein. Trotzdem spielen determinierte Signale in der Systemtheorie eine große Rolle. Es ist meist wesentlich einfacher das Übertragungsverhalten von Systemen mit determinierten Signalen mathematisch oder experimentell zu untersuchen. Determinierte Signale können oft als Ersatz für Zufallssignale verwendet werden.

Im Gegensatz zu determinierten Signalen stehen zufällige oder stochastische Signale. Während man bei determinierten Signalen angeben kann, wie groß der Signalwert zu einem bestimmten Zeitpunkt sein wird, ist dies bei zufällig verlaufenden Signalen nicht möglich. Die Beschreibung von Zufallssignalen erfolgt mit Mitteln der Wahrscheinlichkeitsrechnung (vgl. z.B. [14], [22]). Oft kann man Zufallssignale mit Hilfe von "Kennfunktionen" beschreiben (z.B. Autokorrelationsfunktionen, Leistungsdichtefunktionen), die auch meßtechnisch ermittelt werden können (Kapitel 7, 8). Die Einführung von Zufallsprozessen in die Systemtheorie führt in vielen Fällen zu einem gründlicheren Verständnis von Phänomenen und liefert Hinweise, wie Systeme ggf. für eine ganze Gruppe der zu erwartenden Signale optimiert werden können. Manche Probleme sind ohne die Einbeziehung von Zufallssignalen überhaupt nicht lösbar. Beispiele hierfür sind das Problem des Erkennens stark verrauschter Signale oder die Entwicklung störunempfindlicher Meßverfahren für Systemkenngrößen.

1.3 Normierung

In der System- und Signaltheorie rechnet man in der Regel mit dimensionslosen Größen. Dies kann im einfachsten Fall dadurch erreicht werden, daß man die Ströme auf 1 A, die Spannungen auf 1 V, Zeiten auf 1 s usw. bezieht. Man spricht in diesem Fall von einer Normierung (vgl. z.B. [15]). Auf diese Weise werden die abgeleiteten Beziehungen einfacher und zugleich allgemeiner. Die für eine "elektrische Übertragung" abgeleiteten Beziehungen kann man dann ggf. auch zur Beschreibung einer "akustischen Übertragung" anwenden. Durch die dimensionslose Rechnung gehen Größengleichungen in Zahlenwertgleichungen über und eine Dimensionskontrolle der Ergebnisse ist nicht mehr möglich.

An einigen Stellen in diesem Buch wird eine Normierung in etwas allgemeinerer Art durch die Verwendung von Bezugsgrößen für Bauelemente durchgeführt. Dort, wo dies geschieht, erfolgen Hinweise auf diesen Abschnitt. Der folgende Teil dieses Abschnittes kann daher bei der ersten Lektüre auch übergangen werden.

Um Verwechslungen zu vermeiden, kennzeichnen wir hier Bezugsgrößen mit dem Index "b", die wirklichen (dimensionsbehafteten) Größen durch den Index "w" und die normierten durch den Index "n". Sind z.B. U_b und I_b die Bezugsgrößen für Spannung und Strom, so sind

$$U_n = \frac{U_w}{U_b}, \quad I_n = \frac{I_w}{I_b}$$

die entsprechenden normierten Größen. Aus der Beziehung

$$R_w = \frac{U_w}{I_w} = \frac{U_n U_b}{I_n I_b} = R_n R_b$$

ergibt sich ein Bezugswiderstand $R_b = U_b/I_b$ und der normierte Widerstand

$$R_n = \frac{U_n}{I_n} = \frac{R_w}{R_b}.$$

Von größerer Bedeutung ist die Normierung dieser Art bei Schaltungen. Um eine Schaltung zu normieren, führt man zusätzlich eine Bezugsfrequenz f_b bzw. Bezugskreisfrequenz ω_b ein, d.h.

$$\omega_n = \frac{\omega_w}{\omega_b} = \frac{f_w}{f_b}.$$

Alle Impedanzen eines Netzwerkes werden auf den Bezugswiderstand R_b normiert. Die Tabelle 1.1 zeigt, wie man die normierten Bauelemente findet. In der letzten Spalte der Tabelle sind Gleichungen für die Entnormierung angegeben.

Berechnet man die Reaktion einer normierten Schaltung auf ein Eingangssignal, so erhält man diese in Abhängigkeit von der normierten Zeit t_n. Das wirkliche Zeitverhalten findet man durch die Beziehung

$$t_w = \frac{t_n}{\omega_b},$$

d.h. $t_b = 1/\omega_b$ ist die Bezugsgröße der Zeit. Dies kann man sich folgendermaßen plausibel machen. Bei einer Sinusschwingung als Eingangs- bzw. Ausgangssignal muß gelten $\sin(\omega_w t_w) = \sin(\omega_n t_n)$. Daraus folgt $\omega_w \cdot t_w = \omega_n \cdot t_n$ und mit $\omega_n = \omega_w/\omega_b$ erhält man $t_w = t_n/\omega_b$.

Gibt man allen Bezugsgrößen den Wert 1, d.h. $U_b = 1$ V, $\omega_b = 1$ s^{-1} usw., dann geht diese Art der Normierung in die anfangs besprochene über, bei der die wirklichen Größen zahlenwertmäßig den normierten entsprechen. Im weiteren wird auf Indizes zur Unterscheidung zwischen normierten und nicht normierten Größen verzichtet. In Zweifelsfällen erfolgen Hinweise.

wirkliches Bauelement	wirkliche Impedanz	normierte Impedanz	normiertes Bauelement	Entnormierung
R_w	R_w	$\dfrac{R_w}{R_b}$	$R_n = \dfrac{R_w}{R_b}$	$R_w = R_n R_b$
L_w	$j\omega_w L_w$	$\dfrac{j\omega_w L_w}{R_b} = j\omega_n \dfrac{\omega_b L_w}{R_b}$	$L_n = \dfrac{\omega_b L_w}{R_b}$	$L_w = L_n \dfrac{R_b}{\omega_b}$
C_w	$\dfrac{1}{j\omega_w C_w}$	$\dfrac{1}{j\omega_w C_w R_b} = \dfrac{1}{j\omega_n \omega_b C_w R_b}$	$C_n = \omega_b C_w R_b$	$C_w = C_n \dfrac{1}{\omega_b R_b}$

Tabelle 1.1   *Gleichungen zur Normierung und Entnormierung von Bauelementen*
(ω_b: Bezugskreisfrequenz, R_b: Bezugswiderstand)

2 Die wichtigsten Grundlagen aus der Signal- und Systemtheorie

Das 2. Kapitel befaßt sich mit den wichtigsten Grundlagen der Signal- und Systemtheorie, auf die in den weiteren Kapiteln aufgebaut wird.

Im Abschnitt 2.1 wird die Impulsfunktion (Dirac-Impuls) eingeführt. Die Impulsfunktion spielt in der Systemtheorie eine sehr wichtige Rolle, daher besteht die Notwendigkeit sich mit ihren wichtigsten Eigenschaften vertraut zu machen.

Im Abschnitt 2.2 werden Begriffe zur Kennzeichnung von Systemen, wie Linearität, Zeitinvarianz usw. erklärt. Um eine möglichst allgemeine Darstellung zu erhalten, wird das Eingangssignal stets mit $x(t)$ und das Ausgangssignal mit $y(t)$ bezeichnet. $x(t)$ und $y(t)$ können sehr unterschiedliche Größen repräsentieren, z.B. Ströme und Spannungen bei elektrischen Systemen, Kräfte und Geschwindigkeiten bei mechanischen Systemen. Gerechnet wird stets mit dimensionslosen (normierten) Größen, daher gelten die abgeleiteten Beziehungen für ganz unterschiedliche Realisierungen der Systeme.

Der Abschnitt 2.3 befaßt sich intensiv mit dem Faltungsintegral. Mit diesem können, bei Kenntnis der Impulsantwort, Systemreaktionen auf beliebige Eingangssignale ermittelt werden. Die Impulsantwort ist die Systemreaktion auf einen Dirac-Impuls als Eingangssignal, sie ist eine wichtige Systemkenngröße.

Im Abschnitt 2.4 wird der Begriff der Übertragungsfunktion eines Systems eingeführt und ein Zusammenhang zur komplexen Rechnung hergestellt.

2.1 Die Impulsfunktion oder der Dirac-Impuls

In der Systemtheorie (und in vielen anderen Gebieten der Technik und Physik) spielt die Impulsfunktion $\delta(t)$ eine sehr wichtige Rolle. Bei dieser Funktion handelt es sich nicht um eine Funktion im üblichen Sinne, sondern um eine sog. Distribution oder verallgemeinerte Funktion. Zur Erklärung gehen wir von dem im Bild 2.1 dargestellten Impuls $\Delta(t)$ aus. Da die Höhe des Impulses gerade die reziproke Impulsbreite ist, hat die Fläche unter $\Delta(t)$ den Wert 1. Dies ist mathematisch auch durch das Integral

$$\int_0^\varepsilon \Delta(t)dt = \int_{-\infty}^\infty \Delta(t)dt = 1$$

ausdrückbar.

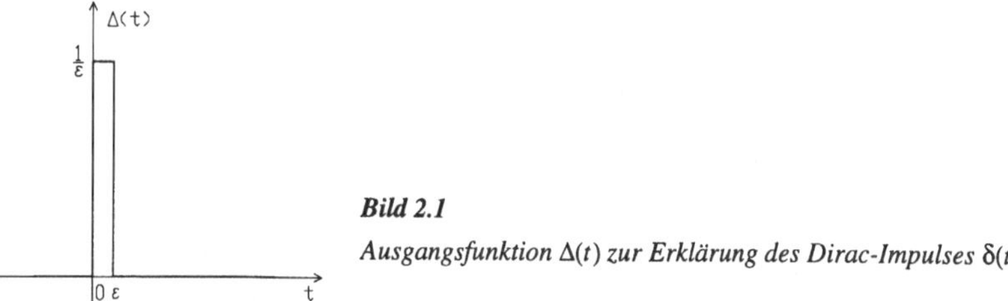

Bild 2.1

Ausgangsfunktion $\Delta(t)$ zur Erklärung des Dirac-Impulses $\delta(t)$

Diese Flächenbedingungen ist für alle Werte von $\varepsilon > 0$ erfüllt. Halbiert man z.B. ε, so verdoppelt sich die Impulshöhe und die Fläche bleibt konstant. Macht man nun aber den Übergang $\varepsilon \to 0$, so ergeben sich große mathematische Probleme, da im Grenzfall $\varepsilon = 0$ eine Funktion vorliegen würde, die folgende Eigenschaften hätte: sie ist 0 bei allen Werten $t \neq 0$, sie ist unendlich bei $t = 0$, die Fläche unter ihr hat den Wert 1. Eine Funktion mit solchen Eigenschaften kann im Rahmen der klassischen Analysis nicht definiert werden. Trotzdem wurde sie von dem Physiker Dirac 1947 verwendet und 1951 im Rahmen einer neuen mathematischen Disziplin als Distribution oder auch verallgemeinerte Funktion erklärt. Man schreibt

$$\lim_{\varepsilon \to 0} \int_{-\infty}^{\infty} \Delta(t)dt = \int_{-\infty}^{\infty} \delta(t)dt = 1 \qquad (2.1)$$

und versteht unter $\delta(t)$ den oben beschriebenen Grenzfall der Funktion $\Delta(t)$ für $\varepsilon \to 0$. In der Literatur werden für $\delta(t)$ u.a. folgende Namen verwendet: Impulsfunktion, Dirac-Impuls, δ-Funktion, Nadelimpuls.

Zur bildlichen Darstellung von $\delta(t)$ benötigt man ein Symbol (siehe Bild 2.2), da eine unmittelbare zeichnerische Darstellung nicht möglich ist

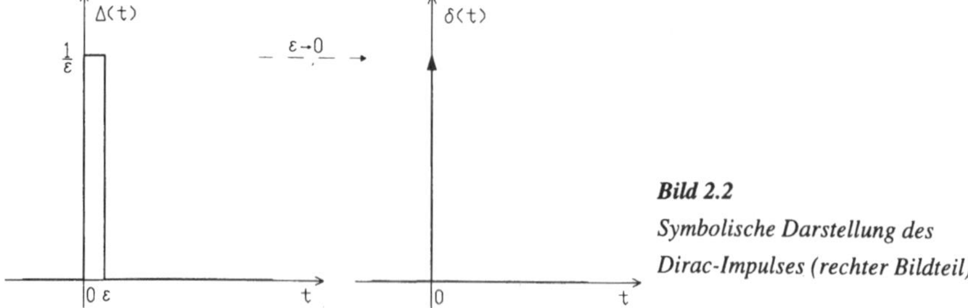

Bild 2.2

Symbolische Darstellung des Dirac-Impulses (rechter Bildteil)

Bild 2.3 zeigt schließlich einen um eine Zeit t_0 nach rechts verschobenen Dirac-Impuls. $\delta(t - t_0)$ ist der Grenzfall des um t_0 nach rechts verschobenen Impulses $\Delta(t)$. Wird nun $t = t_0$, so erhält man formal $\delta(0)$ und damit die "Unendlichkeitsstelle" der Impulsfunktion. Man sieht leicht ein, daß

$$\delta(t - t_0) = \delta(t_0 - t) \tag{2.2}$$

sein muß, da in beiden Fällen das Argument an der Stelle $t = t_0$ verschwindet. Setzt man $t_0 = 0$,

so ergibt sich

$$\delta(t) = \delta(-t) \tag{2.3}$$

und man erkennt, daß die Impulsfunktion eine gerade verallgemeinerte Funktion ist.

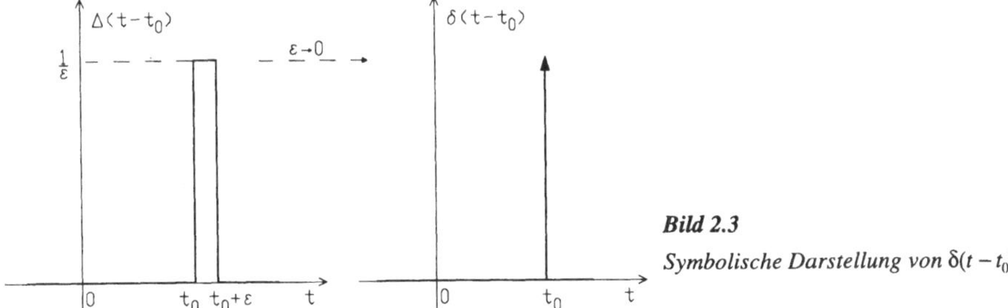

Bild 2.3
Symbolische Darstellung von $\delta(t - t_0)$

Schließlich wird noch auf die Eigenschaft

$$\delta(at) = \frac{1}{|a|}\delta(t), \quad a \neq 0$$

hingewiesen (Beweis siehe z.B. [12]).

Hinweise:

1. Gerade Funktion: $f(t) = f(-t)$, ungerade Funktion: $f(t) = -f(-t)$.

2. Eine Funktion $f(t)$ verschiebt sich um t_0 nach rechts, wenn das Argument t durch $t - t_0$ ersetzt wird (Bild 2.4 rechts oben). Ersetzt man t durch $t + t_0$, so verschiebt sich $f(t)$ um t_0 zur linken Seite (Bild 2.4 rechts unten).

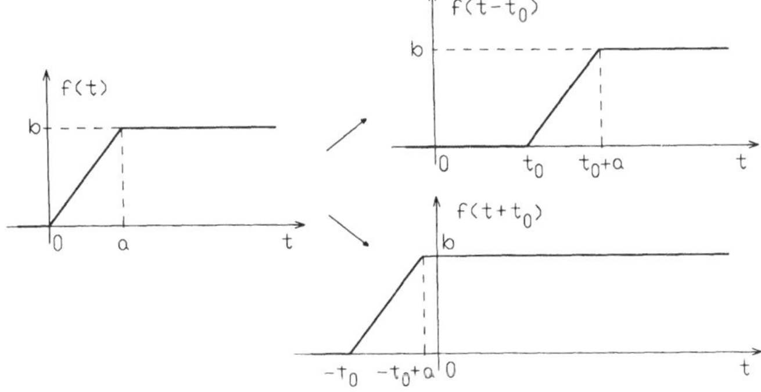

Bild 2.4
Erklärung zur Verschiebung einer Funktion um t_0

Der Dirac-Impuls kann zur näherungsweisen Beschreibung schmaler realer Impulse verwendet werden. Wir werden im Abschnitt 2.3 sehen, daß die Reaktion eines Systems auf den Dirac-Impuls eine wichtige Kenngröße für lineare Systeme darstellt. Darüber hinaus spielt der Dirac-Impuls bei theoretischen Untersuchungen eine große Rolle. Ein Verzicht auf seine Verwendung würde häufig wesentlich umständlichere Beweisführungen erfordern. Die im folgenden behandelten Eigenschaften des Dirac-Impulses sind für das Verständnis des nachfolgenden Stoffes sehr wichtig.

2.1.1 Eine wichtige Eigenschaft der Impulsfunktion

$f(t)$ sei eine Funktion im üblichen Sinne, dann gilt die Beziehung

$$f(t)\delta(t-t_0) = f(t_0)\delta(t-t_0). \tag{2.4}$$

Multipliziert man also eine Funktion $f(t)$ mit einem um t_0 verschobenen Dirac-Impuls, so kann man in $f(t)$ das Argument t offensichtlich durch den konstanten Wert t_0 ersetzen. Dies läßt sich leicht anhand des Bildes 2.5 plausibel machen. In diesem Bild ist eine (beliebige) Funktion $f(t)$ dargestellt und die um t_0 verschobene Funktion $\Delta(t)$, die für $\varepsilon \to 0$ in $\delta(t-t_0)$ übergeht. Wir bilden das Produkt $f(t)\Delta(t-t_0)$ und stellen fest, daß der Verlauf von $f(t)$ nur in unmittelbarer Umgebung von t_0 von Interesse ist, da außerhalb dieses Bereiches $\Delta(t-t_0)$ verschwindet und damit das Produkt 0 wird. Das Produkt $f(t)\Delta(t-t_0)$ ist ebenfalls im Bild 2.5 dargestellt, bei hinreichend kleinem ε ergibt sich angenähert $f(t_0)\Delta(t-t_0)$ und schließlich im Falle $\varepsilon \to 0$ die Beziehung nach Gl. 2.4.

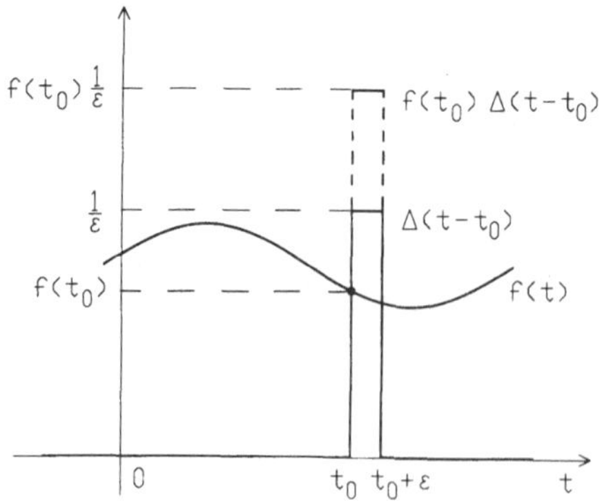

Bild 2.5

Darstellung zur Erklärung von Gl. 2.4

Aus Gl. 2.4 folgt im Falle $t_0 = 0$ die häufig verwendete Beziehung

$$f(t)\delta(t) = f(0)\delta(t). \tag{2.5}$$

Beispiel 1: $(t-1)^2\delta(t-1) = 0$

Hier ist offenbar $f(t) = (t-1)^2$ und $t_0 = 1$, so daß $f(t_0) = f(1) = 0$ wird. Bild 2.6 zeigt die zeichnerische Lösung. $f(t) = (t-1)^2$ ist eine um 1 nach rechts verschobene Parabel, die bei $t = 1$ den Wert 0 hat. Die Stelle $t = 1$ ist aber gerade auch diejenige Stelle, an der Dirac-Impuls auftritt. D.h. einer der beiden Faktoren $(t-1)^2$ oder $\Delta(t-1)$ ist 0, damit verschwindet auch das Produkt.

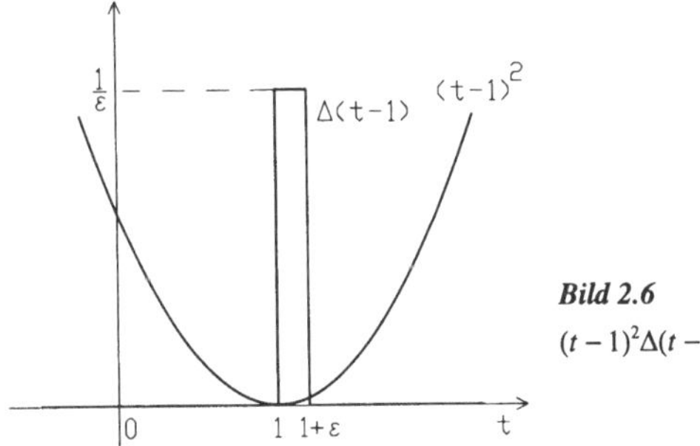

Bild 2.6

$(t-1)^2\Delta(t-1) \to 0$ *für* $\varepsilon \to 0$

Beispiel 2: $e^{-t}\delta(t) = \delta(t)$

Der formale Beweis ergibt sich mit Hilfe von Gl. 2.5. Dort ist $f(t) = e^{-t}$ zu setzen und mit $f(0) = e^{-0} = 1$ ist die Beziehung bewiesen. Bild 2.7 macht das Ergebnis plausibel. Da $f(t) = e^{-t}$ in der Nähe von $t = 0$ ungefähr 1 wird, gilt $e^{-t}\Delta(t) \approx \Delta(t)$ und im Falle $\varepsilon \to 0$ erhalten wir das oben genannte Ergebnis $\delta(t)$.

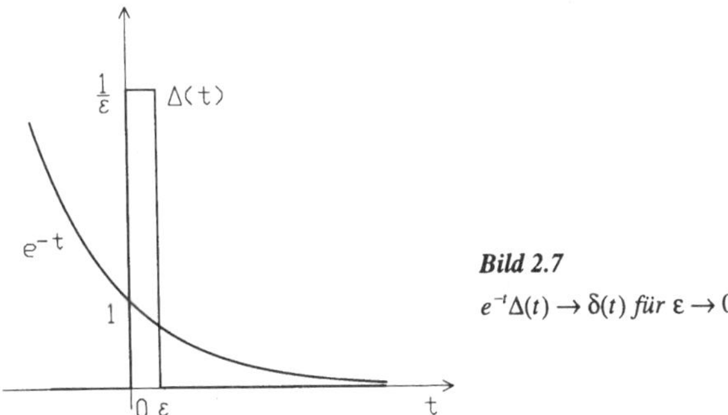

Bild 2.7

$e^{-t}\Delta(t) \to \delta(t)$ *für* $\varepsilon \to 0$

Es soll noch darauf hingewiesen werden, daß die Anwendung von Gl. 2.4 und 2.5 in einigen Fällen zu Schwierigkeiten führen kann. Gl. 2.4 ist nämlich nur dann anwendbar, wenn $f(t)$ an der Stelle t_0 stetig ist, so daß $f(t)$ hier jedenfalls definiert ist. Es soll erwähnt werden, daß $f(t)$ i.a. keine verallgemeinerte Funktion sein darf. Aus der Theorie der verallgemeinerten Funktionen ist bekannt, daß Produkte von Distributionen oft nicht definiert sind (siehe hierzu [11], [22]).

2.1.2 Die Sprungfunktion und ihr Zusammenhang zum Dirac-Impuls

Als Sprungfunktion $s(t)$ bezeichnen wir die nach Gl. 2.6 definierte und im Bild 2.8 skizzierte Funktion

$$s(t) = \begin{cases} 0 \text{ für } t < 0 \\ 1 \text{ für } t > 0 \end{cases}.$$

(2.6)

$s(t)$ hat bei $t = 0$ eine Unstetigkeitsstelle, der Wert von $s(t)$ ist hier nicht definiert.

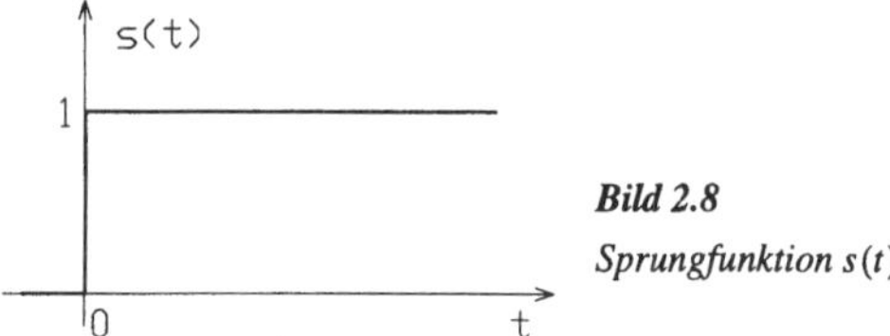

Bild 2.8

Sprungfunktion $s(t)$

Die Sprungfunktion kann beispielsweise eine Eingangsspannung für ein System annähern, die für $t < 0$ praktisch verschwindet und die bei $t = 0$ sehr schnell auf 1 (V) ansteigt und diesen Wert beibehält. Wir werden auch feststellen, daß mit Hilfe von $s(t)$ oft eine besonders einfache Darstellung von Signalen in geschlossener Form möglich ist.

Da es sich bei $s(t)$ um eine (bei $t = 0$) unstetige Funktion handelt, kann man $s(t)$ nicht ohne weiteres differenzieren. Bekanntlich ist die Stetigkeit eine notwendige Voraussetzung für die Differenzierbarkeit einer Funktion. Es wird sich zeigen, daß man die Ableitung von $s(t)$ trotzdem bilden kann, wenn man den Dirac-Impuls als Ergebnis zuläßt.

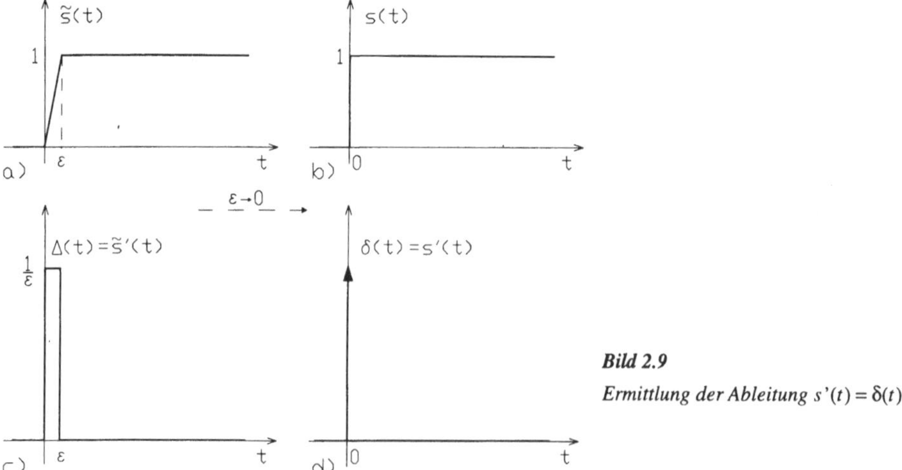

Bild 2.9

Ermittlung der Ableitung $s'(t) = \delta(t)$

Zur Plausibilitätserklärung betrachten wir die Bilder 2.9a-2.9d. Zunächst ist im Bild 2.9a eine stetige Funktion $\tilde{s}(t)$ dargestellt, die im Falle $\varepsilon \to 0$ in die Sprungfunktion $s(t)$ übergeht (Bild 2.9b). Bild 2.9c zeigt die Ableitung $\tilde{s}'(t)$ der stetigen Funktion $\tilde{s}(t)$ und wir stellen fest, daß diese mit der im Bild 2.1 erklärten Funktion $\Delta(t)$ identisch ist. Lassen wir im Bild 2.9a $\varepsilon \to 0$ gehen, so erhalten wir $s(t)$ nach Bild 2.9b. Gleichzeitig geht die Ableitung $\tilde{s}'(t)$ (Bild 2.9c) in $s'(t) = \delta(t)$ nach Bild 2.9d über.

Als Ergebnis haben wir die sehr wichtige Beziehung

$$\frac{ds(t)}{dt} = \delta(t) \tag{2.7}$$

gewonnen. Dies bedeutet, daß die Ableitung von $s(t)$ eine Distribution oder eine verallgemeinerte Funktion ist. Mit Hilfe von Gl. 2.7 lassen sich auch andere Funktionen, die Unstetigkeiten in Form von Sprungstellen aufweisen, differenzieren. Dies soll an einigen Beispielen erklärt werden.

Beispiel 1

Man differenziere die links im Bild 2.10 skizzierte Funktion $x(t)$.

Um diese Aufgabe zu lösen, wird zunächst $x(t)$ mit Hilfe der Sprungfunktion $s(t)$ dargestellt. Die einzelnen Schritte dazu sind rechts im Bild 2.10 gezeigt.

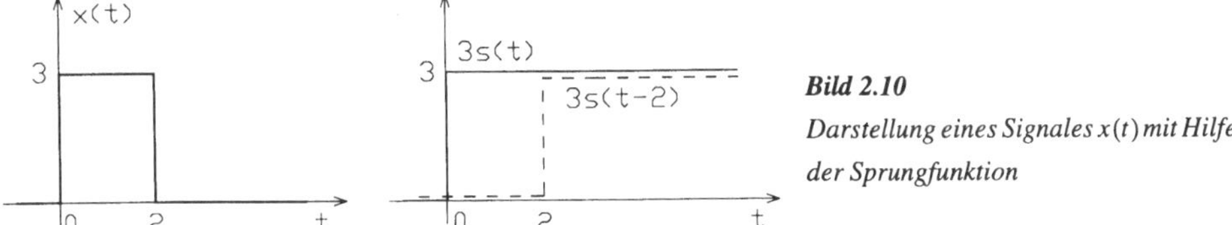

Bild 2.10
Darstellung eines Signales $x(t)$ mit Hilfe der Sprungfunktion

Aus dem rechten Teil von Bild 2.10 erkennt man, daß $x(t)$ mit der Funktion $3s(t)$ für alle Werte $t < 2$ übereinstimmt. Subtrahiert man von $3s(t)$ die um zwei Zeiteinheiten nach rechts verschobene Funktion $3s(t-2)$, so ergibt sich offenbar

$$x(t) = 3s(t) - 3s(t-2).$$

Diesen Ausdruck kann man ohne Schwierigkeiten nach den üblichen Differentiationsregeln differenzieren, wir finden dann die im Bild 2.11 dargestellte Ableitung

$$x'(t) = 3\delta(t) - 3\delta(t-2).$$

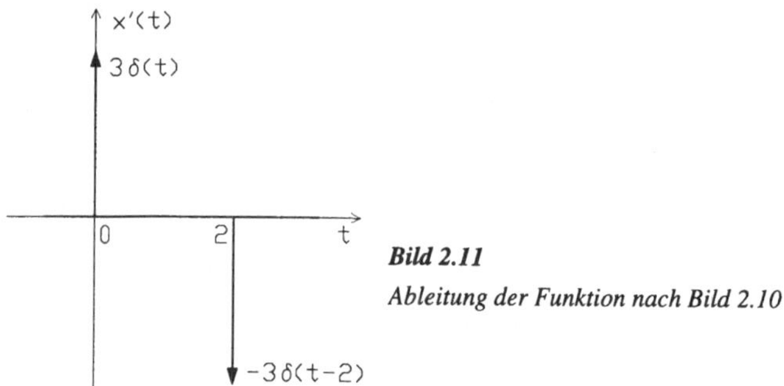

Bild 2.11

Ableitung der Funktion nach Bild 2.10

Zum besseren Verständnis dieses Ergebnisses ist links im Bild 2.12, ähnlich zur Darstellung nach Bild 2.9, eine abschnittsweise differenzierbare Funktion $\tilde{x}(t)$ dargestellt, die für $\varepsilon_1 \to 0$ und $\varepsilon_2 \to 0$ in $x(t)$ nach Bild 2.10 übergeht. Der rechte Teil von Bild 2.12 zeigt die Ableitung $\tilde{x}'(t) = 3\Delta(t) - 3\Delta(t-2)$ und im Grenzfall $\varepsilon_1 \to 0$, $\varepsilon_2 \to 0$ erhalten wir hieraus $x'(t)$ nach Bild 2.11.

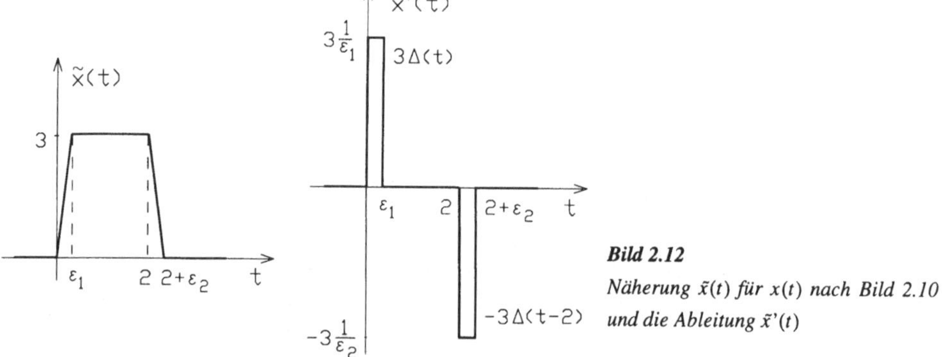

Bild 2.12

Näherung $\tilde{x}(t)$ für $x(t)$ nach Bild 2.10 und die Ableitung $\tilde{x}'(t)$

Beispiel 2

Bild 2.13 zeigt im linken Teil die Funktion

$$x(t) = \begin{cases} 0 \text{ für } t<0 \\ \sin t \text{ für } t>0 \end{cases}.$$

Diese Funktion ist stetig und kann im üblichen Sinne stückweise differenziert werden, die Ableitung lautet

$$x'(t) = \begin{cases} 0 \text{ für } t<0 \\ \cos t \text{ für } t>0 \end{cases},$$

sie ist im rechten Teil von Bild 2.13 skizziert.

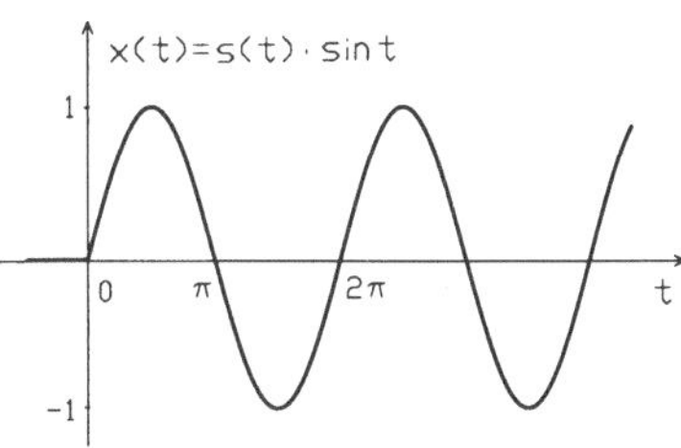

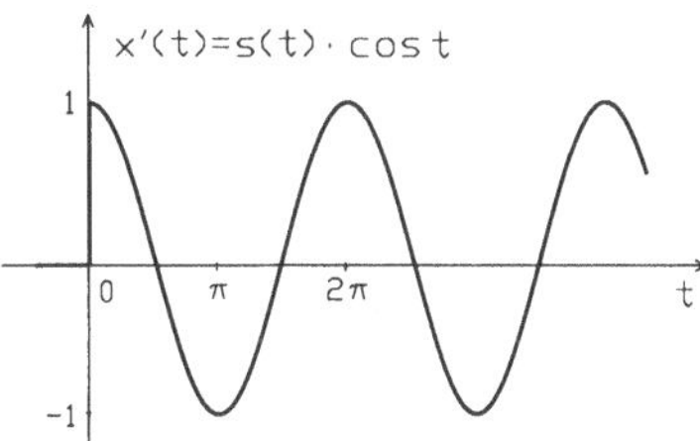

Bild 2.13 *Signal x(t) mit seiner Ableitung*

Obschon in diesem Fall eine unmittelbare Differentiation möglich war, wollen wir noch einen anderen Weg zur Lösung dieser Aufgabe gehen. Zu diesem Zweck stellen wir $x(t)$ wie folgt dar.

$$x(t) = s(t)\sin t.$$

Offenbar beschreibt dieser Ausdruck die links im Bild 2.13 skizzierte Funktion für alle Zeiten. Um dies zu verdeutlichen, unterscheiden wir die Bereiche $t < 0$: hier ist $s(t) = 0$ und somit auch $x(t) = 0$ und $t > 0$: hier ist $s(t) = 1$ und damit wird $x(t) = \sin t$. Die Funktion $x(t) = s(t)\sin t$ läßt sich leicht mit der Produktregel ableiten, wir erhalten zunächst

$$x'(t) = s(t)\cos t + \delta(t)\sin t.$$

Der 1. Summand beschreibt die rechts im Bild 2.13 auf andere Weise ermittelte Ableitung $x'(t)$, der 2. Summand erscheint aber nicht in dem Bild 2.13 und es liegen scheinbar zwei verschiedene Lösungen vor. Dieser Widerspruch löst sich, wenn man Gl. 2.5 anwendet: $f(t)\delta(t) = f(0)\delta(t)$. Im vorliegenden Fall hat der 2. Summand von $x'(t)$ die Form $(\sin t)\,\delta(t)$, also ist $f(t) = \sin t$ und $f(0) = \sin 0 = 0$ und wir erhalten das richtige Ergebnis $x'(t) = s(t)\cos t$.

Beispiel 3

Die im Bild 2.14 skizzierte Funktion

$$x(t) = \begin{cases} e^{-t} \text{ für } t < 0 \\ e^{-t} + 0,5 \text{ für } t > 0 \end{cases}$$

ist zu differenzieren.

Wir können $x(t)$ folgendermaßen ausdrücken

$$x(t) = e^{-t} + 0,5s(t)$$

und erhalten die Ableitung

$$x'(t) = -e^{-t} + 0,5\delta(t).$$

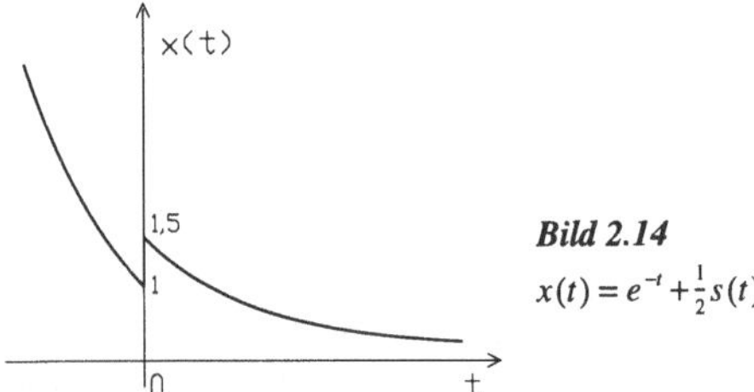

Bild 2.14

$$x(t) = e^{-t} + \tfrac{1}{2}s(t)$$

2.1.3 Die Ausblendeigenschaft der Impulsfunktion

Die Beziehung

$$\int_{-\infty}^{\infty} f(\tau)\delta(t-\tau)\,d\tau = f(t) \tag{2.8}$$

nennt man die **Ausblendeigenschaft** der Dirac-Funktion. Diese Beziehung erklärt sich daraus, daß von der Funktion $f(\tau)$ ein einzelner Wert, nämlich der bei $\tau = t$ mit Hilfe der Impulsfunktion "ausgeblendet" wird. Die Ausblendeigenschaft ist eine sehr wichtige Eigenschaft der Dirac-Funktion von der im folgenden noch häufig Gebrauch gemacht wird. Zum Beweis von Gl. 2.8 gehen wir von Gl. 2.4 aus. In

$$f(t)\delta(t-t_0) = f(t_0)\delta(t-t_0)$$

ersetzen wir t durch τ und t_0 durch t, dann ergibt sich

$$f(\tau)\delta(\tau-t) = f(t)\delta(\tau-t).$$

Da die Impulsfunktion eine gerade (verallgemeinerte) Funktion ist, kann man das Vorzeichen ihres Arguments vertauschen (vgl. Gl. 2.2) und mit $\delta(\tau-t) = \delta(t-\tau)$ wird

$$f(\tau)\delta(t-\tau) = f(t)\delta(t-\tau).$$

Ersetzt man den Integrand vom Integral nach Gl. 2.8 durch dieses Ergebnis, so wird

$$\int_{-\infty}^{\infty} f(\tau)\delta(t-\tau)\,d\tau = \int_{-\infty}^{\infty} f(t)\delta(t-\tau)\,d\tau = f(t)\int_{-\infty}^{\infty}\delta(t-\tau)\,d\tau = f(t),$$

denn die Fläche unter der Impulsfunktion $\delta(t-\tau)$ hat den Wert 1.

Häufig wird noch ein Sonderfall von Gl. 2.8 benötigt, nämlich der mit $t=0$, dann folgt unmittelbar aus Gl. 2.8 (unter Beachtung von $\delta(\tau) = \delta(-\tau)$)

$$\int_{-\infty}^{\infty} f(\tau)\delta(\tau)\,d\tau = f(0). \tag{2.9}$$

Beispiel 1

Man beweise die Beziehung

$$\int_{-\infty}^{\infty} (\tau+1)^2 \delta(1-\tau)d\tau = 4. \tag{2.10}$$

Ein Vergleich mit Gl. 2.8 zeigt, daß $f(\tau) = (\tau+1)^2$ und $t = 1$ ist. Nach Gl. 2.8 hat das Integral den Wert $f(t) = f(1) = 4$.

Wir wollen uns dieses Ergebnis auf andere Weise plausibel machen und betrachten hierzu das Integral

$$I = \int_{-\infty}^{\infty} (\tau+1)^2 \Lambda(\tau-1)d\tau. \tag{2.11}$$

Darin ist $\Lambda(\tau-1)$ die (um 1 nach rechts verschobene) bereits früher eingeführte schmale Rechtecksfunktion der Breite ε und der Höhe $1/\varepsilon$, die im Falle $\varepsilon \to 0$ in $\delta(\tau-1) = \delta(1-\tau)$ übergeht. Gl. 2.11 entspricht damit im Falle $\varepsilon \to 0$ der Gl. 2.10. Nach Gl. 2.11 soll die gesamte Fläche unter der Funktion $(\tau+1)^2 \Lambda(\tau-1)$ berechnet werden. Dazu gehen wir wie folgt vor. Bild 2.15 zeigt zunächst die Funktion $f(\tau) = (\tau+1)^2$, eine um -1 verschobene Parabel, die bei $\tau = 1$ den Wert 4 hat. Weiterhin ist die Funktion $\Lambda(\tau-1)$ eingetragen. Da die Fläche unter dem Produkt der beiden Funktionen gesucht wird, ist zusätzlich $(\tau+1)^2 \Lambda(\tau-1)$ im Bild 2.15 eingetragen. Bei hinreichend kleinen Werten von ε hat dieses Produkt im Bereich $1 < \tau < 1+\varepsilon$ einen nahezu konstanten Wert $f(1)/\varepsilon = 4/\varepsilon$, bei allen Werten außerhalb dieses Bereiches ist das Produkt 0. Die Fläche des Integrals nach Gl. 2.11 wird also

$$I \approx f(1)\frac{1}{\varepsilon}\varepsilon = f(1) = 4$$

und im Grenzfall $\varepsilon \to 0$ erhalten wir exakt das Ergebnis nach Gl. 2.10.

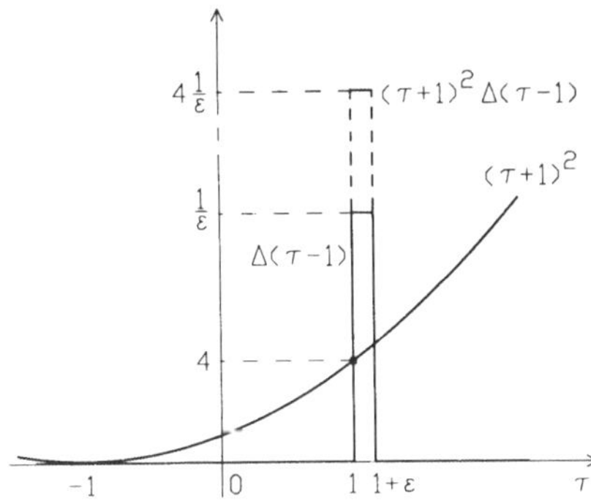

Bild 2.15
Darstellung zum Beweis von Gl. 2.10

Beispiel 2

Man beweise die Beziehung

$$\int_{-\infty}^{\infty} \sin t \ \delta(t) \, dt = 0.$$

Nach Gl. 2.9 hat das Integral den Wert $f(0)$ und mit $f(t) = \sin t$ wird $f(0) = 0$, womit diese Beziehung bewiesen ist. Bei diesem Beispiel muß man beachten, daß t und nicht τ (wie bei Gl. 2.9) die Integrationsvariable ist. Auch dieses Ergebnis kann man sich leicht plausibel machen. Zu diesem Zweck skizziert man $f(t) = \sin t$ und $\Delta(t)$ und anschließend das Produkt dieser beiden Funktionen. Man erkennt dann sofort, daß die Fläche unter dem Produkt im Falle $\varepsilon \to 0$ verschwindet.

2.1.4 Zusätzliche Beispiele

Mit Hilfe der Gleichungen 2.4 und 2.5 sollen folgende Beziehungen bewiesen werden:

$$\cos x \sin x \ \delta(x - \pi/2) = 0, \quad e^{-5t} \delta(t) = \delta(t), \quad e^{-5t} \delta(t - 2) = e^{-10} \delta(t - 2),$$

$$\frac{1}{1 + j\omega RC} \delta(\omega - \omega_0) = \frac{1}{1 + j\omega_0 RC} \delta(\omega - \omega_0), \quad \frac{1}{1 + j\omega RC} \delta(\omega + \omega_0) = \frac{1}{1 - j\omega_0 RC} \delta(\omega + \omega_0).$$

Mit Hilfe der Ausblendeigenschaft (Gln. 2.8, 2.9) sind folgende Beziehungen zu beweisen:

$$\int_{-\infty}^{\infty} (t - 1)^2 \delta(t - 1) dt = 0, \ \int_{-\infty}^{\infty} t^2 \delta(t) dt = 0, \ \int_{-\infty}^{\infty} (t - a)^5 \delta(t + a) dt = -32a^5, \ \int_{-\infty}^{\infty} \sin x \ \delta(x - \pi/2) dx = 1.$$

2.2 Systemeigenschaften

Bild 2.16 zeigt ein Zweitor, das auf eine angelegte "Eingangsspannung" $x(t)$ mit einem "Ausgangsstrom" $y(t)$ reagiert.

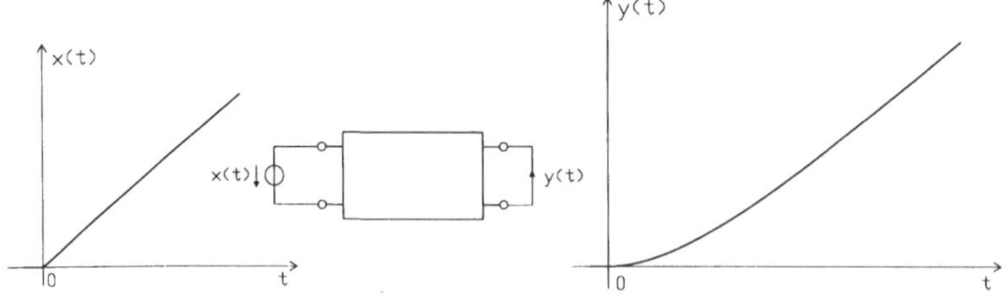

Bild 2.16 *Zweitor mit einer Eingangsspannung $x(t)$ und dem Strom $y(t)$ als Ausgangssignal*

In der Systemtheorie interessiert nicht die technische Realisierung des Zweitores, sondern der mathematische Zusammenhang zwischen Ein- und Ausgangssignalen. Systemtheoretisch ist ohne Belang, ob das Zweitor z.B. mit passiven Bauelementen (passives Filter), mit aktiven Bauelementen (aktives Filter) oder gar mechanisch (mechanisches Filter) aufgebaut ist.

Wir beschränken uns auf Systeme mit nur einem Eingangssignal $x(t)$ und einem Ausgangssignal $y(t)$ und verwenden das im Bild 2.17 gezeigte Symbol zur Darstellung von Systemen.

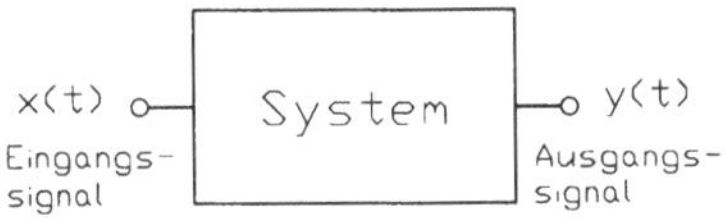

Bild 2.17
Symbolische Darstellung eines Systems

Den Zusammenhang, den das System zwischen Ein- und Ausgangssignal herstellt, wollen wir sehr allgemein durch eine Operatorenbeziehung

$$y(t) = \mathrm{T}\{x(t)\} \tag{2.12}$$

ausdrücken. Diese Schreibweise soll zunächst nur andeuten, daß die Systemreaktion $y(t)$ in irgendeiner Weise vom Eingangssignal $x(t)$ (und natürlich auch von den Systemeigenschaften) abhängt. In den folgenden Abschnitten werden einige grundlegende Systemeigenschaften ausführlich besprochen.

2.2.1 Linearität

Wie links im Bild 2.18 dargestellt, soll an ein System ein spezielles Eingangssignal $x_1(t)$ angelegt werden. Wir nennen die Reaktion auf dieses Signal $y_1(t)$ und schreiben im Sinne von Gl. 2.12

$$y_1(t) = \mathrm{T}\{x_1(t)\},$$

da ja $y_1(t)$ sicherlich von der "Ursache" $x_1(t)$ abhängt. Im rechten Teil von Bild 2.18 wird an das gleiche System das Signal $\tilde{x}_1(t) = k_1 x_1(t)$ angelegt, also das gleiche wie im linken Bildteil, multipliziert mit einem konstanten Faktor k_1. Bei einem linearen System muß die Reaktion $\tilde{y}_1(t) = k_1 y_1(t)$ lauten. Dies bedeutet, daß eine Erhöhung des Eingangssignales um einen Faktor eine Erhöhung des Ausgangssignales um den gleichen Faktor zur Folge hat. Mathematisch finden wir folgende Beziehungen:

$$y_1(t) = \mathrm{T}\{x_1(t)\}, \quad \tilde{y}_1(t) = \mathrm{T}\{\tilde{x}_1(t)\} = \mathrm{T}\{k_1 x_1(t)\} = k_1 \mathrm{T}\{x_1(t)\},$$

d.h.

$$\mathrm{T}\{k_1 x_1(t)\} = k_1 \mathrm{T}\{x_1(t)\}.$$

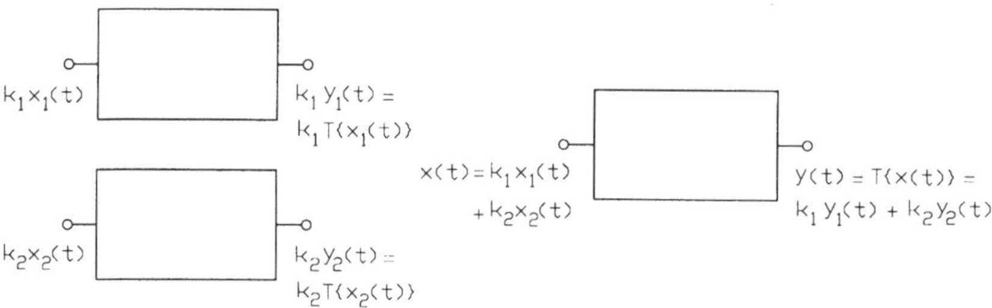

Bild 2.18 *Zur Definition der Linearität*

Damit haben wir allerdings noch nicht die allgemeinste Definition der Linearität gefunden. Im Bild 2.19 ist oben links ein System mit dem Eingangssignal $k_1x_1(t)$ und dem Ausgangssignal $k_1y_1(t)$ dargestellt. Links unten wird ein anderes Eingangssignal $k_2x_2(t)$ angelegt, das zugehörende Ausgangssignal ist $k_2y_2(t)$. Nun wählen wir als Eingangssignal die Summe, nämlich

$$x(t) = k_1x_1(t) + k_2x_2(t)$$

und erhalten bei einem linearen System die Summe der entsprechenden Ausgangssignale, also

$$y(t) = k_1y_1(t) + k_2y_2(t).$$

Bild 2.19 *Definition der Linearität eines Systems*

Mathematisch ergeben sich folgende Beziehungen

$$y(t) = T\{x(t)\} = T\{k_1x_1(t) + k_2x_2(t)\} = T\{k_1x_1(t)\} + T\{k_2x_2(t)\} =$$

$$= k_1T\{x_1(t)\} + k_2T\{x_2(t)\} = k_1y_1(t) + k_2y_2(t).$$

Wir definieren die Linearitätseigenschaft eines Systems:

$$T\{k_1x_1(t) + k_2x_2(t)\} = k_1T\{x_1(t)\} + k_2T\{x_2(t)\}. \tag{2.13}$$

Natürlich kann man diese Beziehung auf mehr als zwei Summanden erweitern:

$$T\{k_1x_1(t) + k_2x_2(t) + \ldots + k_nx_n(t)\} = k_1T\{x_1(t)\} + k_2T\{x_2(t)\} + \ldots + k_nT\{x_n(t)\},$$

bzw.

$$T\left\{\sum_{v=1}^{n} k_vx_v(t)\right\} = \sum_{v=1}^{n} k_vT\{x_v(t)\}. \tag{2.14}$$

Mit den Gln. 2.13 bzw. 2.14 ist die Linearität eines Systems mathematisch definiert.

Im Rahmen dieses Buches werden ausschließlich lineare Systeme behandelt. Der aus den Grundlagen der Elektrotechnik bekannte Überlagerungssatz ist eine spezielle Formulierung der Linearitätsbeziehung. Alle Netzwerke, die die Anwendung des Überlagerungssatzes zulassen, sind lineare Systeme.

Beispiel

Es ist bekannt, daß ein lineares System auf das Eingangssignal $x_1(t) = 0,5$ mit dem Ausgangssignal $y_1(t) = 1,5$ reagiert. Auf das Signal $x_2(t) = s(t)$ reagiert das System mit $y_2(t) = s(t)\, 3\, (1 - e^{-t})$. Diese Signale sind im Bild 2.20 skizziert.

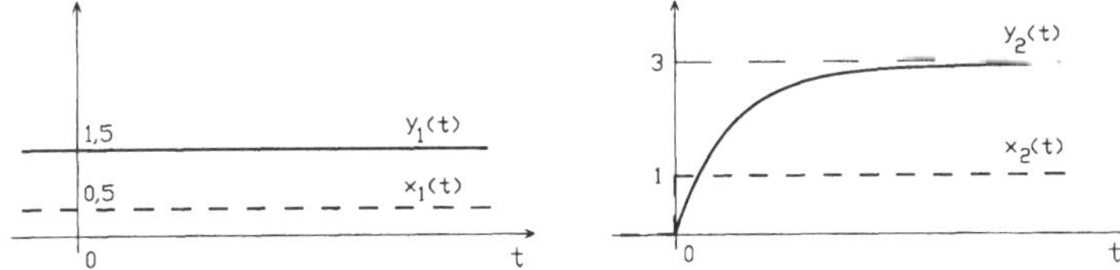

Bild 2.20 *Systemreaktionen $y_1(t)$, $y_2(t)$ auf die Signale $x_1(t)$ und $x_2(t)$*

Gesucht wird nun die Systemreaktion auf das im Bild 2.21 dargestellte Eingangssignal $x(t)$.

Zur Lösung dieser Aufgabe drücken wir $x(t)$ mit Hilfe von $s(t)$ aus und finden $x(t) = 2 - s(t)$ oder $x(t) = 4 x_1(t) - x_2(t)$. Verwenden wir die Schreibweise

$$x(t) = k_1 x_1(t) + k_2 x_2(t),$$

so ist $k_1 = 4$ und $k_2 = -1$. Schließlich wird nach Gln 2.13 ($y(t) = k_1 y_1(t) + k_2 y_2(t)$):

$$y(t) = 6 - s(t)\, 3\, (1 - e^{-t}).$$

y(t) ist ebenfalls im Bild 2.21 skizziert.

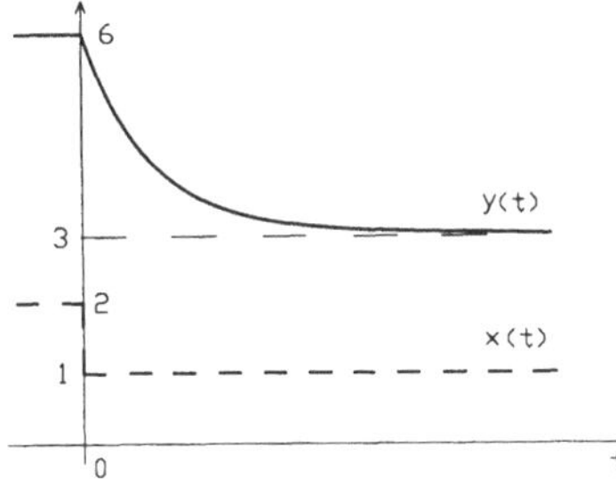

Bild 2.21
Systemreaktion $y(t)$ auf das Eingangssignal $x(t) = 2 - s(t)$

2.2.2 Zeitinvarianz

Zur Erklärung dieses Begriffes betrachten wir Bild 2.22. Im oberen Bildteil ist ein spezielles Eingangssignal $x(t)$ und die dazugehörende Reaktion $y(t)$ dargestellt. Das Eingangssignal $\tilde{x}(t)$ für das gleiche System (unterer Teil von Bild 2.22) ist das um t_0 verschobene Signal $x(t)$. Da unser System zeitinvariant ist, muß $\tilde{y}(t)$ identisch mit der um t_0 verschobenen Reaktion $y(t)$ sein. Mathematisch bedeutet dies

$$\mathrm{T}\{x(t - t_0)\} = y(t - t_0). \tag{2.15}$$

Die Zeitinvarianzbedingung bedeutet etwas vereinfacht, daß die Form der Reaktion eines Systems unabhängig davon ist, wann das Signal eintrifft. Z.B. sind alle Netzwerke, die aus zeitlich konstanten Bauelementen (R, L, C) aufgebaut sind, zeitinvariante Systeme. Ein Netzwerk mit z.B. einem zeitlich variablen Kondensator (Beispiel: parametrischer Verstärker) ist hingegen ein zeitvariantes System. Bei diesem System spielt es durchaus eine Rolle, zu welchem Zeitpunkt das Eingangssignal angelegt wird. Im Rahmen dieses Buches werden ausschließlich zeitinvariante Systeme besprochen.

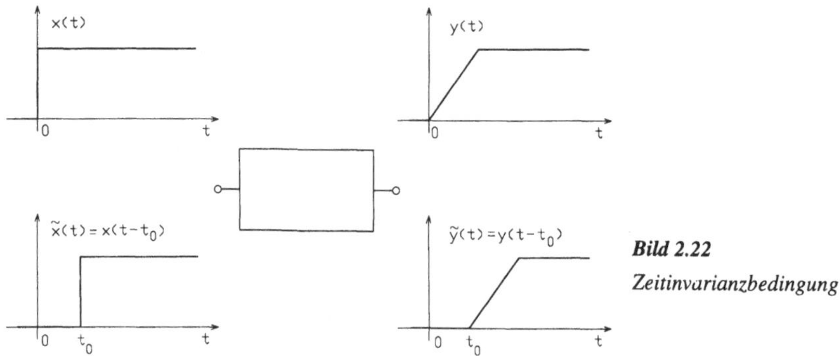

Bild 2.22
Zeitinvarianzbedingung

Beispiel

Bei einem zeitinvarianten System sei $x(t) = \cos(\omega t)$ und das zugehörende Ausgangssignal $y(t) = 0,5\cos(\omega t - \pi/3)$. Gesucht wird die Systemreaktion $\tilde{y}(t)$ auf das Eingangssignal $\tilde{x}(t) = \sin(\omega t)$.

Mit $\tilde{x}(t) = \sin(\omega t) = \cos(\omega t - \pi/2)$ erhält man die Form

$$\tilde{x}(t) = \cos[\omega(t - \pi/(2\omega))] = x(t - t_0) \quad \text{mit} \quad t_0 = \pi/(2\omega).$$

Damit wird

$$\tilde{y}(t) = y(t - t_0) = 0,5\cos[\omega(t - \pi/(2\omega)) - \pi/3] = 0,5\cos(\omega t - 5\pi/6).$$

2.2.3 Stabilität

Stabil nennt man ein System dann, wenn die Reaktionen auf ganz beliebige Eingangssignale, die nur die Bedingung $|x(t)| < M$ erfüllen, ebenfalls unterhalb einer gewissen Grenze bleiben, also $|y(t)| < N$ für alle Werte von t. Mathematische Formulierung:

$$|x(t)| < M < \infty, \quad |y(t)| = |\mathrm{T}\{x(t)\}| < N < \infty. \tag{2.16}$$

Beispiel für ein stabiles System:
Der Zusammenhang zwischen $x(t)$ und $y(t)$ sei durch die Beziehung $y(t) = 2x(t-1)$ beschrieben. D.h. bei diesem System erhält man $y(t)$, indem $x(t)$ um eine Zeiteinheit nach rechts verschoben und noch mit dem Faktor 2 multipliziert wird. Ist die Bedingung $|x(t)| < M$ erfüllt, so wird $|y(t)| < 2M = N$, das System ist stabil.

Beispiel für ein instabiles System:
Das System soll auf das spezielle Eingangssignal $x(t) = ks(t)$ mit $y(t) = s(t)k(1 - e^{+t})$ reagieren. Für $t \rightarrow \infty$ gilt $|y(t)| \rightarrow \infty$, es gibt keine (endliche) Konstante N mit der Bedingung $|y(t)| < N$ für alle Werte von t. Hingegen erfüllt das Eingangssignal die Bedingung $|x(t)| < M$ für alle t. In der Praxis kann es natürlich nicht vorkommen, daß $y(t)$ beliebig groß wird, dies hätte eine Zerstörung des Systems zur Folge. Bei elektronischen Systemen wird häufig der lineare Arbeitsbereich verlassen, so daß Nichtlinearitäten zu einer Begrenzung von $y(t)$ führen.

2.2.4 Kausalität

Jedes physikalisch realisierbare System hat die Eigenschaft der Kausalität. Sie besagt, daß eine Reaktion erst dann eintreffen kann, wenn die Ursache $x(t)$ eingetroffen ist. Mathematisch läßt sich das so ausdrücken:

$$\text{aus} \quad x(t) = 0 \quad \text{für} \quad t < t_0 \quad \text{folgt} \quad y(t) = \mathrm{T}\{x(t)\} = 0 \quad \text{für} \quad t < t_0.$$

Bild 2.23 zeigt ein System, das die Kausalitätsbedingung erfüllt ($\tau \geq 0$ vorausgesetzt).

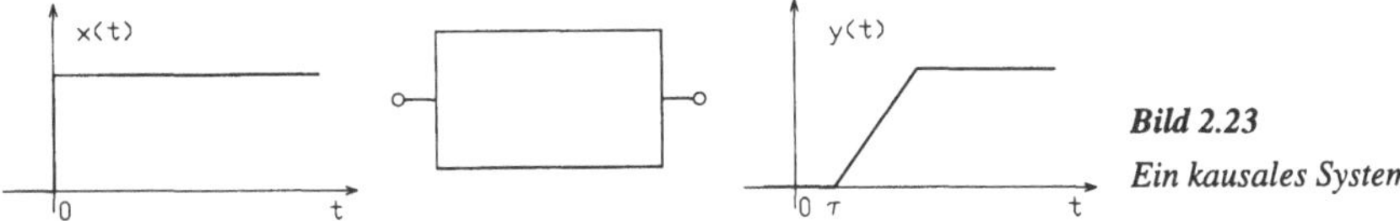

Bild 2.23
Ein kausales System

Bei nichtkausalen Systemen kann die Reaktion $y(t)$ schon eintreffen, wenn die Ursache $x(t)$ noch nicht vorliegt. Mathematisch läßt sich ein nichtkausales System ohne Schwierigkeiten formulieren. Wir nehmen z.B. an, daß $x(t)$ und $y(t)$ durch die Beziehung $y(t) = x(t + 1)$ verknüpft sind. Man erhält bei diesem System $y(t)$, indem $x(t)$ um eine Zeiteinheit nach links verschoben wird. Dies ist im Bild 2.24 dargestellt. Offenbar ist dieses System nicht kausal, denn $y(t)$ trifft vor $x(t)$ ein.

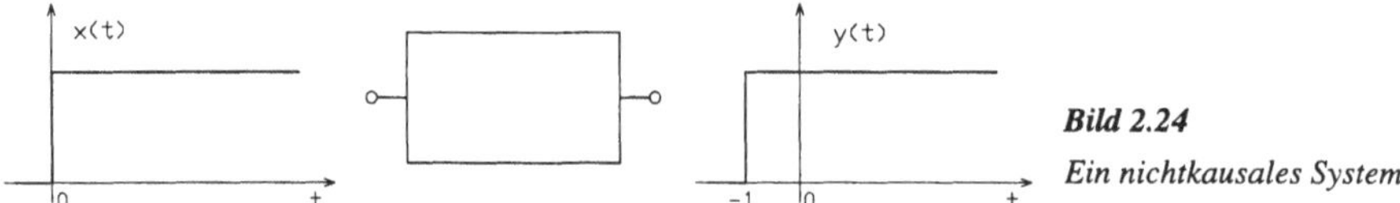

Bild 2.24
Ein nichtkausales System

Es stellt sich die Frage, warum man den Kausalitätsbegriff überhaupt einführt, wenn doch nur kausale Systeme physikalisch sinnvoll sind. Der Grund liegt darin, daß bei vielen theoretischen Untersuchungen der Verzicht auf die Kausalitätsbedingung zu besonders einfachen Gleichungen führt, die in guter Näherung das tatsächliche Verhalten beschreiben. Ein sehr bekanntes nichtkausales System ist der "ideale Tiefpaß". Dieser hat die Eigenschaft, daß seine Dämpfung unterhalb der Grenzfrequenz 0 und oberhalb unendlich ist. Es zeigt sich, daß eine solche Dämpfungsvorschrift ein nichtkausales System beschreibt (siehe Abschnitt 4.3).

Schließlich soll noch erwähnt werden, daß der Begriff der Kausalität auf "Zeitsysteme" beschränkt ist. Bei den in diesem Buch ausschließlich behandelten Zeitsystemen sind die Ein- und Ausgangssignale Zeitfunktionen. Bei Anwendungen systemtheoretischer Methoden z.B. in der Bildverarbeitung kann das Eingangssignal eines bildverarbeitenden Systems auch die Helligkeit in Abhängigkeit der Ortskoordinate einer Bildzeile sein. Das System verändert diese Helligkeitsverteilung und das Ausgangssignal ist wiederum eine ortsabhängige Funktion. Der Begriff der Kausalität hat hier keinerlei Bedeutung.

2.3 Das Faltungsintegral

2.3.1 Die Sprungantwort und die Impulsantwort

Das Eingangssignal eines Systems sei die Sprungfunktion $x(t) = s(t)$ (Bild 2.8). Dann bezeichnen wir die Reaktion des Systems als **Sprungantwort** und verwenden hierfür ein besonderes Formelzeichen $y(t) = h(t)$. Es gilt also im Sinne von Gl. 2.12

$$h(t) = \mathrm{T}\{s(t)\}. \tag{2.17}$$

Bild 2.25 zeigt eine einfache RC-Schaltung mit ihrer Sprungantwort (oberer Bildteil), es gilt im Falle RC=1

$$h(t) = s(t)(1 - e^{-t}) = \begin{cases} 0 \text{ für } t < 0 \\ 1 - e^{-t} \text{ für } t > 0 \end{cases}. \tag{2.18}$$

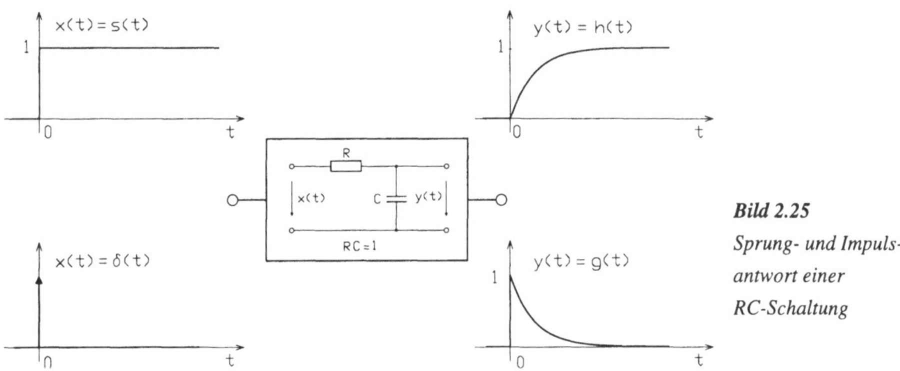

Bild 2.25

Sprung- und Impuls-
antwort einer
RC-Schaltung

Hinweis zur Berechnung:

Ist i(t) der Strom, der infolge der Ursache $x(t)$ durch den Widerstand (und den Kondensator) fließt, dann gilt die Maschengleichung $x(t) = Ri(t) + y(t)$. Der Strom fließt auch durch den Kondensator, dabei ist $i(t) = C \cdot d\,u_c/dt = C \cdot d\,y(t)/dt$ und wir erhalten die Differentialgleichung $RCy'(t) + y(t) = x(t)$. Mit RC=1 folgt schließlich $y'(t) + y(t) = x(t)$.

Homogene Lösung: $y_h(t) = Ke^{-t}$.

Stationäre Lösung: $y_{st}(t) = 1$ ($x(t) = s(t) = 1$ für $t > 0$!).

Gesamtlösung: $y(t) = 1 + Ke^{-t}$.

Unter der Voraussetzung, daß der Energiespeicher bei $t = 0$ "leer" ist, d.h. $u_c(0) = y(0) = 0$, wird bei $t = 0$: $0 = 1 + K$ und damit $y(t) = 1 - e^{-t}$ für $t > 0$. Ersetzt man $y(t)$ durch $h(t)$ und beachtet, daß $y(t) = h(t) = 0$ für $t < 0$ ist, so ergibt sich $h(t)$ nach Gl. 2.18.

Unter der **Impulsantwort** $g(t)$ eines Systems versteht man die Systemreaktion auf das Eingangssignal $x(t) = \delta(t)$, also ist

$$g(t) = T\{\delta(t)\}. \tag{2.19}$$

Ersetzt man $\delta(t)$ zunächst durch die nach Bild 2.1 eingeführte und links im Bild 2.26 nochmals skizzierte Funktion $\Delta(t)$, so wird näherungsweise

$$g(t) \approx T\{\Delta(t)\}. \tag{2.20}$$

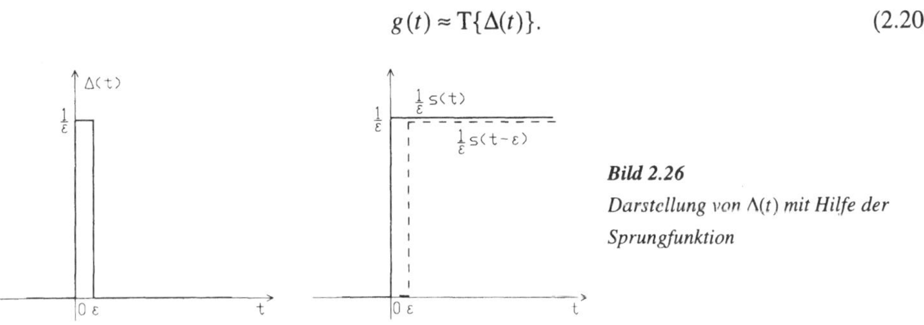

Bild 2.26

Darstellung von $\Delta(t)$ mit Hilfe der
Sprungfunktion

Schließlich kann man $\Delta(t)$ mit Hilfe der Sprungfunktion ausdrücken (rechts im Bild 2.26)

$$\Delta(t) = \frac{1}{\varepsilon}s(t) - \frac{1}{\varepsilon}s(t-\varepsilon),$$

und bei Beachtung der Linearitätseigenschaft des Systems (Gl. 2.13) wird

$$g(t) \approx T\{\Delta(t)\} = T\left\{\frac{1}{\varepsilon}s(t) - \frac{1}{\varepsilon}s(t-\varepsilon)\right\} = \frac{1}{\varepsilon}T\{s(t)\} - \frac{1}{\varepsilon}T\{s(t-\varepsilon)\}. \qquad (2.21)$$

Nach Gl. 2.17 ist $T\{s(t)\} = h(t)$ die Sprungantwort und weil das System zeitinvariant ist (Gl. 2.15) wird $T\{s(t-\varepsilon)\} = h(t-\varepsilon)$. Damit wird aus Gl. 2.21

$$g(t) \approx \frac{h(t) - h(t-\varepsilon)}{\varepsilon} \approx \frac{dh(t)}{dt} \qquad (2.22)$$

und dies ist näherungsweise die Ableitung der Sprungantwort. Im Grenzfall $\varepsilon \to 0$ gilt $\Delta(t) \to \delta(t)$ und damit wird

$$g(t) = \frac{dh(t)}{dt}. \qquad (2.23)$$

Ergebnis: Die Impulsantwort eines Systems ist die Ableitung seiner Sprungantwort.

Beim Systems nach Bild 2.25 erhalten wir mit $h(t)$ nach Gl. 2.18

$$g(t) = \frac{dh(t)}{dt} = \frac{d}{dt}\{s(t)(1-e^{-t})\} = \delta(t)(1-e^{-t}) + s(t)e^{-t}.$$

Der 1. Summand dieses Ergebnisses verschwindet, denn nach Gl. 2.5 wird $\delta(t)f(t) = \delta(t)f(0)$, hier ist $f(t) = 1 - e^{-t}$ und $f(0) = 0$. Damit lautet die Impulsantwort des Systems nach Bild 2.25

$$g(t) = s(t)e^{-t} = \begin{cases} 0 \text{ für } t < 0 \\ e^{-t} \text{ für } t > 0 \end{cases}. \qquad (2.24)$$

Diese Impulsantwort ist unten im Bild 2.25 skizziert.

Die Impulsantwort ist eine wichtige "Kennfunktion" zur Beschreibung von Systemen. Es kann nämlich gezeigt werden (Abschnitt 2.3.2), daß bei Kenntnis der Impulsantwort $g(t)$ Systemreaktionen $y(t)$ auf beliebige Eingangssignale mit der Gleichung

$$y(t) = \int_{-\infty}^{\infty} x(\tau)g(t-\tau)d\tau \qquad (2.25)$$

berechnet werden können. Bei Gl. 2.25 spricht man von dem **Faltungsintegral** oder auch von dem Duhamel-Integral. Gl. 2.25 kann auch durch die gleichwertige Beziehung

$$y(t) = \int_{-\infty}^{\infty} x(t-\tau)g(\tau)d\tau \qquad (2.26)$$

ersetzt werden.

Beweis:

In Gl. 2.26 wird die Substitution $u = t - \tau$ durchgeführt. Mit $\tau = t - u, d\tau = -du$ wird aus Gl. 2.26

$$y(t) = \int_{-\infty}^{\infty} x(t-\tau)g(\tau)d\tau = -\int_{\infty}^{-\infty} x(u)g(t-u)du = \int_{-\infty}^{\infty} x(u)g(t-u)du.$$

(Die untere Grenze $\tau = -\infty$ geht in $u = \infty$ über, die obere $\tau = \infty$ in $u = -\infty$). Das letzte Integral ist mit Gl. 2.25 identisch, denn die Bezeichnung der Integrationsvariablen (u bzw. τ in Gl. 2.25) hat keinen Einfluß auf den Wert des Integrals.

Die Aussagen der Gln. 2.25 und 2.26 werden oft folgendermaßen formuliert

$$y(t) = x(t) * g(t) = g(t) * x(t). \qquad (2.27)$$

Das Zeichen $*$ ist das sogenannte **Faltungssymbol**. In Abschnitt 2.3.3 wird deutlich, warum man die Bezeichnung Faltung verwendet.

2.3.2 Eine Ableitung des Faltungsintegrals

Es sei erwähnt, daß der hier angegebene Beweis nicht in allen Schritten strengeren mathematischen Ansprüchen genügt. Im Interesse einer relativ kurzen und übersichtlichen Beweisführung wird insbesonders nicht gezeigt, unter welchen genauen mathematischen Voraussetzungen die beim Beweis notwendigen Grenzübergänge erlaubt sind.

Wir benötigen zunächst die Ausblendeigenschaft des Dirac-Impulses (Gl. 2.8) in der Form

$$x(t) = \int_{-\infty}^{\infty} x(\tau)\delta(t-\tau)d\tau.$$

Ersetzt man $\delta(t)$ durch den Impuls $\Delta(t)$ nach Bild 2.1, so wird näherungsweise

$$x(t) \approx \int_{-\infty}^{\infty} x(\tau)\Delta(t-\tau)d\tau. \qquad (2.28)$$

Diese Näherung ist umso besser, je kleiner die Breite ε von $\Delta(t-\tau)$ ist. Ist $x(t)$ das Eingangssignal eines Systems, so wird $y(t) = T\{x(t)\}$ und mit $x(t)$ nach Gl. 2.28 näherungsweise

$$y(t) \approx T\left\{ \int_{-\infty}^{\infty} x(\tau)\Delta(t-\tau)d\tau \right\}. \tag{2.29}$$

Zur Auswertung von Gl. 2.29 führen wir eine Zwischenüberlegung durch und befassen uns mit der Frage, wie ein Integral näherungsweise berechnet werden kann. Gesucht wird die Fläche zwischen $\tau = 0$ und $\tau = b$ unter der im Bild 2.27 skizzierten Funktion $f(\tau)$. Näherungsweise ist diese Fläche gleich der Summe der im Bild 2.27 angedeuteten Rechteckflächen, d.h.

$$A = \int_0^b f(\tau)d\tau \approx f(0)\Delta\tau + f(\Delta\tau)\Delta\tau + f(2\Delta\tau)\Delta\tau + \ldots + f(N\Delta\tau)\Delta\tau = \sum_{\nu=0}^{N} f(\nu\Delta\tau)\,\Delta\tau. \tag{2.30}$$

Der Integrationsbereich wurde hier in $N+1$ gleichgroße Intervalle $\Delta\tau$ unterteilt. Im Falle $\Delta\tau \to 0$ ergibt die Summe der Rechteckflächen (unter gewissen Voraussetzungen, die als erfüllt angesehen werden sollen) exakt den Wert des Integrals.

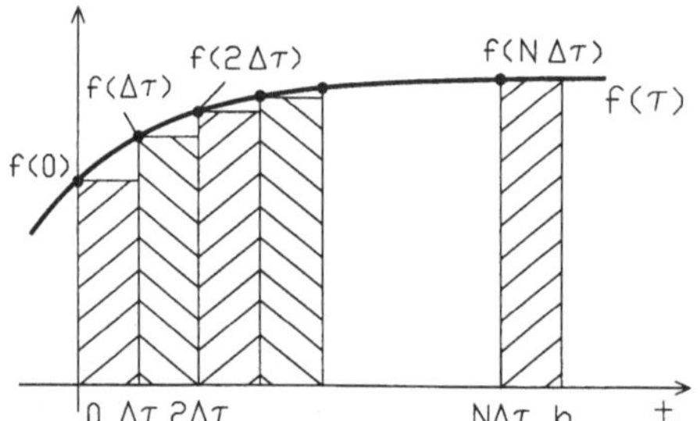

Bild 2.27

Näherungsweise Berechnung eines Integrals

Auf entsprechende Weise ersetzen wir das Integral in Gl. 2.29 näherungsweise durch eine Summe und erhalten ($f(\tau) \hat{=} x(\tau)\Delta(t-\tau)$, t ist Parameter):

$$y(t) \approx T\left\{ \sum_{\nu} x(\nu\Delta\tau)\Delta(t-\nu\Delta\tau)\Delta\tau \right\}. \tag{2.31}$$

Um die weitere Ableitung deutlich zu machen, werden einige Summanden in der Summe von Gl. 2.31 einzeln dargestellt:

$$y(t) \approx T\{\ldots + x(-2\Delta\tau)\Delta\tau\,\Delta(t+2\Delta\tau) + x(-\Delta\tau)\Delta\tau\,\Delta(t+\Delta\tau) + x(0)\Delta\tau\,\Delta(t) +$$

$$+ x(\Delta\tau)\Delta\tau\,\Delta(t-\Delta\tau) + x(2\Delta\tau)\Delta\tau\,\Delta(t-2\Delta\tau) + \ldots\}. \tag{2.32}$$

Soll Gl. 2.32 in einem konkreten Fall, d.h. bei einer bekannten Funktion $x(t)$ für einen gegebenen Zeitwert t ausgewertet werden, so muß zu diesem Zweck für $\Delta\tau$ ein Zahlenwert bestimmt werden, der umso kleiner sein muß, je genauer das Ergebnis sein soll. Die in der Gl. 2.32 auftretenden Ausdrücke $x(-2\Delta\tau)\Delta\tau$, $x(-\Delta\tau)\Delta\tau$, $x(0)\Delta\tau$ usw. würden dann konkrete Zahlenwerte annehmen und man kann auch schreiben:

$$y(t) \approx \mathrm{T}\{\ldots +k_{-2}\Delta(t+2\Delta\tau)+k_{-1}\Delta(t+\Delta\tau)+k_0\Delta(t)+k_1\Delta(t-\Delta\tau)+\ldots\}, \tag{2.33}$$

wobei die k_ν Faktoren sind, die von der Wahl von $\Delta\tau$ und dem Eingangssignal $x(t)$ abhängen.

Wir setzen voraus, daß das System linear ist, dann wird unter Beachtung von Gl. 2.14:

$$y(t) \approx \ldots +k_{-2}\mathrm{T}\{\Delta(t+2\Delta\tau)\}+k_{-1}\mathrm{T}\{\Delta(t+\Delta\tau)\}+k_0\mathrm{T}\{\Delta(t)\}+k_1\mathrm{T}\{\Delta(t-\Delta\tau)\}+\ldots =$$

$$= \sum_\nu k_\nu \mathrm{T}\{\Delta(t-\nu\Delta\tau)\},$$

oder, wenn die Konstanten k_ν wieder durch $x(\nu\Delta\tau)\Delta\tau$ ersetzt werden:

$$y(t) \approx \sum_\nu x(\nu\Delta\tau)\,\mathrm{T}\{\Delta(t-\nu\Delta\tau)\}\Delta\tau, \tag{2.34}$$

Nach Gl. 2.20 ist $\mathrm{T}\{\Delta(t)\} \approx g(t)$ die Impulsantwort des Systems. Das System soll zeitinvariant sein, dann gilt nach Gl. 2.15

$$\mathrm{T}\{\Delta(t-\nu\Delta\tau)\} \approx g(t-\nu\Delta\tau). \tag{2.35}$$

Das Ergebnis nach Gl. 2.35 in Gl. 2.34 eingesetzt, führt zu

$$y(t) \approx \sum_\nu x(\nu\Delta\tau)\,g(t-\nu\Delta\tau)\,\Delta\tau. \tag{2.36}$$

Daraus ergibt sich im Grenzfall $\Delta\tau \to 0$ das Faltungsintegral

$$y(t) = \int_{-\infty}^{\infty} x(\tau)g(t-\tau)d\tau.$$

2.3.3 Beispiele zur Auswertung des Faltungsintegrals

Die folgenden Beispiele zeigen, wie mit dem Faltungsintegral (Gln. 2.25, 2.26) Systemreaktionen berechnet werden können. Wir setzen voraus, daß die Impulsantwort (oder auch Sprungantwort) der Systeme bekannt ist. Ein Verfahren zur Berechnung der Impulsantwort wird im Abschnitt 2.4 angesprochen.

Weitere Beispiele findet der Leser auch in der Aufgabensammlung [16].

Beispiel 1

Die Sprungantwort $h(t)$ des Systems nach Bild 2.25 soll mit dem Faltungsintegral berechnet werden.

Die Sprungantwort ist die Systemreaktion auf das Eingangssignal

$$x(t) = s(t) = \begin{cases} 0 \text{ für } t < 0 \\ 1 \text{ für } t > 0 \end{cases}.$$

Setzt man in das Faltungsintegral nach Gl. 2.26 $x(t-\tau) = s(t-\tau)$ ein, so wird

$$y(t) = h(t) = \int_{-\infty}^{\infty} s(t-\tau)g(\tau)d\tau.$$

Wir unterteilen den Integrationsbereich in zwei Teile, nämlich den von $\tau = -\infty$ bis zu $\tau = t$ und von $\tau = t$ bis $\tau = \infty$:

$$h(t) = \int_{-\infty}^{t} \underset{(=1)}{s(t-\tau)}g(\tau)d\tau + \int_{t}^{\infty} \underset{(=0)}{s(t-\tau)}g(\tau)d\tau. \qquad (2.37)$$

Im 1. Teilintegral ist die Integrationsvariable niemals größer als (der Parameter) t, also $t - \tau \geq 0$ und damit gilt $s(t-\tau) = 1$ für alle Werte der Integrationsvariablen (Beispiel: $t = 2$, $\tau = 1,5$, dann wird $t - \tau = 0,5$ und $s(0,5) = 1$). Im 2. Teilintegral von Gl. 2.37 ist die Integrationsvariable hingegen stets größer als t, damit wird $t - \tau < 0$ und $s(t-\tau) = 0$ (Beispiel: $t = 2$, $\tau = 2,1$, dann wird $t - \tau = -0,1$ und $s(-0,1) = 0$). Dies bedeutet, daß das 2. Teilintegral verschwindet und es wird (mit $s(t-\tau) = 1$ im 1. Teilintegral)

$$h(t) = \int_{-\infty}^{t} g(\tau)d\tau. \qquad (2.38)$$

Hinweis:

Bei den Integralen (Gl. 2.37) wird an der oberen (unteren) Grenze des 1. (2.) Teilintegrals $\tau = t$ und im Integrand tritt der nicht definierte Ausdruck $s(0)$ auf. Auf das Ergebnis der Integration hat dies aber keinen Einfluß. Die Fläche unter einer Funktion ändert sich nicht, wenn diese Funktion an einem Punkt (oder auch mehreren) nicht definiert ist.

Aus Gl. 2.38 findet man durch Differenzieren die schon im Abschnitt 2.3.1 abgeleitete Gleichung 2.23:

$$\frac{dh(t)}{dt} = \frac{d}{dt}\left\{ \int_{-\infty}^{t} g(\tau)d\tau \right\} = g(t).$$

Bekanntlich wird ein Integral nach seiner oberen Grenze (t) differenziert, wenn im Integrand $(g(\tau))$ die Integrationsvariable (τ) durch die obere Grenze (t) ersetzt wird.

Im konkreten Fall des Systems nach Bild 2.25 ist $g(t) = s(t)e^{-t}$, also

$$g(\tau) = s(\tau)e^{-\tau} = \begin{cases} 0 \text{ für } \tau < 0 \\ e^{-\tau} \text{ für } \tau > 0 \end{cases}$$

und nach Gl. 2.38 wird dann die Sprungantwort

$$h(t) = \int_{-\infty}^{t} s(\tau)e^{-\tau}d\tau. \tag{2.39}$$

Bild 2.28 zeigt eine Skizze des Integranden von Gl. 2.39.

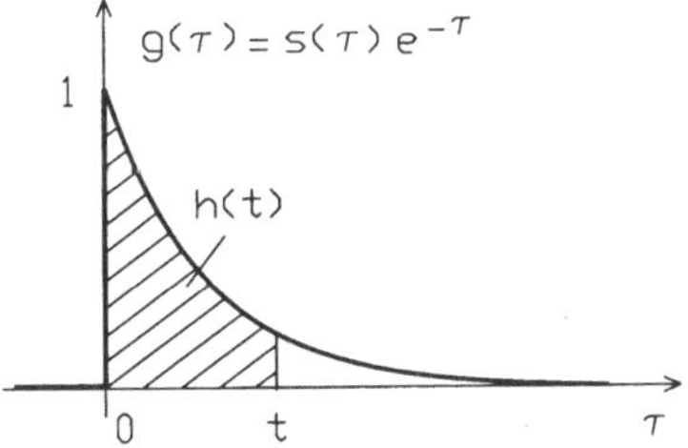

Bild 2.28

Sprungantwort als Fläche unter $g(\tau)$

Nach Gl. 2.38 bzw. 2.39 ist $h(t)$ die Fläche (schraffiert im Bild 2.28) unter der Impulsantwort $g(\tau)$ zwischen $\tau = -\infty$ und dem aktuellen Wert $\tau = t$. Ist $t < 0$ so wird diese Fläche 0, d.h. $h(t) = 0$ für $t < 0$. Für $t > 0$ wird aus Gl. 2.39

$$h(t) = \int_{0}^{t} e^{-\tau}d\tau = -e^{-\tau}\big|_{0}^{t} = 1 - e^{-t},$$

denn in diesem Integrationsbereich ist stets $\tau > 0$ und damit $s(\tau) = 1$. Wir fassen das Ergebnis zusammen

$$h(t) = \begin{cases} 0 \text{ für } t < 0 \\ 1 - e^{-t} \text{ für } t > 0 \end{cases} = s(t)(1 - e^{-t})$$

und stellen Übereinstimmung mit dem bereits auf andere Weise ermittelten Ergebnis fest (Gl. 2.18).

Hinweis:

Die Sprungfunktion $s(t)$ tritt bei diesem Beispiel in zwei völlig verschiedenen Bedeutungen auf. Zum einen ist $s(t)$ das Eingangssignal $(x(t) = s(t))$ der RC-Schaltung nach Bild 2.25, das zur

Sprungantwort $h(t)$ am Systemausgang führt. Zum anderen hat $s(t)$ die Aufgabe Funktionen geschlossen darzustellen, z.B. $h(t) = s(t)(1 - e^{-t})$. Die hier auftretende Funktion $s(t)$ darf nicht mit dem Eingangssignal $x(t) = s(t)$ verwechselt werden.

Beispiel 2

An das System nach Bild 2.25 mit $g(t) = s(t)e^{-t}$ wird das links im Bild 2.32 skizzierte Signal

$$x(t) = \begin{cases} 0 \text{ für } t < 0 \\ k\,t \text{ für } t > 0 \end{cases} = s(t)\,k\,t$$

angelegt. Gesucht ist die Systemreaktion $y(t)$.

Setzt man $x(\tau) = s(\tau)k\tau$ und $g(t - \tau) = s(t - \tau)e^{-(t-\tau)}$ in Gl. 2.25 ein, so wird

$$y(t) = \int_{-\infty}^{\infty} x(\tau)g(t-\tau)d\tau = \int_{-\infty}^{\infty} s(\tau)\,k\tau\,s(t-\tau)\,e^{-(t-\tau)}d\tau. \qquad (2.40)$$

Bei der Auswertung von Gl. 2.40 "stören" die Faktoren $s(\tau)$ und $s(t-\tau)$, die entweder 0 oder 1 sein können.

> Es empfiehlt sich bei der Auswertung des Faltungsintegrals stets eine Skizze für $x(\tau)$ und $g(t-\tau)$ bzw. das Produkt $x(\tau)g(t-\tau)$ anzufertigen.

Dazu müssen wir überlegen, wie das "Bild" von $g(t-\tau)$ aussieht (t ist ein Parameter, τ die Variable). Wir betrachten zunächst den Sonderfall $t = 0$, dann wird $g(t-\tau) = g(-\tau)$. Im Bild 2.29 ist links $g(\tau) = s(\tau)e^{-\tau}$ aufgetragen, rechts $\tilde{g}(\tau) = g(-\tau) = s(-\tau)e^{\tau}$. Man erkennt, daß $\tilde{g}(\tau) = g(-\tau)$ durch "Spiegelung" von $g(\tau)$ an der Ordinate entsteht.

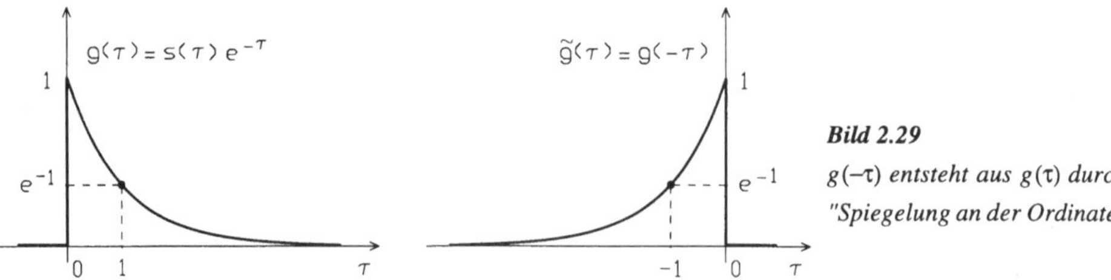

Bild 2.29

$g(-\tau)$ entsteht aus $g(\tau)$ durch "Spiegelung an der Ordinate"

Zum besseren Verständnis betrachten wir z.B. den Funktionswert $g(1) = s(1)e^{-1} = e^{-1}$ (im Bild markiert). Den gleichen Wert e^{-1} erhält man, wenn in $\tilde{g}(\tau) = s(-\tau)e^{\tau}$ für $\tau = -1$ eingesetzt wird: $\tilde{g}(-1) = g(1) = s(1) \cdot e^{-1} = e^{-1}$ (markiert in Bild 2.29).

Die Frage, wie die Funktion $g(t-\tau)$ aussieht, ist jetzt schnell geklärt. Zu diesem Zweck schreiben wir $g(t-\tau) = g[-(\tau-t)]$ und stellen fest, daß mit $\tilde{g}(\tau) = g(-\tau)$

$$g(t - \tau) = \tilde{g}(\tau - t)$$

gilt. Dies ist aber (vgl. Bild 2.4, Abschnitt 2.1) die um t nach rechts ($t > 0$ vorausgesetzt) verschobene Funktion $\tilde{g}(\tau)$. Bild 2.30 stellt die Ergebnisse zusammen:

Aus $g(\tau)$ erhält man $g(t - \tau)$, indem $g(\tau)$ zunächst "umgeklappt" (an der Ordinate gespiegelt) und dann um t nach rechts (bei negativem t nach links) "verschoben" wird.

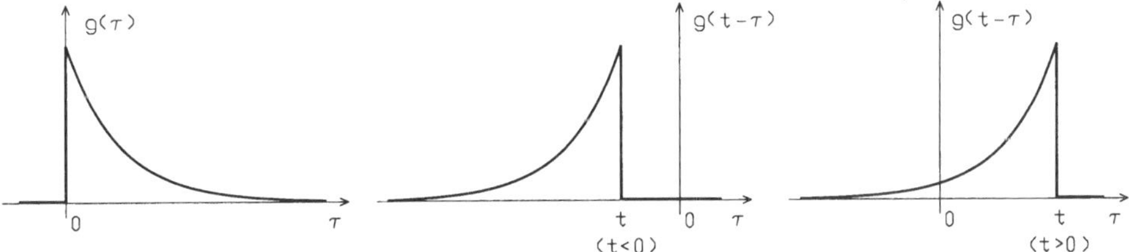

Bild 2.30 *Darstellung von $g(t - \tau)$ in Abhängigkeit von τ*

Wir kommen nun zum Ausgangsproblem (der Auswertung von Gl. 2.40) zurück. Links im Bild 2.31 ist $x(\tau) = s(\tau)k\,\tau$ und $g(t - \tau) = s(t - \tau)e^{-(t-\tau)}$ für einen negativen Wert des Parameters t aufgetragen (vgl. Bild 2.30, Mitte). Man erkennt, daß das Produkt $x(\tau) \cdot g(t - \tau)$ für alle Werte von τ verschwindet und damit $y(t) = 0$ für $t < 0$ ist. Natürlich kann man dieses Ergebnis sofort angeben, denn es liegt ein kausales System vor und es gilt $x(t) = 0$ für $t < 0$ (Abschnitt 2.2.4). Wird t erhöht, so "schiebt" sich $g(t - \tau)$ nach rechts (Bild 2.31, rechts) und im Fall $t > 0$ ergibt sich für $y(t)$ ein Wert, der der (schraffierten) Fläche unter dem Produkt $x(\tau) \cdot g(t - \tau)$ entspricht. Durch "Hin- und Herschieben" von $g(t - \tau)$ erhält man eine unterschiedlich große Fläche $y(t)$. Von dieser Art der Darstellung leitet sich auch die Bezeichnung Faltungsintegral ab.

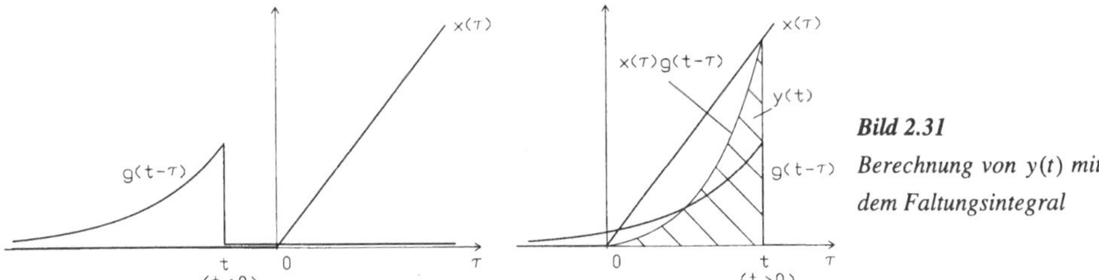

Bild 2.31 *Berechnung von $y(t)$ mit dem Faltungsintegral*

Aus Gl. 2.40 wird für $t > 0$:

$$y(t) = \int_0^t k\tau e^{-(t-\tau)}d\tau, \tag{2.41}$$

denn nur im Bereich zwischen 0 und t liegen Flächenanteile (siehe Bild 2.31) und in diesem Bereich ($\tau > 0$ und $\tau < t$) ist $s(\tau) = 1$ und $s(t - \tau) = 1$. Gl. 2.41 ergibt

$$y(t) = ke^{-t} \int_0^t \tau e^{\tau} d\tau = ke^{-t} [e^{\tau}(\tau - 1)]\big|_0^t = ke^{-t} [e^t(t - 1) + 1] = k(t - 1) + ke^{-t}.$$

Zusammenfassung:

$$y(t) = \begin{cases} 0 \text{ für } t < 0 \\ k(t - 1) + ke^{-t} \text{ für } t > 0 \end{cases} = s(t)\,[k(t - 1) + ke^{-t}\,].$$

Bild 2.32 zeigt das Ergebnis $y(t)$ zusammen mit dem Eingangssignal $x(t)$ und dem vorliegenden System mit der Impulsantwort $g(t) = s(t)e^{-t}$.

Hinweise:

$y(t)$ kann (für $t > 0$) als Summe der Geraden $k(t - 1)$ und der Exponentialfunktion ke^{-t} dargestellt werden (siehe Bild 2.32). Für $t \to \infty$ geht sowohl $x(t)$ als auch $y(t)$ gegen ∞. Daher kann diese Aufgabenstellung nur für hinreichend kleine Werte von t, bei denen die Spannungen nicht unerlaubt groß werden, als physikalisch sinnvoll gelten.

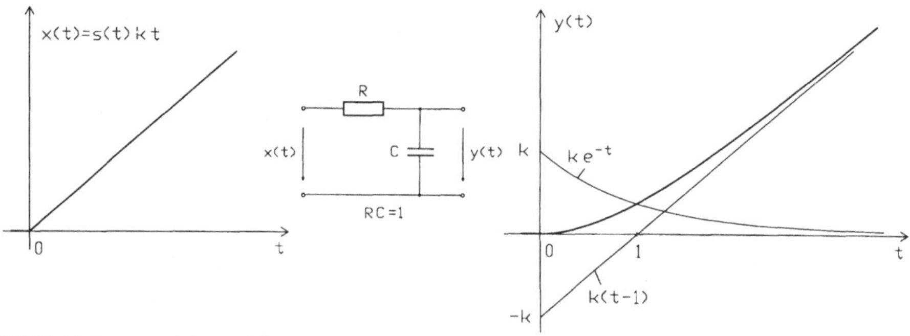

Bild 2.32 *Systemreaktion auf das Eingangssignal* $x(t) = s(t)\,k\,t$

Beispiel 3

Im Bild 2.33 ist die Sprungantwort $h(t)$ eines Systems dargestellt und weiterhin ein spezielles Eingangssignal $x(t)$ für das die Systemreaktion $y(t)$ zu berechnen ist.

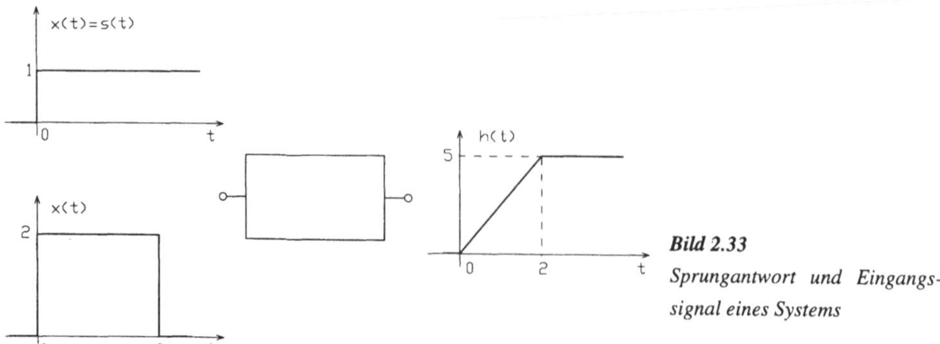

Bild 2.33
Sprungantwort und Eingangssignal eines Systems

Die Berechnung von $y(t)$ kann auf zwei Arten erfolgen, einmal unmittelbar mit Hilfe der Sprungantwort und weiterhin mit dem Faltungsintegral.

Bei der ersten Berechnungsart gehen wir von der Darstellung

$$x(t) = 2s(t) - 2s(t-3)$$

für das Eingangssignal $x(t)$ aus. Ein lineares zeitinvariantes System reagiert auf ein Eingangssignal $k\,s(t-t_0)$ mit $k\,h(t-t_0)$, also auf $2s(t)$ mit $2h(t)$ und auf $2s(t-3)$ mit $2h(t-3)$. Damit lautet die Systemreaktion

$$y(t) = 2h(t) - 2h(t-3).$$

Im Bild 2.34 ist $y(t)$ dargestellt.

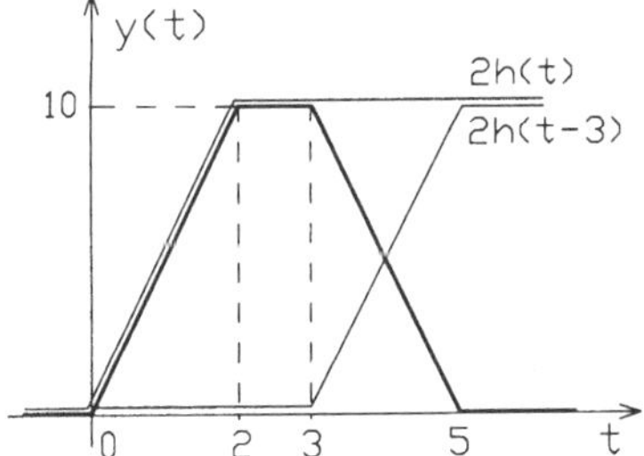

Bild 2.34

Systemreaktion auf das Eingangssignal nach Bild 2.33

Die Berechnung mit dem Faltungsintegral ist in diesem Fall umständlicher. Zunächst berechnen wir aus der im Bild 2.33 angegebenen Sprungantwort $h(t)$ die im Bild 2.35 skizzierte Impulsantwort $g(t) = h'(t)$. Man gewinnt $g(t)$ durch stückweises Differenzieren von $h(t)$.

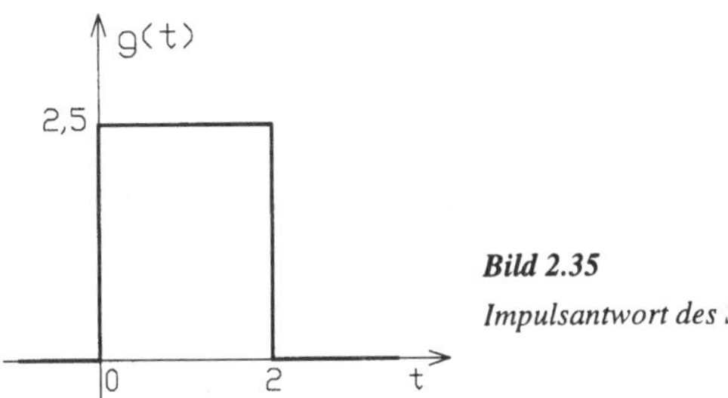

Bild 2.35

Impulsantwort des Systems nach Bild 2.33

Nun wenden wir das Faltungsintegral

$$y(t) = \int_{-\infty}^{\infty} x(\tau)g(t-\tau)\,d\tau$$

mit $x(t)$ nach Bild 2.33 und $g(t)$ nach Bild 2.35 an. Um einen besseren Überblick zu erhalten und zur Festlegung der Integrationsgrenzen zeichnen wir $x(\tau)$ und $g(t-\tau)$ für verschiedene Werte des Zeitparameters t auf. Dies ist im Bild 2.36 geschehen. Wie wir feststellen können, muß man hier 5 verschiedene Zeitbereiche unterscheiden. Aus den ebenfalls im Bild 2.36 für die verschiedenen Zeitbereiche angegebenen Lösungen stellt man leicht die Übereinstimmung mit $y(t)$ nach Bild 2.34 fest.

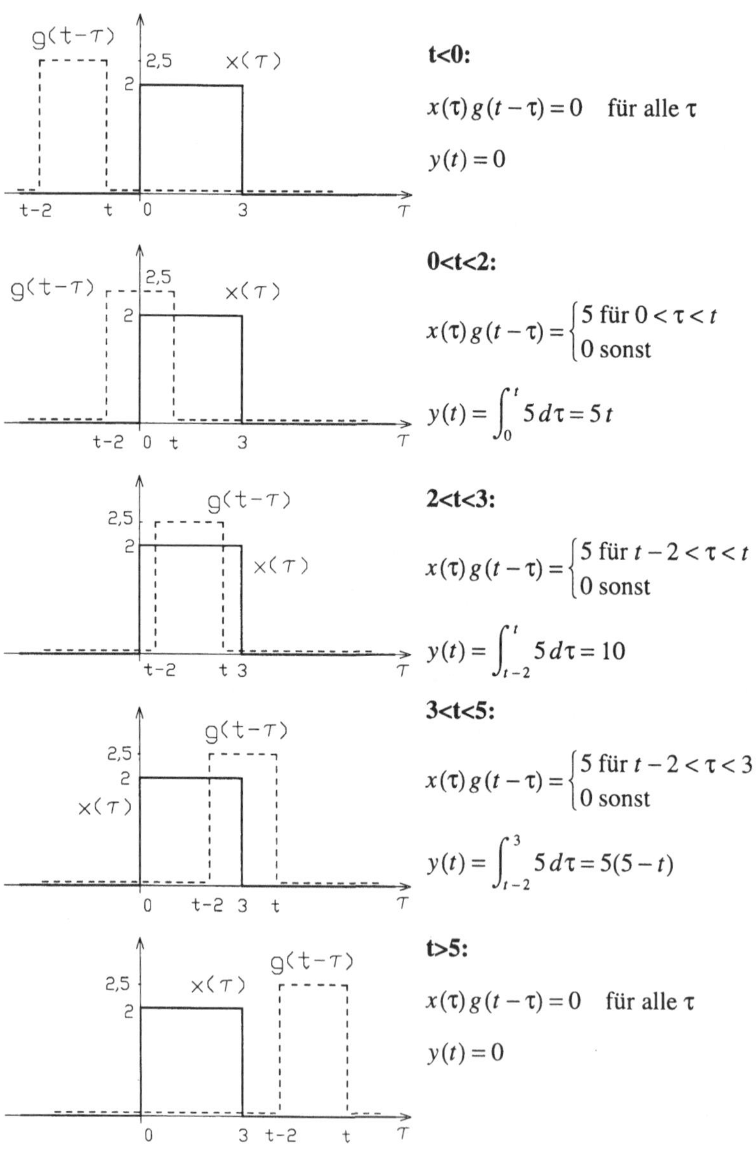

t<0:

$$x(\tau)\,g(t-\tau)=0 \quad \text{für alle } \tau$$

$$y(t)=0$$

0<t<2:

$$x(\tau)\,g(t-\tau)=\begin{cases} 5 \text{ für } 0<\tau<t \\ 0 \text{ sonst} \end{cases}$$

$$y(t)=\int_{0}^{t} 5\,d\tau = 5\,t$$

2<t<3:

$$x(\tau)\,g(t-\tau)=\begin{cases} 5 \text{ für } t-2<\tau<t \\ 0 \text{ sonst} \end{cases}$$

$$y(t)=\int_{t-2}^{t} 5\,d\tau = 10$$

3<t<5:

$$x(\tau)\,g(t-\tau)=\begin{cases} 5 \text{ für } t-2<\tau<3 \\ 0 \text{ sonst} \end{cases}$$

$$y(t)=\int_{t-2}^{3} 5\,d\tau = 5(5-t)$$

t>5:

$$x(\tau)\,g(t-\tau)=0 \quad \text{für alle } \tau$$

$$y(t)=0$$

Bild 2.36 *Berechnung von y(t) mit dem Faltungsintegral*

2.3.4 Ein Stabilitätskriterium

Im Abschnitt 2.2.3 haben wir als Stabilitätskriterium definiert, daß $|y(t)| < N < \infty$ sein muß, wenn $|x(t)| < M < \infty$ ist. Dabei können M und N beliebige Zahlen sein. Ist die Impulsantwort eines linearen zeitinvarianten Systems bekannt, so kann man das Stabilitätskriterium auch anders formulieren.

Satz: Ein lineares zeitinvariantes System ist genau dann stabil, wenn seine Impulsantwort $g(t)$ absolut integrierbar ist, d.h.

$$\int_{-\infty}^{\infty} |g(t)|\, dt < K < \infty. \tag{2.42}$$

Wir wollen kurz auf den Beweis von Gl. 2.42 eingehen. Das Faltungsintegral liefert auf beliebige Eingangssignale die Reaktionen

$$y(t) = \int_{-\infty}^{\infty} x(t-\tau)g(\tau)\, d\tau.$$

Daraus wird mit der Bedingung $|x(t)| < M$ (und damit auch $|x(t-\tau)| < M$)

$$|y(t)| = \left| \int_{-\infty}^{\infty} x(t-\tau)g(\tau)d\tau \right| \leq \int_{-\infty}^{\infty} |x(t-\tau)|\,|g(\tau)|\, d\tau \leq M \int_{-\infty}^{\infty} |g(\tau)|\, d\tau.$$

Da $|y(t)| < N$ sein muß, muß auch das (rechte) Integral einen endlichen Wert haben, also durch eine Konstante K abschätzbar sein.

Hinweise:

1. Damit wurde bewiesen, daß ein System mit der Eigenschaft 2.42 auf ein beschränktes Eingangssignal mit einem ebenfalls beschränkten Ausgangssignal reagiert. Es wäre noch zu zeigen, daß umgekehrt ein System mit einer nicht absolut integrierbaren Impulsantwort auf ein beschränktes Eingangssignal mit einem über alle Grenzen wachsenden Ausgangssignal reagiert (siehe hierzu z.B. [6]).

2. Bei Gl. 2.42 muß genaugenommen vorausgesetzt werden, daß $g(t)$ keine δ-Anteile enthält, weil Ausdrücke der Art $|\delta(t)|$ im Rahmen der Theorie der verallgemeinerten Funktionen nicht erklärt sind (siehe hierzu [22]). Auf die Stabilität haben δ-Anteile in der Impulsantwort jedoch keinen Einfluß.

2.3.5 Ein Kriterium für die Kausalität von Systemen

Im Abschnitt 2.2.4 wurde ausgeführt, daß ein kausales System auf ein Eingangssignal mit der Eigenschaft $x(t) = 0$ für $t < t_0$ mit einem Ausgangssignal $y(t)$ reagiert, das ebenfalls die Eigenschaft $y(t) = 0$ für $t < t_0$ aufweist. Bei Kenntnis der Impuls- oder auch der Sprungantwort kann man unmittelbar erkennen, ob das betreffende System kausal ist.

Satz: Ein System ist genau dann kausal, wenn seine Impulsantwort oder auch seine Sprungantwort für negative Zeiten verschwindet, also $g(t) = 0$ für $t < 0$ oder $h(t) = 0$ für $t < 0$.

Diese Aussagen sind einleuchtend. Ein kausales System kann auf eine bei $t = 0$ "einsetzende" Sprungfunktion $x(t) = s(t)$ nur mit einer (Sprung-) Antwort $y(t) = h(t)$ reagieren, die im Bereich $t < 0$ ebenfalls Null ist. Das gleiche gilt für die Reaktion $y(t) = g(t)$ auf einen bei $t = 0$ "eintreffenden" Dirac-Impuls $x(t) = \delta(t)$. Ausführlichere Erklärungen hierzu findet der Leser in der Literaturstelle [6].

2.4 Die Übertragungsfunktion

2.4.1 Eine Definition der Übertragungsfunktion

Wir wählen als Eingangssignal eines Systems das komplexe Signal $x(t) = e^{j\omega t}$. Die Systemreaktion ermitteln wir mit dem Faltungsintegral in der Form

$$y(t) = \int_{-\infty}^{\infty} x(t - \tau) g(\tau) d\tau$$

und erhalten mit $x(t - \tau) = e^{j\omega(t - \tau)}$

$$y(t) = \int_{-\infty}^{\infty} e^{j\omega(t - \tau)} g(\tau) d\tau = e^{j\omega t} \int_{-\infty}^{\infty} g(\tau) e^{-j\omega\tau} d\tau. \tag{2.43}$$

Das rechts auftretende (nur noch von dem Parameter ω abhängige) Integral ist die **Übertragungsfunktion** des Systems:

$$G(j\omega) = \int_{-\infty}^{\infty} g(\tau) e^{-j\omega\tau} d\tau.$$

Ersetzt man, wie es meist üblich ist, die Integrationsvariable τ durch t, so gilt

$$G(j\omega) = \int_{-\infty}^{\infty} g(t)e^{-j\omega t}dt. \qquad (2.44)$$

Aus Gl. 2.43 erkennt man, daß ein lineares zeitinvariantes System auf ein Eingangssignal $x(t) = e^{j\omega t}$ mit $y(t) = G(j\omega) \cdot e^{j\omega t}$, also mit $y(t) = G(j\omega) \cdot x(t)$ reagiert. Aus diesem Ergebnis erhält man nun eine weitere Möglichkeit zur Definition der Übertragungsfunktion:

$$G(j\omega) = \left. \frac{y(t)}{x(t)} \right|_{x(t) = e^{j\omega t}}. \qquad (2.45)$$

Der Hinweis "$x(t) = e^{j\omega t}$" in Gl. 2.45 ist sehr wichtig, er darf niemals weggelassen werden.

Die Übertragungsfunktion bei elektrischen Netzwerken ermittelt man i.a. nicht mit Hilfe der Beziehung 2.44 oder 2.45 sondern mit der komplexen Rechnung (siehe Abschnitt 2.4.2). Interessant ist die Frage, ob es zu Gl. 2.44 eine "Umkehrbeziehung" gibt, mit der die Impulsantwort bei Kenntnis der Übertragungsfunktion berechnet werden kann. Es zeigt sich, daß eine solche Umkehrbeziehung existiert, es gilt nämlich

$$g(t) = \frac{1}{2\pi} \int_{-\infty}^{\infty} G(j\omega)e^{j\omega t}d\omega. \qquad (2.46)$$

Der Beweis von Gl. 2.46 erfolgt erst im Abschnitt 3.2 im Zusammenhang mit der Behandlung der Fourier-Transformation.

Man nennt $G(j\omega)$ auch die **Fourier-Transformierte** von $g(t)$ und schreibt $G(j\omega) = \mathrm{F}\{g(t)\}$. $g(t)$ ist die **Fourier-Rücktransformierte** von $G(j\omega)$, Schreibweise: $g(t) = \mathrm{F}^{-1}\{G(j\omega)\}$. Bei der Fourier-Transformation, die im Abschnitt 3 ausführlich behandelt wird, handelt es sich um eine sogenannte Funktionaltransformation, die einer Zeitfunktion (hier $g(t)$) eine Frequenzfunktion (hier $G(j\omega)$) zuordnet und umgekehrt.

Wir sehen nun, wie man die für das Faltungsintegral benötigte Impulsantwort ggf. finden kann. Man berechnet (bei Netzwerken) mit der komplexen Rechnung $G(j\omega)$ und daraus mit Gl. 2.46 die Impulsantwort $g(t)$. Wie dies im einzelnen durchzuführen ist, wird im Abschnitt 3.5 gezeigt.

Impulsantwort und Übertragungsfunktion sind gleichwertige Kenngrößen für lineare Systeme, die sich ineinander umrechnen lassen. Systeme mit gleicher Impulsantwort oder Übertragungsfunktion reagieren, unabhängig von der jeweiligen Realisierung, auf gleiche Eingangssignale mit gleichen Ausgangssignalen.

Meßtechnisch kann die Impulsantwort eines Systems näherungsweise ermittelt werden, wenn als Eingangssignal ein schmaler hoher Impuls angelegt wird. Bei elektronischen Schaltungen, die sich im Kleinsignalbetrieb linear verhalten, kann diese Methode allerdings zu Schwierigkeiten führen, da der zulässige Aussteuerungsbereich bei einem hohen Eingangsimpuls ggf. überschritten wird. In diesem Fall kann man z.B. die Übertragungsfunktion messen und aus dieser anschließend $g(t)$ berechnen. Zur Messung von $G(j\omega)$ benötigt man lediglich ein in der Frequenz einstellbares sinusförmiges Eingangssignal. Das Verhältnis von Ausgangsamplitude zu Eingangsamplitude liefert den Betrag $|G(j\omega)|$ der Übertragungsfunktion. Seine Phase entspricht der Phasendifferenz von Aus- zu Eingangssignal.

2.4.2 Der Zusammenhang zur komplexen Rechnung

Bekanntlich erlaubt die komplexe Rechnung eine besonders einfache Ermittlung von Netzwerkreaktionen, wenn die Quellensignale sinusförmig sind, d.h. die Form $x(t) = \hat{x}\cos(\omega t + \varphi)$ aufweisen. Mit der komplexen Rechnung kann man die Netzwerkreaktion $y(t) = \hat{y}\cos(\omega t + \psi)$ im eingeschwungenen Zustand berechnen.

Mit Hilfe der Beziehung

$$\cos(\omega t + \alpha) = 0,5e^{j(\omega t + \alpha)} + 0,5e^{-j(\omega t + \alpha)}$$

kann das Ein- und Ausgangssignal auch folgendermaßen dargestellt werden:

$$x(t) = 0,5\hat{x}e^{j\varphi}e^{j\omega t} + 0,5\hat{x}e^{-j\varphi}e^{-j\omega t}, \quad y(t) = 0,5\hat{y}e^{j\psi}e^{j\omega t} + 0,5\hat{y}e^{-j\psi}e^{-j\omega t}.$$

$x(t)$ besteht aus zwei (mit dem Faktor 0,5 gewichteten) Summanden und entsprechend der Linearitätsbeziehung (Gl. 2.13) reagiert das Netzwerk auf $\tilde{x}(t) = \hat{x}e^{j\varphi}e^{j\omega t}$ mit $\tilde{y}(t) = \hat{y}e^{j\psi}e^{j\omega t}$ (und auf den zweiten Summanden von $x(t)$ mit dem zweiten Summanden von $y(t)$).

In der komplexen Rechnung führt man die komplexen Amplituden $\hat{X} = \hat{x}e^{j\varphi}$, $\hat{Y} = \hat{y}e^{j\psi}$ ein. Eine komplexe Amplitude faßt die wirkliche Amplitude ($\hat{x}$ bzw. $\hat{y}$) der Cosinusschwingung mit dem Nullphasenwinkel (φ bzw. ψ) zu einer komplexen Zahl zusammen. Dividiert man $\hat{X}$ bzw. $\hat{Y}$ durch $\sqrt{2}$, so ergeben sich die eigentlichen komplexen Größen (Spannungen, Ströme) $X = \frac{1}{2}\sqrt{2}\hat{X}$, $Y = \frac{1}{2}\sqrt{2}\hat{Y}$. Die Beträge $|X|$, $|Y|$ entsprechen damit den Effektivwerten.

Mit den so eingeführten komplexen Größen hat das Eingangssignal $\tilde{x}(t)$ die Form $\tilde{x}(t) = \hat{X}e^{j\omega t}$ und die Netzwerkreaktion die Form $\tilde{y}(t) = \hat{Y}e^{j\omega t}$. Multipliziert man Ein- und Ausgangssignal noch mit dem Faktor $1/\hat{X}$ (Linearität!), so erhält man $\tilde{x}(t) = e^{j\omega t}$ und $\tilde{y}(t) = \hat{Y}/\hat{X}e^{j\omega t}$. Daraus folgt schließlich mit Gl. 2.45

$$G(j\omega) = \frac{\tilde{y}(t)}{\tilde{x}(t)}\Bigg|_{\tilde{x}(t)=e^{j\omega t}} = \frac{\hat{Y}}{\hat{X}} = \frac{Y}{X}. \tag{2.47}$$

2.4.3 Der Zusammenhang zur Differentialgleichung und Beispiele

Beispiel 1

Die Übertragungsfunktion des im Bild 2.37 skizzierten Systems (Netzwerkes) soll berechnet werden.

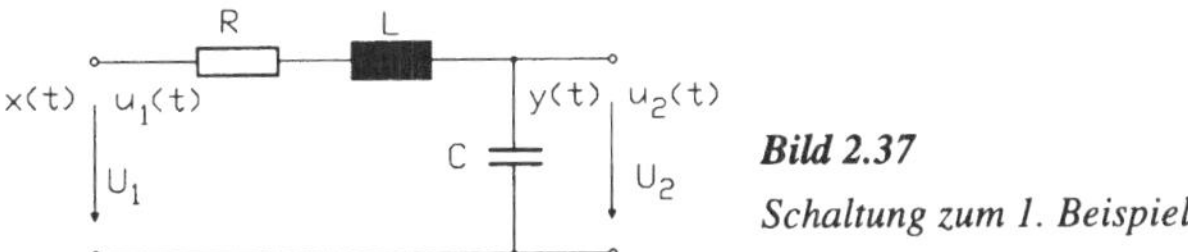

Bild 2.37
Schaltung zum 1. Beispiel

Entsprechend Gl. 2.47 erhalten wir

$$G(j\omega) = \frac{Y}{X} = \frac{U_2}{U_1} = \frac{1/(j\omega C)}{R + j\omega L + 1/(j\omega C)} = \frac{1}{1 + j\omega RC + (j\omega)^2 LC}.$$

Wir benutzen dieses Beispiel um kurz zu erklären, wie man aus der Übertragungsfunktion die das System beschreibende Differentialgleichung erhalten kann.

Ein Netzwerk mit zwei Energiespeichern wird durch eine Differentialgleichung 2. Ordnung beschrieben, für die wir folgenden Ansatz machen

$$b_0 y(t) + b_1 y'(t) + b_2 y''(t) = a_0 x(t) + a_1 x'(t) + a_2 x''(t). \tag{2.48}$$

Wir suchen die Lösung dieser Differentialgleichung für das Eingangssignal $x(t) = e^{j\omega t}$. Nach Gl. 2.43 bzw. 2.45 hat die Lösung die Form

$$y(t) = G(j\omega)e^{j\omega t}.$$

Setzen wir

$$x(t) = e^{j\omega t}, \quad x'(t) = j\omega e^{j\omega t}, \quad x''(t) = (j\omega)^2 e^{j\omega t},$$

$$y(t) = G(j\omega)e^{j\omega t}, \quad y'(t) = j\omega G(j\omega)e^{j\omega t}, \quad y''(t) = (j\omega)^2 G(j\omega)e^{j\omega t}$$

in die Differentialgleichung ein, so folgt

$$G(j\omega)e^{j\omega t}\{b_0 + j\omega b_1 + (j\omega)^2 b_2\} = e^{j\omega t}\{a_0 + j\omega a_1 + (j\omega)^2 a_2\}$$

und daraus

$$G(j\omega) = \frac{a_0 + a_1 j\omega + a_2 (j\omega)^2}{b_0 + b_1 j\omega + b_2 (j\omega)^2}. \qquad (2.49)$$

Stellt man $G(j\omega)$ als gebrochen rationale Funktion von $j\omega$ dar, so entsprechen die Koeffizienten genau denen der Differentialgleichung.

Ein Vergleich der Übertragungsfunktion des Netzwerkes von Bild 2.37 mit Gl. 2.49 ergibt die Koeffizienten $a_0 = 1$, $a_1 = 0$, $a_2 = 0$, $b_0 = 1$, $b_1 = RC$, $b_2 = LC$, die Differentialgleichung lautet (Gl. 2.48):

$$y(t) + RC\, y'(t) + LC\, y''(t) = x(t).$$

Umgekehrt kann man natürlich bei einer gegebenen Differentialgleichung (Form nach Gl. 2.48) unmittelbar die Übertragungsfunktion (Form nach Gl. 2.49) angeben. Dieses Verfahren ist sinngemäß auf Systeme mit Differentialgleichungen beliebig hoher Ordnung anwendbar.

Beispiel 2

Bei dem Netzwerk nach Bild 2.25 lautet die Impulsantwort $g(t) = s(t)e^{-t}$. Gesucht wird die Übertragungsfunktion des Netzwerkes.

Nach Gl. 2.44 wird

$$G(j\omega) = \int_{-\infty}^{\infty} g(t)e^{-j\omega t} dt = \int_{0}^{\infty} e^{-t} e^{-j\omega t} dt,$$

denn für $t < 0$ ist $g(t) = 0$, so daß nur über positive Werte der Integrationsvariablen zu integrieren ist. Man erhält nun

$$G(j\omega) = \int_{0}^{\infty} e^{-t(1+j\omega)} dt = \frac{-1}{1+j\omega} e^{-t(1+j\omega)} \Big|_{0}^{\infty}.$$

Setzt man die untere Grenze $t = 0$ ein, so wird $e^{-t(1+j\omega)} = 1$. Zur Bestimmung des Wertes an der oberen Integrationsgrenze schreiben wir $e^{-t(1+j\omega)} = e^{-t} e^{-j\omega t}$ und man erkennt, daß $e^{-t} = 0$ für $t = \infty$ wird. Der 2. Faktor $e^{-j\omega t}$ hat übrigens für alle (endlichen) Werte von t den Betrag 1, denn

$$|e^{-j\omega t}| = |\cos(\omega t) - j\sin(\omega t)| = \sqrt{\cos^2(\omega t) + \sin^2(\omega t)} = 1.$$

Daraus folgt $e^{-t(1+j\omega)} = 0$ für $t = \infty$ und es wird

$$G(j\omega) = \frac{1}{1+j\omega}.$$

Wir können $G(j\omega)$ bei dem Netzwerk nach Bild 2.25 natürlich viel rascher mit der komplexen Rechnung berechnen und finden mit der Bedingung $RC = 1$ das gleiche Ergebnis.

Hätten wir den umgekehrten Weg beschritten und $g(t)$ mit der (noch nicht bewiesenen) Gl. 2.46 berechnen wollen, so hätte dies auf das Integral

$$g(t) = \frac{1}{2\pi} \int_{-\infty}^{\infty} \frac{1}{1+j\omega} e^{j\omega t} d\omega$$

geführt. Die Berechnung dieses Integrales ist nicht auf elementare Weise möglich.

Beispiel 3

Bild 2.38 zeigt die Impulsantwort eines linearen Systems, zu berechnen ist die Übertragungsfunktion und die Reaktion auf das Eingangssignal $x(t) = 3e^{4jt}$.

Da $g(t) = 0$ für $t < 2$ und für $t > 3$ ist, wird aus Gl. 2.44

$$G(j\omega) = \int_{2}^{3} 2e^{-j\omega t} dt = \frac{-2}{j\omega} e^{-j\omega t} \Big|_{2}^{3} = \frac{2}{j\omega}(e^{-2j\omega} - e^{-3j\omega}).$$

Die Lösung der 2. Teilaufgabe, die Ermittlung von $y(t)$ im Falle $x(t) = 3e^{4jt}$, muß nicht mit dem Faltungsintegral durchgeführt werden. Im Fall $\tilde{x}(t) = ke^{j\omega t}$ wird $\tilde{y}(t) = kG(j\omega)e^{j\omega t}$. Setzt man $k = 3$ und $\omega = 4$, so wird $\tilde{x}(t) = 3e^{4jt} = x(t)$ und damit

$$y(t) = 3 \cdot G(j4) e^{4jt} = 3\frac{2}{j4}(e^{-8j} - e^{-12j})e^{4jt} = 1,5j(e^{j4(t-3)} - e^{j4(t-2)}).$$

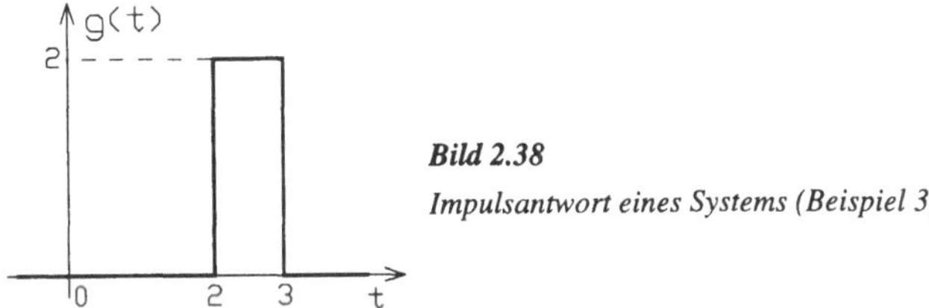

Bild 2.38
Impulsantwort eines Systems (Beispiel 3)

2.5 Zusätzliche Beispiele

Beispiel 1

Gesucht wird die Impulsantwort der Schaltung nach Bild 2.39.

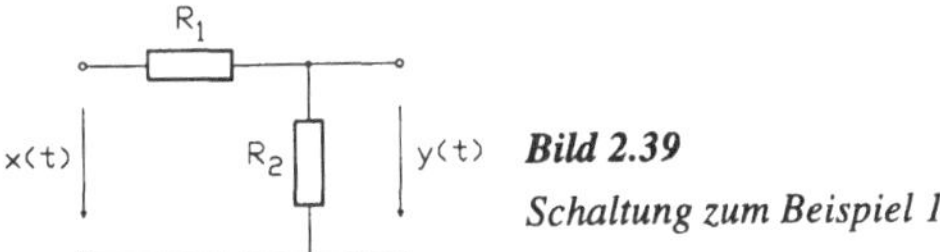

Bild 2.39
Schaltung zum Beispiel 1

Lösung: Nach der Spannungsteilerregel wird

$$y(t) = x(t)\frac{R_2}{R_1 + R_2}.$$

Mit $x(t) = \delta(t)$ erhalten wir die Impulsantwort

$$g(t) = \delta(t)\frac{R_2}{R_1 + R_2}.$$

Beispiel 2

Bild 2.40 zeigt links die Sprungantwort eines Systems. Gesucht sind die Impulsantwort und die Übertragungsfunktion.

Lösung: $g(t) = h'(t)$ ist rechts im Bild 2.40 skizziert. Nach Gl. 2.44 wird

$$G(j\omega) = \int_{-\infty}^{\infty} g(t)e^{-j\omega t}dt = \int_{-\infty}^{\infty} 2\delta(t)e^{-j\omega t}dt + \int_{0}^{2} 1,5e^{-j\omega t}dt = 2 + \frac{3}{2j\omega}(1 - e^{-2j\omega}).$$

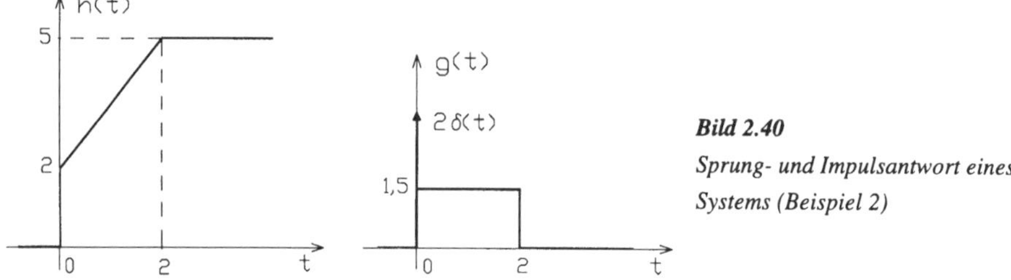

Bild 2.40

Sprung- und Impulsantwort eines Systems (Beispiel 2)

Hinweis:

Die Sprungantwort kann in der Form $h(t) = 2s(t) + \tilde{h}(t)$ dargestellt werden. Dabei ist $\tilde{h}(t)$ eine stetige Funktion, die im Bereich $0 \leq t \leq 2$ von 0 auf den Wert 3 linear ansteigt. Die Ableitung des 1. Summanden von $h(t)$ ergibt $2\delta(t)$. Der 2. (stetige) Summand $\tilde{h}(t)$ kann abschnittsweise abgeleitet werden und ergibt die rechts im Bild 2.40 dargestellte Rechteckfunktion.

Beispiel 3

Bild 2.41 zeigt im linken Teil die Sprungantwort $h(t) = s(t)0,5\,e^{-t/3}$, rechts ein spezielles Eingangssignal $x(t)$ für das System. Gesucht wird die Impulsantwort und die Übertragungsfunktion. Weiterhin ist die Reaktion $y(t)$ auf das Eingangssignal $x(t)$ (Bild 2.41) mit Hilfe der Sprungantwort zu berechnen.

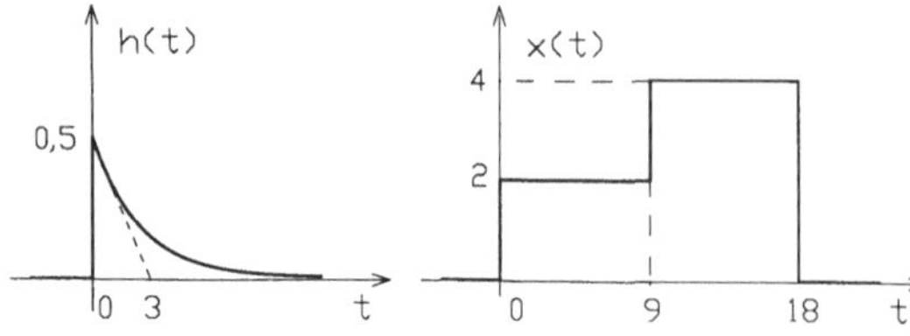

Bild 2.41

Sprungantwort und Eingangssignal eines Systems (Beispiel 3)

Lösung:

$$g(t) = h'(t) = \frac{1}{2}\delta(t) - \frac{1}{6}s(t)e^{-t/3},$$

$$G(j\omega) = \int_{-\infty}^{\infty} g(t)e^{-j\omega t}dt = \int_{-\infty}^{\infty}\frac{1}{2}\delta(t)e^{-j\omega t}dt - \int_{0}^{\infty}\frac{1}{6}e^{-t/3}e^{-j\omega t}dt = \frac{1}{2} - \frac{1}{6}\frac{1}{1/3 + j\omega}.$$

Das Signal $x(t)$ (Bild 2.41) hat die Form

$$x(t) = 2s(t) + 2s(t-9) - 4s(t-18)$$

und man erhält die im Bild 2.42 skizzierte Reaktion

$$y(t) = 2h(t) + 2h(t-9) - 4h(t-18).$$

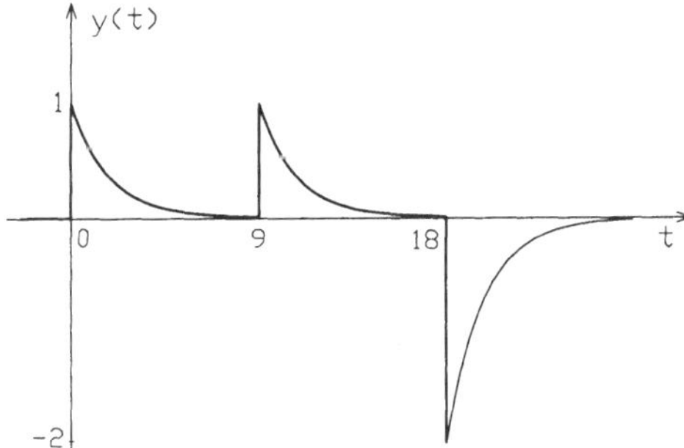

Bild 2.42

Systemreaktion auf das Eingangssignal von Bild 2.41

Beispiel 4

Bild 2.43 zeigt (links) die Impulsantwort eines Systems. Es ist zu begründen, daß das System stabil ist. Weiterhin soll mit dem Faltungsintegral die Systemreaktion auf $x(t) = \cos(\omega t)$ berechnet werden.

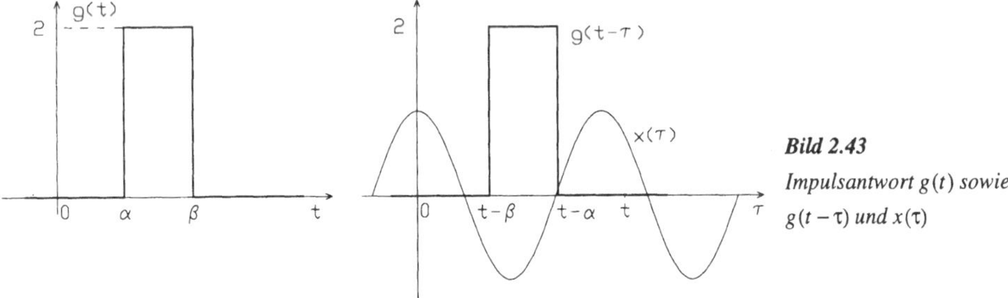

Bild 2.43

Impulsantwort $g(t)$ sowie $g(t-\tau)$ und $x(\tau)$

Lösung: Nach Gl. 2.42 ist das System stabil, wenn die Impulsantwort absolut integrierbar ist. Dies ist hier der Fall:

$$\int_{-\infty}^{\infty} |g(t)|\, dt = \int_{\alpha}^{\beta} 2\, dt = 2(\beta - \alpha) < \infty.$$

Rechts im Bild 2.43 sind $x(\tau)$ und $g(t-\tau)$ skizziert, es wird

$$y(t) = \int_{-\infty}^{\infty} x(\tau)g(t-\tau)d\tau = \int_{t-\beta}^{t-\alpha} \cos(\omega\tau)\, 2d\tau = \frac{2}{\omega}[\sin \omega(t-\alpha) - \sin \omega(t-\beta)].$$

Beispiel 5

Bild 2.44 zeigt im linken Teil die Impulsantwort eines Systems. Zu ermitteln ist die Sprungantwort $h(t)$.

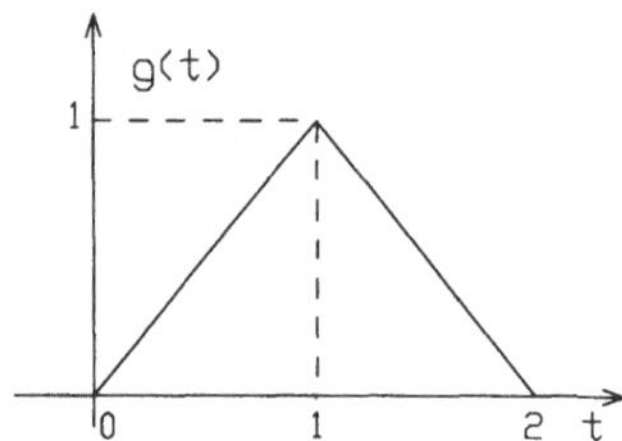

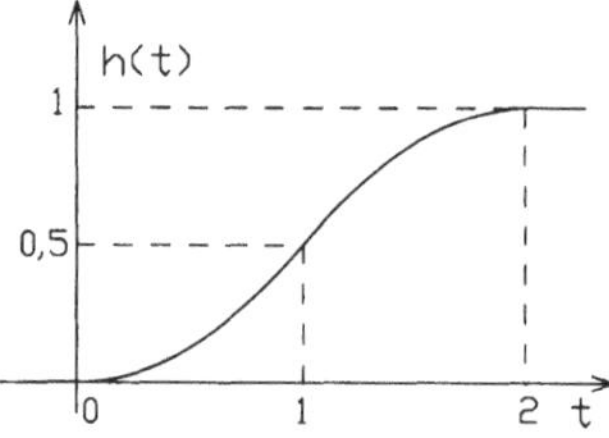

Bild 2.44

Impuls- und Sprungantwort eines Systems (Beispiel 5)

Lösung: Nach Gl. 2.38 wird

$$h(t) = \int_{-\infty}^{t} g(\tau)\, d\tau.$$

Bereich $t < 0$: $g(\tau) = 0$ im gesamten Integrationsbereich, daher $h(t) = 0$.

Bereich $0 < t < 1$: $g(\tau) = \tau$, daher

$$h(t) = \int_{0}^{t} \tau\, d\tau = \frac{1}{2}t^2 \quad \text{(Fläche zwischen 0 bis t).}$$

Bereich $1 < t < 2$: $g(\tau) = \tau$ für $0 < \tau < 1$, $g(\tau) = 2 - \tau$ für $1 < \tau < t$, daher

$$h(t) = \int_{0}^{1} \tau\, d\tau + \int_{1}^{t} (2-\tau)\, d\tau = 1 + 2(t-1) - \frac{t^2}{2} \quad \text{(Fläche zwischen 0 und t).}$$

Bereich $t > 2$: $h(t)$ entspricht der gesamten Fläche unter der Impulsantwort, also $h(t) = 1$.

Zusammenfassung:

$$h(t) = \begin{cases} 0 \text{ für } t < 0 \\ t^2/2 \text{ für } 0 < t < 1 \\ 1 + 2(t-1) - t^2/2 \text{ für } 1 < t < 2 \\ 1 \text{ für } t > 2 \end{cases}.$$

Die Sprungantwort ist im rechten Bildteil 2.44 skizziert.

Weitere Beispiele findet der Leser in der Aufgabensammlung [16].

3 Die Fourier-Transformation und Anwendungen

Periodische Funktionen kann man bekanntlich in Fourier-Reihen entwickeln und erhält so eine Darstellung, die Auskunft darüber gibt, wie das periodische Signal aus Sinusschwingungen aufgebaut werden kann. Ausgehend von der Fourier-Reihendarstellung werden im Abschnitt 3.2 die Grundgleichungen für die Fourier-Transformation abgeleitet. Diese ordnet einer Zeitfunktion $f(t)$ eine von der Frequenz abhängige Funktion $F(j\omega)$ zu. Der Zusammenhang zwischen $f(t)$ und ihrer Fourier-Transformierten $F(j\omega)$ ist eindeutig und umkehrbar. Je nach Zweckmäßigkeit wird das Signal im Zeitbereich (durch $f(t)$) oder im Frequenzbereich (durch $F(j\omega)$) beschrieben.

Im Abschnitt 3.4 werden grundlegende Beispiele zur Fourier-Transformation behandelt, dort wird der Begriff des Spektrums eines Signales eingeführt. Der Abschnitt 3.5 befaßt sich mit der Anwendung der Fourier-Transformation auf lineare Systeme und liefert ein neues Verfahren zur Berechnung von Systemreaktionen. Das Abtasttheorem wird im Abschnitt 3.6 behandelt. Dieses sagt aus, daß ein kontinuierliches Signal unter gewissen Voraussetzungen durch eine Folge von Abtastwerten ohne Informationsverlust ersetzt werden kann. Das Abtasttheorem ist die Grundlage für alle digitalen Übertragungsverfahren. Den Abschluß des 3. Kapitels bildet ein ganz kurzer Abschnitt 3.7 mit Bemerkungen zur diskreten Fourier-Transformation.

3.1 Periodische Funktionen

Eine periodische Funktion $f(t)$ kann man i.a. durch eine Fourier-Reihe

$$f(t) = \frac{a_0}{2} + \sum_{v=1}^{\infty} [a_v \cos(v\omega_0 t) + b_v \sin(v\omega_0 t)] = \sum_{v=0}^{\infty} c_v \cos(v\omega_0 t + \varphi_v) \tag{3.1}$$

darstellen. ω_0 ist die Grundkreisfrequenz, die Periode ist $T = 2\pi/\omega_0$. Die Fourier-Koeffizienten berechnen sich zu

$$a_v = \frac{2}{T} \int_{-T/2}^{T/2} f(t) \cos(v\omega_0 t) dt, \quad b_v = \frac{2}{T} \int_{-T/2}^{T/2} f(t) \sin(v\omega_0 t) dt, \tag{3.2}$$

$$c_v = \sqrt{a_v^2 + b_v^2}, \quad \varphi_v = -\text{Arctan}(b_v/a_v), \quad v = 0, 1, 2, \ldots \tag{3.3}$$

Hinweis:
Bei der Berechnung der Fourier-Koeffizienten (Gln. 3.2, 3.6) kann der Integrationsbereich $(-T/2 \ldots T/2)$ durch einen beliebigen anderen (zusammenhängenden) Bereich der Breite T ersetzt werden, also z.B. durch den von $0 \ldots T$.

Wir führen nun komplexe Fourier-Koeffizienten

$$C_\nu = \frac{1}{2}(a_\nu - jb_\nu), \quad \nu = 0, \pm 1, \pm 2, \ldots \tag{3.4}$$

ein, die auch für negative Indizes definiert werden. Aus Gl. 3.2 erkennt man, daß formal $a_{-\nu} = a_\nu$ und $b_{-\nu} = -b_\nu$ ist ($\cos(-\nu\omega_0 t) = \cos(\nu\omega_0 t)$, $\sin(-\nu\omega_0 t) = -\sin(\nu\omega_0 t)$!). Dies bedeutet für negative Indizes:

$$C_{-\nu} = \frac{1}{2}(a_{-\nu} - jb_{-\nu}) = \frac{1}{2}(a_\nu + jb_\nu) = C_\nu^*. \tag{3.5}$$

Weiterhin wird $C_0 = 0{,}5a_0$, denn nach Gl. 3.2 ist $b_0 = 0$.

Die Berechnung der komplexen Fourier-Koeffizienten kann unmittelbar mit der Beziehung

$$C_\nu = \frac{1}{T}\int_{-T/2}^{T/2} f(t)e^{-j\nu\omega_0 t}\,dt \tag{3.6}$$

erfolgen. Man findet Gl. 3.6, wenn in Gl. 3.4 a_ν und b_ν nach Gl. 3.2 eingesetzt und die beiden Integrale zusammengefaßt werden.

Mit den soeben definierten komplexen Fourier-Koeffizienten kann man die Fourier-Reihe (Gl. 3.1) "kompakter" in der Form

$$f(t) = \sum_{\nu = -\infty}^{\infty} C_\nu e^{j\nu\omega_0 t} \tag{3.7}$$

darstellen. Zum Beweis fassen wir zwei Summanden der Summe nach Gl. 3.7 mit Indizes verschiedenen Vorzeichens zusammen, z.B. die mit $\nu = -2$ und $\nu = 2$

$$S_2 = C_{-2}e^{-2j\omega_0 t} + C_2 e^{2j\omega_0 t}. \tag{3.8}$$

Mit $C_{-2} = (a_2 + jb_2)/2$ und $C_2 = (a_2 - jb_2)/2$ ergibt sich

$$S_2 = \frac{1}{2}(a_2 + jb_2)e^{-2j\omega_0 t} + \frac{1}{2}(a_2 - jb_2)e^{2j\omega_0 t} = a_2\frac{1}{2}\left(e^{2j\omega_0 t} + e^{-2j\omega_0 t}\right) + b_2\frac{1}{2j}\left(e^{2j\omega_0 t} - e^{-2j\omega_0 t}\right)$$

und daraus

$$S_2 = a_2\cos(2\omega_0 t) + b_2\sin(2\omega_0 t) = c_2\cos(2\omega_0 t + \varphi_2). \tag{3.9}$$

Dies ist der 2. Summand der Reihe in der Form nach Gl. 3.1.

Faßt man also in dieser Weise jeweils zwei Summanden von Gl. 3.7 zusammen, so findet man die Reihe nach Gl. 3.1. Für $\nu = 0$ erhält man $C_0 = a_0/2$, den "Gleichanteil" von $f(t)$. Ein Vergleich der Gln. 3.8 und 3.9 zeigt, daß man die Schwingung $c_2 \cos(2\omega_0 t + \varphi_2)$ formal als Summe der (komplexen) Schwingung $C_2 e^{2j\omega_0 t}$ und der Schwingung $C_{-2} e^{j(-2\omega_0)t}$ mit einer negativen Frequenz $-2\omega_0$ auffassen kann.

Unter dem Begriff **Spektrum** versteht man bei periodischen Signalen i.a. Frequenzen und Amplituden (u. ggf. Nullphasenwinkel), aus denen sich das Signal entsprechend seiner Fourier-Reihe zusammensetzt.

Beispiel

Gesucht wird das "Spektrum" der im Bild 3.1 skizzierten periodischen Funktion.

Wir ermitteln die Fourier-Reihe und erhalten nach Gl. 3.6 mit $f(t) = A$ für $|t| < T/4$

$$C_\nu = \frac{1}{T} \int_{-T/2}^{T/2} f(t) e^{-j\nu\omega_0 t} dt = \frac{1}{T} \int_{-T/4}^{T/4} A e^{-j\nu\omega_0 t} dt = \frac{-A}{j\nu\omega_0 T} e^{-j\nu\omega_0 t} \Big|_{-T/4}^{T/4} = \frac{2A}{\nu\omega_0 T} \sin(\nu\omega_0 T/4).$$

Mit $T = 2\pi/\omega_0$ finden wir daraus

$$C_\nu = \frac{A}{\nu\pi} \sin(\nu\pi/2).$$

Für $\nu = 0$ entsteht ein unbestimmter Ausdruck der Form "0/0", nach der Regel von l'Hospital wird

$$C_0 = \frac{A}{\pi} \frac{d[\sin(\nu\pi/2)]/d\nu}{d(\nu)/d\nu} \Big|_{\nu=0} = \frac{A}{2}.$$

Für alle gradzahligen Werte von ν wird $C_\nu = 0$.

Gemäß Gl. 3.7 lautet die Fourier-Reihe

$$f(t) = \sum_{\nu=-\infty}^{\infty} \frac{A}{\nu\pi} \sin(\nu\pi/2)\, e^{j\nu\omega_0 t} \quad \text{mit} \quad \omega_0 = 2\pi/T. \tag{3.10}$$

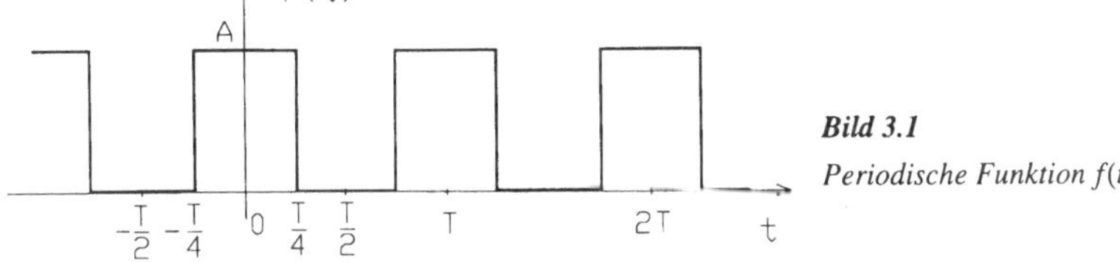

Bild 3.1
Periodische Funktion f(t)

Fassen wir die Summanden mit positiven und negativen Indizes zusammen, so erhalten wir die Reihe in der Form nach Gl. 3.1:

$$f(t) = \frac{A}{2} + \sum_{\nu=1}^{\infty} \frac{2A}{\nu\pi} \sin(\nu\pi/2)\cos(\nu\omega_0 t). \tag{3.11}$$

Bei der Funktion $f(t)$ nach Bild 3.1 verschwinden alle Koeffizienten b_ν in Gl. 3.1.

Das "Spektrum" von $f(t)$ ist im Bild 3.2 schematisch dargestellt. Ausgehend von $f(t)$ nach Gl. 3.11 erkennen wir, daß bei Frequenzen 0, ω_0, $3\omega_0$, $5\omega_0$, ... Schwingungen mit den Amplituden $A/2$, $2A/\pi$, $(-)2A/(3\pi)$, $2A/(5\pi)$, $(-)2A/(7\pi)$, ... vorliegen. Man spricht hier auch von einem "Linienspektrum".

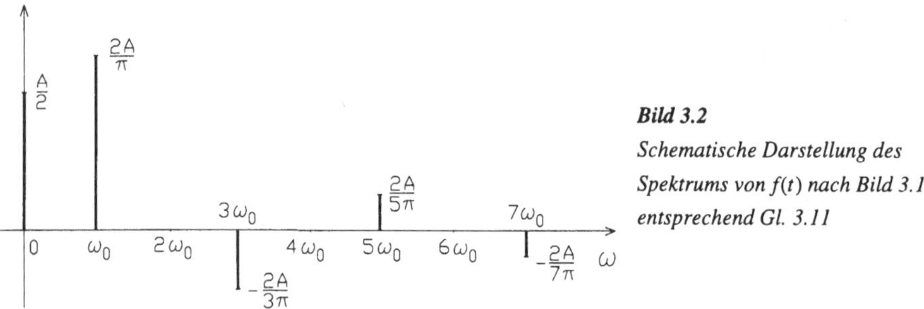

Bild 3.2
Schematische Darstellung des Spektrums von $f(t)$ nach Bild 3.1 entsprechend Gl. 3.11

Wenn wir von der Darstellung von $f(t)$ nach Gl. 3.10 ausgehen, erhalten wir das "Spektrum" nach Bild 3.3. Hier treten formal Anteile bei negativen Frequenzen auf, z.B. eine Schwingung mit der Amplitude A/π bei der Frequenz $-\omega_0$ (Summand mit Index $\nu = -1$). Im Abschnitt 3.4.3 kommen wir nochmals auf dieses Problem zurück.

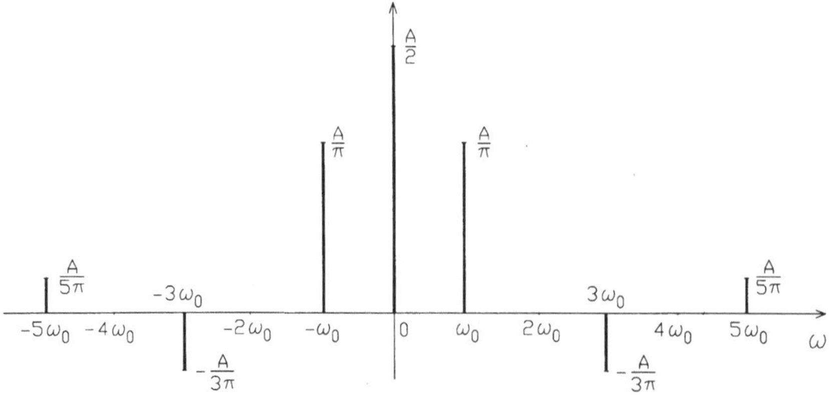

Bild 3.3 *Schematische Darstellung des Spektrums von $f(t)$ nach Bild 3.1 mit "negativen Frequenzen" entsprechend Gl. 3.10*

3.2 Die Grundgleichungen der Fourier-Transformation

Beim Beweis der Grundgleichungen der Fourier-Transformation gehen wir von der Fourier-Reihendarstellung periodischer Funktionen aus. Nichtperiodische Funktionen werden als Grenzfall periodischer Funktionen mit unendlich großer Periodendauer interpretiert. Bei den hier und auch in weiteren Abschnitten über die Fourier-Transformation durchgeführten Ableitungen wird auf besondere mathematische Strenge verzichtet, es wird insbesonders nicht gezeigt, welche genaueren mathematischen Voraussetzungen für die Durchführung der notwendigen Grenzübergänge erforderlich sind.

Ein periodisches Signal mit der Periode T besteht aus einer Summe von Teilschwingungen mit Frequenzen im Abstand $\Delta\omega = \omega_0 = 2\pi/T$. Mit $\omega_0 = \Delta\omega = 2\pi\Delta f$ lautet Gl. 3.7

$$f(t) = \sum_{v=-\infty}^{\infty} C_v e^{jv\omega_0 t} = \sum_{v=-\infty}^{\infty} \frac{C_v}{\Delta\omega} e^{jv\Delta\omega t} \Delta\omega = \frac{1}{2\pi} \sum_{v=-\infty}^{\infty} \frac{C_v}{\Delta f} e^{jv\Delta\omega t} \Delta\omega. \qquad (3.12)$$

Aus $\Delta\omega = 2\pi/T = 2\pi\Delta f$ ergibt sich $T\Delta f = 1$ und wir erhalten nach Gl. 3.6

$$\frac{C_v}{\Delta f} = \int_{-T/2}^{T/2} f(t) e^{-jv\Delta\omega t} dt . \qquad (3.13)$$

Im Grenzfall $T \to \infty$ wird aus dem periodischen Signal ein nichtperiodisches, und wir erhalten aus Gl. 3.13 (mit $v\Delta\omega = \omega$) die von ω abhängige Funktion

$$F(j\omega) = \int_{-\infty}^{\infty} f(t) e^{-j\omega t} dt, \qquad (3.14)$$

die **Fourier-Transformierte** der (nichtperiodischen) Funktion $f(t)$ heißt. Entsprechend folgt aus Gl. 3.12 im Grenzfall $\Delta\omega \to 0$ mit $C_v/\Delta f = F(j\omega)$:

$$f(t) = \frac{1}{2\pi} \int_{-\infty}^{\infty} F(j\omega) e^{j\omega t} d\omega. \qquad (3.15)$$

Dies bedeutet, daß aus der Fourier-Transformierten $F(j\omega)$ durch Gl. 3.15 die zugehörige Zeitfunktion $f(t)$ berechnet werden kann (Fourier-Rücktransformation).

Man verwendet für die Aussagen der beiden Grundgleichungen 3.14 und 3.15 häufig die Kurzschreibweise

$$F(j\omega) = \mathrm{F}\{f(t)\}, \quad f(t) = \mathrm{F}^{-1}\{F(j\omega)\}, \qquad (3.16)$$

oder kürzer

$$f(t) \; \text{O—} \; F(j\omega).\tag{3.17}$$

Das Symbol O— nennt man **Korrespondenzsymbol** und man spricht auch von Korrespondenzen. Die Beziehung 3.17 sagt aus, daß zu einer Zeitfunktion $f(t)$ eine Frequenzfunktion $F(j\omega)$ gehört und umgekehrt. Die Berechnung von $F(j\omega)$ aus $f(t)$ bzw. die von $f(t)$ aus $F(j\omega)$ erfolgt mittels der Gln. 3.14 und 3.15.

Man bezeichnet $F(j\omega)$ auch als **Spektrum** von $f(t)$. Wir werden im Abschnitt 3.4.3 zeigen, daß der so erklärte Begriff des Spektrums nicht im Widerspruch zu den Ausführungen im Abschnitt 3.1 bei periodischen Funktionen steht.

In vielen Fällen kann an die Stelle der Fourier-Transformation die etwas einfacher zu handhabende Laplace-Transformation treten. Die Laplace-Transformation wird im 5. Kapitel behandelt. Viele der für die Fourier-Transformation abgeleiteten Ergebnisse können dort sinngemäß übernommen werden. Es gibt auch Fälle, bei denen nur die Fourier-Transformation Anwendung finden kann, etwa bei Zeitfunktionen, die im Zeitbereich $t < 0$ nicht verschwinden. Auch bei der Beschreibung zufälliger Signale (Kapitel 7) spielt die Fourier-Transformation eine wichtige Rolle.

3.3 Zusammenstellung von Eigenschaften der Fourier-Transformation

Die in diesem Abschnitt besprochenen Eigenschaften werden meist nur mit kurzen Beweisen und z.T. auch ohne Beweise angegeben. Im Abschnitt 3.4 werden viele der in diesem Abschnitt angegebenen Eigenschaften im Rahmen von Beispielen angewandt und erläutert. Der Leser kann daher insbesonders den Abschnitt 3.3.3 zunächst überspringen.

3.3.1 Die Existenz von Fourier-Transformierten

Hinreichend für die Existenz von $F(j\omega)$ ist die absolute Integrierbarkeit der zugehörenden Zeitfunktion, also

$$\int_{-\infty}^{\infty} |f(t)| \, dt < K < \infty.\tag{3.18}$$

Beweis: Aus Gl. 3.14 folgt (mit $|e^{-j\omega t}| = 1$)

$$|F(j\omega)| = \left| \int_{-\infty}^{\infty} f(t) e^{-j\omega t} dt \right| \leq \int_{-\infty}^{\infty} |f(t) e^{-j\omega t}| \, dt = \int_{-\infty}^{\infty} |f(t)| \, dt,$$

und $F(j\omega)$ existiert, wenn dieses (rechte) Integral einen endlichen Wert hat (Gl. 3.18).

Gl. 3.18 ist eine hinreichende (keine notwendige) Bedingung für die Existenz von $F(j\omega)$. Es gibt Zeitfunktionen, die nicht absolut integrierbar sind und dennoch Fourier-Transformierte besitzen. Auf die Angabe genauerer Existenzkriterien wird hier verzichtet (siehe z.B. [12], [22]).

Wichtig in diesem Zusammenhang ist, daß alle bei der Fourier-Transformation auftretenden uneigentlichen Integrale in der Art

$$\int_{-\infty}^{\infty} \ldots = \lim_{\alpha \to \infty} \int_{-\alpha}^{\alpha} \ldots \tag{3.19}$$

auszuwerten sind (Cauchy'scher Hauptwert).

Für die Anwendungen in der Systemtheorie ist es notwendig, daß auch verallgemeinerte Funktionen zugelassen werden. Daher sind bei der Berechnung von Fourier-Transformierten oft auch Rechenregeln aus der Theorie der verallgemeinerten Funktionen zu beachten. Im Rahmen dieses Buches kann allerdings auf diese Probleme nicht eingegangen werden, es wird hier auf die weiterführende Literatur verwiesen (z.B. [11], [22]).

3.3.2 Darstellungsarten für $F(j\omega)$

$F(j\omega)$ ist i.a. eine komplexe Funktion, die daher in der Form

$$F(j\omega) = R(\omega) + jX(\omega) \tag{3.20}$$

darstellbar ist. Aus Gl. 3.14 erhalten wir mit $e^{-j\omega t} = \cos(\omega t) - j\sin(\omega t)$

$$F(j\omega) = \int_{-\infty}^{\infty} f(t)e^{-j\omega t}\,dt = \int_{-\infty}^{\infty} f(t)\,[\cos(\omega t) - j\sin(\omega t)]\,dt = \int_{-\infty}^{\infty} f(t)\cos(\omega t)\,dt - j\int_{-\infty}^{\infty} f(t)\sin(\omega t)\,dt.$$

Durch Vergleich mit Gl. 3.20 finden wir den Realteil

$$R(\omega) = \int_{-\infty}^{\infty} f(t)\cos(\omega t)\,dt \tag{3.21}$$

und den Imaginärteil

$$X(\omega) = -\int_{-\infty}^{\infty} f(t)\sin(\omega t)\,dt. \tag{3.22}$$

Voraussetzung für die Richtigkeit der Gln. 3.21, 3.22 sind reelle Zeitfunktionen $f(t)$. Man erkennt aus den Gln. 3.21 und 3.22 unmittelbar, daß

$$R(\omega) = R(-\omega) \tag{3.23}$$

eine gerade Funktion ist und

$$X(\omega) = -X(-\omega) \tag{3.24}$$

eine ungerade.

$F(j\omega)$ kann auch in der Form

$$F(j\omega) = |F(j\omega)| \, e^{j\varphi(\omega)} \tag{3.25}$$

mit dem Betrag und dem Phasenwinkel

$$|F(j\omega)| = \sqrt{R^2(\omega) + X^2(\omega)}, \quad \varphi(\omega) = \arctan\frac{X(\omega)}{R(\omega)} \tag{3.26}$$

dargestellt werden. Man erkennt, daß

$$|F(j\omega)| = |F(-j\omega)| \tag{3.27}$$

eine gerade und

$$\varphi(\omega) = -\varphi(-\omega) \tag{3.28}$$

eine ungerade Funktion ist.

3.3.3 Zusammenstellung weiterer Eigenschaften

In diesem Abschnitt gilt stets:

$$f(t) \; \text{O---} \; F(j\omega), \quad f_1(t) \; \text{O---} \; F_1(j\omega), \quad f_2(t) \; \text{O---} \; F_2(j\omega).$$

Linearität:

$$k_1 f_1(t) + k_2 f_2(t) \; \text{O---} \; k_1 F_1(j\omega) + k_2 F_2(j\omega). \tag{3.29}$$

Beweis: Die Funktion $f(t) = k_1 f_1(t) + k_2 f_2(t)$ hat die Fourier-Transformierte

$$F(j\omega) = \int_{-\infty}^{\infty} [k_1 f_1(t) + k_2 f_2(t)]e^{-j\omega t}dt = k_1 \int_{-\infty}^{\infty} f_1(t)e^{-j\omega t}dt + k_2 \int_{-\infty}^{\infty} f_2(t)e^{-j\omega t}dt = k_1 F_1(j\omega) + k_2 F_2(j\omega).$$

Vertauschungssatz:

$$F(jt) \; \text{O---} \; 2\pi f(-\omega), \quad (F(j\omega) \; \text{---O} \; f(t)). \tag{3.30}$$

Zeitverschiebungssatz:

$$f(t - t_0) \; \text{O—} \; F(j\omega)e^{-j\omega t_0}.$$

(3.31)

Beweis: Die Rücktransformation von $\tilde{F}(j\omega) = F(j\omega)e^{-j\omega t_0}$ liefert nach Gl. 3.15

$$\tilde{f}(t) = \frac{1}{2\pi}\int_{-\infty}^{\infty} F(j\omega)e^{-j\omega t_0}e^{j\omega t}d\omega = \frac{1}{2\pi}\int_{-\infty}^{\infty} F(j\omega)e^{j\omega(t-t_0)}d\omega = f(t - t_0).$$

Frequenzverschiebungssatz:

$$F(j\omega - j\omega_0) \; \text{—O} \; f(t)e^{j\omega_0 t}.$$

(3.32)

Beweis: Die Fourier-Transformierte $\tilde{F}(j\omega)$ der Funktion $f(t)e^{j\omega_0 t}$ lautet nach Gl. 3.14

$$\tilde{F}(j\omega) = \int_{-\infty}^{\infty} f(t)e^{j\omega_0 t}e^{-j\omega t}dt = \int_{-\infty}^{\infty} f(t)e^{-j(\omega - \omega_0)t}dt = F(j\omega - j\omega_0).$$

Differentiation im Zeitbereich:

$$f^{(n)}(t) \; \text{O—} \; (j\omega)^{(n)}F(j\omega).$$

(3.33)

Beweis: Aus $\quad f(t) = \frac{1}{2\pi}\int_{-\infty}^{\infty} F(j\omega)e^{j\omega t}d\omega \quad$ folgt $\quad f'(t) = \frac{1}{2\pi}\int_{-\infty}^{\infty} j\omega F(j\omega)e^{j\omega t}d\omega \quad$ usw. .

Differentiation im Frequenzbereich:

$$\frac{d^n F(j\omega)}{d\omega^n} = F^{(n)}(j\omega) \; \text{—O} \; (-jt)^n f(t).$$

(3.34)

Ähnlichkeitssatz (Zeitdehnung):

$$f(at) \; \text{O—} \; \frac{1}{|a|}F(j\omega/a), \quad a \neq 0.$$

(3.35)

Beweis: Im Fall $a > 0$ erhält man die Fourier-Transformierte $\tilde{F}(j\omega)$ der Funktion $\tilde{f}(t) = f(at)$

$$\tilde{F}(j\omega) = \int_{-\infty}^{\infty} \tilde{f}(t)e^{-j\omega t}dt = \int_{-\infty}^{\infty} f(at)e^{-j\omega t}dt = \frac{1}{a}\int_{-\infty}^{\infty} f(\tau)e^{-j\omega\tau/a}d\tau = \frac{1}{a}F(j\omega/a).$$

Dabei wurde die Substitution $\tau = at$ verwendet. Im Fall $a < 0$ ist von $\tau = \infty$ bis $\tau = -\infty$ zu integrieren. Dies führt zunächst zu $\tilde{F}(j\omega) = -F(j\omega/a)/a$. Gl. 3.35 faßt die Ergebnisse für $a > 0$ und $a < 0$ zusammen.

Faltung im Zeitbereich:

$$f_1(t) * f_2(t) \; \circ\!\!-\!\!- \; F_1(j\omega) \cdot F_2(j\omega). \tag{3.36}$$

Das Faltungssymbol * wurde im Abschnitt 2.3.1 erklärt:

$$f_1(t) * f_2(t) = \int_{-\infty}^{\infty} f_1(\tau) f_2(t - \tau) d\tau.$$

Ein Beweis der Korrespondenz 3.36 erfolgt im Abschnitt 3.5.

Faltung im Frequenzbereich:

$$F_1(j\omega) * F_2(j\omega) \; -\!\!-\!\!\circ \; 2\pi f_1(t) \cdot f_2(t). \tag{3.37}$$

Darin ist

$$F_1(j\omega) * F_2(j\omega) = \int_{-\infty}^{\infty} F_1(ju) F_2(j\omega - ju) du.$$

Mit Hilfe von Gl. 3.37 kann das Parseval'sche Theorem abgeleitet werden:

$$\int_{-\infty}^{\infty} f^2(t) dt = \frac{1}{2\pi} \int_{-\infty}^{\infty} |F(j\omega)|^2 \, d\omega. \tag{3.38}$$

Gerade und ungerade Funktionen:

$$\begin{aligned}
f(t) &= f(-t), \quad \text{dann} \quad F(j\omega) = R(\omega) = R(-\omega), \\
f(t) &= -f(-t), \quad \text{dann} \quad F(j\omega) = jX(\omega) = -jX(-\omega).
\end{aligned} \tag{3.39}$$

Beweis: Im Falle $f(t) = f(-t)$ ist der Integrand des Imaginärteils $X(\omega)$ nach Gl. 3.22 eine ungerade Funktion: $f(-t) \sin(-\omega t) = -f(t) \sin(\omega t)$, daher ist

$$X(\omega) = -\lim_{\alpha \to \infty} \int_{-\alpha}^{\alpha} f(t) \sin \omega t \, dt = 0.$$

Im Falle $f(t) = -f(-t)$ wird nach entsprechenden Überlegungen $R(\omega) = 0$.

Man kann eine beliebige (reelle) Funktion stets in einen geraden Anteil

$$f_g(t) = \frac{1}{2} [f(t) + f(-t)] = f_g(-t) \tag{3.40}$$

und einen ungeraden Anteil

$$f_u(t) = \frac{1}{2} [f(t) - f(-t)] = -f_u(-t) \tag{3.41}$$

zerlegen, es gilt dann

$$f(t) = f_g(t) + f_u(t), \quad f_g(t) \; O\!\!-\!\!\!-\; R(\omega), \quad f_u(t) \; O\!\!-\!\!\!-\; jX(\omega). \tag{3.42}$$

3.4 Grundlegende Beispiele und Folgerungen aus der Fourier-Transformation

3.4.1 Die Fourier-Transformierte von $\delta(t)$

Mit $f(t) = \delta(t)$ erhält man aus der Definitionsgleichung 3.14:

$$F(j\omega) = \int_{-\infty}^{\infty} f(t)e^{-j\omega t}dt = \int_{-\infty}^{\infty} \delta(t)e^{-j\omega t}dt.$$

Zur Lösung können wir die Ausblendeigenschaft (Gl. 2.9) des Dirac-Impulses benutzen oder Gl. 2.5: $f(t)\delta(t) = f(0)\delta(t)$. Aus dieser Gleichung folgt mit $f(t) = e^{-j\omega t}$ und $f(0) = 1$: $e^{-j\omega t}\delta(t) = \delta(t)$ und damit

$$F(j\omega) = \int_{-\infty}^{\infty} \delta(t)dt = 1,$$

denn die Fläche unter dem Dirac-Impuls hat den Wert 1.

Ergebnis: Die Fourier-Transformierte von $\delta(t)$ lautet $F(j\omega) = 1$, oder

$$\delta(t) \; O\!\!-\!\!\!-\; 1. \tag{3.43}$$

Im Bild 3.4 ist dieses Ergebnis dargestellt.

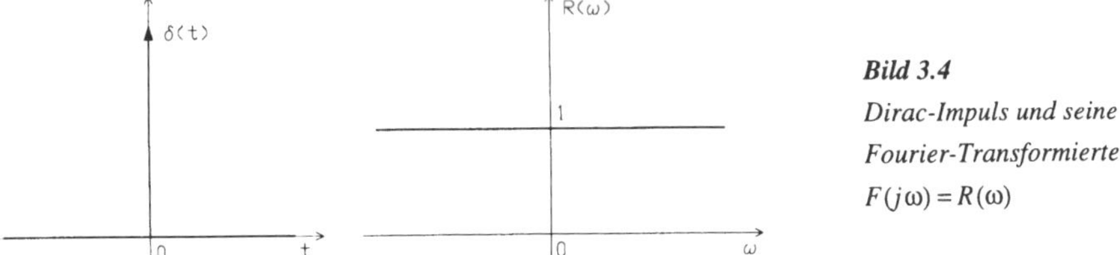

Bild 3.4

Dirac-Impuls und seine Fourier-Transformierte
$F(j\omega) = R(\omega)$

Da $\delta(t)$ eine gerade (verallgemeinerte) Funktion ist, muß gemäß Gl. 3.39 die Fourier-Transformierte reell und ebenfalls gerade sein.

Mit der im Abschnitt 3.2 bewiesenen Rücktransformationsgleichung 3.15 kann man aus $F(j\omega)$ die zugehörige Zeitfunktion berechnen. In diesem Fall ($F(j\omega) = 1$) muß gelten

$$\delta(t) = \frac{1}{2\pi} \int_{-\infty}^{\infty} e^{j\omega t} d\omega. \tag{3.44}$$

Ausgehend von dieser Beziehung können wir eine neue wichtige Darstellung für $\delta(t)$ gewinnen. Wir schreiben Gl. 3.44 in folgender Form

$$\delta(t) = \lim_{\omega_0 \to \infty} \frac{1}{2\pi} \int_{-\omega_0}^{\omega_0} e^{j\omega t} d\omega = \lim_{\omega_0 \to \infty} \frac{1}{2\pi} \frac{1}{jt} e^{j\omega t} \Big|_{-\omega_0}^{\omega_0} = \lim_{\omega_0 \to \infty} \frac{1}{\pi t} \frac{1}{2j} \left(e^{j\omega_0 t} - e^{-j\omega_0 t} \right) = \lim_{\omega_0 \to \infty} \frac{\sin(\omega_0 t)}{\pi t}.$$

Ergebnis:

$$\delta(t) = \lim_{\omega_0 \to \infty} \frac{\sin(\omega_0 t)}{\pi t}. \tag{3.45}$$

Offenbar kann $\delta(t)$ nicht nur als Grenzwert von $\Delta(t)$ für $\varepsilon \to 0$ (siehe Bild 2.1, Abschnitt 2.1), sondern auch noch als Grenzwert anderer Funktionen dargestellt werden.

Wir wollen zunächst noch eine andere Vorgehensweise beschreiben, die ebenfalls zum Ergebnis nach Gl. 3.45 führt. Links im Bild 3.5 ist eine Fourier-Transformierte

$$\tilde{F}(j\omega) = \begin{cases} 1 \text{ für } |\omega| < \omega_0 \\ 0 \text{ für } |\omega| > \omega_0 \end{cases} \tag{3.46}$$

dargestellt. Zu diesem $\tilde{F}(j\omega)$ gehört nach Gl. 3.15 die Zeitfunktion

$$\tilde{f}(t) = \frac{1}{2\pi} \int_{-\infty}^{\infty} \tilde{F}(j\omega) e^{j\omega t} d\omega = \frac{1}{2\pi} \int_{-\omega_0}^{\omega_0} e^{j\omega t} d\omega = \frac{1}{2\pi} \frac{1}{jt} e^{j\omega t} \Big|_{-\omega_0}^{\omega_0} = \frac{1}{\pi t} \frac{1}{2j} \left(e^{j\omega_0 t} - e^{-j\omega_0 t} \right),$$

$$\tilde{f}(t) = \frac{\sin(\omega_0 t)}{\pi t}. \tag{3.47}$$

Rechts im Bild 3.5 ist $\tilde{f}(t)$ nach Gl. 3.47 skizziert. Für $t \to 0$ wird $\sin(\omega_0 t) \approx \omega_0 t$, also $\tilde{f}(0) = \omega_0 t/(\pi t) = \omega_0/\pi$. Wenn $\omega_0 t = \nu\pi$ ist ($\nu = \pm 1, \pm 2, \pm 3, \ldots$), wird $\sin(\omega_0 t) = 0$ und damit auch $\tilde{f}(t)$, d.h. $\tilde{f}(\nu\pi/\omega_0) = 0$. Im Falle $\omega_0 \to \infty$ wird $\tilde{F}(j\omega) = 1$ für alle ω, $\tilde{F}(j\omega)$ geht in die Fourier-Transformierte des Dirac-Impulses über und daraus folgt, daß auch $\tilde{f}(t) = \delta(t)$ für $\omega_0 \to \infty$ wird:

$$\delta(t) = \lim_{\omega_0 \to \infty} \tilde{f}(t) = \lim_{\omega_0 \to \infty} \frac{\sin(\omega_0 t)}{\pi t}. \tag{3.48}$$

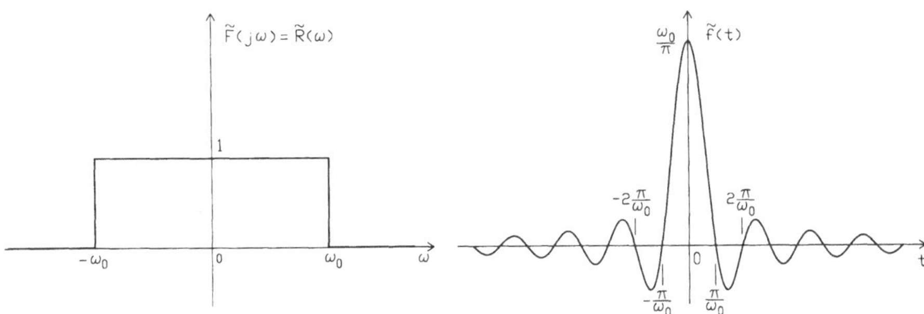

Bild 3.5 *Fourier-Transformierte und zugehörende Zeitfunktion*

Das Ergebnis nach Gl. 3.48 (bzw. 3.45) ist anschaulich kaum einzusehen, wir können es uns allenfalls plausibel machen. Betrachten wir dazu $\tilde{f}(t)$ nach Bild 3.5. Wenn ω_0 wächst, wird $\tilde{f}(0) = \omega_0/\pi$ immer größer ($\tilde{f}(0) \to \infty$ für $\omega_0 \to \infty$). Gleichzeitig wird der Abstand der Nulldurchgänge auf der Zeitachse (Abstand: $\Delta t = \pi/\omega_0$) immer kleiner. Die Nullstellen rücken immer dichter zusammen und "belegen" schließlich die ganze Abszisse, so daß für beliebige Werte ($t \neq 0$) stets $\tilde{f}(t) = 0$ gilt.

Es soll erwähnt werden, daß die beiden bisher angegebenen Funktionen ($\Delta(t)$ nach Bild 2.1 und $\tilde{f}(t)$ nach Bild 3.5) keinesfalls die einzigen sind, die im Grenzfall gegen $\delta(t)$ streben. Es gibt eine große Anzahl von Funktionen mit dieser Eigenschaft. Beispiel (ohne Beweis):

$$\delta(t) = \lim_{\varepsilon \to 0} \frac{1}{\sqrt{\pi\varepsilon}} e^{-t^2/\varepsilon}. \tag{3.49}$$

3.4.2 Die Fourier-Transformierten der Signum- und der Sprungfunktion

Bild 3.6 zeigt im linken Teil die folgendermaßen definierte Signumfunktion

$$\operatorname{sgn} t = \begin{cases} -1 \text{ für } t < 0 \\ 1 \text{ für } t > 0 \end{cases}. \tag{3.50}$$

Es wird behauptet, daß die Fourier-Transformierte dieser Funktion $F(j\omega) = 2/(j\omega)$ lautet, also

$$\operatorname{sgn} t \; \circ\!\!-\!\!- \; \frac{2}{j\omega} = j\frac{-2}{\omega}. \tag{3.51}$$

Mit der Schreibweise $F(j\omega) = R(\omega) + jX(\omega)$ erhalten wir hier

$$R(\omega) = 0, \quad X(\omega) = -2/\omega.$$

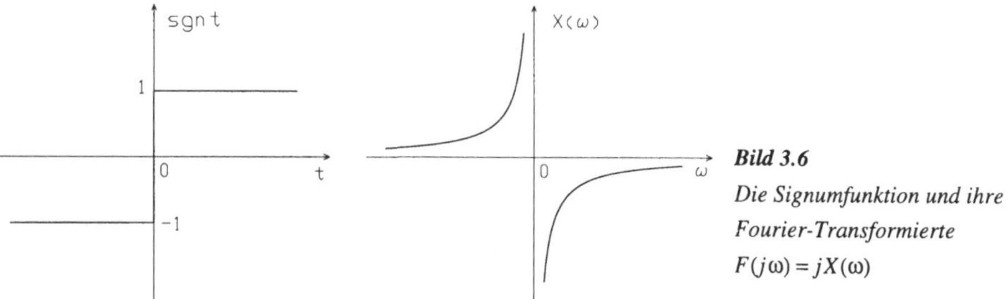

Bild 3.6

Die Signumfunktion und ihre

Fourier-Transformierte

$F(j\omega) = jX(\omega)$

Die Fourier-Transformierte von $\operatorname{sgn} t$ ist rein imaginär ($F(j\omega) = jX(\omega)$), denn $\operatorname{sgn} t$ ist eine ungerade Funktion (vgl. Gl. 3.39). $X(\omega)$ ist im rechten Teil von Bild 3.6 aufgetragen.

Zum Beweis der Korrespondenz 3.51 benutzen wir die Rücktransformationsformel 3.15 und erhalten mit $e^{j\omega t} = \cos(\omega t) + j\sin(\omega t)$

$$f(t) = \frac{1}{2\pi}\int_{-\infty}^{\infty} F(j\omega)e^{j\omega t}d\omega = \frac{1}{2\pi}\int_{-\infty}^{\infty}\frac{2}{j\omega}e^{j\omega t}d\omega = \frac{1}{j\pi}\int_{-\infty}^{\infty}\frac{\cos(\omega t)}{\omega}d\omega + \frac{1}{\pi}\int_{-\infty}^{\infty}\frac{\sin(\omega t)}{\omega}d\omega. \qquad (3.52)$$

Das 1. Integral im rechten Teil von Gl. 3.52 verschwindet:

$$I = \int_{-\infty}^{\infty}\frac{\cos(\omega t)}{\omega}d\omega = \int_{-\infty}^{0}\frac{\cos(\omega t)}{\omega}d\omega + \int_{0}^{\infty}\frac{\cos(\omega t)}{\omega}d\omega = I_1 + I_2.$$

Im Integral I_1 substituieren wir $u = -\omega$ und finden ($du = -d\omega$, $\cos(-ut) = \cos(ut)$, untere Grenze $\omega = -\infty \to u = \infty$):

$$I_1 = \int_{-\infty}^{0}\frac{\cos(\omega t)}{\omega}d\omega = \int_{\infty}^{0}\frac{\cos(ut)}{u}du = -\int_{0}^{\infty}\frac{\cos(ut)}{u}du = -I_2.$$

Da $I_1 = -I_2$ ist, wird $I = 0$. Der aufmerksame Leser stellt fest, daß bei dieser Ableitung Konvergenzprobleme auftreten. Diese lösen sich, wenn die Regeln aus der Theorie der verallgemeinerten Funktionen beachtet werden (vgl. [11], [22]).

Nach Gl. 3.52 wird nun

$$f(t) = \frac{1}{\pi}\int_{-\infty}^{\infty}\frac{\sin(\omega t)}{\omega}d\omega = \frac{2}{\pi}\int_{0}^{\infty}\frac{\sin(\omega t)}{\omega}d\omega. \qquad (3.53)$$

Der Integrand $\sin(\omega t)/\omega$ ist eine gerade Funktion, daher ist die Fläche von $-\infty$ bis 0 gleich der von 0 bis ∞. Aus einer Integraltabelle entnimmt man die Beziehung

$$\int_0^\infty \frac{\sin(ax)}{x}\,dx = \begin{cases} \pi/2 \text{ für } a > 0 \\ 0 \text{ für } a = 0 \\ -\pi/2 \text{ für } a < 0 \end{cases}. \tag{3.54}$$

Ein Vergleich von Gl. 3.54 mit Gl. 3.53 zeigt, daß

$$f(t) = \frac{2}{\pi}\int_0^\infty \frac{\sin(\omega t)}{\omega}\,d\omega = \begin{cases} 1 \text{ für } t > 0 \\ 0 \text{ für } t = 0 = \operatorname{sgn} t \\ -1 \text{ für } t < 0 \end{cases} \tag{3.55}$$

ist, womit die Richtigkeit der Korrespondenz 3.51 gezeigt wurde.

Hinweis:

Bei der Definition der Signumfunktion nach Gl. 3.50 wurde der Funktionswert bei $t = 0$ nicht definiert. Die Rücktransformation der Fourier-Transformierten von $\operatorname{sgn} t$ führt nach Gl. 3.55 zu dem Funktionswert $\operatorname{sgn} 0 = 0$. Man kann zeigen, daß die Fourier-Rücktransformation an Sprungstellen der Zeitfunktionen stets den arithmetrischen Mittelwert zwischen linkem und rechtem Wert an der Sprungstelle liefert (bei $\operatorname{sgn} t$ ist dies der Wert 0, siehe Bild 3.6). Dies ist unabhängig davon, wie der Funktionswert an der Stelle zuvor definiert war.

Zur Berechnung der Fourier-Transformierten der Sprungfunktion s(t) verwenden wir die Schreibweise

$$s(t) = \frac{1}{2}\operatorname{sgn} t + \frac{1}{2}. \tag{3.56}$$

Die Richtigkeit von Gl. 3.56 ist schnell mit Hilfe von Bild 3.7 einzusehen. Dort sind die Signale $\operatorname{sgn} t$ und 1 skizziert, die Summe $1 + \operatorname{sgn} t$ ergibt offenbar $2s(t)$.

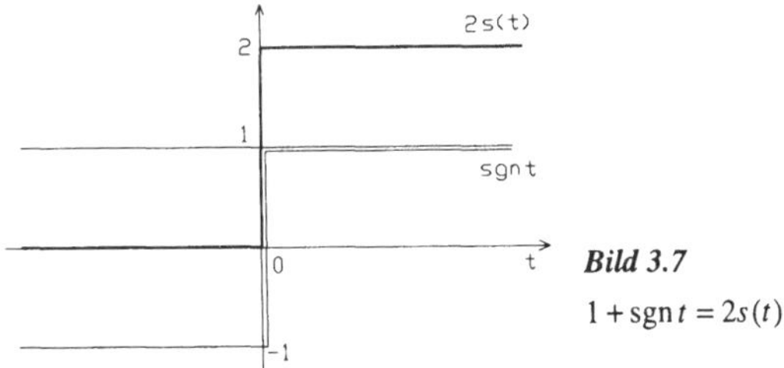

Bild 3.7
$1 + \operatorname{sgn} t = 2s(t)$

Entsprechend Gl. 3.56 ist die Fourier-Transformierte von $s(t)$ die Summe der Fourier-Transformierten von $0,5\operatorname{sgn} t$ und von 0,5 (vgl. Gl. 3.29):

$$F\{s(t)\} = F\{0,5\operatorname{sgn} t\} + F\{0,5\}. \tag{3.57}$$

Die Fourier-Transformierte von sgn$t$ wurde bereits berechnet (Gl. 3.51). Die Fourier-Transformierte des Signales $f(t) = 1$ wird nach Gl. 3.14

$$F(j\omega) = \int_{-\infty}^{\infty} f(t)e^{-j\omega t}dt = \int_{-\infty}^{\infty} e^{-j\omega t}dt.$$

Ein ähnliches Integral trat in Gl. 3.44 auf, dort war

$$\int_{-\infty}^{\infty} e^{j\omega t}d\omega = 2\pi\delta(t).$$

Ersetzen wir in dieser Gleichung ω durch t und t durch $-\omega$, so geht das Integral über in

$$\int_{-\infty}^{\infty} e^{-j\omega t}dt = 2\pi\delta(-\omega) = 2\pi\delta(\omega) = \mathrm{F}\{1\},$$

$$1 \;\text{O---}\; 2\pi\delta(\omega). \tag{3.58}$$

Mit diesem Ergebnis erhalten wir nach Gl. 3.57

$$\mathrm{F}\{s(t)\} = \frac{1}{2}\mathrm{F}\{\text{sgn}\,t\} + \frac{1}{2}\mathrm{F}\{1\} = \frac{1}{j\omega} + \pi\delta(\omega),$$

$$s(t)\;\text{O---}\;\frac{1}{j\omega} + \pi\delta(\omega). \tag{3.59}$$

$s(t)$ ist weder eine gerade noch eine ungerade Funktion, daher besteht die Fourier-Transformierte sowohl aus einem Realteil $R(\omega) = \pi\delta(\omega)$ als auch einem Imaginärteil $X(\omega) = -1/\omega$. Bild 3.8 zeigt links nochmals $s(t)$, rechts sind der Real- und Imaginärteil der Fourier-Transformierten von $s(t)$ skizziert.

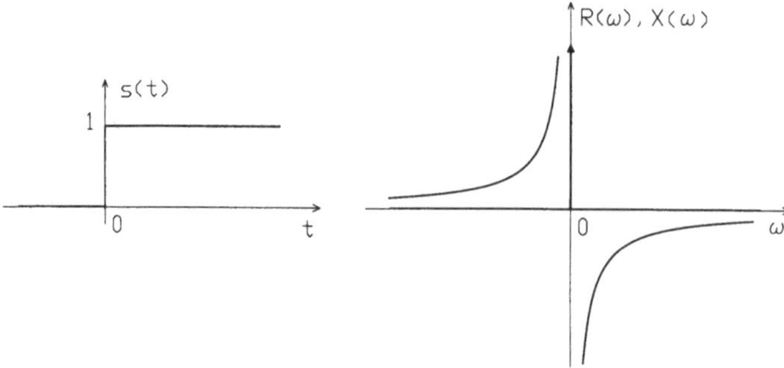

Bild 3.8 *Sprungfunktion, Real- und Imaginärteil der Fourier-Transformierten*

3.4.3 Fourier-Transformierte von periodischen Funktionen

Zunächst berechnen wir die Fourier-Transformierte der (komplexen) Zeitfunktion $f(t) = e^{j\omega_0 t}$.

Die Berechnung kann einmal mit Hilfe der Definitionsgleichung 3.14 erfolgen, andererseits aber auch mit dem Frequenzverschiebungssatz (Gl. 3.32). Nach diesem gilt (mit $f(t)$ O— $F(j\omega)$)

$$F(j\omega - j\omega_0) \text{ —O } f(t)e^{j\omega_0 t}.$$

Gl. 3.58 liefert die Korrespondenz

$$F(j\omega) = 2\pi\delta(\omega) \text{ —O } 1 = f(t).$$

Anwendung des Frequenzverschiebungssatzes:

$$F(j\omega - j\omega_0) = 2\pi\delta(\omega - \omega_0) \text{ —O } 1e^{j\omega_0 t}.$$

Ergebnis:

$$e^{j\omega_0 t} \text{ O— } 2\pi\delta(\omega - \omega_0). \tag{3.60}$$

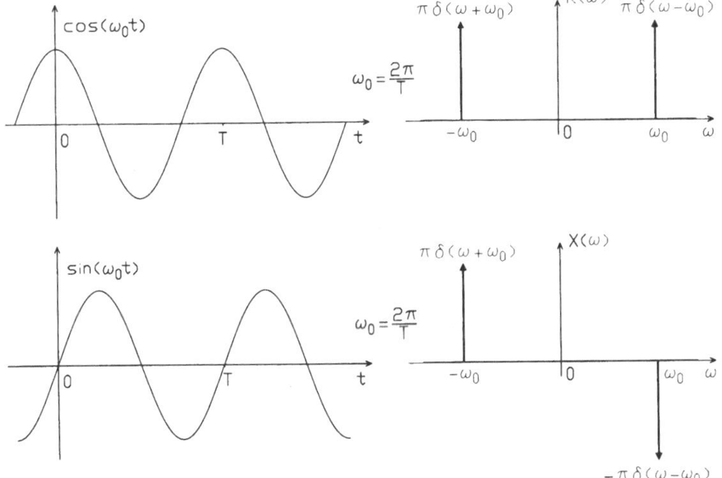

Bild 3.9 $\cos(\omega_0 t)$, $\sin(\omega_0 t)$ *und ihre Fourier-Transformierten*

Mit $\cos(\omega_0 t) = \frac{1}{2}e^{j\omega_0 t} + \frac{1}{2}e^{-j\omega_0 t}$, $\sin(\omega_0 t) = \frac{1}{2j}e^{j\omega_0 t} - \frac{1}{2j}e^{-j\omega_0 t}$ und der Korrespondenz nach Gl. 3.60

erhalten wir

$$\cos(\omega_0 t) \text{ O— } \pi\delta(\omega - \omega_0) + \pi\delta(\omega + \omega_0), \quad \sin(\omega_0 t) \text{ O— } \frac{\pi}{j}\delta(\omega - \omega_0) - \frac{\pi}{j}\delta(\omega + \omega_0). \tag{3.61}$$

Dabei ist zu beachten, daß man die Fourier-Transformierte von $e^{-j\omega_0 t}$ dadurch erhält, daß in der Korresponndenz 3.60 ω_0 durch $-\omega_0$ ersetzt wird. Im Bild 3.9 sind links die Funktionen $\cos(\omega_0 t)$ und $\sin(\omega_0 t)$ aufgetragen, rechts deren Fourier-Transformierte. Die gerade Funktion $\cos(\omega_0 t)$ hat eine reelle Fourier-Transformierte $F(j\omega) = R(\omega)$, die ungerade Funktion $\sin(\omega_0 t)$ eine imaginäre $F(j\omega) = jX(\omega)$.

Nach Gl. 3.7 kann man eine periodische Funktion in der Form

$$f(t) = \sum_{\nu = -\infty}^{\infty} C_\nu e^{j\nu\omega_0 t}$$

darstellen. Zur Berechnung der Fourier-Transformierten transformieren wir jeden Summanden einzeln. Mit der Korrespondenz 3.60 wird

$$C_\nu e^{j\nu\omega_0 t} \; \circ\!\!-\!\!\bullet \; 2\pi C_\nu \delta(\omega - \nu\omega_0)$$

und damit wird

$$F(j\omega) = \sum_{\nu = -\infty}^{\infty} 2\pi C_\nu \delta(\omega - \nu\omega_0). \tag{3.62}$$

Beispiel

Für die im Bild 3.1 skizzierte Funktion soll die Fourier-Transformierte berechnet werden.

Nach Gl. 3.10 lautet die Fourier-Reihe für diese Funktion

$$f(t) = \sum_{\nu = -\infty}^{\infty} \frac{A}{\nu\pi} \sin(\nu\pi/2) e^{j\nu\omega_0 t}$$

und nach Gl. 3.62 wird

$$F(j\omega) = \sum_{\nu = -\infty}^{\infty} \frac{2A}{\nu} \sin(\nu\pi/2)\delta(\omega - \nu\omega_0). \tag{3.63}$$

Aus Gl. 3.63 folgt

$$F(j\omega) = \ldots + \frac{2A}{5}\delta(\omega + 5\omega_0) - \frac{2A}{3}\delta(\omega + 3\omega_0) + 2A\,\delta(\omega + \omega_0) + A\,\pi\delta(\omega) +$$

$$+ 2A\,\delta(\omega - \omega_0) - \frac{2A}{3}\delta(\omega - 3\omega_0) + \frac{2A}{5}\delta(\omega - 5\omega_0)\ldots$$

Im Bild 3.10 ist $F(j\omega)$ schematisch (im Bereich $|\omega| \leq 5\omega_0$) dargestellt. Die Symbole für die Dirac-Impulse wurden proportional zur Größe ihrer Vorfaktoren gezeichnet. Ein Vergleich mit dem im Bild 3.3 gezeichneten und im Abschnitt 3.1 erläuterten "Spektrum" einer periodischen

Funktion zeigt, daß $F(j\omega)$ nach Gl. 3.63 bzw. allgemein nach Gl. 3.62 genau die gleichen Informationen liefert. Damit kann auf den für periodische Funktionen im Abschnitt 3.1 etwas unscharf erklärten Begriff des Spektrums verzichtet werden, wenn wir definieren:

> Als Spektrum eines Signales $f(t)$ bezeichnen wir die Fourier-Transformierte $F(j\omega)$ dieses Signales. Betrachtet man nur den Betrag $|F(j\omega)|$, so spricht man von einem Amplitudenspektrum, bei der Phase $\varphi(\omega)$ spricht man vom Phasenspektrum.

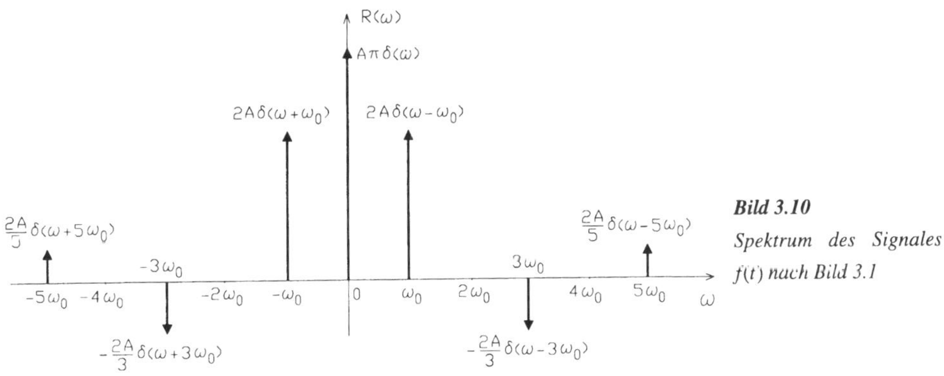

Bild 3.10

Spektrum des Signales $f(t)$ nach Bild 3.1

Der so erklärte Begriff des Spektrums hat den Vorteil, daß er auch für nichtperiodische Funktionen erklärt ist. Weiterhin kann man bei Kenntnis des so definierten Spektrums das zugehörende Zeitsignal mit Hilfe der Umkehrformel 3.15 zurückgewinnen.

Das periodische Signal $\cos(\omega_0 t)$ hat ein Spektrum, das mit Ausnahme an den Stellen $-\omega_0$ und ω_0 verschwindet (Bild 3.9). Als unschön empfindet man, daß auch bei $-\omega_0$, also einer negativen Frequenz, ein Dirac-Anteil auftritt. Auch bei dem Spektrum eines allgemeinen periodischen Signales treten Dirac-Anteile bei negativen Frequenzen auf (vgl. Gl. 3.62 und auch Bild 3.10). Obschon dies zunächst als unschön empfunden wird (negative Frequenzen kann man schließlich physikalisch nicht nachweisen), ist es aus theoretischen Gründen sinnvoll, eine Erweiterung auf den Bereich negativer Frequenzen vorzunehmen. Prinzipiell wäre es zwar durchaus möglich, daß als Spektrum nur der Teil von $F(j\omega)$ für $\omega \geq 0$ erklärt wird. Dies hätte aber zur Folge, daß die Grundgleichungen 3.14 und 3.15 in der angegebenen Form nicht mehr gültig wären. Ein Blick auf Gl. 3.15 zeigt nämlich, daß zur Berechnung von $f(t)$ aus $F(j\omega)$ von $\omega = -\infty$ bis $\omega = \infty$ zu integrieren ist. Würde der negative Bereich nicht zugelassen, so müßte diese Gleichung durch kompliziertere Beziehungen ersetzt werden.

In der Elektrotechnik benutzt man häufig Begriffe, die zwar zu einer einfachen Berechnung physikalischer Vorgänge führen, die aber selbst physikalisch nicht gemessen werden können. Ein Beispiel hierzu ist auch die komplexe Rechnung. Dort werden (physikalisch nicht nachweisbare) komplexe Ströme und Spannungen eingeführt, die eine einfache Berechnung von meßbaren Vorgängen gestatten.

Bei periodischen Signalen ist der Spektralbegriff relativ einleuchtend, da die bei $\nu\omega_0$ auftretenden Summanden von Gl. 3.62 indirekt, z.B. mit einem auf die Frequenz $\nu\omega_0$ eingestellten selektiven Voltmeter, meßbar sind. Bei nichtperiodischen Signalen ist dies nicht möglich, hier ist der Begriff des Spektrums weniger anschaulich. Betrachten wir z.B. das Signal $s(t)$ mit dem Spektrum $\pi\delta(\omega) + 1/(j\omega)$, so stellt man fest, daß das Spektrum alle Frequenzen enthält. Eine Messung von Spektralanteilen bei einer genau festgelegten Frequenz im oben beschriebenen Sinne ist hier nicht möglich, da das Signal nicht periodisch ist und somit auch nicht in Form einer Fourier-Reihe dargestellt werden kann.

3.4.4 Impulsbreite und Bandbreite

Wir berechnen zunächst das Spektrum des links im Bild 3.11 skizzierten Impulses mit der Breite $T_i = 2T$. Nach Gl. 3.14 folgt

$$F(j\omega) = \int_{-\infty}^{\infty} f(t)e^{-j\omega t}dt = \int_{-T}^{T} A\,e^{-j\omega t}dt = \frac{A}{j\omega}(e^{j\omega T} - e^{-j\omega T}).$$

Mit $e^{j\omega T} - e^{-j\omega T} = 2j\sin(\omega T)$ wird daraus

$$F(j\omega) = \frac{2A\sin(\omega T)}{\omega}. \tag{3.64}$$

Dieses Spektrum ist im rechten Teil von Bild 3.11 dargestellt.

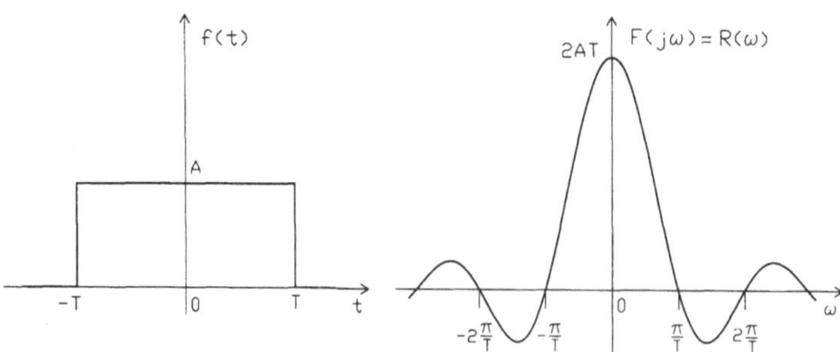

Bild 3.11 *Impuls f(t) und sein Spektrum*

Wir erkennen, daß zur Übertragung des Impulses nach Bild 3.11 mit der Breite $T_i = 2T$ theoretisch alle Frequenzen bis $\omega = \infty$ nötig sind. In der Praxis muß man sich natürlich mit einer endlichen maximal übertragbaren Frequenz (Bandbreite) begnügen. Dann wird das Spektrum nur bis zu dieser obersten Frequenz übertragen und am Ausgang des Übertragungskanals wird eine mehr oder weniger verzerrte Ausgangsfunktion auftreten.

Die Festlegung der Bandbreite ist willkürlich, wir können sie z.B. folgendermaßen definieren

$$B = \frac{1}{F(0)} \int_{-\infty}^{\infty} F(j\omega)\,d\omega. \tag{3.65}$$

Dies bedeutet, daß die Fläche unter $F(j\omega)$ durch eine Rechteckfläche $B \cdot F(0)$ mit der Höhe $F(0)$ und der Breite B ersetzt wird. Im vorliegenden Fall ergibt sich mit $F(j\omega)$ nach Gl. 3.64 und nach Gl. 3.54

$$B = \frac{1}{2AT} \int_{-\infty}^{\infty} \frac{2A\,\sin(\omega T)}{\omega}\,d\omega = \frac{2}{T} \int_{0}^{\infty} \frac{\sin(\omega T)}{\omega}\,d\omega = \frac{\pi}{T}.$$

Die größte übertragene Frequenz ist dann $\omega_g = \pi/(2T) = B/2$ (die Bandbreite geht von $-\pi/(2T)$ bis $\pi/(2T)$!).

Wir bilden nun das Produkt aus Impulsbreite $T_i = 2T$ und Bandbreite $B = \pi/T$:

$$T_i B = 2\pi. \tag{3.66}$$

Dies bedeutet, daß unabhängig von der gewählten Impulsbreite, das Produkt mit der zugehörenden Bandbreite konstant ist. Halbiert man z.B. die Impulsbreite, so verdoppelt sich die zur Übertragung benötigte Bandbreite.

Diese prinzipielle Aussage wird durch den Ähnlichkeitssatz (Gl. 3.35)

$$f(at) \; \text{O}\!\!-\!\!\frac{1}{|a|} F(j\omega/a)$$

untermauert. Die Halbbierung der Impulsbreite bedeutet einen Wert $a = 2$. Eine Funktion $\tilde{f}(t) = f(2t)$ hat dann bei $t = 1$ den gleichen Funktionswert wie die ursprüngliche Funktion bei $t = 2$ ($\tilde{f}(1) = f(2)$). Bei der Fourier-Transformierten $\tilde{F}(j\omega) = 0{,}5\,F(0{,}5j\omega)$ ist es genau umgekehrt. Das Spektrum $\tilde{F}(j\omega)$ des schmalen Impulses $\tilde{f}(t)$ hat (bis auf den Faktor 0,5) bei $\omega = 2$ den gleichen Wert wie $F(j\omega)$ bei $\omega = 1$.

Im Gegensatz zur Angabe der Impulsbreite war in diesem Fall die Festlegung der Bandbreite nicht so einleuchtend. Da die theoretische Bandbreite unendlich groß ist, muß nach einem geeigneten Kriterium ein endlicher Wert für B festgelegt werden. In diesem Fall sind wir davon ausgegangen, daß für $\omega_g > \pi/(2T)$ das Spektrum schon ausreichend klein ist. Man hätte als obere Grenzfrequenz natürlich auch einen anderen Wert (z.B. π/T oder $3\pi/T$)wählen können, die grundsätzliche Aussage der Gl. 3.66 wäre trotzdem erhalten geblieben.

Man kann nachweisen, daß Zeitfunktionen mit einer endlichen Breite (wie im vorliegenden Fall) stets Spektren haben, die bis unendlich gehen. Umgekehrt gehören zu Spektren mit endlicher Breite zeitlich nicht begrenzte Zeitfunktionen.

Definiert man Impuls- und Bandbreite nach folgenden Beziehungen

$$T_i = \sqrt{\int_{-\infty}^{\infty} t^2 f^2(t)\,dt}, \quad B = \sqrt{\int_{-\infty}^{\infty} \omega^2\,|\,F(j\omega)\,|^2\,d\omega}, \tag{3.67}$$

und ist weiterhin

$$\int_{-\infty}^{\infty} f^2(t)\,dt = 1,$$

so kann man zeigen, daß stets die Ungleichung

$$T_i B \geq \sqrt{\pi/2} \tag{3.68}$$

erfüllt ist (siehe z.B. [22]). Diese Ungleichung bezeichnet man in Analogie zu einer formal ähnlichen Gleichung in der Quantenmechanik als **Unschärferelation**. Man kann zeigen, daß das Gleichheitszeichen in Gl. 3.68 auftritt, wenn der Impuls die Form

$$f(t) = k e^{-at^2}, \quad a > 0$$

besitzt (Gauß-Impuls). In diesem Sinne haben Gauß-Impulse das kleinstmögliche Produkt aus Impuls- und Bandbreite.

Hinweise:

1. Die Festlegung der Impulsbreite gemäß Gl. 3.67 ist nur bei Impulsen sinnvoll, die sich gleichmäßig nach beiden Seiten erstrecken. Falls dies nicht zutrifft, empfiehlt es sich, $f(t)$ zunächst um die Zeit

$$t_0 = \int_{-\infty}^{\infty} t\,f(t)\,dt$$

zu verschieben und die Dauer T_i des verschobenen Impulses $\tilde{f}(t) = f(t - t_0)$ zu berechnen. Die Zeitverschiebung um diesen Wert führt dazu, daß $\tilde{f}(t)$ seinen "Schwerpunkt" bei $t = 0$ hat. Auf die Bandbreite hat die Zeitverschiebung keinen Einfluß (siehe Zeitverschiebungssatz Gl. 3.31).

2. Die Definition von T_i und B nach Gl. 3.67 setzt die Existenz der Integrale voraus. Bei dem Signal nach Bild 3.11 trifft dies nicht zu, da das Integral für die Bandbreite nicht konvergiert.

3.4.5 Die Fourier-Transformierte von $f(t) = s(t)e^{-at}$

Gesucht wird das Spektrum von

$$f(t) = s(t)e^{-at}, a > 0.$$

Gl. 3.14 liefert

$$F(j\omega) = \int_{-\infty}^{\infty} f(t)e^{-j\omega t}dt = \int_{0}^{\infty} e^{-at}e^{-j\omega t}dt = \int_{0}^{\infty} e^{-(a+j\omega)t}dt = \frac{-1}{a+j\omega}e^{-(a+j\omega)t}\bigg|_{0}^{\infty} = \frac{1}{a+j\omega}.$$

Bemerkung:

Schreibt man $e^{-(a+j\omega)t} = e^{-at}e^{-j\omega t}$, so erkennt man, daß dieser Ausdruck für $t = \infty$ verschwindet, denn es gilt $e^{-at} \to 0$ für $t \to \infty$ ($a > 0$ vorausgesetzt).

Die Korrespondenz

$$s(t)e^{-at} \;\circ\!\!-\!\!-\!\!-\; \frac{1}{a+j\omega}, \quad a > 0 \tag{3.69}$$

ist auch dann noch gültig, wenn a durch eine komplexe Zahl $\lambda = a + jb$ mit $a = \text{Re}\,\lambda > 0$ ersetzt wird, d.h.

$$s(t)e^{-\lambda t} \;\circ\!\!-\!\!-\!\!-\; \frac{1}{\lambda+j\omega}, \quad \text{Re}\,\lambda > 0. \tag{3.70}$$

(Beweis als Übung für den Leser!).

Beispiel

Gesucht wird die Impulsantwort $g(t)$ der RC-Schaltung nach Bild 2.25.

Mit der komplexen Rechnung findet man die Übertragungsfunktion ($RC = 1$)

$$G(j\omega) = \frac{1}{1+j\omega}.$$

$G(j\omega)$ ist die Fourier-Transformierte von $g(t)$ (siehe Abschnitt 2.4.1). Die Rücktransformation von $G(j\omega)$ liefert mit der Korrespondenz 3.69 und $a = 1$:

$$g(t) = s(t)e^{-t}.$$

3.5 Die Berechnung von Systemreaktionen mit der Fourier-Transformation

Im Abschnitt 2.4.1 wurde die Beziehung (Gl. 2.44)

$$G(j\omega) = \int_{-\infty}^{\infty} g(t)e^{-j\omega t}dt \tag{3.71}$$

abgeleitet. Wir erkennen (siehe Gl. 3.14), daß die Übertragungsfunktion die Fourier-Transformierte der Impulsantwort ist, also

$$g(t) \; \text{O}\!\!-\!\! \; G(j\omega).$$

Dann ist nach Gl. 3.15

$$g(t) = \frac{1}{2\pi} \int_{-\infty}^{\infty} G(j\omega)e^{j\omega t}d\omega. \tag{3.72}$$

Diese Beziehung wurde bereits im Abschnitt 2.4.1 ohne Beweis angegeben.

Bei Netzwerken kann $G(j\omega)$ mit der komplexen Rechnung ermittelt werden. Die Fourier-Rücktransformation liefert $g(t)$, und mit dem Faltungsintegral ist anschließend die Berechnung von Systemreaktionen auf beliebige Eingangssignale möglich.

Neben dieser Vorgehensweise gibt es noch eine andere elegante Methode zur Berechnung von Netzwerkreaktionen. Bild 3.12 zeigt ein System, das durch $g(t)$ bzw. $G(j\omega)$ beschrieben wird. Sind $x(t)$ und $g(t)$ gegeben, so kann man $y(t)$ mit dem Faltungsintegral berechnen, man spricht von einer Berechnung im Zeitbereich. Bei dem Verfahren, das jetzt behandelt werden soll, gehen wir von den Spektren von $x(t)$, $y(t)$ und $g(t)$ aus.

Nach Gl. 3.14 gilt

$$x(t) \; \text{O}\!\!-\!\! \; X(j\omega) = \int_{-\infty}^{\infty} x(t)e^{-j\omega t}dt, \tag{3.73}$$

$$y(t) \; \text{O}\!\!-\!\! \; Y(j\omega) = \int_{-\infty}^{\infty} y(t)e^{-j\omega t}dt. \tag{3.74}$$

Wir setzen in Gl. 3.74 das mit dem Faltungsintegral berechnete

$$y(t) = \int_{-\infty}^{\infty} x(\tau)g(t-\tau)d\tau$$

ein und erhalten

$$Y(j\omega) = \int_{t=-\infty}^{\infty} \int_{\tau=-\infty}^{\infty} x(\tau)g(t-\tau)e^{-j\omega t}d\tau\,dt.$$

Die Reihenfolge der Integrationen wird vertauscht, außerdem wird der Integrand mit den zwei Faktoren $e^{-j\omega\tau}$ und $e^{j\omega\tau}$ multipliziert (das Produkt ist 1 und verändert den Integranden nicht!):

$$Y(j\omega) = \int_{\tau=-\infty}^{\infty} x(\tau)e^{-j\omega\tau}\left\{\int_{t=-\infty}^{\infty} g(t-\tau)e^{-j\omega(t-\tau)}dt\right\}d\tau. \tag{3.75}$$

Im "inneren" Integral von Gl. 3.75 führen wir die Substitution $u = t - \tau$ durch und erhalten

$$I = \int_{-\infty}^{\infty} g(t-\tau)e^{-j\omega(t-\tau)}dt = \int_{-\infty}^{\infty} g(u)e^{-j\omega u}du.$$

Ein Vergleich des rechten Integrals mit Gl. 3.71 zeigt, daß offenbar $I = G(j\omega)$ ist, ein Unterschied liegt nur in der Bezeichnung der Integrationsvariablen. Mit diesem Ergebnis wird aus Gl 3.75 unter Beachtung von Gl. 3.73:

$$Y(j\omega) = \int_{-\infty}^{\infty} x(\tau)e^{-j\omega\tau}G(j\omega)d\tau = G(j\omega)\int_{-\infty}^{\infty} x(\tau)e^{-j\omega\tau}d\tau,$$

$$Y(j\omega) = G(j\omega)X(j\omega). \tag{3.76}$$

Auf diese Weise ist es gelungen einen unmittelbaren Zusammenhang zwischen den Spektren der Signale $x(t)$ und $y(t)$ herzustellen.

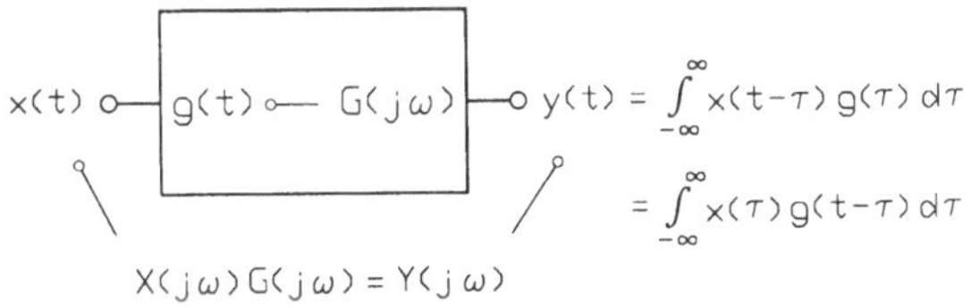

Bild 3.12
Berechnung von Systemreaktionen im Zeit- und Frequenzbereich

Wir haben folgenden neuen Weg zur Berechnung von Systemreaktionen im Frequenzbereich gefunden (vgl. auch Bild 3.12):

a) Mit Hilfe der komplexen Rechnung ermittelt man bei Netzwerken die Übertragungsfunktion $G(j\omega)$.

b) Zu dem gegebenen Eingangssignal $x(t)$ bestimmt man das Spektrum $X(j\omega)$, häufig kann man $X(j\omega)$ aus Tabellen entnehmen.

c) Nach Gl 3.76 berechnet man $Y(j\omega) = G(j\omega)X(j\omega)$.

d) $Y(j\omega)$ wird in den Zeitbereich zurücktransformiert, wir erhalten $y(t)$.

Bei diesem Weg wird das Faltungsintegral nicht benötigt. In vielen Fällen ist die Berechnung im Frequenzbereich einfacher als im Zeitbereich.

Hinweis:

Hiermit ist auch Gl. 3.36 (Faltung im Zeitbereich) bewiesen, denn es gilt $y(t) = g(t) * x(t)$ (vgl. Gl. 2.27) und nach Gl. 3.76 ist $Y(j\omega) = G(j\omega)X(j\omega)$.

3.5.1 Systemreaktionen von Systemen mit einem Energiespeicher

Die Übertragungsfunktion eines Systems mit einem Energiespeicher hat die Form (vgl. z.B. [23])

$$G(j\omega) = \frac{a_0 + a_1 j\omega}{b_0 + j\omega}, \quad b_0 > 0. \tag{3.77}$$

Die Koeffizienten a_0, a_1, b_0 sind alle reell, außerdem muß $b_0 > 0$ sein, da das System sonst nicht stabil ist (Begründung erfolgt im Abschnitt 5.4.1). Ein Beispiel für ein System mit einer Übertragungsfunktion nach Gl. 3.77 ist die Schaltung nach Bild 2.25. Dort war $G(j\omega) = 1/(1 + j\omega)$, d.h. $a_0 = 1$, $a_1 = 0$, $b_0 = 1$.

Zur Berechnung der Impulsantwort formen wir $G(j\omega)$ folgendermaßen um:

$$
\begin{aligned}
G(j\omega) &= \frac{a_0 + a_1 j\omega}{b_0 + j\omega} = a_1 \frac{a_0/a_1 + j\omega}{b_0 + j\omega} = a_1 \frac{(a_0/a_1 - b_0) + (b_0 + j\omega)}{b_0 + j\omega} = \\
&= a_1 \frac{a_0/a_1 - b_0}{b_0 + j\omega} + a_1 = a_1 + (a_0 - a_1 b_0)\frac{1}{b_0 + j\omega}.
\end{aligned}
\tag{3.78}
$$

$G(j\omega)$ besteht aus zwei Summanden, die einzeln zurücktransformiert werden.

Korrespondenz 3.43: $1 \;—\!O\; \delta(t)$, daraus $a_1 \;—\!O\; a_1\delta(t)$,

Korrespondenz 3.69: $1/(a + j\omega) \;—\!O\; s(t)e^{-at}$, $a > 0$, daraus mit $a = b_0$

$$(a_0 - a_1 b_0)\frac{1}{b_0 + j\omega} \;—\!O\; s(t)(a_0 - a_1 b_0)e^{-b_0 t}.$$

Ergebnis:

$$g(t) = a_1\delta(t) + s(t)(a_0 - a_1 b_0)e^{-b_0 t}. \tag{3.79}$$

Beispiel 1

Berechnung der Impulsantwort der Schaltung links im Bild 3.13.

Es handelt sich um ein Netzwerk mit einem Energiespeicher, daher kann die Übertragungsfunktion entsprechend Gl. 3.77 angeschrieben werden. Mit der komplexen Rechnung folgt

$$G(j\omega) = \frac{U_2}{U_1} = \frac{Rj\omega L/(R+j\omega L)}{R+Rj\omega L/(R+j\omega L)} = \frac{j\omega L}{R+2j\omega L}.$$

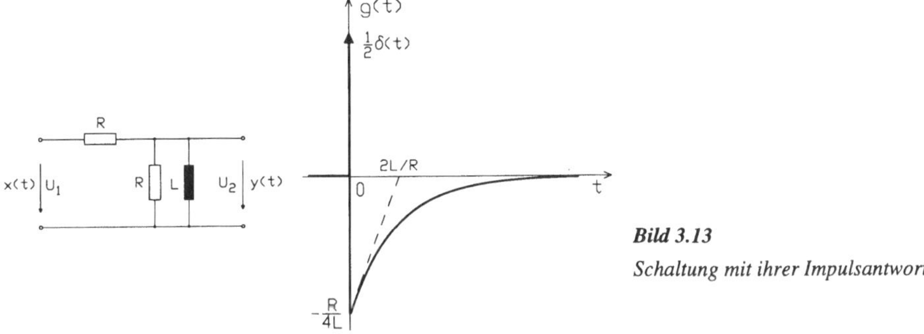

Bild 3.13

Schaltung mit ihrer Impulsantwort

Nach Gl. 3.77 muß $j\omega$ im Nenner alleine stehen, daher wird durch $2L$ dividiert:

$$G(j\omega) = \frac{1/2\, j\omega}{R/(2L)+j\omega}. \tag{3.80}$$

Ein Vergleich von Gl. 3.80 mit Gl. 3.77 zeigt $a_0 = 0$, $a_1 = 1/2$, $b_0 = R/(2L)$ und nach Gl. 3.79 wird

$$g(t) = \frac{1}{2}\delta(t) - s(t)\frac{R}{4L}e^{-R/(2L)t}. \tag{3.81}$$

Diese Impulsantwort $g(t)$ ist rechts im Bild 3.13 skizziert.

Obschon wir i.a. mit dimensionslosen Größen (normiert) rechnen, soll an dieser Stelle exemplarisch eine Dimensionsbetrachtung durchgeführt werden. Die Impulsantwort ist die Reaktion des Systems auf das Eingangssignal $\delta(t)$. In diesem Fall ist das Eingangssignal eine Spannung. Trotzdem darf man $\delta(t)$ nicht die Dimension V zuordnen sondern die Einheit Vs^{-1}. Grund: Definitionsgemäß (Gl. 2.1) gilt

$$\int_{-\infty}^{\infty} \delta(t)dt = 1.$$

Da dt die Einheit s hat, muß $\delta(t)$ offenbar "zusätzlich" die Einheit s^{-1} zugeordnet werden.

Bei diesem Beispiel ist das Ausgangssignal ebenfalls eine Spannung, d.h. $g(t)$ muß die Einheit Vs^{-1} haben. Dies erkennt man am 2. Summanden von Gl. 3.81. Wenn wir dort die Einheiten von R und L beachten, entsteht durch den Faktor $R/(4L)$ zusätzlich die Einheit s^{-1}.

Solche "Einheitenprobleme" treten nur bei $\delta(t)$ als Eingangssignal auf. Betrachtet man das Faltungsintegral

$$y(t) = \int_{-\infty}^{\infty} x(\tau)g(t-\tau)d\tau,$$

so stellt man bei einer Dimensionsbetrachtung fest, daß sich die Einheit s^{-1} bei $g(t-\tau)$ gegen die Einheit s von $d\tau$ wegkürzt.

Wir wollen noch die Sprungantwort $h(t)$ des Systems mit einem Energiespeicher berechnen. Zunächst soll diese Berechnung mit dem Faltungsintegral (bzw. mit Gl. 2.38) erfolgen:

$$h(t) = \int_{-\infty}^{t} g(\tau)d\tau.$$

Mit $g(\tau) = a_1\delta(\tau) + s(\tau)(a_0 - a_1b_0)e^{-b_0\tau}$ erhalten wir (für $t > 0$) zwei Teilintegrale

$$h(t) = \int_{0-}^{t} a_1\delta(\tau)d\tau + \int_{0}^{t} (a_0 - a_1b_0)e^{-b_0\tau}d\tau.$$

Hinweise:
Die untere Grenze muß beim 1. Teilintegral "0-" lauten, da der Dirac-Impuls bei $\tau = 0$ auftritt. Beim 2. Integral ist (im Integrationsbereich) $s(\tau) = 1$ und kann daher weggelassen werden.

Die Auswertung liefert:

$$h(t) = a_1 - \left[(a_0 - a_1b_0)\frac{1}{b_0}e^{-b_0\tau}\right]_0^t = a_1 + \frac{a_0 - a_1b_0}{b_0}\left(1 - e^{-b_0t}\right) = \frac{a_0}{b_0} - \frac{a_0 - a_1b_0}{b_0}e^{-b_0t}.$$

Dies ist die Lösung für $t > 0$. Für $t < 0$ wird $h(t) = 0$, denn das System ist kausal und es gilt $x(t) = s(t) = 0$ für $t < 0$.

Gesamtlösung:

$$h(t) = \begin{cases} 0 \text{ für } t < 0 \\ \dfrac{a_0}{b_0} - \dfrac{a_0 - a_1b_0}{b_0}e^{-b_0t} \text{ für } t > 0 \end{cases} = s(t)\left(\frac{a_0}{b_0} - \frac{a_0 - a_1b_0}{b_0}e^{-b_0t}\right). \tag{3.82}$$

Als Übung möge der Leser nachkontrollieren, daß die Ableitung von $h(t)$ nach Gl. 3.82 die Impulsantwort nach Gl. 3.79 liefert ($g(t) = h'(t)$!).

Hinweis:

Der Leser möge beachten, daß die Funktion $s(t)$ auf der rechten Gleichungsseite 3.82 keinesfalls die Bedeutung des hier vorliegenden Eingangssignales $x(t) = s(t)$ hat. Durch $s(t)$ werden hier lediglich die zu unterscheidenden Zeitbereiche zu einem geschlossenen Ausdruck zusammengefaßt.

Wir wollen $h(t)$ nun noch auf eine andere Weise, nämlich mit der Beziehung 3.76

$$Y(j\omega) = G(j\omega)X(j\omega)$$

berechnen. Die Sprungantwort ist die Systemreaktion auf $x(t) = s(t)$, dann wird (Gl. 3.59)

$$X(j\omega) = \pi\delta(\omega) + 1/(j\omega).$$

Mit $G(j\omega)$ nach Gl. 3.77 wird

$$Y(j\omega) = \left(\pi\delta(\omega) + \frac{1}{j\omega}\right)\frac{a_0 + a_1 j\omega}{b_0 + j\omega} = \pi\delta(\omega)\frac{a_0 + a_1 j\omega}{b_0 + j\omega} + \frac{a_0 + a_1 j\omega}{j\omega(b_0 + j\omega)}.$$

Der 1. Summand läßt sich vereinfachen, nach Gl. 2.5 wird $f(\omega)\delta(\omega) = f(0)\delta(\omega)$, hier $f(\omega) = (a_0 + a_1 j\omega)/(b_0 + j\omega)$ und $f(0) = a_0/b_0$. Dann wird

$$Y(j\omega) = \frac{a_0}{b_0}\pi\delta(\omega) + \frac{a_0 + a_1 j\omega}{j\omega(b_0 + j\omega)} = Y_1(j\omega) + Y_2(j\omega). \tag{3.83}$$

Die Rücktransformation liefert die Sprungantwort $h(t)$. Aus $Y(j\omega) = Y_1(j\omega) + Y_2(j\omega)$ folgt

$$h(t) = y_1(t) + y_2(t) \tag{3.84}$$

mit

$$y_1(t)\ O\!\!-\!\!-\ Y_1(j\omega) = \frac{a_0}{b_0}\pi\delta(\omega), \quad y_2(t)\ O\!\!-\!\!-\ Y_2(j\omega) = \frac{a_0 + a_1 j\omega}{j\omega(b_0 + j\omega)}.$$

Rücktransformation von $Y_1(j\omega)$: Aus der Korrespondenz $2\pi\delta(\omega)\ -\!\!O\ 1$ folgt

$$\frac{a_0}{b_0}\pi\delta(\omega) = \frac{a_0}{2b_0}2\pi\delta(\omega)\ -\!\!O\ \frac{a_0}{2b_0} = y_1(t). \tag{3.85}$$

Rücktransformation von $Y_2(j\omega)$: Dies ist eine echt gebrochen rationale Funktion, die daher in Partialbrüche zerlegt werden kann.

$$Y_2(j\omega) = \frac{a_0 + a_1 j\omega}{j\omega(b_0 + j\omega)} = \frac{A_1}{j\omega} + \frac{A_2}{b_0 + j\omega}. \tag{3.86}$$

Zur Berechnung von A_1 multiplizieren wir Gl. 3.86 mit $j\omega$ (dem Ausdruck "unter" A_1):

$$j\omega Y_2(j\omega) = \frac{a_0 + a_1 j\omega}{b_0 + j\omega} = A_1 + j\omega \frac{A_2}{b_0 + j\omega}.$$

Setzt man in dieser Gleichung $\omega = 0$, so steht rechts nur noch A_1, es wird

$$A_1 = \frac{a_0}{b_0}.$$

Zur Bestimmung von A_2 multiplizieren wir Gl. 3.86 mit $(b_0 + j\omega)$, dem Ausdruck "unter" A_2:

$$(b_0 + j\omega)Y_2(j\omega) = \frac{a_0 + a_1 j\omega}{j\omega} = (b_0 + j\omega)\frac{A_1}{j\omega} + A_2.$$

Setzt man $j\omega = -b_0$, so steht auf der rechten Seite nur noch A_2, es wird

$$A_2 = \frac{a_0 + a_1(-b_0)}{-b_0} = -\frac{a_0 - a_1 b_0}{b_0}.$$

Hinweis:

Leser, denen die Partialbruchentwicklung nicht mehr geläufig ist, können zur Kontrolle die berechneten Werte für A_1 und A_2 in Gl. 3.86 einsetzen und die Identität mit $Y_2(j\omega)$ nachweisen.

Ergebnis der Partialbruchentwicklung:

$$Y_2(j\omega) = \frac{A_1}{j\omega} + \frac{A_2}{b_0 + j\omega} = \frac{a_0}{b_0}\frac{1}{j\omega} - \frac{a_0 - a_1 b_0}{b_0}\frac{1}{b_0 + j\omega}.$$

Mit den Korrespondenzen $1/(j\omega) \longrightarrow \!\!\!\! \text{O}\ 0,5\,\mathrm{sgn}\,t$ (Gl. 3.51), $1/(b_0 + j\omega) \longrightarrow \!\!\!\! \text{O}\ s(t)e^{-b_0 t}$ (Gl. 3.69) folgt

$$y_2(t) = \frac{a_0}{2b_0}\mathrm{sgn}\,t - \frac{a_0 - a_1 b_0}{b_0}s(t)e^{-b_0 t}. \tag{3.87}$$

Schließlich erhalten wir nach Gl. 3.84 mit den Beziehungen 3.85 und 3.87

$$h(t) = y_1(t) + y_2(t) = \frac{a_0}{2b_0} + \frac{a_0}{2b_0}\,\text{sgn}\,t - s(t)\frac{a_0 - a_1 b_0}{b_0}e^{-b_0 t}. \tag{3.88}$$

Die beiden ersten Summanden von Gl. 3.88 kann man mit der Beziehung 3.56 zusammenfassen

$$\frac{a_0}{2b_0} + \frac{a_0}{2b_0}\,\text{sgn}\,t = \frac{a_0}{b_0}\left(\frac{1}{2} + \frac{1}{2}\,\text{sgn}\,t\right) = s(t)\frac{a_0}{b_0}$$

und wir erhalten aus Gl. 3.88 das bereits aus Gl. 3.82 bekannte Ergebnis

$$h(t) = s(t)\frac{a_0}{b_0} - s(t)\frac{a_0 - a_1 b_0}{b_0}e^{-b_0 t}.$$

Wir stellen fest, daß bei der Berechnung der Systemreaktion nach diesem Verfahren eine Unterteilung in verschiedene Zeitbereiche (wie bei der Anwendung des Faltungsintegrals) entfällt. Man erhält automatisch eine für alle Zeiten gültige Lösung.

Beispiel 2

Berechnung der Sprungantwort der Schaltung links im Bild 3.13.

Aus der Übertragungsfunktion (Gl. 3.80)

$$G(j\omega) = \frac{1/2\,j\omega}{R/(2L) + j\omega}$$

folgt mit $a_0 = 0$, $a_1 = 1/2$, $b_0 = R/(2L)$ aus Gl. 3.82

$$h(t) = s(t)\frac{1}{2}e^{-R/(2L)t}. \tag{3.89}$$

Diese Sprungantwort ist im Bild 3.14 skizziert. Die Ableitung von $h(t)$ ergibt die Impulsantwort nach Gl. 3.81 (Anwendung von Gl. 2.5!).

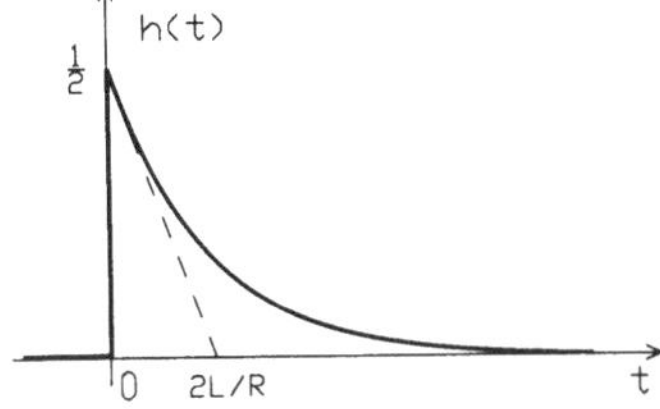

Bild 3.14
Sprungantwort der Schaltung nach Bild 3.13

Den Verlauf der Sprungantwort kann man übrigens physikalisch leicht erklären. Wird bei $t = 0$ eine Spannung $x(t) = s(0+) = 1(V)$ an das Netzwerk nach Bild 3.13 angelegt, so wird im 1. Moment durch die Induktivität kein Strom fließen und es entsteht ein Spannungsteiler aus den beiden Widerständen R, der die Eingangsspannung auf $h(0+) = 1/2$ (V) reduziert. Im eingeschwungenen Zustand fließt ein Gleichstrom ($x(t) = 1$ für $t > 0$) und an L kann kein Spannungsabfall auftreten, so daß $h(t) = 0$ für $t \to \infty$ wird.

3.5.2 Systeme mit zwei Energiespeichern

Bei Systemen mit zwei Energiespeichern hat die Übertragungsfunktion folgende Form (siehe z.B. [23]):

$$G(j\omega) = \frac{a_0 + a_1 j\omega + a_2 (j\omega)^2}{b_0 + b_1 j\omega + (j\omega)^2}, \quad b_0 > 0, b_1 > 0. \tag{3.90}$$

Alle Koeffizienten sind reell. Damit das System stabil ist, muß zusätzlich $b_0 > 0$, $b_1 > 0$ sein (Begründung folgt im Abschnitt 5.4.1).

Zur Rücktransformation von $G(j\omega)$ wird zunächst eine Konstante "herausgezogen", damit eine echt gebrochen rationale Funktion entsteht, die dann in Partialbrüche entwickelt werden kann.

Aus Gl. 3.90 findet man durch elementare Rechnung

$$G(j\omega) = a_2 + \frac{c_0 + c_1 j\omega}{b_0 + b_1 j\omega + (j\omega)^2}, \quad c_0 = a_0 - a_2 b_0, \quad c_1 = a_1 - a_2 b_1. \tag{3.91}$$

Den Nenner des 2. Summanden von Gl. 3.91 stellen wir in der Form

$$b_0 + b_1 j\omega + (j\omega)^2 = (j\omega - p_1)(j\omega - p_2)$$

mit

$$p_1 = -\frac{b_1}{2} + \sqrt{\frac{b_1^2}{4} - b_0}, \quad p_2 = -\frac{b_1}{2} - \sqrt{\frac{b_1^2}{4} - b_0} \tag{3.92}$$

dar. p_1 und p_2 sind offenbar die Nullstellen des Nennerpolynoms von $G(j\omega)$.

Wir beschränken uns nur auf die folgenden Fälle:

a) $b_1^2/4 > b_0$, dann sind p_1, p_2 reell und beide negativ,

b) $b_1^2/4 < b_0$, dann sind p_1, p_2 komplex und beide haben negative Realteile (man beachte die Bedingung $b_0 > 0$, $b_1 > 0$).

Den Fall $b_1^2/4 = b_0$ schließen wir aus (vgl. hierzu Beispiel 3 im Abschnitt 3.5.3).

Den 2. Summanden von Gl. 3.91 kann man in Partialbrüche entwickeln:

$$\frac{c_0 + c_1 j\omega}{b_0 + b_1 j\omega + (j\omega)^2} = \frac{c_0 + c_1 j\omega}{(j\omega - p_1)(j\omega - p_2)} = \frac{A_1}{j\omega - p_1} + \frac{A_2}{j\omega - p_2},$$

$$A_1 = \frac{c_0 + c_1 p_1}{p_1 - p_2}, \quad A_2 = \frac{c_0 + c_1 p_2}{p_2 - p_1}. \tag{3.93}$$

Schließlich erhalten wir die Form

$$G(j\omega) = a_2 + \frac{A_1}{j\omega - p_1} + \frac{A_2}{j\omega - p_2}. \tag{3.94}$$

Die Rücktransformation des 1. Summanden liefert $a_2 \!-\!\!\circ a_2\delta(t)$ (vgl. Gl. 3.43). Zu der Rücktransformation der beiden letzten Summanden verwenden wir die Korrespondenz 3.70 $1/(\lambda + j\omega) \!-\!\!\circ s(t)e^{-\lambda t}$, Re $\lambda > 0$:

$$A_1 \frac{1}{-p_1 + j\omega} \!-\!\!\circ s(t)A_1 e^{p_1 t}, \quad A_2 \frac{1}{-p_2 + j\omega} \!-\!\!\circ s(t)A_2 e^{p_2 t}.$$

Hinweis:

Mit $\lambda = -p_1$ geht die Bedingung Re $\lambda > 0$ in Re $p_1 < 0$ über. Diese Bedingung ist gemäß Gl. 3.92 (wegen $b_0 > 0$, $b_1 > 0$) erfüllt. Gleiches gilt auch für p_2.

Die Impulsantwort eines Systems mit zwei Energiespeichern lautet demnach

$$g(t) = a_2\delta(t) + A_1 s(t)e^{p_1 t} + A_2 s(t)e^{p_2 t} \tag{3.95}$$

mit p_1, p_2 nach Gl. 3.92, A_1, A_2 nach Gl. 3.93.

Im Falle $b_1^2/4 < b_0$ werden p_1, p_2 und damit auch A_1 und A_2 komplex. In diesem Fall ergibt sich scheinbar eine komplexe Impulsantwort, die durch Umstellung in eine reelle Form zu bringen ist (vgl. das folgende Beispiel).

Die Sprungantwort kann mit Gl. 2.38

$$h(t) = \int_{-\infty}^{t} g(\tau)d\tau$$

berechnet werden, es wird (Übung für den Leser!)

$$h(t) = s(t)\left(a_2 + \frac{A_1}{p_1}\left(e^{p_1 t} - 1\right) + \frac{A_2}{p_2}\left(e^{p_2 t} - 1\right)\right). \tag{3.96}$$

Beispiel

Bild 3.15 zeigt ein Netzwerk, für das die Impuls- und Sprungantwort berechnet werden soll.
Um die Berechnung einfacher zu gestalten, soll mit den (normierten) Bauelementewerten R=1,
L=1, C=1 gerechnet werden. Dann wird

$$G(j\omega) = \frac{U_2}{U_1} = \frac{1/(j\omega C)}{R + j\omega L + 1/(j\omega C)} = \frac{1}{1 + j\omega RC + (j\omega)^2 LC} = \frac{1}{1 + j\omega + (j\omega)^2}$$

und ein Vergleich mit den Gln. 3.90, 3.91 zeigt: $a_0 = 1, a_1 = 0, a_2 = 0, b_0 = 1, b_1 = 1, c_0 = 1, c_1 = 0$.

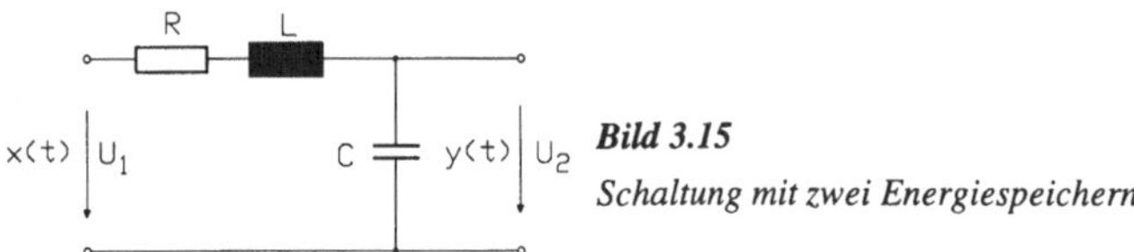

Bild 3.15
Schaltung mit zwei Energiespeichern

Aus den Gln. 3.92, 3.93 folgt

$$p_1 = -\frac{1}{2} + j\frac{\sqrt{3}}{2}, \quad p_2 = -\frac{1}{2} - j\frac{\sqrt{3}}{2}, \quad A_1 = \frac{1}{j\sqrt{3}}, \quad A_2 = -\frac{1}{j\sqrt{3}}$$

und schließlich erhält man mit Gl. 3.95 die im Bild 3.16 dargestelle Impulsantwort

$$g(t) = s(t)\left(\frac{1}{j\sqrt{3}}e^{(-0,5+j0,5\sqrt{3})t} - \frac{1}{j\sqrt{3}}e^{(-0,5-j0,5\sqrt{3})t}\right) = s(t)\frac{e^{-t/2}}{\sqrt{3}}\frac{1}{j}(e^{j0,5\sqrt{3}t} - e^{-j0,5\sqrt{3}t}),$$

$$g(t) = s(t)\frac{2}{\sqrt{3}}e^{-t/2}\sin(0,5\sqrt{3}\,t). \tag{3.97}$$

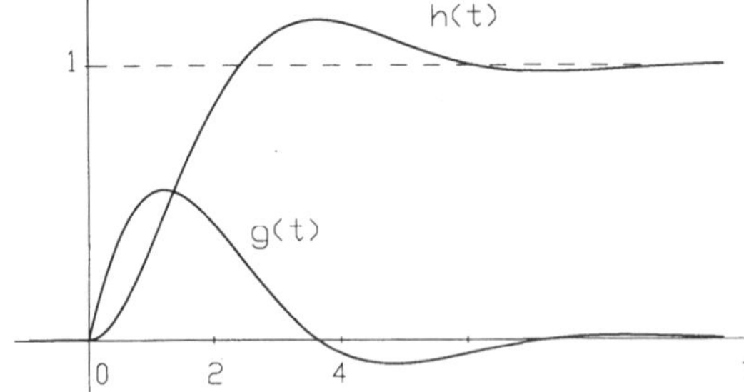

Bild 3.16
Impuls- und Sprungantwort der Schaltung nach Bild 3.15

Aus Gl. 3.96 erhält man nach einigen Umformungen die ebenfalls im Bild 3.16 skizzierte
Sprungantwort

$$h(t) = s(t) \left\{ 1 - e^{-t/2} \left(\cos(0,5\sqrt{3}\,t) + \frac{1}{\sqrt{3}} \sin(0,5\sqrt{3}\,t) \right) \right\}. \tag{3.98}$$

Hinweise zur Normierung und Entnormierung:

Im Abschnitt 1.3 wurde auf die Normierung von Bauelementen in Netzwerken hingewiesen. Wir nehmen an, daß in Wirklichkeit die Bauelemente die Werte $R_w = 1000\ \Omega$, $L_w = 0,125$ H, $C_w = 125$ nF haben. Wählt man einen Bezugswiderstand $R_b = 1000\ \Omega$ und eine Bezugskreisfrequenz $\omega_b = 8000\ \text{s}^{-1}$, so erhält man die normierten Bauelemente $R = R_n = R_w/R_b = 1$, $L = L_n = \omega_b L_w/R_b = 8000 \cdot 0,125/1000 = 1,$ $\qquad C = C_n = \omega_b C_w R_b = 8000 \cdot 125\ 10^{-9} \cdot 1000 = 1$ (siehe Tabelle 1.1 im Abschnitt 1.3). Die Gln. 3.97, 3.98 enthalten die normierte Zeit $t = t_n$. Wie im Abschnitt 1.3 ausgeführt, findet man die wirkliche Zeit mit der Beziehung $t_w = t/\omega_b - t/8000$. D.h. $t = 1$ bedeutet in Wirklichkeit eine Zeit von $1/8000$ s $= 125\ \mu$s. Durch eine entsprechende Bezifferung der Zeitachse (Bild 3.16) findet man somit das wirkliche Zeitverhalten.

Es ist klar, daß auch andere Bauelementewerte in der Schaltung zur gleichen normierten Schaltung führen können. Z.B. findet man bei $R_w = 10000\ \Omega$, $L_w = 0,2$ H, $C_w = 2$ nF mit dem Bezugswiderstand $R_b = 10000\ \Omega$ und der Bezugskreisfrequenz $\omega_b = 50000\ \text{s}^{-1}$ die gleiche normierte Schaltung. In diesem Falle wäre $t_w = t/50000$ und $t = 1$ würde der wirklichen Zeit von 20 μs entsprechen.

Die Sprungantwort der wirklichen Schaltung unterscheidet sich von der der normierten offenbar nur in der Bezifferung der Zeitachse. Die Ordinatenwerte bleiben unverändert, bei der wirklichen und der normierten Schaltung erreicht die Sprungantwort bei großen Zeiten den Wert 1. Mathematisch kann man dies so formulieren

$$h_w(t_w) = h(t_w \omega_b),$$

wobei der Index "w" andeutet, daß es sich um die wirklichen Größen handelt. Diese Beziehung sagt aus, daß in $h(t)$ nach Gl. 3.98 die normierte Zeit t durch $t_w \omega_b$ zu ersetzen ist. Diese Entnormierungsvorschrift gilt natürlich nicht nur für die Sprungantwort, sondern sinngemäß auch für Reaktionen auf andere Eingangssignale.

Etwas komplizierter ist es bei der Impulsantwort. Bei der Einheitenbetrachtung im Abschnitt 3.5.1 (Beispiel 1) wurde gezeigt, daß die Impulsantwort die zusätzliche Einheit s^{-1} aufweist, hier also Vs^{-1}. Eine einfache Überlegung zeigt, daß man die wirkliche Impulsantwort aus der normierten findet, wenn man diese mit der Bezugskreisfrequenz multipliziert. Dies bedeutet

$$g_w(t_w) = \omega_b\, g(t_w \omega_b).$$

Im Gegensatz zur Sprungantwort ist hier also nicht nur die Zeitachse, sondern auch die Ordinate neu zu beziffern. Dort, wo $g = 1$ ist, wird $g_w = \omega_b$. Ein ähnliches Problem bei der Entnormierung, d.h. eine Umbezifferung der Ordinate, tritt auch auf, wenn Ein- und Ausgangssignal bei dem System unterschiedliche Größen sind. Ist z.B. $x(t)$ eine Spannung und $y(t)$ ein Strom, so lautet die Entnormierung der Sprungantwort

$$h_w(t_w) = h(t_w \omega_b)/R_b.$$

Ist umgekehrt $x(t)$ ein Strom und $y(t)$ eine Spannung, so gilt

$$h_w(t_w) = h(t_w \omega_b)R_b.$$

3.5.3 Weitere Beispiele

1. Für die im Bild 3.17 skizzierten Netzwerke soll die Impuls- und Sprungantwort berechnet werden.

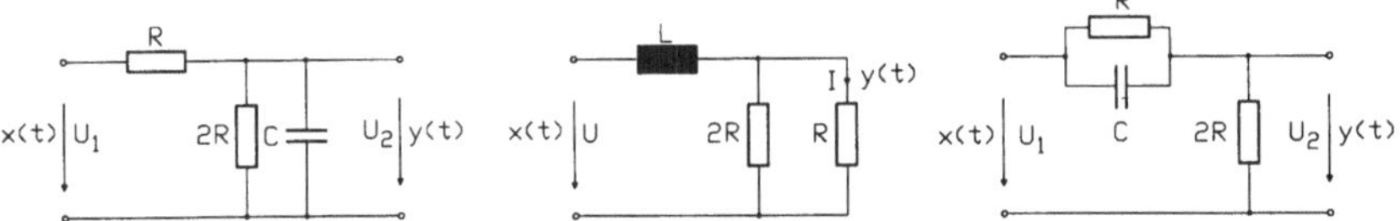

Bild 3.17 Schaltungen zu 1. Beispiel

Lösungsweg: Alle drei Netzwerke sind Systeme mit einem Energiespeicher, daher

a) Berechnung der Übertragungsfunktion in der Form (siehe Gl. 3.77)

$$G(j\omega) = \frac{a_0 + a_1 j\omega}{b_0 + j\omega},$$

b) $g(t)$, $h(t)$ nach den Gln. 3.79, 3.82 berechnen.

Netzwerk links im 3.17:

$$G(j\omega) = \frac{U_2}{U_1} = \frac{1/(RC)}{3/(2RC) + j\omega}, \quad g(t) = s(t)\frac{1}{RC}e^{-3t/(2RC)}, \quad h(t) = s(t)\frac{2}{3}(1 - e^{-3t/(2RC)}).$$

Netzwerk in der Mitte von Bild 3.17:

$$G(j\omega) = \frac{I}{U} = \frac{2/(3L)}{2R/(3L) + j\omega}, \quad g(t) = s(t)\frac{2}{3L}e^{-2Rt/(3L)}, \quad h(t) = s(t)\frac{1}{R}(1 - e^{-2Rt/(3L)}).$$

Netzwerk rechts im Bild 3.17:

$$G(j\omega) = \frac{U_2}{U_1} = \frac{1/(RC) + j\omega}{3/(2RC) + j\omega}, \quad g(t) = \delta(t) - s(t)\frac{1}{2RC}e^{-3t/(2RC)}, \quad h(t) = s(t)\left(\frac{2}{3} + \frac{1}{3}e^{-3t/(2RC)}\right).$$

2. Das Eingangssignal für das Netzwerk von Bild 3.18 lautet $x(t) = s(t)\hat{e}e^{-2t}$, gesucht wird $y(t)$ im Falle $R = 2, L = 1$.

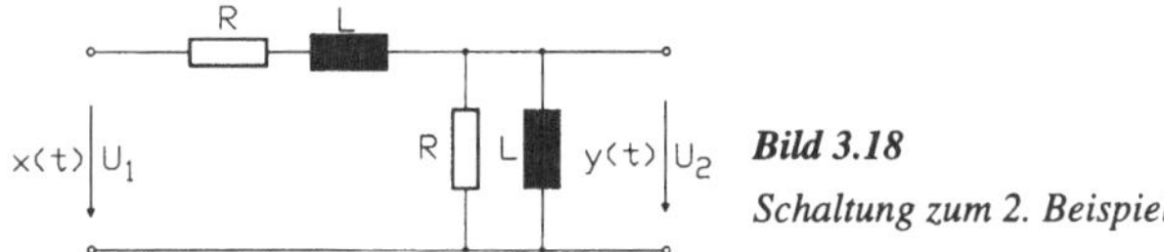

Bild 3.18

Schaltung zum 2. Beispiel

Lösung:

$$G(j\omega) = \frac{U_2}{U_1} = \frac{R/L\, j\omega}{R^2/L^2 + 3R/L\, j\omega + (j\omega)^2} = \frac{R/L\, j\omega}{(j\omega + 0,382R/L)(j\omega + 2,618R/L)}.$$

Mit $X(j\omega) = \hat{e}/(2 + j\omega)$ (siehe Tabelle im Anhang C.1) und den normierten Werten $R = 2, L = 1$ wird

$$Y(j\omega) = X(j\omega)G(j\omega) = \frac{\hat{e}2j\omega}{(j\omega + 2)(j\omega + 0,764)(j\omega + 5,236)} =$$

$$= \frac{\hat{e}}{j\omega + 2} - \frac{0,2764\hat{e}}{j\omega + 0,764} - \frac{0,7236\hat{e}}{j\omega + 5,236},$$

$$y(t) = s(t)\hat{e}(e^{-2t} - 0,2764e^{-0,764t} - 0,7236e^{-5,236t}).$$

Hinweis:

Die Normierung von Bauelementen wird im Abschnitt 1.3 behandelt, vgl. auch die Ausführungen hierzu beim Beispiel des Abschnittes 3.5.2.

3. Gesucht ist die Impulsantwort des Netzwerkes nach Bild 3.15 im Falle $R = 2\sqrt{L/C}$.

Lösung: Mit der Abkürzung $k^2 = 1/(LC)$ wird

$$G(j\omega) = \frac{U_2}{U_1} = \frac{1/(LC)}{1/(LC) + j\omega R/L + (j\omega)^2} = \frac{1/(LC)}{1/(LC) + j\omega 2/\sqrt{LC} + (j\omega)^2} = \frac{k^2}{k^2 + 2kj\omega + (j\omega)^2}.$$

Nach Gl. 3.90 gilt $a_0 = k^2$, $a_1 = 0$, $a_2 = 0$, $b_0 = k^2$, $b_1 = 2k$ und nach Gl. 3.92

$$p_{1,2} = -b_1/2 \pm \sqrt{b_1^2/4 - b_0} = -k, \quad \text{also } p_1 = p_2 = -k.$$

Damit ist die Voraussetzung zur Anwendung der Gl. 3.95 nicht erfüllt! Hier wird

$$G(j\omega) = \frac{k^2}{k^2 + 2kj\omega + (j\omega)^2} = \frac{k^2}{(k + j\omega)^2}$$

und aus der Tabelle für die Fourier-Transformation im Anhang C.1 findet man

$$g(t) = s(t)k^2 t e^{-kt}.$$

Weitere Beispiele findet der Leser in der Aufgabensammlung [16].

3.6 Das Abtasttheorem

Das Abtasttheorem macht folgende wichtige Aussage:

> Ein mit der Grenzfrequenz f_g bandbegrenztes Signal $f(t)$ wird vollständig durch einzelne Signalwerte beschrieben, die im Abstand $\Delta t = 1/(2f_g)$ entnommen werden.

Im Bild 3.19 ist dies dargestellt. Obschon durch die dort markierten Punkte unendlich viele unterschiedliche Kurven gezeichnet werden können, gibt es nur eine einzige, die zu einem Signal gehört, das mit f_g bandbegrenzt ist.

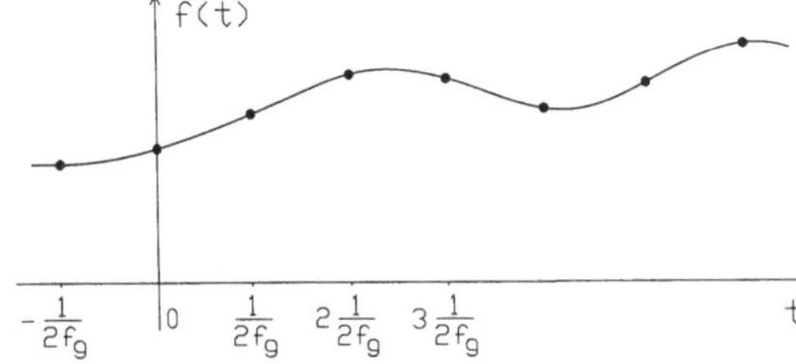

Bild 3.19

Zeitfunktion mit Abtastwerten im Abstand

$1/(2f_g)$

Bandbegrenzung bedeutet, daß das Spektrum der Zeitfunktion

$$F(j\omega) = 0 \text{ für } |\omega| > \omega_g \tag{3.99}$$

ist. Im linken Teil von Bild 3.20 ist das bandbegrenzte Spektrum schematisch dargestellt, der rechte Bildteil zeigt eine andere Fourier-Transformierte $F_0(j\omega)$, die eine periodische Fortsetzung von $F(j\omega)$ ist.

Daher gilt:

$$F_0(j\omega) = F(j\omega) \text{ für } |\omega| < \omega_g, \quad F_0(j\omega) = F_0(j\omega + k2j\omega_g), k = 0, \pm1, \pm2, \ldots \tag{3.100}$$

$F_0(j\omega)$ ist eine periodische Funktion mit der Periode $2\omega_g$, die in Form einer Fourier-Reihe dargestellt werden kann.

Nach den Gln. 3.6, 3.7 gilt

$$f(t) = \sum_{v=-\infty}^{\infty} C_v e^{jv\omega_0 t} \quad \text{mit} \quad C_v = \frac{1}{T}\int_{-T/2}^{T/2} f(t) e^{-jv\omega_0 t}\, dt,$$

wenn $f(t)$ eine periodische Funktion mit der Periode $T = 2\pi/\omega_0$ ist.

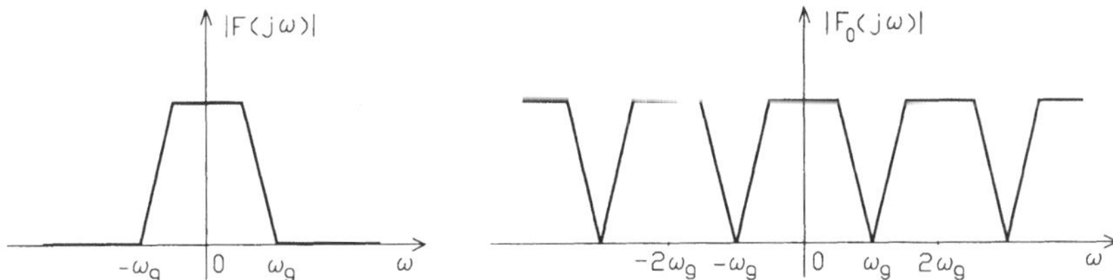

Bild 3.20 *Schematische Darstellung des Spektrums $F(j\omega)$ und der periodischen Fortsetzung $F_0(j\omega)$*

Bei der Anwendung dieser Gleichung zur Darstellung von $F_0(j\omega)$ sind einige Umbenennungen nötig, da eine Funktion in ω und nicht in t vorliegt. Ersetzt man t durch ω und T durch $2\omega_g$ bzw. $\omega_0 = 2\pi/T$ durch $2\pi/(2\omega_g) = \pi/\omega_g = 1/(2f_g)$, so wird

$$F_0(j\omega) = \sum_{v=-\infty}^{\infty} C_v e^{jv\pi\omega/\omega_g}, \tag{3.101}$$

$$C_v = \frac{1}{2\omega_g}\int_{-\omega_g}^{\omega_g} F_0(j\omega) e^{-jv\pi\omega/\omega_g}\, d\omega. \tag{3.102}$$

In Gl. 3.102 kann $F_0(j\omega)$ durch $F(j\omega)$ ersetzt werden, denn im Integrationsbereich von $-\omega_g$ bis ω_g sind beide gleich. Da $F(j\omega) = 0$ für $|\omega| > \omega_g$ ist, können wir schreiben

$$C_v = \frac{1}{2\omega_g}\int_{-\omega_g}^{\omega_g} F(j\omega) e^{-jv\pi\omega/\omega_g}\, d\omega = \frac{1}{2\omega_g}\int_{-\infty}^{\infty} F(j\omega) e^{-jv\pi\omega/\omega_g}\, d\omega. \tag{3.103}$$

Gl. 3.103 läßt sich in interessanter Weise interpretieren. Nach der Rücktransformationsgleichung 3.15 ist

$$f(t) = \frac{1}{2\pi}\int_{-\infty}^{\infty} F(j\omega) e^{j\omega t}\, d\omega.$$

Nach dieser Gleichung wird an den Stellen $t = -v\pi/\omega_g$:

$$f(-\nu\pi/\omega_g) = \frac{1}{2\pi} \int_{-\infty}^{\infty} F(j\omega)e^{-j\nu\pi\omega/\omega_g}d\omega$$

und dieses Integral tritt (bis auf den Faktor $1/(2\pi)$) auch in Gl. 3.103 auf, d.h.

$$C_\nu = \frac{1}{2\omega_g}2\pi f(-\nu\pi/\omega_g) = \frac{\pi}{\omega_g}f(-\nu\pi/\omega_g). \tag{3.104}$$

Offenbar sind die Fourier-Koeffizienten C_ν der Reihe für $F_0(j\omega)$ proportional zu den Werten der Zeitfunktion $f(t)$ an den Stellen $-\nu\pi/\omega_g$. Wir setzen C_ν nach Gl. 3.104 in Gl. 3.101 ein:

$$F_0(j\omega) = \sum_{\nu=-\infty}^{\infty} \frac{\pi}{\omega_g}f(-\nu\pi/\omega_g)e^{j\nu\pi\omega/\omega_g}. \tag{3.105}$$

Auf diese Weise ist eine Gleichung für $F_0(j\omega)$ und damit auch für $F(j\omega)$ entstanden, die völlig durch Funktionswerte von $f(t)$ im Abstand π/ω_g bestimmt ist. Beachtet man, daß $F(j\omega)=F_0(j\omega)$ für $-\omega_g < \omega < \omega_g$ ist, so wird nach Gl. 3.15 mit Gl. 3.105

$$f(t) = \frac{1}{2\pi} \int_{-\infty}^{\infty} F(j\omega)e^{j\omega t}d\omega = \frac{1}{2\pi} \int_{-\omega_g}^{\omega_g} F_0(j\omega)e^{j\omega t}d\omega = \frac{1}{2\pi} \int_{-\omega_g}^{\omega_g} \sum_{\nu=-\infty}^{\infty} \frac{\pi}{\omega_g}f(-\nu\pi/\omega_g)e^{j\nu\pi\omega/\omega_g}e^{j\omega t}d\omega.$$

Vertauschung der Reihenfolge Integration und Summation:

$$f(t) = \frac{1}{2\omega_g} \sum_{\nu=-\infty}^{\infty} f(-\nu\pi/\omega_g) \int_{-\omega_g}^{\omega_g} e^{j\omega(t+\nu\pi/\omega_g)}d\omega.$$

Das Integral hat die Lösung

$$\int_{-\omega_g}^{\omega_g} e^{j\omega(t+\nu\pi/\omega_g)}d\omega = \frac{e^{j\omega(t+\nu\pi/\omega_g)}}{j(t+\nu\pi/\omega_g)}\bigg|_{-\omega_g}^{\omega_g} =$$

$$= \frac{1}{j(t+\nu\pi/\omega_g)}\left(e^{j\omega_g(t+\nu\pi/\omega_g)} - e^{-j\omega_g(t+\nu\pi/\omega_g)}\right) = \frac{2\sin[\omega_g(t+\nu\pi/\omega_g)]}{t+\nu\pi/\omega_g}$$

und schließlich wird

$$f(t) = \frac{1}{2\omega_g} \sum_{\nu=-\infty}^{\infty} f(-\nu\pi/\omega_g)\frac{2\sin[\omega_g(t+\nu\pi/\omega_g)]}{t+\nu\pi/\omega_g}.$$

Vertauscht man in dieser Summe noch ν durch $-\nu$, dies bedeutet lediglich, daß sich die Reihenfolge der Summanden in der Summe ändert, so wird

$$f(t) = \sum_{v=-\infty}^{\infty} f(v\pi/\omega_g)\,\frac{\sin[\omega_g(t - v\pi/\omega_g)]}{\omega_g(t - v\pi/\omega_g)}. \tag{3.106}$$

Damit ist das Abtasttheorem bewiesen. Nach Gl. 3.106 ist nämlich $f(t)$ eindeutig durch seine eigenen Funktionswerte $f(v\pi/\omega_g) = f(v \cdot 1/(2f_g))$ im Abstand $1/(2f_g)$ bestimmt. Diese Werte sind im Bild 3.19 markiert und Gl. 3.106 legt fest, wie sich aus diesen Punkten $f(t)$ für alle Werte von t berechnen läßt.

Zur Verdeutlichung dieser Aussage betrachten wir die im Bild 3.21 skizzierten Funktionen

$$g_0(t) = \frac{\sin(\omega_g t)}{\omega_g t}, \quad g_v(t) = \frac{\sin[\omega_g(t - v\pi/\omega_g)]}{\omega_g(t - v\pi/\omega_g)}. \tag{3.107}$$

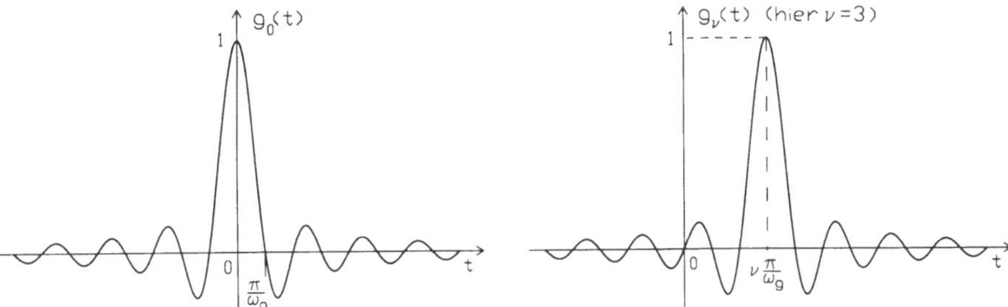

Bild 3.21 *Funktionen $g_0(t)$ und $g_v(t)$ gemäß Gl. 3.107*

$g_v(t)$ ist offenbar die um $v\pi/\omega_g$ nach rechts verschobene Funktion $g_0(t)$, denn das Argument von $g_0(t)$ ist lediglich durch $t - v\pi/\omega_g$ ersetzt worden. $g_v(t)$ hat Nullstellen an allen Punkten $t = k\pi/\omega_g$, mit Ausnahme des Punktes $t = v\pi/\omega_g$, dort wird $g_v(v\pi/\omega_g) = 1$.

Mit $g_v(t)$ nach Gl. 3.107 hat Gl. 3.106 die Form

$$f(t) = \sum_{v=-\infty}^{\infty} f(v\pi/\omega_g)g_v(t). \tag{3.108}$$

Für ein Beispiel wird angenommen, daß $f(0) = 1$, $f(\pi/\omega_g) = 1,5$, $f(2\pi/\omega_g) = 2$, $f(3\pi/\omega_g) = 1,8$, $f(4\pi/\omega_g) = 1,5$, $f(5\pi/\omega_g) = 2,1$ sein soll. Bild 3.22 zeigt die 6 Summanden $f(v\pi/\omega_g)g_v(t)$ für $v = 0$ bis $v = 5$. Man erkennt, daß an den "Abstandspunkten" $v\pi/\omega_g$ alle Funktionen $g_v(t)$, bis auf jeweils eine einzige verschwinden. Z.B. ist bei $t = 0$ die Funktion $g_0(0) = 1$ und somit wird dort $f(0)g_0(0) = f(0) = 1$. Entsprechendes gilt an den Zeitpunkten π/ω_g, $2\pi/\omega_g$ usw.. An den Zwischenwerten findet man $f(t)$ durch Addition der Teilfunktionen, die nun nicht mehr verschwinden.

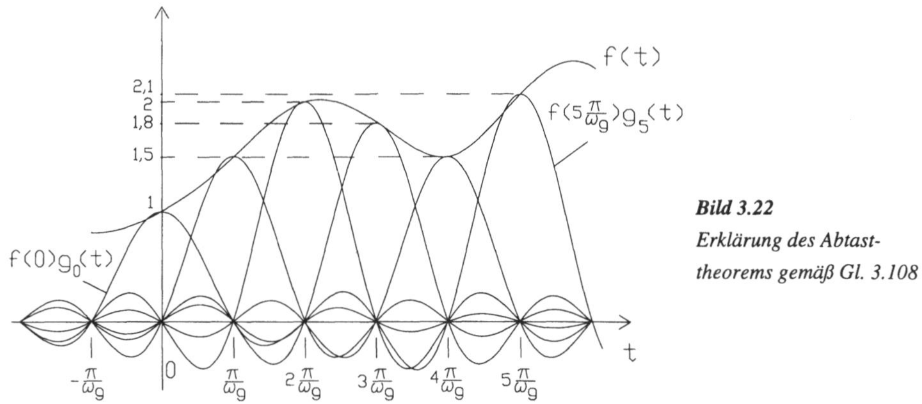

Bild 3.22

Erklärung des Abtast-
theorems gemäß Gl. 3.108

Das Abtasttheorem ist die Grundlage für alle Pulsmodulationsverfahren. Bei der Pulsamplitudenmodulation (PAM) werden durch Abtastung eines mit f_g bandbegrenzten Signales $f(t)$ schmale Impulse im Abstand $1/(2f_g)$ erzeugt (Bild 3.23). Die dadurch entstehende Impulsfolge $\tilde{f}(t)$ enthält alle Informationen zur Rückgewinnung von $f(t)$ (Demodulation). Die Demodulation kann mit einem geeigneten Tiefpaß erfolgen (vgl. hierzu Beispiel 3 im Abschnitt 4.3.4).

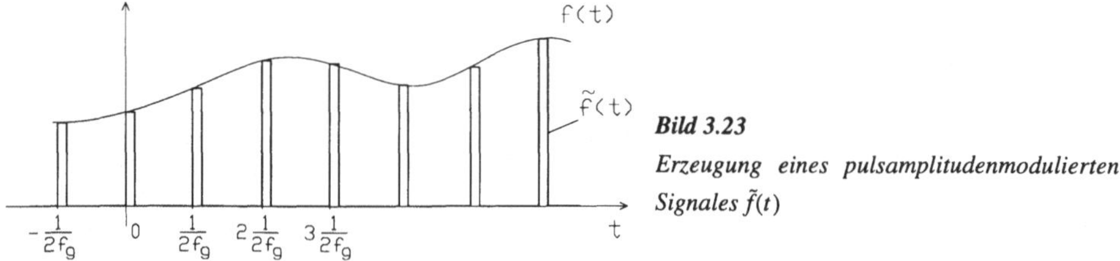

Bild 3.23

Erzeugung eines pulsamplitudenmodulierten
Signales $\tilde{f}(t)$

Hinweis:

Natürlich darf das Signal $f(t)$ auch in engerem Abstand als $T = 1/(2f_g)$ abgetastet werden. Ein kleinerer Abtastwert $\tilde{T} < 1/(2f_g)$ entspricht der Annahme einer (theoretisch unnötig) höheren Grenzfrequenz $\tilde{f}_g = 1/(2\tilde{T})$ für das Signal. In Gl. 3.106 ist dann ω_g durch den (höheren) Wert $\tilde{\omega}_g = 2\pi\tilde{f}_g$ zu ersetzen.

3.7 Bemerkungen zur diskreten Fourier-Transformation

$f(t)$ sei ein im Bereich $0 \le t < T_0$ auftretendes Signal mit einer endlichen Dauer T_0 oder auch ein "Signalausschnitt" in diesem Zeitbereich. Durch Abtastung von $f(t)$ im Abstand $T = T_0/N$ entsteht ein zeitdiskretes Signal mit den N Abtastwerten $f(0), f(T), f(2T) \ldots f((N-1)T)$.

Diesem zeitdiskreten Signal wird die **diskrete Fourier-Transformierte**

$$F(m\Omega) = \sum_{n=0}^{N-1} f(nT)e^{-j2\pi nm/N}, \quad m = 0,1,\dots,N-1, \quad \Omega T = 2\pi/N \tag{3.109}$$

zugeordnet und es gilt die Rücktransformationsformel

$$f(nT) = \frac{1}{N}\sum_{m=0}^{N-1} F(m\Omega)e^{j2\pi nm/N}, \quad n = 0,1,\dots,N-1. \tag{3.110}$$

Zum Beweis der Rücktransformationsformel wird $F(m\Omega)$ nach Gl. 3.109 in Gl. 3.110 eingesetzt. Dabei wird die Summationsvariable n durch ν ersetzt, weil n in Gl. 3.110 die "Zeitvariable" bedeutet. Dann wird

$$f(nT) = \frac{1}{N}\sum_{m=0}^{N-1}\left\{\sum_{\nu=0}^{N-1} f(\nu T)e^{-j2\pi\nu m/N}\right\}e^{j2\pi nm/N}, \, n = 0\dots N-1.$$

Die Summationsreihenfolge wird vertauscht

$$f(nT) = \frac{1}{N}\sum_{\nu=0}^{N-1} f(\nu T)\sum_{m=0}^{N-1} e^{j2\pi m(n-\nu)/N}. \tag{3.111}$$

Die 2. Summe läßt sich leicht auswerten, es gilt

$$S = \sum_{m=0}^{N-1} e^{j2\pi m(n-\nu)/N} = \begin{cases} N \text{ für } n = \nu \\ 0 \text{ für } n \neq 0 \end{cases}.$$

Bei $n = \nu$ hat die Summe N Summanden der Größe 1. Im Fall $n \neq \nu$ liegt die Summe einer geometrischen Reihe vor. Mit $q = e^{j2\pi(n-\nu)/N}$ erhält man (siehe auch Gl. 6.5 im Abschnitt 6.1.2)

$$S = \sum_{m=0}^{N-1} q^m = \frac{1-q^N}{1-q} = \frac{1-e^{j2\pi(n-\nu)}}{1-e^{j2\pi(n-\nu)/N}} = 0 \quad (\text{bei } n \neq \nu).$$

Damit ergibt die rechte Seite von Gl. 3.111 ebenfalls $f(nT)$, womit Gl. 3.110 bewiesen ist.

Das Gleichungspaar 3.109, 3.110 tritt für zeitdiskrete Signale an die Stelle der Gln. 3.14, 3.15. Viele Eigenschaften der Fourier-Transformation gelten sinngemäß ebenfalls bei der diskreten Fourier-Transformation. So lautet beispielsweise der Zeitverschiebungssatz (siehe Gl. 3.31) für die diskrete Fourier-Transformation (siehe z.B. [22])

$$f((n-i)T) \; \text{O——} \; F(m\Omega)e^{-j2\pi im/N}.$$

Die diskrete Fourier-Transformation kann auch als Algorithmus zur numerischen Ermittlung der üblichen Fourier-Transformation aufgefaßt werden. Um dies zu erklären, betrachten wir eine im Zeitbereich von 0 bis NT interessierende Funktion $f(t)$, wie im Bild 3.24 skizziert. Der Zeitbereich wird in N Teile der Breite T unterteilt und die Funktion $f(t)$ durch die im Bild 3.24 angedeutete Treppenfunktion $\tilde{f}(t)$ ersetzt. Nach Gl. 3.14 erhalten wir mit $f(t) = \tilde{f}(t)$

$$F(j\omega) = \int_{-\infty}^{\infty} f(t)e^{-j\omega t}dt = \int_{0}^{NT} \tilde{f}(t)e^{-j\omega t}dt = \int_{0}^{T} f(0)e^{-j\omega t}dt + \int_{T}^{2T} f(T)e^{-j\omega t}dt +$$

$$+... + \int_{(N-1)T}^{NT} f((N-1)T)e^{-j\omega t}dt = \sum_{n=0}^{N-1} f(nT) \int_{nT}^{(n+1)T} e^{-j\omega t}dt.$$

Für die in dieser Summe auftretenden Integrale erhält man für kleine Werte von T

$$\int_{nT}^{(n+1)T} e^{-j\omega t}dt \approx Te^{-jn\omega T}$$

und somit

$$F(j\omega) = T \sum_{n=0}^{N-1} f(nT)e^{-jn\omega T}. \tag{3.112}$$

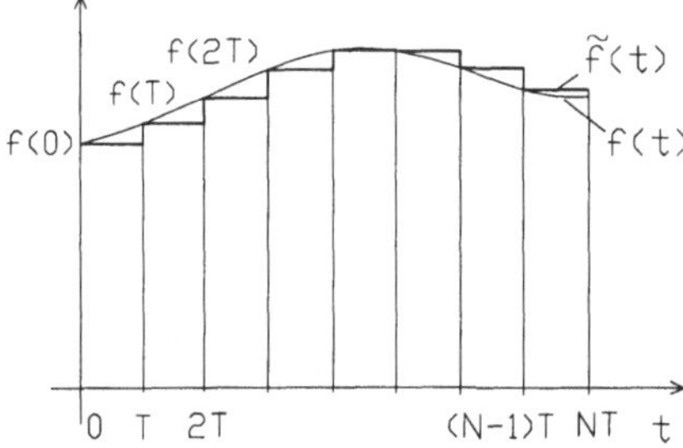

Bild 3.24

Zum Zusammenhang zwischen der Fourier-Transformation und der diskreten Fourier-Transformation

Ein Vergleich dieser Beziehung mit Gl. 3.109 zeigt, daß eine Multiplikation der diskreten Fourier-Transformierten mit der Abtastzeit T näherungsweise die "gewöhnliche" Fourier-Transformierte an den Stellen $\omega = m2\pi/(NT)$ ergibt. Die Näherung ist umso besser, je kleiner die Abtastzeit ist.

Schließlich soll noch erwähnt werden, daß die sogenannte schnelle Fourier-Transformation (FFT) ein spezieller Algorithmus ist, mit dem die diskrete Fourier-Transformation besonders schnell berechnet werden kann (siehe [4], [22]).

4 Ideale Übertragungssysteme

Reale Übertragungssysteme bestehen in der Regel aus umfangreichen Schaltungen. Eine Untersuchung des Übertragungsverhaltens dieser Schaltungen ist meistens sehr aufwendig. Bei den in diesem Abschnitt behandelten idealisierten Übertragungssystemen ist der mathematische Aufwand wesentlich kleiner. Dadurch gelingt es generelle Aussagen über das Übertragungsverhalten solcher Systeme zu erhalten. Bei der Festlegung der Übertragungsfunktionen der idealisierten Systeme wird keine Rücksicht auf die Realisierbarkeit genommen und auch nicht auf die Einhaltung der Kausalitäts- und der Stabilitätsbedingung. Dadurch reduziert sich der mathematische Aufwand bei der Berechnung des Übertragungsverhaltens ganz erheblich und es können wichtige allgemeingültige Ergebnisse gewonnen werden.

Im Abschnitt 4.1 und 4.2 werden einige grundlegende Begriffe eingeführt und gezeigt, daß ein verzerrungsfrei übertragendes System eine konstante Dämpfung und eine linear ansteigende Phase aufweisen muß.

Der wichtige Abschnitt 4.3 befaßt sich mit dem idealen Tiefpaß, der als besonders einfaches Modell zum Studium der prinzipiellen Übertragungseigenschaften realer Tiefpässe verwendet werden kann. Der Abschnitt enthält auch einige Aussagen über allgemeine Tiefpaßsysteme mit linearem Phasenverlauf. Der Abschnitt 4.4 befaßt sich kurz mit dem idealen Hochpaß.

Im Abschnitt 4.5 wird der ideale Bandpaß besprochen. Anhand der Reaktion des idealen Bandpasses auf amplitudenmodulierte Signale werden die Begriffe Gruppen- und Phasenlaufzeit abgeleitet. Schließlich wird im 4.6 kurz die ideale Bandsperre behandelt.

4.1 Dämpfung und Phase

Bevor wir uns mit den Eigenschaften idealisierter Übertragungssysteme befassen, soll kurz auf eine bisher nicht benutzte Darstellungsart von Übertragungsfunktionen eingegangen werden.

Will man eine i.a. komplexe Übertragungsfunktion $G(j\omega)$ in Abhängigkeit von ω darstellen, so kann man z.B. von der Form

$$G(j\omega) = R(\omega) + jX(\omega) \tag{4.1}$$

ausgehen. Den Realteil $R(\omega)$ und den Imaginärteil $X(\omega)$ kann man nun getrennt über der Frequenz auftragen.

Bei der Darstellung

$$G(j\omega) = |G(j\omega)|\, e^{j\varphi(\omega)} \tag{4.2}$$

kann man den Betrag $|G(j\omega)|$ und den Phasenwinkel $\varphi(\omega)$ in Abhängigkeit von ω untersuchen. Schließlich besteht auch die Möglichkeit $G(j\omega)$ in Form einer (mit ω bezifferten) Ortskurve aufzutragen, aus der Real- und Imaginärteil, Betrag und Phasenwinkel unmittelbar entnommen werden können.

In der Nachrichtentechnik verwendet man neben diesen Darstellungsarten besonders häufig die Schreibweise

$$G(j\omega) = e^{-[A(\omega)+jB(\omega)]} = e^{-A(\omega)}e^{-jB(\omega)}. \tag{4.3}$$

$A(\omega)$ ist die Dämpfung mit der (Pseudo-) Einheit Neper und $B(\omega)$ die Phase des Systems.

Aus Gl. 4.3 folgt

$$|G(j\omega)| = |e^{-A(\omega)}||e^{-jB(\omega)}| = e^{-A(\omega)}, \tag{4.4}$$

denn es gilt $|e^{-jB(\omega)}| = 1$ und $|e^{-A(\omega)}| = e^{-A(\omega)}$.

Aus Gl. 4.4 erhält man die Dämpfung in Neper

$$A(\omega) = -\ln|G(j\omega)| = \ln\frac{1}{|G(j\omega)|}. \tag{4.5}$$

Obschon für theoretische Untersuchungen die Darstellung nach Gl. 4.4 mit der Dämpfung in Neper oft günstiger ist, gibt man die Dämpfung i.a. in der (Pseudo-) Einheit Dezibel (dB) an. Hierzu schreibt man

$$|G(j\omega)| = 10^{-\tilde{A}(\omega)/20} \tag{4.6}$$

und erhält daraus die Dämpfung in Dezibel

$$\tilde{A}(\omega) = -20\,lg\,|G(j\omega)|. \tag{4.7}$$

Durch Gleichsetzen der rechten Seiten der Gln. 4.4 und 4.6 findet man den Zusammenhang

$$\tilde{A}(\omega) = 20\,lg\,e \cdot A(\omega) \approx 8,686 \cdot A(\omega). \tag{4.8}$$

Da $|G(j\omega)|$ eine gerade Funktion ist (vgl. Abschnitt 3.3.2), ist auch die Dämpfung gerade, also

$$A(\omega) = A(-\omega). \tag{4.9}$$

Aus Gl. 4.3 ersehen wir, daß die Phase dem negativen Winkel der komplexen Funktion $G(j\omega)$ entspricht. Damit wird unter Beachtung von Gl. 4.1

$$B(\omega) = -\arctan \frac{X(\omega)}{R(\omega)} = -B(-\omega).$$ (4.10)

$B(\omega)$ ist eine ungerade Funktion.

Abschließend führen wir noch die Begriffe Gruppenlaufzeit

$$T_g = \frac{d\,B(\omega)}{d\,\omega}$$ (4.11)

und Phasenlaufzeit

$$T_p = \frac{B(\omega)}{\omega}$$ (4.12)

ein. Die Bedeutung dieser Begriffe wird im Abschnitt 4.5.2 behandelt.

An dieser Stelle soll kurz erwähnt werden, daß bei kausalen Systemen Real- und Imaginärteil der Übertragungsfunktion oder auch Betrag und Phase nicht unabhängig voneinander gewählt werden können. Die **Hilbert-Transformation** beschreibt den zulässigen Zusammenhang zwischen dem Real- und Imaginärteil der Übertragungsfunktionen kausaler Systeme:

$$R(\omega) = R(\infty) + \frac{1}{\pi} \int_{-\infty}^{\infty} \frac{X(\lambda)}{\omega - \lambda} d\lambda, \quad X(\omega) = -\frac{1}{\pi} \int_{-\infty}^{\infty} \frac{R(\lambda)}{\omega - \lambda} d\lambda.$$ (4.13)

Der Realteil $R(\omega)$ läßt sich aus dem Imaginärteil $X(\omega)$ nur bis auf die Konstante $R(\infty)$ ermitteln. Ein Beweis für diese Beziehungen soll nicht angegeben werden (siehe z.B. [22]).

4.2 Die verzerrungsfreie Übertragung

Eine wichtige Aufgabe der Nachrichtentechnik ist die möglichst naturgetreue oder verzerrungsfreie Übertragung von Signalen, z.B. die Übertragung von Sprache und Musik. Eine verzerrungsfreie Übertragung liegt vor, wenn der Zusammenhang zwischen dem Sendesignal $x(t)$ und dem Empfangssignal $y(t)$ durch die Beziehung

$$y(t) = K\,x(t - t_0), \quad K > 0, t_0 \geq 0$$ (4.14)

beschrieben wird.

Im Bild 4.1 ist eine verzerrungsfreie Übertragung dargestellt. Das Ausgangssignal erhält man, wenn das Eingangssignal $x(t)$ um t_0 (nach rechts) verschoben und noch mit einer Konstanten K multipliziert wird. Der Faktor K in Gl. 4.14 berücksichtigt eine mögliche Dämpfung des Signales auf dem Übertragungsweg, man kann sie mit einem geeigneten Verstärker am Empfangsort leicht ausgleichen. Eine "Verschiebungszeit" t_0 muß hingenommen werden, sie entsteht durch die Laufzeit des Signales auf dem Übertragungsweg.

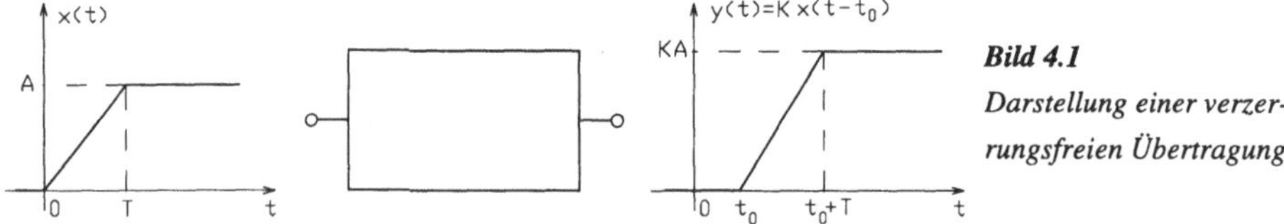

Bild 4.1
Darstellung einer verzer-rungsfreien Übertragung

Aus Gl. 4.14 findet man unmittelbar die Impulsantwort $g(t)$ eines verzerrungsfrei übertragenden Systems. Definitionsgemäß (vgl. Abschnitt 2.3.1) erhält man $g(t)$, wenn das Eingangssignal $x(t) = \delta(t)$ ist, also gilt hier

$$g(t) = K\delta(t - t_0). \tag{4.15}$$

Aus der Korrespondenz $\delta(t)$ O— 1 findet man mit dem Zeitverschiebungssatz (vgl. Abschnitt 3.3.3) die Beziehung $\delta(t - t_0)$ O— $e^{-j\omega t_0}$ und damit wird

$$G(j\omega) = Ke^{-j\omega t_0} \tag{4.16}$$

die Übertragungsfunktion eines verzerrungsfrei übertragenden Systems.

Im Frequenzbereich erhält man beim verzerrungsfreien System die Beziehung

$$Y(j\omega) = X(j\omega)\,G(j\omega) = K\,X(j\omega)\,e^{-j\omega t_0}. \tag{4.17}$$

Die Fourier-Rücktransformation von $Y(j\omega)$ nach Gl. 4.17 führt zur Definitionsgleichung $y(t) = Kx(t - t_0)$.

Obschon Gl. 4.17 die gleiche Information wie Gl. 4.14 enthält, ist ohne Zweifel Gl. 4.14 zur Erklärung der verzerrungsfreien Übertragung geeigneter.

Mit der Darstellungsart von $G(j\omega)$ nach Gl. 4.3 wird beim verzerrungsfreien System

$$G(j\omega) = e^{-A(\omega)}e^{-jB(\omega)} = Ke^{-j\omega t_0}, \quad K > 0. \tag{4.18}$$

Aus dieser Beziehung finden wir Dämpfung und Phase des verzerrungsfreien Systems:

$$A(\omega) = -\ln K, \quad B(\omega) = \omega t_0. \tag{4.19}$$

Im Bild 4.2 sind Dämpfung und Phase in Abhängigkeit von ω aufgetragen. Die Dämpfung A ist beim verzerrungsfreien System **konstant**, die Phase B steigt **linear** mit der Frequenz an. Gl. 4.11 liefert die konstante Gruppenlaufzeit

$$T_G = \frac{d\,B(\omega)}{d\omega} = t_0,\tag{4.20}$$

diese entspricht hier der "Laufzeit" des Signales $x(t)$ durch das Übertragungssystem.

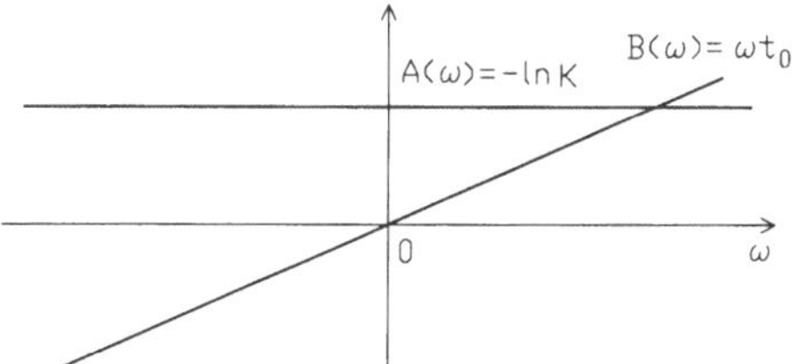

Bild 4.2
Dämpfung und Phase eines verzerrungsfrei übertragenden Systems

Während die Forderung nach konstanter Dämpfung für die Verzerrungsfreiheit plausibel erscheint, ist die Bedingung des linearen Phasenanstieges weniger einleuchtend. Um auch diese Bedingung plausibel zu machen, geben wir das Signal

$$x(t) = \cos(\omega_1 t) + \cos(\omega_2 t)$$

auf ein verzerrungsfrei übertragendes System und erhalten das um t_0 verschobene und mit K multiplizierte Signal

$$y(t) = Kx(t - t_0) = K\cos[\omega_1(t - t_0)] + K\cos[\omega_2(t - t_0)].$$

Wir können auch schreiben

$$y(t) = K\cos(\omega_1 t - \omega_1 t_0) + K\cos(\omega_2 t - \omega_2 t_0) = K\cos(\omega_1 t - \varphi_1) + K\cos(\omega_2 t - \varphi_2).$$

Man erkennt, daß die Nullphasenwinkel $\varphi_1 = \omega_1 t_0$, $\varphi_2 = \omega_2 t_0$ linear mit den Frequenzen der Teilschwingungen zunehmen. Führt eine Verschiebung der Schwingung $\cos(\omega_1 t)$ um die Zeit t_0 zu einem Nullphasenwinkel $\varphi_1 = \omega_1 t_0$, so ergibt die gleiche Zeitverschiebung t_0 bei der 2. Teilschwingung mit z.B. der doppelten Frequenz $\omega_2 = 2\omega_1$ auch den doppelten Nullphasenwinkel $\varphi_2 = 2\varphi_1$.

4.3 Der ideale Tiefpaß

4.3.1 Die Übertragungsfunktion

Der ideale Tiefpaß wird durch die Übertragungsfunktion

$$G(j\omega) = \begin{cases} Ke^{\,j\omega t_0} \text{ für } |\omega| < \omega_g \\ 0 \text{ für } |\omega| > \omega_g \end{cases},\quad K > 0\tag{4.21}$$

definiert.

Im Durchlaßbereich bis ω_g verhält er sich wie ein verzerrungsfrei übertragendes System (vgl. Gl. 4.16), d.h. es liegt eine konstante Dämpfung $A = -\ln K$ und eine lineare Phase vor. Im Sperrbereich $|\omega| > \omega_g$ ist die Übertragungsfunktion 0, die Dämpfung unendlich groß. Bild 4.3 zeigt Betrag und Phase der Übertragungsfunktion des idealen Tiefpasses.

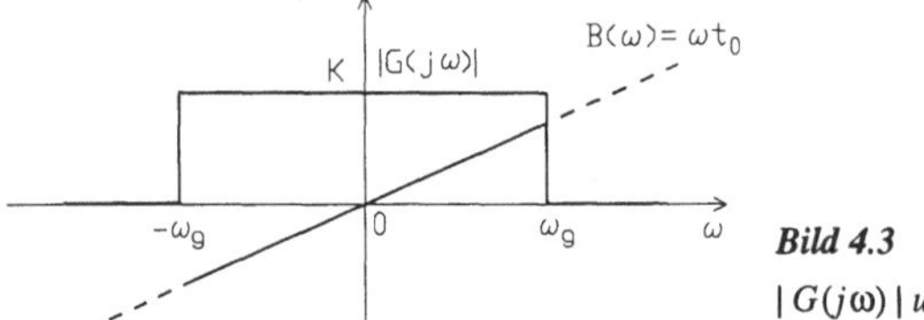

Bild 4.3

$|G(j\omega)|$ und $B(\omega)$ bei einem idealen Tiefpaß

Wird ein Signal $x(t)$ auf einen idealen Tiefpaß mit der Grenzfrequenz f_g gegeben, so kann man drei Fälle unterscheiden:

a) $x(t)$ ist bandbegrenzt mit einer Frequenz, die nicht größer als f_g ist. D.h. es gilt $X(j\omega) = 0$ für $|\omega| > \omega_g$. In diesem Fall wirkt der Tiefpaß wie ein verzerrungsfrei übertragendes System, die Reaktion lautet $y(t) = K \cdot x(t - t_0)$.

Beispiel: $x(t) = \cos(0,5\omega_g\, t)$, $y(t) = K \cos[0,5\omega_g\, (t - t_0)]$.

b) $x(t)$ ist nicht bandbegrenzt, dann wird mit Gl. 4.21

$$Y(j\omega) = X(j\omega)\, G(j\omega) = \begin{cases} X(j\omega)\, K\, e^{-j\omega t_0} \text{ für } |\omega| < \omega_g \\ 0 \text{ für } |\omega| > \omega_g \end{cases}.$$

Die Übertragung ist nicht verzerrungsfrei, denn das Spektrum $X(j\omega)$ von $x(t)$ wird bei ω_g "abgeschnitten" und nur die Frequenzanteile bis ω_g werden übertragen.

Beispiel: $x(t) = s(t)$, $y(t) = h(t)$ (die Berechnung erfolgt im Abschnitt 4.3.2, siehe Bild 4.6).

c) $x(t)$ hat Spektralanteile nur im Bereich $|\omega| > \omega_g$, es ist $X(j\omega) = 0$ für $|\omega| < \omega_g$. Dann wird $Y(j\omega) = X(j\omega)\, G(j\omega) = 0$ und somit auch $y(t) = 0$.

Beispiel: $x(t) = \cos(2\omega_g t)$, $y(t) = 0$.

Im Abschnitt 4.3.2 wird gezeigt, daß ein idealer Tiefpaß prinzipiell nicht realisierbar ist, denn er ist ein nichtkausales und außerdem auch ein im strengen Sinne instabiles System. Trotzdem spielt der ideale Tiefpaß für theoretische Untersuchungen in der Nachrichtentechnik eine große Rolle, da bei ihm besonders einfache Beziehungen abgeleitet werden können, die zumindest näherungsweise bei realen Tiefpässen Gültigkeit haben. Reale, aus konzentrierten Bauelementen aufgebaute Tiefpässe, unterscheiden sich vom idealen Tiefpaß u.a. dadurch, daß $|G(j\omega)|$ im Durchlaßbereich nicht völlig konstant verläuft und im Sperrbereich nicht völlig verschwindet.

Der Phasenverlauf ist ebenfalls nicht völlig linear. Im Bild 4.4 ist als Beispiel Betrag und Phase eines realen Tiefpasses skizziert. Bei diesem Tiefpaß (Tschebyscheff-Tiefpaß 5. Grades, siehe z.B. [15]) liegt $|G(j\omega)|$ im Durchlaßbereich zwischen den Werten 0,97 und 1. Die Phase ist im Durchlaßbereich ziemlich linear, sie geht später gegen $B(\infty) = 5\pi/2$.

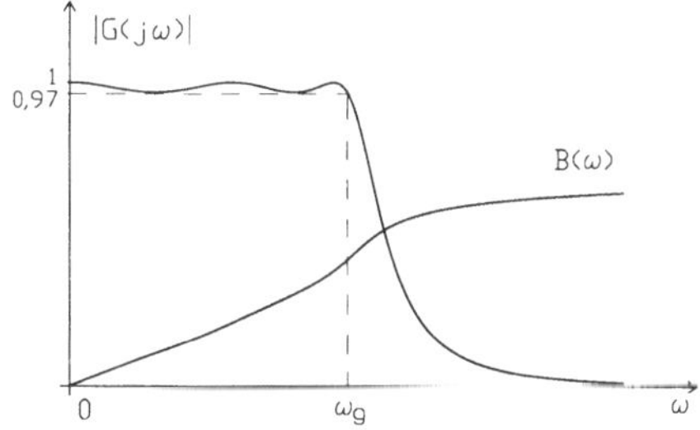

Bild 4.4

$|G(j\omega)|$ *und* $B(\omega)$ *bei einem realen Tiefpaß (die Phase erreicht bei* $\omega = \infty$ *den Wert* $5\pi/2$ *)*

4.3.2 Impuls- und Sprungantwort

Die Impulsantwort ist die Fourier-Rücktransformierte der Übertragungsfunktion. Mit $G(j\omega)$ nach Gl. 4.21 wird

$$g(t) = \frac{1}{2\pi}\int_{-\infty}^{\infty} G(j\omega)e^{j\omega t}d\omega = \frac{1}{2\pi}\int_{-\omega_g}^{\omega_g} Ke^{-j\omega t_0}e^{j\omega t}d\omega =$$

$$= \frac{K}{2\pi}\int_{-\omega_g}^{\omega_g} e^{j\omega(t-t_0)}d\omega = \frac{K}{2\pi}\frac{1}{j(t-t_0)}\left(e^{j\omega_g(t-t_0)} - e^{-j\omega_g(t-t_0)}\right).$$

Mit $e^{j\omega_g(t-t_0)} - e^{-j\omega_g(t-t_0)} = 2j\sin[\omega_g(t-t_0)]$ folgt

$$g(t) = K\frac{\sin[\omega_g(t-t_0)]}{\pi(t-t_0)}. \tag{4.22}$$

Bei $t = t_0$ erhält man mit der Regel von l'Hospital

$$g(t_0) = K\omega_g/\pi. \tag{4.23}$$

Die Impulsantwort ist im Bild 4.5 skizziert, sie ist zu t_0 symmetrisch. Aus diesem Bild und natürlich auch aus Gl. 4.22 sieht man, daß der ideale Tiefpaß auf einen Dirac-Impuls $x(t) = \delta(t)$ zum Zeitpunkt $t = 0$ schon reagiert, bevor dieser "eingetroffen" ist. Theoretisch beginnt die Systemreaktion bei $t = -\infty$. Der ideale Tiefpaß ist daher ein nichtkausales System und damit nicht realisierbar. Man erkennt aber auch, daß bei hinreichend großem t_0 die Impulsantwort im Bereich $t < 0$ sehr klein wird und der ideale Tiefpaß dann gut als mathematisches Modell für reale Tiefpässe verwendet werden kann. Der ideale Tiefpaß ist außerdem ein nichtstabiles System. Man kann nämlich zeigen, daß die Fläche unter $|g(t)|$ nicht endlich ist (siehe hierzu Gl. 2.42).

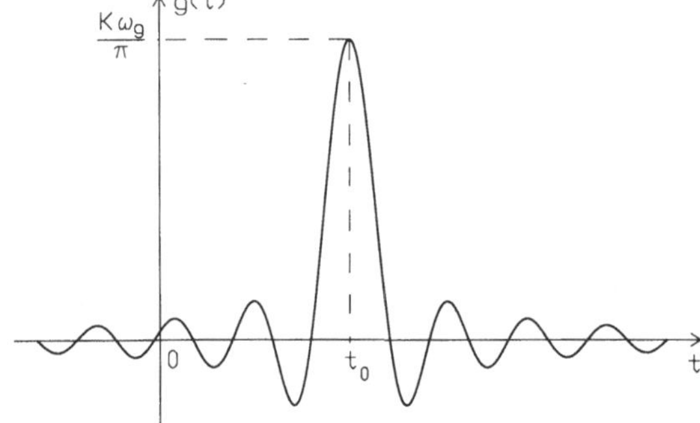

Bild 4.5

Impulsantwort eines idealen Tiefpasses

Zur Berechnung der Sprungantwort gehen wir von Gl. 2.38 aus und erhalten mit $g(t)$ nach Gl. 4.22

$$h(t) = \int_{-\infty}^{t} g(\tau)\,d\tau = \int_{-\infty}^{t} \frac{K \sin[\omega_g(\tau - t_0)]}{\pi(\tau - t_0)}\,d\tau.$$

Wir führen die Substitution $u = \omega_g(\tau - t_0)$ durch:

$$h(t) = \frac{K}{\pi} \int_{-\infty}^{\omega_g(t - t_0)} \frac{\sin u}{u}\,du = \frac{K}{\pi} \int_{-\infty}^{0} \frac{\sin u}{u}\,du + \frac{K}{\pi} \int_{0}^{\omega_g(t - t_0)} \frac{\sin u}{u}\,du.$$

Da $(\sin u)/u$ eine gerade Funktion ist, ist die Fläche von $-\infty$ bis 0 gleich der von 0 bis ∞, also wird

$$h(t) = \frac{K}{\pi} \int_{0}^{\infty} \frac{\sin u}{u}\,du + \frac{K}{\pi} \int_{0}^{\omega_g(t - t_0)} \frac{\sin u}{u}\,du. \tag{4.24}$$

Die Integrale in Gl. 4.24 lassen sich nicht geschlossen lösen. Man kann $h(t)$ etwas bequemer darstellen, wenn die sog. Integralsinus-Funktion

$$Si(x) = \int_{0}^{x} \frac{\sin u}{u}\,du \tag{4.25}$$

verwendet wird. Diese Funktion liegt tabelliert in vielen mathematischen Tabellensammlungen vor. $Si(x)$ ist eine ungerade Funktion, also $Si(x) = -Si(-x)$, weiterhin ist $Si(0) = 0$ und es gilt (vgl. auch Gl. 3.54)

$$Si(\infty) = \int_0^{\infty} \frac{\sin u}{u}\, du = \pi/2. \tag{4.26}$$

Mit $Si(x)$ kann Gl. 4.24 unter Beachtung von $Si(\infty) = \pi/2$ auch in der Form

$$h(t) = \frac{K}{2} + \frac{K}{\pi} Si[\omega_g(t - t_0)] \tag{4.27}$$

angeben werden.

$h(t)$ ist im Bild 4.6 skizziert. Wegen der Eigenschaft $Si(x) = -Si(-x)$ hat die Sprungantwort einen zu $h(t_0)$ "punktsymmetrischen" Verlauf. Aus Gl. 4.27 erkennt man, daß $h(t_0) = K/2$ und $h(\infty) = K$ ist. Zur Berechnung der anderen Funktionswerte von $h(t)$ benötigt man eine Tabelle für $Si(x)$ oder ein Rechenprogramm zur Auswertung von Gl. 4.24. Da der ideale Tiefpaß ein nichtkausales System ist, beginnt die Reaktion $h(t)$ auf $x(t) = s(t)$ schon im Bereich $t < 0$.

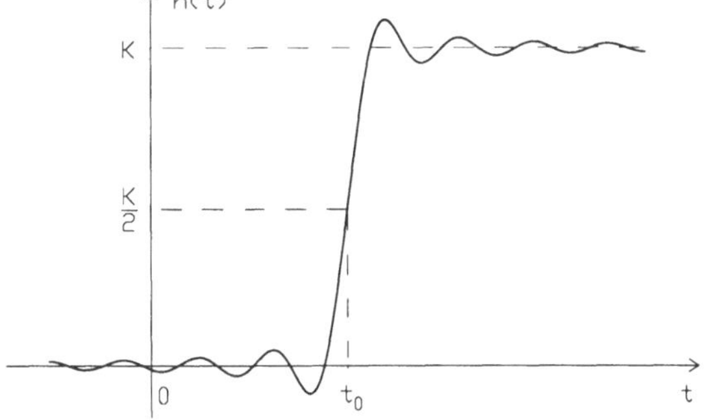

Bild 4.6
Sprungantwort eines idealen Tiefpasses.

Ausgehend von der im Bild 4.6 skizzierten Sprungantwort soll der wichtige Begriff der **Einschwingzeit** eines Tiefpasses erklärt werden. Zu diesem Zweck konstruieren wir folgendermaßen eine angenäherte Sprungantwort $\tilde{h}(t)$. An $h(t)$ wird im Punkt $h(t_0)$ eine Tangente angelegt. Die Tangente ersetzt näherungsweise den "ansteigenden" Teil der Sprungantwort. Unterhalb des Schnittpunktes der Tangente mit der Abszisse setzen wir $\tilde{h}(t) = 0$, wenn die Tangente den Wert K erreicht, wird $\tilde{h}(t) = K$ gesetzt. Bild 4.7 zeigt diese angenäherte Sprungantwort $\tilde{h}(t)$. Zur Festlegung der Tangente im Punkt $h(t_0)$ benötigt man die Steigung von $h(t)$, also $h'(t_0)$. Da die Ableitung von $h(t)$ die Impulsantwort ist, folgt mit Gl. 4.23 $h'(t_0) = g(t_0) = K\omega_g/\pi$.

Mit Hilfe der vereinfachten Sprungantwort $\tilde{h}(t)$ kann man die Einschwingzeit des idealen Tiefpasses einfach definieren. Sie ist diejenige Zeit T_e (siehe Bild 4.7), in der $\tilde{h}(t)$ von 0 auf den Wert K ansteigt. Aus Bild 4.7 erkennt man, daß einmal $\tan\alpha = K/T_e$ und zum anderen $\tan\alpha = h'(t_0) = K\omega_g/\pi$ ist, d.h.

$$\tan\alpha = \frac{K}{T_e} = \frac{K\omega_g}{\pi}.$$

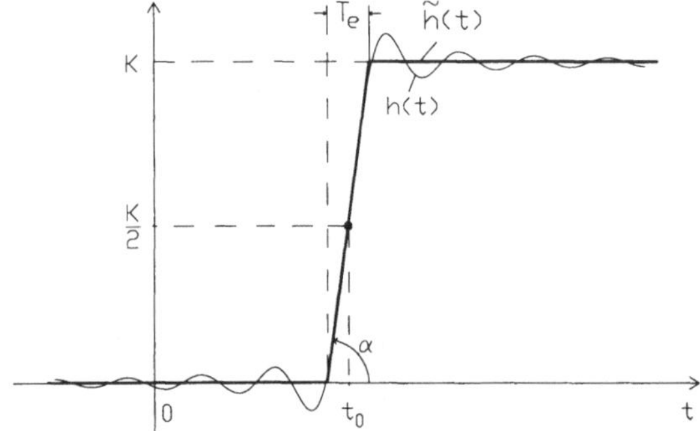

Bild 4.7

Näherung $\tilde{h}(t)$ für die Sprungantwort $h(t)$ des idealen Tiefpasses

Aus dieser Gleichung erhält man die Einschwingzeit des idealen Tiefpasses

$$T_e = \frac{\pi}{\omega_g} = \frac{1}{2f_g}. \tag{4.28}$$

Man erkennt, daß T_e umso kleiner ist, je größer die Grenzfrequenz f_g des Tiefpasses wird. Gl. 4.28 kann zur näherungsweisen Berechnung der Einschwingzeit realer Tiefpässe verwendet werden.

4.3.3 Ergänzungen

In diesem Abschnitt soll kurz diskutiert werden, wie sich Tiefpässe verhalten, die zwar eine lineare Phase, nicht aber eine (im Durchlaßbereich) konstante Dämpfung aufweisen. Es soll also gelten

$$G(j\omega) = \begin{cases} |\,G(j\omega)\,|\,e^{-j\omega t_0} \text{ für } |\,\omega\,| < \omega_g, \\ 0 \text{ für } |\,\omega\,| > \omega_g \end{cases} \tag{4.29}$$

wobei der Fall $|\,G(j\omega)\,| = K$ den idealen Tiefpaß mit der im Bild 4.3 skizzierten Übertragungsfunktion bedeutet.

Aus Gl. 4.29 erhält man durch Fourier-Rücktransformation die Impulsantwort

$$g(t) = \frac{1}{2\pi}\int_{-\infty}^{\infty} G(j\omega)e^{j\omega t}d\omega = \frac{1}{2\pi}\int_{-\omega_g}^{\omega_g} |\,G(j\omega)\,|\,e^{j\omega(t-t_0)}d\omega$$

und daraus mit $e^{j\omega(t-t_0)} = \cos[\omega(t-t_0)] + j\,\sin[\omega(t-t_0)]$ schließlich

$$g(t) = \frac{1}{2\pi} \int_{-\omega_g}^{\omega_g} |G(j\omega)|\cos[\omega(t-t_0)]\,d\omega. \qquad (4.30)$$

Hinweis:

Der Leser möge selbst nachkontrollieren, daß das Teilintegral mit der Sinusfunktion wegen der Eigenschaft $|G(j\omega)| = |G(-j\omega)|$ verschwindet.

Aus Gl. 4.30 erkennt man, daß die Impulsantwort symmetrisch zu t_0 verläuft $g(t_0+t) = g(t_0-t)$, und bei t_0 ein absolutes Maximum aufweist:

$$g(t_0) = \frac{1}{2\pi} \int_{-\omega_g}^{\omega_g} |G(j\omega)|\,d\omega \geq |g(t)|. \qquad (4.31)$$

Beim idealen Tiefpaß mit $|G(j\omega)| = K$ im Durchlaßbereich erhält man aus dieser Beziehung $g(t_0) - K\omega_g/\pi$ (siehe hierzu Bild 4.5).

Wegen der Eigenschaft $G(j\omega) \equiv 0$ für $|\omega| > \omega_g$ hat die Impulsantwort $g(t)$ keine endliche Breite (siehe Abschnitt 3.4.4). Dies bedeutet, daß $g(t)$ für $t < 0$ nicht identisch verschwindet und Systeme mit Übertragungsfunktionen nach Gl. 4.29 prinzipiell nicht kausal sind. Die Kausalität kann am einfachsten dadurch erzwungen werden, indem $g(t) = 0$ für $t < 0$ gesetzt wird. Diese Methode ist besonders bei hinreichend großen Werten von t_0 unproblematisch, weil dann $g(t)$ im Bereich $t < 0$ schon sehr klein ist.

Die Sprungantwort des Tiefpasses hat bei $t = \infty$ den Wert

$$h(\infty) = \int_{-\infty}^{\infty} g(\tau)\,d\tau = G(0).$$

Infolge der Symmetrie von $g(t)$ bezüglich t_0 verläuft $h(t)$ "punktsymmetrisch" zu $h(t_0)$ (siehe hierzu die Sprungantwort des idealen Tiefpasses im Bild 4.6). Bei t_0 hat h(t) einen Wendepunkt und es gilt $h(t_o) = h(\infty/2) = G(0)/2$. Definiert man die Einschwingzeit des Tiefpasses so wie im Abschnitt 4.3.2 (siehe Bild 4.7), dann erhält man zunächst $h'(t_0) = g(t_0) = h(\infty)/T_e$, und mit $h(\infty) = G(0)$ und $g(t_0)$ nach Gl. 4.31

$$T_e = \frac{2\pi G(0)}{\displaystyle\int_{-\omega_g}^{\omega_g} |G(j\omega)|\,d\omega}. \qquad (4.32)$$

Beim idealen Tiefpaß hat die Fläche unter $|G(j\omega)|$ den Wert $2\omega_g K = 2\omega_g G(0)$ und daraus folgt die im Abschnitt 4.3.2 abgeleitete Beziehung $T_e = \pi/\omega_g = 1/(2f_g)$.

Zur genaueren Untersuchung linearphasiger Tiefpässe bietet sich besonders eine Fourier-Reihenentwicklung von $|G(j\omega)|$ an. Dazu wird $|G(j\omega)|$ periodisch fortgesetzt, so daß eine periodische Funktion mit der Periode $2\omega_g$ ensteht. Zur Erklärung kann Bild 3.20 im Abschnitt 3.6 herangezogen werden. Dort würde die links im Bild skizzierte Funktion der vorgegebenen Betragsfunktion $|G(j\omega)|$ entsprechen und die rechte der periodischen Fortsetzung. Entsprechend den Erklärungen im Abschnitt 3.6 kann dann $|G(j\omega)|$ im Durchlaßbereich $|\omega| < \omega_g$ durch die Fourier-Reihe

$$|G(j\omega)| = \sum_{\nu=-\infty}^{\infty} C_\nu e^{j\nu\pi\omega/\omega_g}, \quad C_\nu = \frac{1}{2\omega_g} \int_{-\omega_g}^{\omega_g} |G(j\omega)| e^{-j\nu\pi\omega/\omega_g} d\omega \tag{4.33}$$

dargestellt werden (siehe Gln. 3.101, 3.102). Da $|G(j\omega)| = |G(-j\omega)|$ eine gerade Funktion ist, sind die Fourier-Koeffizienten alle reell und es gilt $C_\nu = C_{-\nu}$.

Gemäß Gl. 4.29 und mit $|G(j\omega)|$ nach Gl. 4.33 erhalten wir demnach die Übertragungsfunktion im Durchlaßbereich in der Form

$$G(j\omega) = |G(j\omega)| e^{-j\omega t_0} = \sum_{\nu=-\infty}^{\infty} C_\nu e^{-j\omega(t_0 - \nu\pi/\omega_g)}, \quad |\omega| < \omega_g. \tag{4.34}$$

Die Summanden in Gl. 4.34 haben alle die Form von Übertragungsfunktionen idealer Tiefpässe mit den "Laufzeiten" $t_0 - \nu\pi/\omega_g$ ($\nu = 0, \pm 1, \pm 2, \ldots$). Mit der Impulsantwort des idealen Tiefpasses nach Gl. 4.22 erhält man daher die Impulsantwort des hier vorliegenden Tiefpasses

$$g(t) = \sum_{\nu=-\infty}^{\infty} C_\nu \frac{\sin[\omega_g(t - t_0 + \nu\pi/\omega_g)]}{\pi(t - t_0 + \nu\pi/\omega_g)}. \tag{4.35}$$

Beispiel (Kosinus-Tiefpaß)

Beim sogenannten Kosinus-Tiefpaß gilt

$$G(j\omega) = \begin{cases} 0,5e^{-j\omega t_0} + 0,25e^{-j\omega(t_0 - \pi/\omega_g)} + 0,25e^{-j\omega(t_0 + \pi/\omega_g)} & \text{für } |\omega| < \omega_g \\ 0 \text{ für } |\omega| > \omega_g \end{cases} \tag{4.36}$$

Dies ist eine Fourier-Approximation mit $C_0 = 1/2$ und $C_{-1} = C_1 = 1/4$. Im Bereich $|\omega| < \omega_g$ erhalten wir aus Gl. 4.36

$$G(j\omega) = \frac{1}{2}e^{-j\omega t_0}\left(1 + \frac{1}{2}\left(e^{j\pi\omega/\omega_g} + e^{-j\pi\omega/\omega_g}\right)\right) = \frac{1}{2}e^{-j\omega t_0}[1 + \cos(\pi\omega/\omega_g)], \quad |G(j\omega)| = \frac{1}{2}[1 + \cos(\pi\omega/\omega_g)].$$

Bild 4.8 zeigt Betrag und Phase des Kosinus-Tiefpasses.

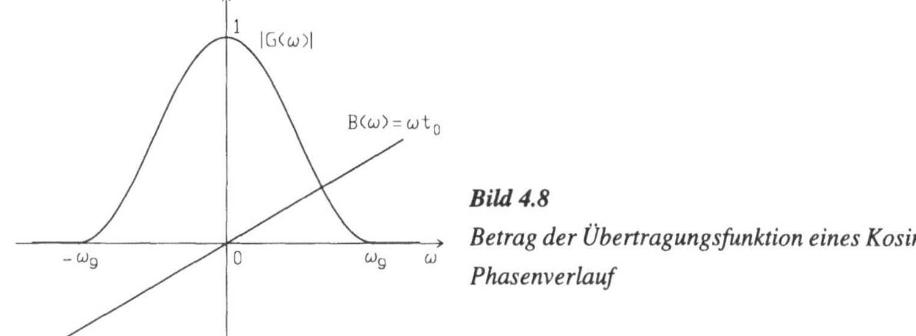

Bild 4.8
Betrag der Übertragungsfunktion eines Kosinus-Tiefpasses und sein Phasenverlauf

Im linken Bildteil 4.9 ist seine Impulsantwort (siehe Gl. 4.35)

$$g(t) = \frac{1}{2}\frac{\sin[\omega_g(t-t_0)]}{\pi(t-t_0)} + \frac{1}{4}\frac{\sin[\omega_g(t-t_0-\pi/\omega_g)]}{\pi(t-t_0-\pi/\omega_g)} + \frac{1}{4}\frac{\sin[\omega_g(t-t_0+\pi/\omega_g)]}{\pi(t-t_0+\pi/\omega_g)}$$

skizziert. Ihr Verlauf unterscheidet sich von der Impulsantwort des idealen Tiefpasses (Bild 4.5) besonders durch die viel kleineren "Überschwinger" in den negativen Bereich. Impusantworten dieser Art sind in der Übertragungstechnik von Bedeutung, wenn es darum geht, eine (möglichst dichte) Impulsfolge über einen Tiefpaßkanal zu übertragen, die sich am Kanalausgang möglichst wenig beeinflussen.

Schließlich zeigt der rechte Bildteil 4.9 die Sprungantwort des Kosinus-Tiefpasses. Die dort eingetragene Einschwingzeit hat nach Gl. 4.32 den Wert $T_e = 2\pi/\omega_g = 1/f_g$.

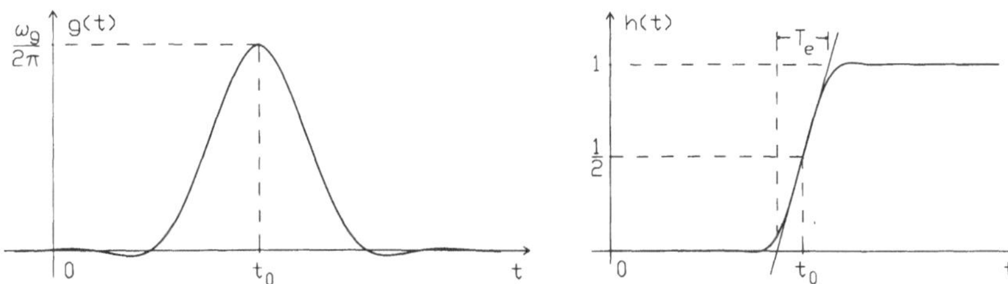

Bild 4.9 *Impuls- und Sprungantwort eines Kosinus-Tiefpasses*

4.3.4 Beispiele

1. Wie im Bild 4.10 skizziert, wird auf einen idealen Tiefpaß ein Impuls $x(t)$ mit der Breite T gegeben. Die Reaktion $y(t)$ ist zu berechnen. Dabei sind die Fälle $T > T_e$, $T = T_e$ und $T < T_e$ zu unterscheiden. Bei der Berechnung von $y(t)$ soll von der näherungsweisen Sprungantwort $\tilde{h}(t)$ nach Bild 4.7 Gebrauch gemacht werden.

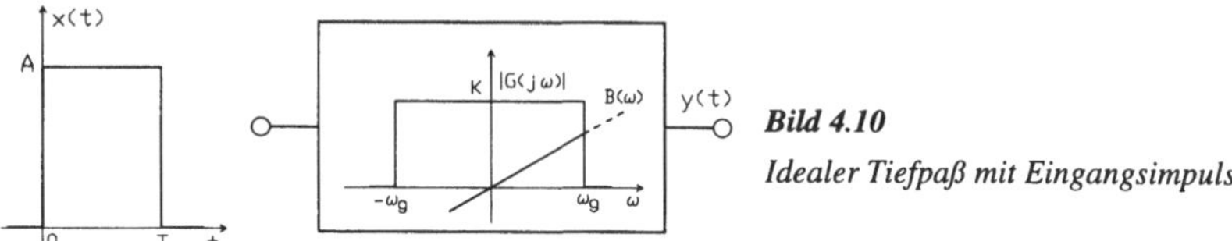

Bild 4.10

Idealer Tiefpaß mit Eingangsimpuls

Da $x(t)$ die Form

$$x(t) = As(t) - As(t - T)$$

hat, lautet die Systemreaktion

$$y(t) = Ah(t) - Ah(t - T).$$

Für die Sprungantwort verwenden wir die Näherung $\tilde{h}(t)$ nach Bild 4.7.

a) $T > T_e$: Die Impulsdauer ist größer als die Einschwingzeit des Tiefpasses.

Die Lösung ist aus Bild 4.11 zu entnehmen. $y(t)$ erreicht den Maximalwert KA, aus dem Bild erkennt man, daß $y(t)$ den halben Maximalwert $KA/2$ im Abstand der Impulsbreite T durchläuft.

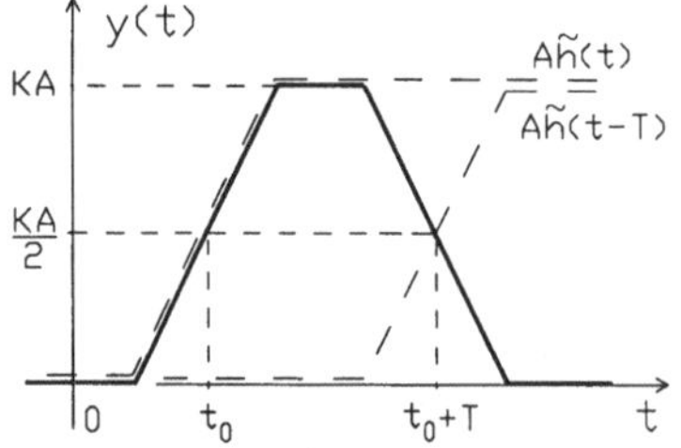

Bild 4.11

Reaktion auf das Signal nach Bild 4.10 ($T > T_e$)

b) $T = T_e$: Die Impulsdauer stimmt mit der Einschwingzeit des Tiefpasses überein.

Die Lösung ist aus Bild 4.12 zu entnehmen. $y(t)$ erreicht gerade noch den "Gipfelpunkt" KA und fällt dann sofort wieder ab. Die Punkte $KA/2$ werden wieder im Abstand der Impulsbreite T durchlaufen.

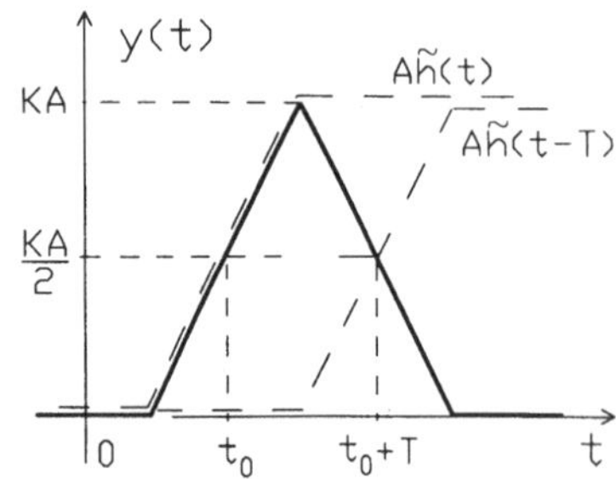

Bild 4.12

Reaktion auf das Signal nach Bild 4.10 ($T = T_e$)

c) $T < T_e$: Die Impulsdauer ist kleiner als die Einschwingzeit des Tiefpasses.

Die Lösung ist aus Bild 4.13 zu entnehmen. Man erkennt, daß $y(t)$ nicht mehr den früheren Maximalwert KA erreicht. Der Maximalwert von $y(t)$ ist umso kleiner, je kürzer die Dauer des Eingangsimpulses gegenüber der Einschwingzeit ist.

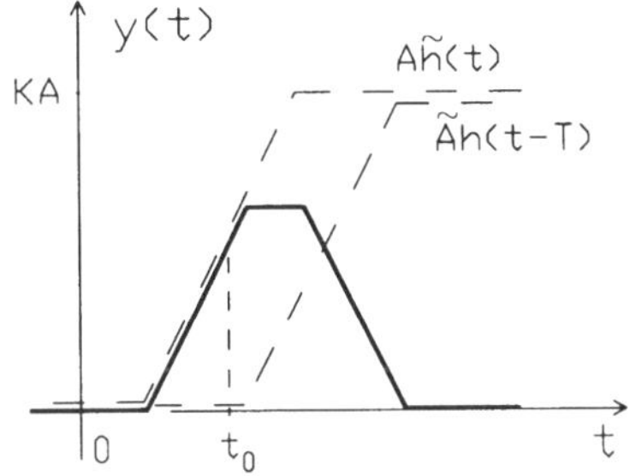

Bild 4.13

Reaktion auf das Signal nach Bild 4.10 ($T < T_e$)

Als Ergebnis dieses Beispieles können wir feststellen, daß Impulse, die über einen Kanal mit der Grenzfrequenz f_g geleitet werden, nicht schmaler als $T = T_e = 1/(2f_g)$ sein sollen. Bei schmaleren Impulsen erreicht die Reaktion nicht den möglichen Maximalwert, das System kann nicht voll einschwingen. Dadurch ist eine einwandfreie Erkennung des Impulses am Kanalausgang nicht mehr sicher. Bei zu schmalen Impulsen wird $y(t)$ außerdem nicht mehr sicher von unvermeidlichen Störungen auf dem Kanal unterscheidbar sein.

2. Bild 4.14 zeigt einen idealen Tiefpaß, der auf das angegebene Eingangssignal $x(t)$ mit dem ebenfalls im Bild 4.14 genannten Ausgangssignal $y(t)$ reagiert.

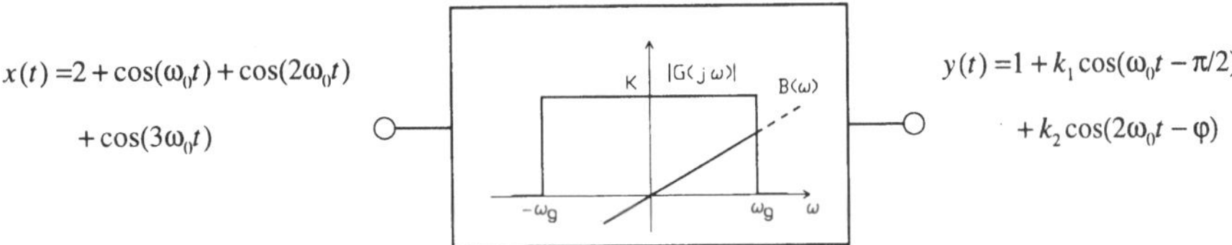

$$x(t) = 2 + \cos(\omega_0 t) + \cos(2\omega_0 t) + \cos(3\omega_0 t)$$

$$y(t) = 1 + k_1 \cos(\omega_0 t - \pi/2) + k_2 \cos(2\omega_0 t - \varphi)$$

Bild 4.14 *Idealer Tiefpaß mit Ein- und Ausgangssignal*

Folgende Fragen sind zu beantworten:

a) In welchen Grenzen liegt die Grenzfrequenz des Tiefpasses?

b) Wie groß ist $K = |G(j\omega)|$ im Durchlaßbereich?

c) Wie groß sind die Konstanten k_1, k_2 in $y(t)$, wie groß ist φ?

d) Wie groß ist die "Verzögerungszeit" t_0 des Tiefpasses?

zu a: $2\omega_0 < \omega_g < 3\omega_0$, denn die Teilschwingung $\cos(2\omega_0 t)$ wird übertragen und die Teilschwingung $\cos(3\omega_0 t)$ nicht.

zu b: Der Signalanteil $x_1(t) = 2$ führt zu der Reaktion $y_1(t) = 1$, es muß $y_1(t) = K x_1(t - t_0)$ gelten, daraus folgt $K = 1/2$.

zu c: $k_1 = k_2 = 1/2$, denn im Durchlaßbereich gilt $|G(j\omega)| = 1/2$. Da die Teilschwingung $\cos(\omega_0 t)$ beim Durchgang durch den Tiefpaß um $\pi/2$ verschoben wird, muß die Teilschwingung $\cos(2\omega_0 t)$ mit der doppelten Frequenz um $\varphi = \pi$ verschoben werden (lineare Phase!).

zu d: Das Teilsignal $x_2(t) = \cos(\omega_0 t)$ führt zu der Reaktion $y_2(t) = 0,5 \cos(\omega_0 t - \pi/2)$. Diese Teilschwingung wird verzerrungsfrei übertragen, also gilt auch $y_2(t) = K x_2(t - t_0)$. Aus

$$y_2(t) = 0,5 \cos[\omega_0(t - t_0)] = 0,5 \cos(\omega_0 t - \omega_0 t_0) = 0,5 \cos(\omega_0 t - \pi/2)$$

folgt $\omega_0 t_0 = \pi/2$ und daraus $t_0 = \pi/(2\omega_0)$.

3. Demodulation eines pulsamplitudenmodulierten Signales.

Ein mit f_g bandbegrenztes Signal $f(t)$ wird im Abstand $1/(2f_g) = \pi/\omega_g$ abgetastet, es entsteht ein pulsamplitudenmoduliertes Signal $\tilde{f}(t)$, wie im Bild 3.23 skizziert.

Zur mathematischen Darstellung von $\tilde{f}(t)$ verwenden wir den im Bild 2.1 eingeführten Impuls $\Delta(t)$, der im Falle $\varepsilon \to 0$ in $\delta(t)$ übergeht. $\varepsilon\,\Delta(t)$ ist ein Impuls der Breite ε und der Höhe 1 und wir können schreiben (siehe Bild 3.23 mit $1/(2f_g) = \pi/\omega_g$):

$$\tilde{f}(t) = \ldots + f(-\pi/\omega_g)\varepsilon\Delta(t + \pi/\omega_g) + f(0)\varepsilon\Delta(t) + f(\pi/\omega_g)\varepsilon\Delta(t - \pi/\omega_g) +$$

$$+ f(2\pi/\omega_g)\varepsilon\Delta(t - 2\pi/\omega_g) + \ldots = \varepsilon \sum_{\nu = -\infty}^{\infty} f(\nu\pi/\omega_g)\Delta(t - \nu\pi/\omega_g).$$

Zur einfacheren Rechnung führen wir das zu $\tilde{f}(t)$ proportionale Signal $x(t) = \tilde{f}(t)/\varepsilon$ ein und machen überdies den Grenzübergang $\varepsilon \to 0$, d.h. $\Delta(t) \to \delta(t)$. Dann erhalten wir das Signal

$$x(t) = \sum_{\nu = -\infty}^{\infty} f(\nu\pi/\omega_g)\delta(t - \nu\pi/\omega_g),$$

das Eingangssignal für einen idealen Tiefpaß mit der Grenzfrequenz f_g sein soll. Der ideale Tiefpaß reagiert auf $\delta(t - \nu\pi/\omega_g)$ mit seiner um $\nu\pi/\omega_g$ verschobenen Impulsantwort (Gl. 4.22)

$$g(t - \nu\pi/\omega_g) = K \frac{\sin[\omega_g(t - \nu\pi/\omega_g - t_0)]}{\pi(t - \nu\pi/\omega_g - t_0)}$$

und damit wird

$$y(t) = \sum_{v=-\infty}^{\infty} f(v\pi/\omega_g)K \frac{\sin[\omega_g(t - v\pi/\omega_g - t_0)]}{\pi(t - v\pi/\omega_g - t_0)}.$$

Ein Vergleich mit Gl. 3.106 zeigt, daß

$$y(t) = \frac{K\omega_g}{\pi}f(t - t_0)$$

ist. $f(t)$ ist das ursprüngliche Signal, das im Abstand π/ω_g abgetastet wurde.

Damit ist gezeigt, daß die Demodulation eines pulsamplitudenmodulierten Signales durch einen (idealen) Tiefpaß erfolgen kann.

Weitere Beispiele findet der Leser in der Aufgabensammlung [16].

4.4 Der ideale Hochpaß

Bild 4.15 zeigt den Verlauf von $|G(j\omega)|$ und der Phase $B(\omega)$ eines idealen Hochpasses.

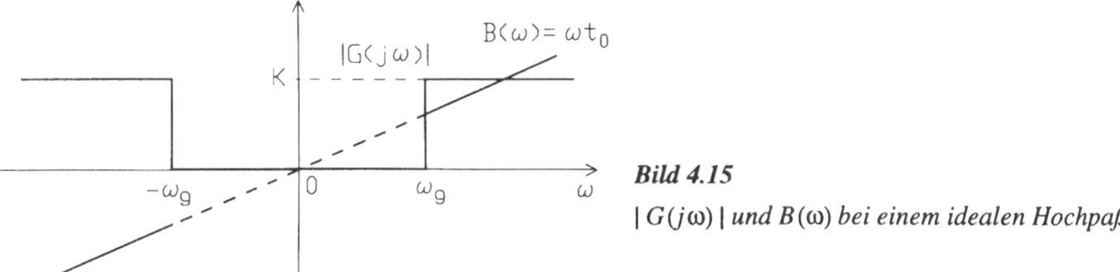

Bild 4.15
$|G(j\omega)|$ *und* $B(\omega)$ *bei einem idealen Hochpaß*

Die Übertragungsfunktion lautet

$$G(j\omega) = \begin{cases} Ke^{-j\omega t_0} \text{ für } |\omega| > \omega_g \\ 0 \text{ für } |\omega| < \omega_g \end{cases}, K > 0. \tag{4.37}$$

Zur Bestimmung der Impulsantwort des idealen Hochpasses stellen wir seine Übertragungsfunktion als Differenz der eines verzerrungsfreien Systems und der eines Tiefpasses dar:

$$G(j\omega) = Ke^{-j\omega t_0} - G_T(j\omega). \tag{4.38}$$

Darin ist

$$G_T(j\omega) = \begin{cases} Ke^{-j\omega t_0} \text{ für } |\omega| < \omega_g \\ 0 \text{ für } |\omega| > \omega_g \end{cases} \tag{4.39}$$

die Übertragungsfunktion des Tiefpasses, der die gleiche Grenzfrequenz (und gleiche Werte K und t_0) wie der Hochpaß haben soll. Die Richtigkeit von Gl. 4.38 ist leicht einzusehen, für $|\omega| < \omega_g$ ist $G(j\omega) = 0$, für $|\omega| > \omega_g$ wird $G(j\omega) = K e^{-j\omega t_0}$.

Gl. 4.15 liefert die Impulsantwort des verzerrungsfreien Systems, Gl. 4.22 die des idealen Tiefpasses. Damit erhalten wir die Impulsantwort des Hochpasses

$$g(t) = K\delta(t - t_0) - \frac{K}{\pi}\frac{\sin[\omega_g(t - t_0)]}{t - t_0}. \tag{4.40}$$

$g(t)$ ist im linken Teil von Bild 4.16 skizziert, man erkennt, daß auch der ideale Hochpaß ein nichtkausales System ist.

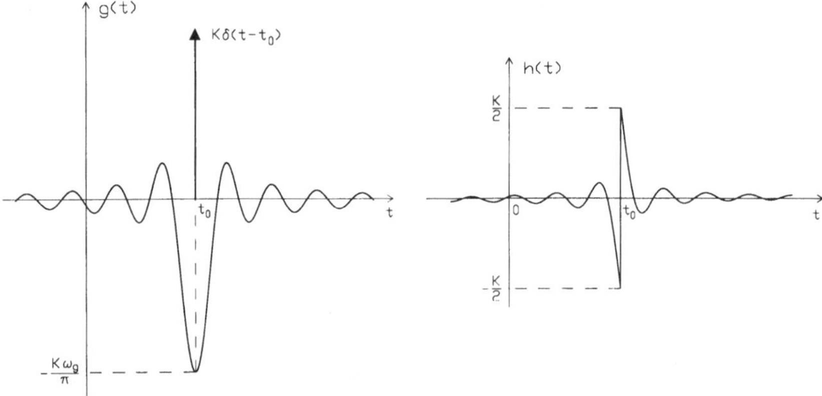

Bild 4.16 *Impuls- und Sprungantwort des idealen Hochpasses*

Zur Berechnung der Sprungantwort benutzen wir wieder Gl. 2.38 und erhalten mit der Impulsantwort nach Gl. 4.40

$$h(t) = K\int_{-\infty}^{t}\delta(\tau - t_0)d\tau - \frac{K}{\pi}\int_{-\infty}^{t}\frac{\sin[\omega_g(\tau - t_0)]}{\tau - t_0}d\tau.$$

Das 1. Integral hat die Lösung

$$K\int_{-\infty}^{t}\delta(\tau - t_0)d\tau = \begin{cases} K \text{ für } t > t_0 \\ 0 \text{ für } t < t_0 \end{cases} = K s(t - t_0),$$

denn bei $t > t_0$ liegt der Dirac-Impuls im Integrationsbereich und bei $t < t_0$ außerhalb.

Das 2. Integral stellt die Sprungantwort des idealen Tiefpasses dar und mit Gl. 4.27 erhalten wir schließlich

$$h(t) = Ks(t - t_0) - \frac{K}{2} - \frac{K}{\pi} Si[\omega_g(t - t_0)]. \tag{4.41}$$

Die Sprungantwort des idealen Hochpasses ist im rechten Teil von Bild 4.16 skizziert.

4.5 Der ideale Bandpaß

4.5.1 Übertragungsfunktion und Impulsantwort

Im Bild 4.17 sind Betrag $|G(j\omega)|$ und Phase $B(\omega)$ des idealen Bandpasses aufgetragen. $B = \omega_2 - \omega_1$ ist die Bandbreite, $\omega_0 = 0,5(\omega_1 + \omega_2)$ ist die Mittenfrequenz des Bandpasses. Es gilt

$$G(j\omega) = \begin{cases} 0 \text{ für } |\omega| < \omega_1 \text{ und } |\omega| > \omega_2 \\ Ke^{-j\omega t_0} \text{ für } \omega_1 < |\omega| < \omega_2 \end{cases}. \tag{4.42}$$

Der ideale Bandpaß überträgt Signale verzerrungsfrei, die nur im Frequenzbereich von ω_1 bis ω_2 Spektralanteile haben.

Die Impulsantwort berechnet sich mit $G(j\omega)$ nach Gl. 4.42 zu

$$g(t) = \frac{1}{2\pi} \int_{-\infty}^{\infty} G(j\omega)e^{j\omega t} d\omega = \frac{1}{2\pi} \int_{-\omega_2}^{-\omega_1} Ke^{-j\omega t_0}e^{j\omega t} d\omega + \frac{1}{2\pi} \int_{\omega_1}^{\omega_2} Ke^{-j\omega t_0}e^{j\omega t} d\omega.$$

Die Auswertung dieser Integrale führt nach einigen elementaren Zwischenrechnungen zu dem Ergebnis

$$g(t) = \frac{2K}{\pi(t - t_0)} \sin[0,5B(t - t_0)] \cos[\omega_0(t - t_0)]. \tag{4.43}$$

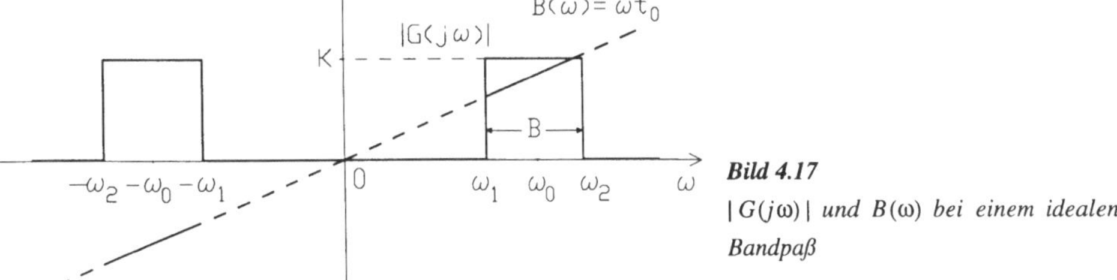

Bild 4.17
$|G(j\omega)|$ *und* $B(\omega)$ *bei einem idealen Bandpaß*

Aus Gl. 4.43 erkennt man, daß die Impulsantwort des idealen Bandpasses die Form

$$g(t) = g_T(t)2\cos[\omega_0(t - t_0)] \tag{4.44}$$

hat, wobei

$$g_T(t) = K\frac{\sin[0,5B(t-t_0)]}{\pi(t-t_0)} \tag{4.45}$$

die Impulsantwort eines idealen Tiefpasses mit der Grenzkreisfrequenz $B/2$ ist (vgl. Gl. 4.22).

Im Bild 4.18 ist der prinzipielle Verlauf der Impulsantwort eines idealen Bandpasses skizziert. Der ideale Bandpaß ist ein nichtkausales System.

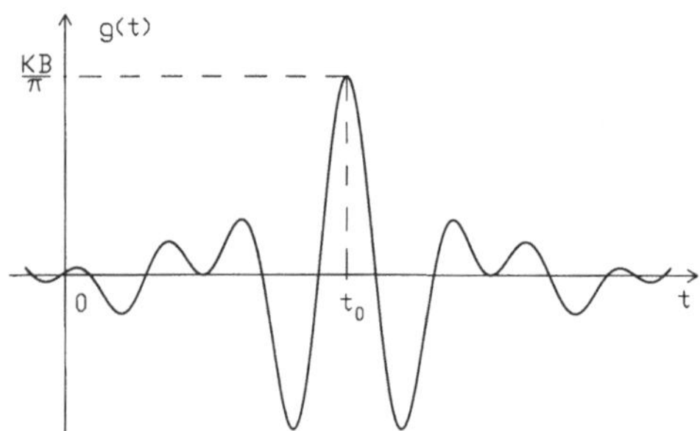

Bild 4.18

Impulsantwort des idealen Bandpasses

4.5.2 Die Reaktion eines Bandpasses auf amplitudenmodulierte Signale

$n(t)$ sei ein Signal, das amplitudenmoduliert werden soll und $\cos(\omega_0 t)$ sei die Trägerschwingung. Dann ist

$$x(t) = A[1 + mn(t)]\cos(\omega_0 t) = A\cos(\omega_0 t) + Amn(t)\cos(\omega_0 t) \tag{4.46}$$

dieses amplitudenmodulierte Signal. Man erkennt, daß $n(t)$ in der Amplitude von $\cos(\omega_0 t)$ enthalten ist. Bild 4.22 zeigt einen möglichen Verlauf von $x(t)$. Das Signal $n(t)$ steckt in der "Einhüllenden" der Kosinusschwingung. Die in Gl. 4.46 auftretenden Größen A und m sind Konstante, m heißt auch Modulationsgrad.

$x(t)$ nach Gl. 4.46 soll das Eingangssignal für einen idealen Bandpaß mit der Mittenfrequenz ω_0 und der Bandbreite B sein. Zur Berechnung der Bandpaßreaktion benutzen wir die Beziehung

$$Y(j\omega) = X(j\omega)\,G(j\omega).$$

Berechnung von $X(j\omega)$: Mit $\cos(\omega_0 t) = 0,5e^{j\omega_0 t} + 0,5e^{-j\omega_0 t}$ erhalten wir aus Gl. 4.46

$$x(t) = A\cos(\omega_0 t) + Amn(t)\left(\frac{1}{2}e^{j\omega_0 t} + \frac{1}{2}e^{-j\omega_0 t}\right) =$$

$$= A\cos(\omega_0 t) + \frac{1}{2}Am\,n(t)e^{j\omega_0 t} + \frac{1}{2}Am\,n(t)e^{-j\omega_0 t}. \tag{4.47}$$

Die einzelnen Summanden von Gl. 4.47 lassen sich ohne Schwierigkeiten in den Frequenzbereich transformieren. Nach Gl. 3.61 gilt $\cos(\omega_0 t)$ O— $\pi\delta(\omega - \omega_0) + \pi\delta(\omega + \omega_0)$. Ist $N(j\omega)$ das Spektrum des Signales $n(t)$, also $n(t)$ O— $N(j\omega)$, so wird mit dem Frequenzverschiebungssatz (Gl. 3.32)

$$n(t)e^{j\omega_0 t} \text{ O}— N(j\omega - j\omega_0), \quad n(t)e^{-j\omega_0 t} \text{ O}— N(j\omega + j\omega_0).$$

Mit diesen Ergebnissen wird

$$X(j\omega) = A\pi\delta(\omega - \omega_0) + A\pi\delta(\omega + \omega_0) + \frac{1}{2}AmN(j\omega - j\omega_0) + \frac{1}{2}AmN(j\omega + j\omega_0). \quad (4.48)$$

Gl. 4.48 läßt sich in interessanter Weise interpretieren. Links im Bild 4.19 ist das Spektrum $N(j\omega)$ des Signales $n(t)$ schematisch dargestellt. Wir nehmen an, daß $n(t)$ ein mit ω_g bandbegrenztes Signal ist, d.h. $N(j\omega) = 0$ für $|\omega| > \omega_g$. Der rechte Teil von Bild 4.19 zeigt eine schematische Darstellung von $X(j\omega)$. Wir beachten, daß $N(j\omega - j\omega_0)$ das um ω_0 nach rechts und $N(j\omega + j\omega_0)$ das um ω_0 nach links verschobene Spektrum von $n(t)$ ist.

Die Amplitudenmodulation des Signales $n(t)$ bedeutet im wesentlichen eine Verschiebung des Spektrums $N(j\omega)$ um die Trägerfrequenz ω_0. Die Dirac-Impulse sagen aus, daß zusätzlich eine Kosinusschwingung mit der Frequenz ω_0 vorliegt. Auch die Demodulation ist als Modulation oder Frequenzverschiebung erklärbar.

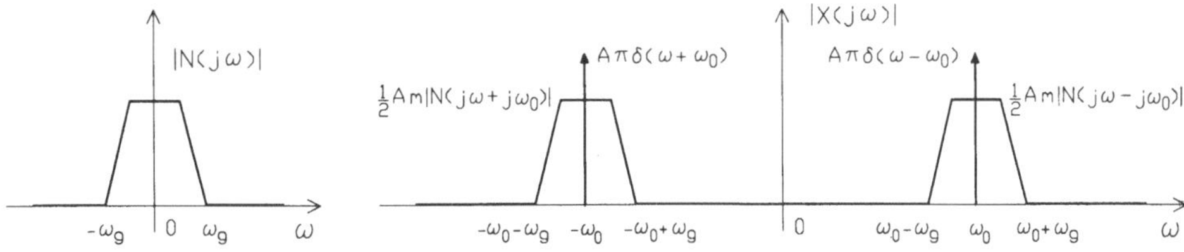

Bild 4.19 *Spektren von n(t) und dem zugehörenden amplitudenmodulierten Signal x(t)*

Moduliert man $x(t)$ nach Gl. 4.46 nochmals mit ω_0, so schiebt sich $X(j\omega)$ nach Bild 4.19 um ω_0 nach rechts und nach links. Dadurch entsteht u.a. wieder $N(j\omega)$. Anschließend sind durch einen Tiefpaß die anderen Frequenzanteile (im Bereich von $2\omega_0$) wegzufiltern.

Nach dieser Zwischenbemerkung über die Amplitudenmodulation kommen wir zu unserer Aufgabenstellung zurück, der Berechnung der Bandpaßreaktion auf das Eingangssignal $x(t)$.

Wir machen noch zwei Voraussetzungen:

a) Die Mittenfrequenz des Bandpasses soll mit der Trägerfrequenz ω_0 von $x(t)$ übereinstimmen.

b) $n(t)$ sei bandbegrenzt, wie dies auch im Bild 4.19 dargestellt ist, mit der Zusatzbedingung $\omega_g < B/2$. D.h. es gilt $N(j\omega) = 0$ für $|\omega| > B/2$, darin ist B die Bandbreite des Bandpasses.

Bild 4.20 zeigt nochmals das Spektrum $X(j\omega)$ und zusätzlich den Betrag $|G(j\omega)|$ und Phase $B(\omega)$ des Bandpasses. Durch die Voraussetzung $N(j\omega) = 0$ für $|\omega| > B/2$ liegt $N(j\omega - j\omega_0)$ voll im Durchlaßbereich des Bandpasses. Die formale Berechnung von $Y(j\omega) = X(j\omega)G(j\omega)$ und die Rücktransformation erübrigen sich offenbar im vorliegenden Fall, denn $x(t)$ hat nur Spektralanteile im Durchlaßbereich des Bandpasses. Dies bedeutet, daß $x(t)$ verzerrungsfrei übertragen wird und es gilt

$$y(t) = Kx(t - t_0) = KA[1 + m\, n(t - t_0)]\cos[\omega_0(t - t_0)]. \tag{4.49}$$

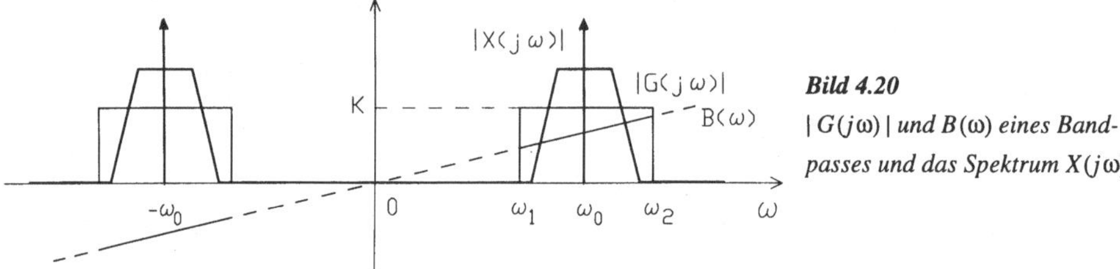

Bild 4.20
$|G(j\omega)|$ *und* $B(\omega)$ *eines Bandpasses und das Spektrum* $X(j\omega)$

In der Praxis entwirft man Bandpässe oft so, daß man zunächst einen geeigneten Tiefpaß konstruiert (bzw. einer Tabelle entnimmt) und anschließend eine Bandpaßtransformation durchführt. Dies geschieht so, daß man in der Tiefpaßschaltung die Bauelemente nach einer Vorschrift durch andere ersetzt. Z.B. ist eine Kapazität im Tiefpaß durch einen LC-Parallelschwingkreis zu ersetzen (siehe z.B. [15]). Bei dem auf diese Weise entstehenden Bandpaß stimmt zwar der Betrag $|G(j\omega)|$ mehr oder weniger gut mit dem eines idealen Bandpasses überein, die Phase hat aber einen prinzipiell anderen Verlauf. Bild 4.21 zeigt den näherungsweisen Verlauf der Übertragungsfunktion eines derart konstruierten Bandpasses. Man kann ihn sich so entstanden denken, daß die Übertragungsfunktion eines Tiefpasses von $-\omega_g$ bis ω_g um ω_0 nach rechts (und auch links) verschoben wurde.

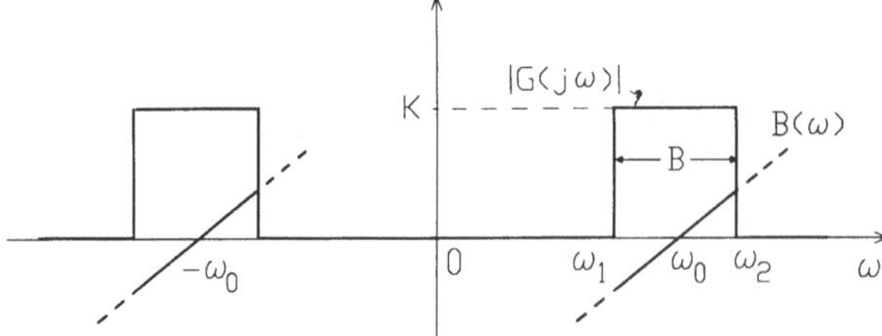

Bild 4.21 *Vereinfacht dargestellter Verlauf der Übertragungsfunktion eines Bandpasses, der durch Frequenztransformation aus einem Tiefpaß entstanden ist*

Wir stellen fest, daß der Bandpaß nach Bild 4.21 keine lineare Phase der Art $B(\omega) = \omega t_0$ besitzt und daher auch Signale mit Spektralanteilen ausschließlich im Durchlaßbereich nicht verzerrungsfrei übertragen kann. Wird auf einen solchen Bandpaß das amplitudenmodulierte Signal $x(t)$ gegeben, so lautet die Reaktion (Beweis siehe z.B.[22]):

$$y(t) = KA[1 + m\,n(t - T_g)]\cos[\omega_0(t - T_p)]. \tag{4.50}$$

Darin ist $T_g = d\,B(\omega)/d\omega$ die Gruppenlaufzeit, wie sie nach Gl. 4.11 definiert wurde. Bei linearem Phasenverlauf im Durchlaßbereich, wie im Bild 4.21, ist die Gruppenlaufzeit konstant. $T_p = B(\omega_0)/\omega_0$ ist die Phasenlaufzeit entsprechend Gl. 4.12. Im Falle einer linearen Phase $B(\omega) = \omega t_0$ ist $T_G = T_P = t_0$ und Gl. 4.50 geht in Gl. 4.49 über.

$y(t)$ nach Gl. 4.50 ist zusammen mit $x(t)$ nach Gl. 4.46 im Bild 4.22 dargestellt.

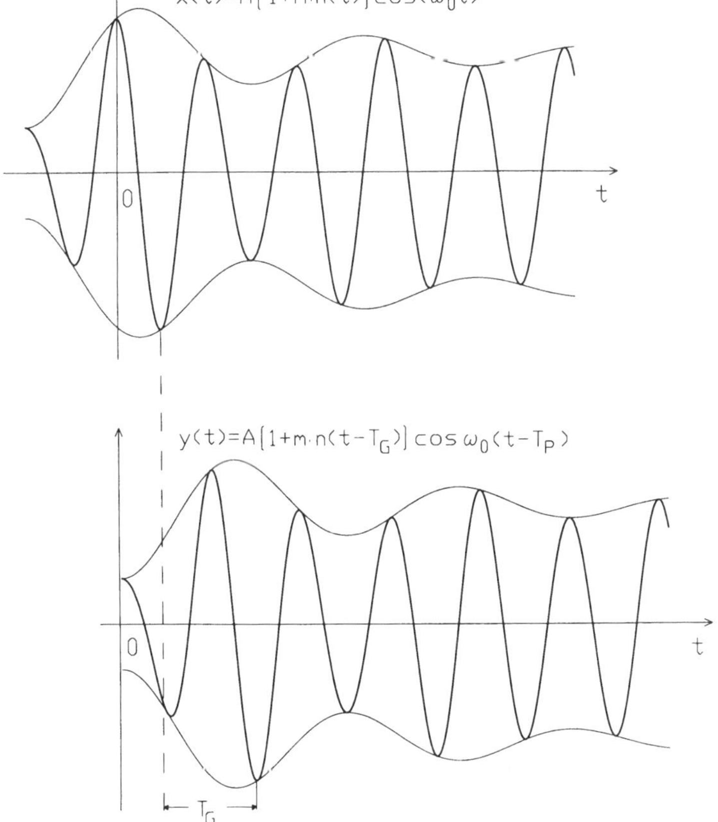

Bild 4.22 Reaktion eines Bandpasses auf ein amplitudenmoduliertes Signal.

Die Gruppenlaufzeit bedeutet die Verschiebung der Einhüllenden des Signales $x(t)$. Demoduliert man $y(t)$, so erhält man (bis auf einen Faktor) $n(t - T_G)$. D.h. $n(t)$ wird verzerrungsfrei übertragen, auch dann, wenn der Bandpaß (Bild 4.21) $x(t)$ nicht verzerrungsfrei überträgt.

Die Phasenlaufzeit entspricht der Verschiebung des Trägersignales. T_P ist im Bild 4.22 nicht eingetragen. Man findet T_P, wenn man die Phasenlage des Trägers von $y(t)$ mit der des Trägers von $x(t)$ vergleicht. Phasendifferenzen kann man allerdings bei periodischen Signalen nur bis auf ganze Vielfache von 2π feststellen, daher ist T_P nicht immer eindeutig bestimmbar. Ist der Verschiebungswinkel negativ, so erhält man sogar negative Phasenlaufzeiten. Im Falle des Bandpasses nach Bild 4.21 ist die Phasenlaufzeit $T_P = 0$, denn es gilt $B(\omega_0) = 0$.

Die zu übertragende Information ist bei amplitudenmodulierten Signalen stets in der Einhüllenden und nicht im Träger enthalten. Aus diesem Grunde spielt die Phasenlaufzeit eine nicht so wichtige Rolle. Wichtig für eine verzerrungsfreie Informationsübertragung ist lediglich eine im relevanten Frequenzbereich hinreichend konstante Gruppenlaufzeit oder lineare Phase.

4.6 Die ideale Bandsperre

Bei der idealen Bandsperre (siehe Bild 4.23) kann auf Ergebnisse des idealen Bandpasses zurückgegriffen werden. Entsprechend Gl. 4.38 lautet die Übertragungsfunktion der idealen Bandsperre

$$G(j\omega) = K\, e^{-j\omega t_0} - G_B(j\omega). \tag{4.51}$$

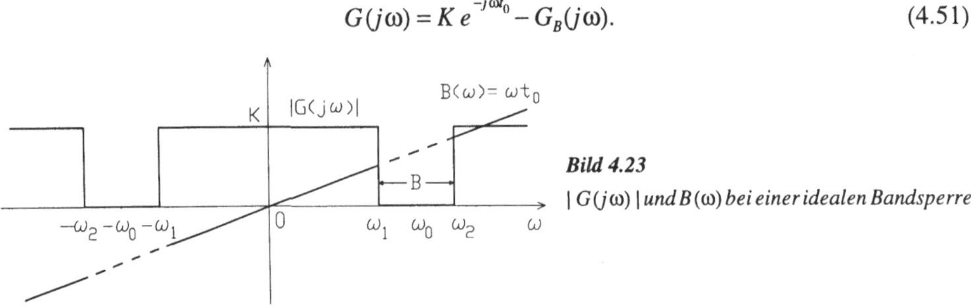

Bild 4.23
$|G(j\omega)|$ und $B(\omega)$ bei einer idealen Bandsperre

Dabei ist $G_B(j\omega)$ die im Bild 4.17 skizzierte Übertragungsfunktion eines idealen Bandpasses mit gleichen Werten K, ω_0, B wie bei der Bandsperre. Mit der Impulsantwort des Bandpasses nach Gl. 4.43 erhalten wir dann die Impulsantwort der Bandsperre

$$g(t) = K\delta(t - t_0) - \frac{2K}{\pi(t - t_0)}\sin[0{,}5B(t - t_0)]\cos[\omega_0(t - t_0)]. \tag{4.52}$$

5 Die Laplace-Transformation und einige Anwendungen in der Systemtheorie

Falls kausale Zeitfunktionen vorliegen ($f(t) = 0$ für $t < 0$), kann die Fourier-Transformation durch die Laplace-Transformation ersetzt werden. Man erhält sie -vereinfacht gesagt- aus der Fourier-Transformation, wenn man dort $j\omega$ durch die komplexe Frequenzvariable $s = \sigma + j\omega$ ersetzt. Dadurch wird die transformierbare Funktionenklasse wesentlich erweitert. Bei der Einführung der Laplace-Transformation wird auf die Ergebnisse des 3. Kapitels zurückgegriffen.

Im Abschnitt 5.1 werden die Grundgleichungen für die Laplace-Transformation abgeleitet, er enthält außerdem einige einführende Beispiele. Die wichtigsten Eigenschaften der Laplace-Transformation werden im Abschnitt 5.2 zusammengestellt. Für die Praxis sind besonders rationale Laplace-Transformierte wichtig (Abschnitt 5.3). Als Darstellungsmittel für rationale Laplace-Transformierte wird das sogenannte Pol-Nullstellenschema verwendet. Pol-Nullstellenschemata geben Auskunft über Stabilitätsfragen und sind für Entwurfsmethoden in der Netzwerktheorie und der Regelungstechnik von grundlegender Bedeutung. Im Abschnitt 5.4 werden Systemreaktionen mit Hilfe der Laplace-Transformation berechnet. Schließlich gehen wir im Abschnitt 5.5 in kurzer Weise auf die Berechnung von Netzwerkreaktionen bei gegebenen Anfangsbedingungen ein.

Neben der hier besprochenen Laplace-Transformation gibt es auch noch eine sogenannte "zweiseitige Laplace-Transformation", bei der die Beschränkung auf Signale mit der Eigenschaft $f(t) = 0$ für $t < 0$ entfällt (vgl. z.B. [22]).

5.1 Die Grundgleichungen und einführende Beispiele

5.1.1 Die Grundgleichungen

Ist $f(t)$ eine Funktion mit der Eigenschaft $f(t) = 0$ für $t < 0$, so lautet nach Gl. 3.14 die Fourier-Transformierte von $f(t)$ (deren Existenz hier vorausgesetzt wird)

$$F(j\omega) = \int_{0-}^{\infty} f(t)e^{-j\omega t}dt. \tag{5.1}$$

Die untere Integrationsgrenze "0-" sorgt dafür, daß in $f(t)$ auch bei $t = 0$ auftretende Dirac-Impulse enthalten sein können.

Formal erhält man aus Gl. 5.1 die Laplace-Transformierte $F(s)$, wenn man $j\omega$ durch die komplexe Variable s ersetzt:

$$F(s) = \int_{0-}^{\infty} f(t)e^{-st}dt. \tag{5.2}$$

Dabei ist

$$s = \sigma + j\omega \tag{5.3}$$

eine komplexe Variable ("komplexe Frequenz"), im Sonderfall $\sigma = 0$ gilt $s = j\omega$ und die Laplace-Transformierte geht **formal** in die Fourier-Transformierte über, also

$$F(s = j\omega) = \int_{0-}^{\infty} f(t)e^{-j\omega t}dt = F(j\omega). \tag{5.4}$$

Hinweis:

Die Gln. 5.2 und 5.4 sind nur gültig, wenn gewisse Konvergenzbedingungen erfüllt sind. Diese Bedingungen werden in den Abschnitten 5.1.2 und 5.1.3 besprochen.

Obschon die Einführung der komplexen Frequenzvariablen s zunächst wie eine Erschwerung gegenüber der Fourier-Transformation aussieht, werden wir feststellen, daß man mit der Laplace-Transformation oft wesentlich einfacher rechnen kann. Wegen der engen Verwandtschaft zur Fourier-Transformation sind viele Eigenschaften auch bei der Laplace-Transformation gültig und müssen nicht mehr bewiesen werden. Wir verwenden auch bei der Laplace-Transformation das Korrespondenzsymbol O—, also $f(t)$ O— $F(s)$. Ohne Unterschied spricht man häufig sowohl bei $F(j\omega)$ als auch bei $F(s)$ vom "Frequenzbereich". Bei $F(s)$ ist auch die Bezeichnung "Bildbereich" üblich.

Zur Ableitung der Laplace-Rücktransformationsgleichung ersetzen wir in Gl. 5.2 die Variable s durch $\sigma + j\omega$ und erhalten:

$$F(s) = F(\sigma + j\omega) = \int_{0-}^{\infty} f(t)e^{-(\sigma + j\omega)t}dt = \int_{0-}^{\infty} \{f(t)e^{-\sigma t}\}e^{-j\omega t}dt.$$

Das rechte Integral in dieser Gleichung kann man als Fourier-Transformierte $\tilde{F}(j\omega)$ eines Signales $\tilde{f}(t) = f(t)e^{-\sigma t}$ interpretieren, d.h.

$$F(\sigma + j\omega) = \int_{0-}^{\infty} \{f(t)e^{-\sigma t}\}e^{-j\omega t}dt = \tilde{F}(j\omega)$$

und nach der Rücktransformationsgleichung der Fourier-Transformation (Gl. 3.15) gilt mit $\tilde{F}(j\omega) = F(\sigma + j\omega)$:

$$\tilde{f}(t) = f(t)e^{-\sigma t} = \frac{1}{2\pi}\int_{-\infty}^{\infty} \tilde{F}(j\omega)e^{j\omega t}d\omega = \frac{1}{2\pi}\int_{-\infty}^{\infty} F(\sigma + j\omega)e^{j\omega t}d\omega.$$

Wir multiplizieren beide Seiten mit $e^{\sigma t}$:

$$f(t) = \frac{1}{2\pi} \int_{-\infty}^{\infty} F(\sigma + j\omega) e^{(\sigma + j\omega)t} d\omega. \tag{5.5}$$

Substitution $\sigma + j\omega = s$, dann ist $d\omega = ds/j$ und die Grenzen $\omega = -\infty$ und $\omega = \infty$ gehen in $s = \sigma - j\infty$ und $s = \sigma + j\infty$ über. Damit folgt aus Gl. 5.5 die Rücktransformationsgleichung

$$f(t) = \frac{1}{2\pi j} \int_{\sigma - j\infty}^{\sigma + j\infty} F(s) e^{st} ds. \tag{5.6}$$

Hinweis:

Bei der Durchführung der Integration ist darauf zu achten, daß der Integrationsweg im Konvergenzbereich der Laplace-Transformierten liegt (siehe Abschnitt 5.1.2).

Wir werden Gl. 5.6 nur selten anwenden und uns im wesentlichen mit (in s) rationalen Laplace-Transformierten befassen (Abschnitt 5.3). Rationale Funktionen lassen sich ohne die unmittelbare Anwendung von Gl. 5.6 besonders einfach zurücktransformieren. In vielen Fällen kann die Rücktransformation und auch die Transformation mit Hilfe von Korrespondenztabellen erfolgen (siehe Anhang C.2).

5.1.2 Einführende Beispiele, der Konvergenzbereich

Zu der links im Bild 5.1 skizzierten Funktion $f(t) = s(t)e^t$ soll die Laplace-Transformierte $F(s)$ berechnet werden.

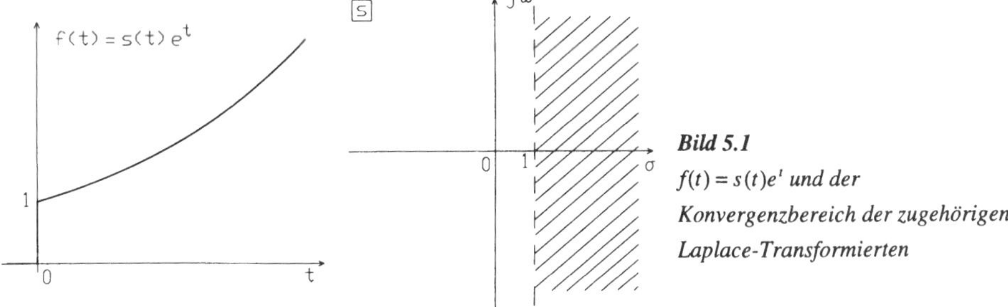

Bild 5.1
$f(t) = s(t)e^t$ und der Konvergenzbereich der zugehörigen Laplace-Transformierten

Die Definitionsgleichung 5.2 liefert

$$F(s) = \int_{0-}^{\infty} f(t) e^{-st} dt = \int_{0}^{\infty} e^t e^{-st} dt = \int_{0}^{\infty} e^{-t(s-1)} dt = \frac{-1}{s-1} e^{-t(s-1)} \Big|_{0}^{\infty}. \tag{5.7}$$

Die Auswertung an der unteren Grenze $t = 0$ macht keine Schwierigkeiten, es gilt $e^{-t(s-1)} = 1$ für $t = 0$. Um zu untersuchen, welchen Wert $e^{-t(s-1)}$ an der oberen Grenze $t = \infty$ annimmt, setzen wir $s = \sigma + j\omega$:

$$e^{-t(s-1)} = e^{-t(\sigma-1)} e^{-j\omega t}. \tag{5.8}$$

Offenbar sind zwei Fälle zu unterscheiden.

a) $\sigma > 1$, dann wird $e^{-t(\sigma-1)} = 0$ für $t = \infty$, es liegt eine abnehmende Exponentialfunktion vor. Der zweite Faktor $e^{-j\omega t}$ in Gl. 5.8 ist in diesem Fall ohne Bedeutung, da sein Betrag den Wert 1 hat. Ergebnis: an der oberen Grenze $t = \infty$ gilt $e^{-t(s-1)} = 0$, wenn $\sigma > 1$ ist.

b) $\sigma < 1$, dann ist $e^{-t(s-1)}$ eine ansteigende Exponentialfunktion: $|e^{-t(s-1)}| \to \infty$ für $t \to \infty$.

Wir stellen fest, daß das Integral nach Gl. 5.7 mit $f(t) = s(t)e^t$ nur dann ausgewertet werden kann (konvergiert), wenn die Variable s einen Realteil $\sigma > 1$ hat. In diesem Fall wird $e^{-t(s-1)}$ an der oberen Grenze 0, an der unteren Grenze 1 und

$$F(s) = \frac{1}{s-1}, \quad \operatorname{Re} s = \sigma > 1. \tag{5.9}$$

Man nennt den Wertebereich von s, für den die Definitionsgleichung 5.2 bei einer gegebenen Funktion $f(t)$ ausgewertet werden kann, den **Konvergenzbereich** der Laplace-Transformierten. Diesen Konvergenzbereich kann man in der komplexen s-Ebene markieren, wie dies im rechten Teil von Bild 5.1 geschehen ist.

Natürlich kann man in Gl. 5.9 auch Werte für s einsetzen, die nicht im Konvergenzbereich liegen. Z.B. ist nach Gl. 5.9 $F(0) = -1$. Bei Werten von s außerhalb des Konvergenzbereiches besteht aber nicht mehr der durch Gl. 5.2 angegebene Zusammenhang zwischen $f(t)$ und $F(s)$. Setzt man nämlich in Gl. 5.2 $s = 0$ ein, so wird

$$F(0) = \int_{0-}^{\infty} f(t)\,dt = \int_{0}^{\infty} e^t\,dt.$$

Dieses Integral ist nicht auswertbar (es konvergiert nicht) und wir erhalten daher auch nicht den aus der Gl. 5.9 ermittelten Wert $F(0) = -1$.

Weitere Beispiele

1. Die Laplace-Transformierte der Funktion $f(t) = s(t)e^{at}$ ist zu berechnen, dabei sollen die Fälle $a < 0$, $a = 0$ und $a > 0$ unterschieden werden.

Nach Gl. 5.2 wird

$$F(s) = \int_{0-}^{\infty} f(t)e^{-st}dt = \int_{0}^{\infty} e^{at}e^{-st}dt = \int_{0}^{\infty} e^{-t(s-a)}dt = \frac{-1}{s-a}e^{-t(s-a)}\bigg|_{0}^{\infty}. \qquad (5.10)$$

Zur Festlegung des Wertes an der oberen Grenze setzen wir wieder $s = \sigma + j\omega$:

$$e^{-t(s-a)} = e^{-t(\sigma-a)}e^{-j\omega t}.$$

Wir erkennen, daß $e^{-t(s-a)} = 0$ für $t \to \infty$ wird, wenn $\sigma > a$ ist. Damit wird

$$F(s) = \frac{1}{s-a}, \quad \mathrm{Re}\,s = \sigma > a. \qquad (5.11)$$

Der Sonderfall $a = 1$ liefert natürlich die oben berechnete Laplace-Transformierte (Gl. 5.9) der Funktion $f(t) = s(t)e^{t}$.

Der Konvergenzbereich ist von a, d.h. von der Funktion $f(t) = s(t)e^{at}$ abhängig. Im Bild 5.2 sind $f(t)$ und die Konvergenzbereiche für die drei Fälle $a = -2$, $a = 0$ und $a = 2$ skizziert. Ohne schon jetzt auf den Zusammenhang zur Fourier-Transformation einzugehen, stellen wir fest, daß die Laplace-Transformierte $F(s) = 1/s$ von $s(t)$ einfacher als die entsprechende Fourier-Transformierte $F(j\omega) = 1/(j\omega) + \pi\delta(\omega)$ ist (vgl. Gl. 3.59).

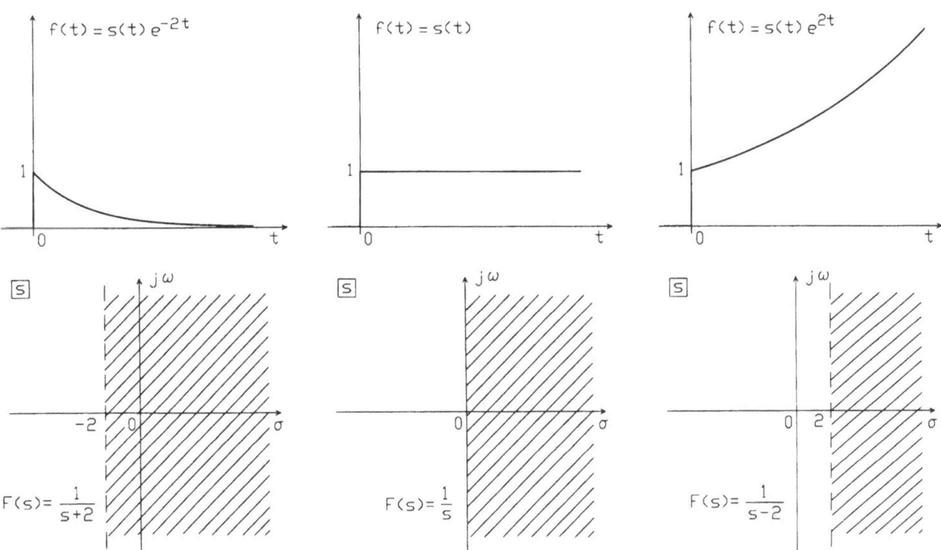

Bild 5.2 $f(t) = s(t)e^{at}$ *und die Konvergenzbereiche der Laplace-Transformierten für* $a = -2$, $a = 0$, $a = 2$

2. Gesucht wird $F(s)$ und der Konvergenzbereich zu der im Bild 5.3 dargestellten Funktion $f(t)$.

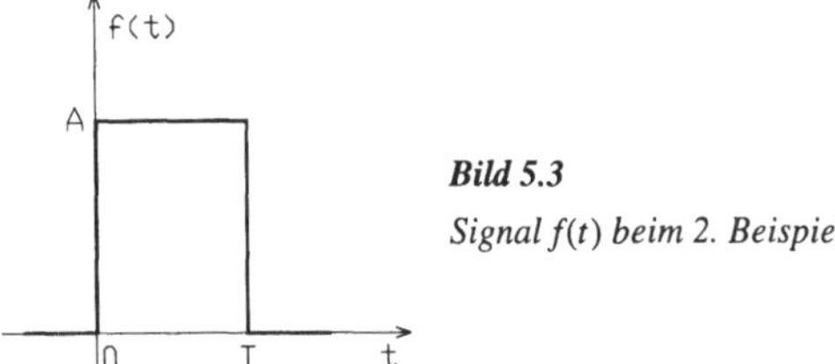

Bild 5.3

Signal f(t) beim 2. Beispiel

Die unmittelbare Anwendung von Gl. 5.2 führt zu

$$F(s) = \int_{0-}^{\infty} f(t)e^{-st}dt = \int_{0}^{T} A e^{-st}dt = \frac{-A}{s}e^{-st}\Big|_{0}^{T} = \frac{A}{s}(1 - e^{-sT}).$$

In diesem Falle treten bei der Berücksichtigung der (endlichen) Integrationsgrenzen keine Schwierigkeiten auf. Sowohl an der unteren Grenze 0, als auch an der oberen Grenze T war eine Auswertung ohne Einschränkung des Wertebereiches von s möglich. Der Konvergenzbereich ist also die ganze komplexe Ebene.

Hinweis:

An der Stelle $s = 0$ wird $F(0) = AT$, zwar ergibt sich zunächst ein Ausdruck "0/0", es liegt aber eine hebbare Singularität vor (Regel von l'Hospital).

5.1.3 Zusammenhang zwischen Fourier- und Laplace-Transformation

Zur Unterscheidung zwischen der Fourier- und der Laplace-Transformation verwenden wir in diesem Abschnitt die Schreibweise $F(s = j\omega)$, wenn in der Laplace-Transformierten s durch $j\omega$ ersetzt wird. Die Bezeichnung $F(j\omega)$ bedeutet die Fourier-Transformierte.

Vergleicht man die Definitionsgleichung für die Fourier-Transformierte $F(j\omega)$ mit der Zusatzbedingung $f(t) = 0$ für $t < 0$ (Gl. 5.1) und die Definitionsgleichung für $F(s)$ nach Gl. 5.2, so stellt man fest, daß formal $F(j\omega) = F(s = j\omega)$ ist. Es wäre aber ein Irrtum anzunehmen, daß man bei der Laplace-Transformierten stets $s = j\omega$ setzen kann und dadurch die Fourier-Transformierte des betreffenden Signales erhält. Um dies zu erklären, betrachten wir die im Bild 5.2 zusammengestellten Ergebnisse.

a) $f(t) = s(t)e^{-2t}$, $F(s) = 1/(s + 2)$, $\sigma > -2$ (Bild 5.2 links)

Der Konvergenzbereich enthält hier die imaginäre Achse. Daher konvergiert das Integral 5.2 auch im Fall $\sigma = 0$ und es gilt

$$F(s = j\omega) = \int_{0-}^{\infty} f(t)e^{-j\omega t}dt = F(j\omega).$$

Im gegebenen Fall erhält man aus Gl. 5.11 mit $s = j\omega$ die Korrespondenz $s(t)e^{-2t}$ O— $1/(j\omega + 2)$. Dieses Ergebnis kann man auch aus der Tabelle der Korrespondenzen für die Fourier-Transformation entnehmen (Anhang C.1).

b) $f(t) = s(t)$, $F(s) = 1/s$, $\sigma > 0$ (Bild 5.2 Mitte)

In diesem Fall ist die imaginäre Achse die Begrenzungslinie des Konvergenzbereiches. D.h. der Fall $s = j\omega$ führt bei der Auswertung von Gl. 5.2 zu Schwierigkeiten, er wurde dort ausgeschlossen. Nach Gl. 3.59 lautet die Fourier-Transformierte $F(j\omega) = 1/(j\omega) + \pi\delta(\omega)$, diese stimmt nicht mit $F(s = j\omega) = 1/(j\omega)$ überein.

c) $f(t) = s(t)e^{2t}$, $F(s) = 1/(s - 2)$, $\sigma > 2$ (Bild 5.2 rechts)

Hier liegt die $j\omega$-Achse nicht im Konvergenzbereich. Das Integral 5.2 läßt sich für $s = j\omega$ nicht auswerten und eine Fourier-Transformierte $F(j\omega)$ zu dem Signal $f(t) = s(t)e^{2t}$ existiert nicht.

Zusammenfassung und Folgerungen

Liegt die $j\omega$-Achse **innerhalb** des Konvergenzbereiches von $F(s)$, so findet man die Fourier-Transformierte $F(j\omega)$, wenn $s = j\omega$ gesetzt wird, also $F(j\omega) = F(s = j\omega)$. Liegt die $j\omega$-Achse **außerhalb** des Konvergenzbereiches, so gibt es zu der Zeitfunktion keine Fourier-Transformierte $F(j\omega)$. Schwieriger sind die Verhältnisse, wenn die $j\omega$-Achse die Grenze des Konvergenzbereiches bildet. In diesem Fall kann, aber es muß nicht $F(j\omega) = F(s = j\omega)$ sein. Beim Beispiel der Sprungfunktion unterscheiden sich $F(j\omega)$ und $F(s = j\omega)$ dadurch, daß bei der Fourier-Transformierten zusätzlich ein Summand $\pi\delta(\omega)$ auftritt. Bei Laplace-Transformierten kommen δ-Anteile nicht vor. Dirac-Funktionen bei $F(j\omega)$ deuten stets auf Konvergenzprobleme hin, diese Konvergenzprobleme werden bei der Laplace-Transformation durch die Festlegung eines geeigneten Konvergenzbereiches umgangen.

Es bleibt noch die Klärung der Frage, wie man umgekehrt bei gegebener Fourier-Transformierten $F(j\omega)$ die Laplace-Transformierte $F(s)$ findet. Dazu ist zunächst zu prüfen, ob das zu $F(j\omega)$ gehörende Signal $f(t)$ die Eigenschaft $f(t) = 0$ für $t < 0$ aufweist. Ist dies der Fall und enthält $F(j\omega)$ keine Dirac-Anteile, so findet man $F(s)$ aus $F(j\omega)$, wenn $j\omega$ durch s ersetzt wird.

Beispiele

1. Gegeben sei die Korrespondenz $s(t)e^{-t}$ O— $1/(1 + j\omega) = F(j\omega)$. Mit $j\omega = s$ erhalten wir die Laplace-Transformierte $F(s) = 1/(1 + s)$.

2. Gegeben sei $F(j\omega) = 2/(j\omega)$. Nach Gl. 3.51 lautet die zugehörige Zeitfunktion $f(t) = \operatorname{sgn} t$. Zu dieser Funktion gibt es keine Laplace-Transformierte, denn die Bedingung $f(t) = 0$ für $t < 0$ ist nicht erfüllt. Hätten wir gedankenlos $j\omega$ durch s ersetzt, so hätte $F(s) = 2/s$ gelautet und das zugehörende Zeitsignal $f(t) = 2s(t)$.

5.2 Zusammenstellung von Eigenschaften der Laplace-Transformation

Die in diesem Abschnitt besprochenen Eigenschaften werden ohne Beweis angegeben. Teilweise ist die Beweisführung die gleiche wie bei den entsprechenden Eigenschaften der Fourier-Transformation (Abschnitt 3.3). Der Leser kann diesen Abschnitt bei der ersten Durcharbeitung überspringen.

Zur Frage nach der Existenz von Laplace-Transformierten soll folgender kurzer Hinweis genügen. Eine Funktion mit der Eigenschaft $f(t) = 0$ für $t < 0$ besitzt eine Laplace-Transformierte, wenn eine Konstante σ so gewählt werden kann, daß

$$\int_0^\infty |f(t)| \, e^{-\sigma t} dt < \infty \tag{5.12}$$

ist. Dies bedeutet, daß auch Funktionen, die für $t \to \infty$ exponentiell ansteigen (Form e^{kt} für $t \to \infty$) Laplace-Transformierte besitzen.

Im folgenden gelten stets die Korrespondenzen:

$$f(t) \;O\!\!-\!\!\!-\; F(s), \quad f_1(t) \;O\!\!-\!\!\!-\; F_1(s), \quad f_2(t) \;O\!\!-\!\!\!-\; F_2(s),$$

Der Konvergenzbereich von $F(s)$ soll bei $\mathrm{Re}\,s > \sigma$, der von $F_1(s)$ bei $\mathrm{Re}\,s > \sigma_1$ und der von $F_2(s)$ bei $\mathrm{Re}\,s > \sigma_2$ liegen.

Linearität (vgl. Gl. 3.29):

$$k_1 f_1(t) + k_2 f_2(t) \;O\!\!-\!\!\!-\; k_1 F_1(s) + k_2 F_2(s), \quad \mathrm{Re}\,s > \max(\sigma_1, \sigma_2). \tag{5.13}$$

Zeitverschiebungssatz (vgl. Gl. 3.31):

$$f(t - t_0) \;O\!\!-\!\!\!-\; F(s)e^{-st_0} \text{ mit } t_0 > 0, \quad \mathrm{Re}\,s > \sigma. \tag{5.14}$$

Im Gegensatz zur Fourier-Transformation muß man darauf achten, daß die Funktion $\tilde{f}(t) = f(t - t_0)$ kausal ist, d.h. $\tilde{f}(t) = 0$ für $t < 0$. Im Falle $t_0 > 0$ ist dies gewährleistet.

Differentiation im Zeitbereich (vgl. Gl. 3.33):

$$f^{(n)}(t) \;O\!\!-\!\!\!-\; s^n F(s), \quad \mathrm{Re}\,s > \sigma. \tag{5.15}$$

Differentiation im Frequenzbereich (vgl. Gl. 3.34):

$$F^{(n)}(s) \;-\!\!\!-\!O\; (-1)^n t^n f(t), \quad \mathrm{Re}\,s > \sigma. \tag{5.16}$$

Faltung im Zeitbereich (vgl. Gl. 3.36):

$$f_1(t) * f_2(t) \;O\!\!-\!\!\!-\; F_1(s) \cdot F_2(s), \quad \mathrm{Re}\,s > \max(\sigma_1, \sigma_2). \tag{5.17}$$

Anfangswert-Theorem:

$$f(0+) = \lim_{s \to \infty} \{sF(s)\}. \tag{5.18}$$

Der (als existent vorausgesetzte) Wert $f(0+)$ ist ohne Rücktransformation bestimmbar (Beweis siehe z.B. [22]).

Endwert-Theorem:

$$f(\infty) = \lim_{s \to 0} \{sF(s)\}. \tag{5.19}$$

Der (als existent vorausgesetzte) Wert $f(\infty)$ kann ohne Rücktransformation ermittelt werden (Beweis siehe z.B. [22]).

5.3 Rationale Laplace-Transformierte

Rationale Laplace-Transformierte sind in der Praxis besonders wichtig. Viele Standardsignale haben rationale Laplace-Transformierte. Lineare Systeme, die aus endlich vielen konzentrierten Bauelementen aufgebaut sind, besitzen rationale Übertragungsfunktionen. Als Darstellungsmittel für rationale Laplace-Transformierte ist das Pol-Nullstellenschema von Bedeutung. Pol-Nullstellenschemata geben Auskunft über Stabilitätsfragen und sind für Entwurfsmethoden in der Netzwerktheorie und Regelungstechnik von grundlegender Bedeutung.

5.3.1 Das Pol-Nullstellenschema

In diesem Abschnitt werden rationale Laplace-Transformierte

$$F(s) = \frac{P_1(s)}{P_2(s)} = \frac{a_0 + a_1 s + \ldots + a_m s^m}{b_0 + b_1 s + \ldots + b_n s^n} \tag{5.20}$$

mit reellen Koeffizienten a_μ, b_ν ($\mu = 0 \ldots m$, $\nu = 0 \ldots n$) behandelt. Das Zählerpolynom $P_1(s)$ hat m Nullstellen $s_{01}, s_{02}, \ldots, s_{0m}$. Die n Nullstellen des Nennerpolynoms $P_2(s)$ werden mit $s_{\infty 1}, s_{\infty 2}, \ldots, s_{\infty n}$ bezeichnet, da $F(s)$ an diesen Stellen Pole besitzt, d.h. unendlich groß wird.

Sind Null- und Polstellen bekannt, so kann $F(s)$ auch in der Form

$$F(s) = \frac{a_m}{b_n} \frac{(s - s_{01})(s - s_{02}) \ldots (s - s_{0m})}{(s - s_{\infty 1})(s - s_{\infty 2}) \ldots (s - s_{\infty n})} \tag{5.21}$$

dargestellt werden. Multipliziert man beispielsweise den Zähler von Gl. 5.21 aus, so lautet der Summand mit der höchsten Potenz $a_m s^m$. Ein Vergleich mit Gl. 5.20 zeigt, daß $a_m(-s_{01})(-s_{02})\ldots(-s_{0m}) = a_0$ ist (Vieta'sche Wurzelsätze!).

Markiert man die Nullstellen in der komplexen s-Ebene durch Kreise, die Polstellen durch Kreuze, so erhält man das **Pol-Nullstellenschema** (PN-Schema) von $F(s)$. Das PN-Schema beschreibt die zugehörige rationale Funktion bis auf einen konstanten Faktor.

Falls es sich um rationale Funktionen mit reellen Koeffizienten a_μ, b_ν handelt, treten Pol- und Nullstellen entweder auf der reellen Achse oder als konjugiert komplexe Paare auf.

Die Richtigkeit dieser Aussagen wollen wir am Beispiel des PN-Schemas nach Bild 5.4 zeigen. In diesem PN-Schema sind die drei Nullstellen $s_{01} = 3$, $s_{02} = -1 + j$, $s_{03} = s_{02}{}^* = -1 - j$ und die drei Polstellen $s_{\infty 1} = -2$, $s_{\infty 2} = 2 + j$, $s_{\infty 3} = s_{\infty 2}{}^* = 2 - j$ eingetragen.

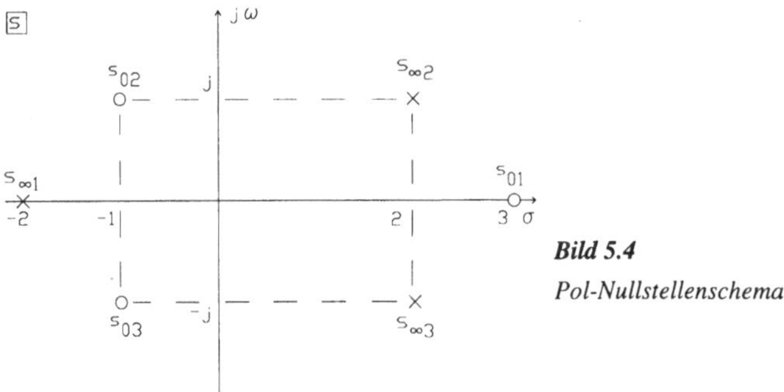

Bild 5.4

Pol-Nullstellenschema

Nach Gl. 5.21 wird (mit $K = a_m/b_n$):

$$F(s) = K\frac{(s-3)(s+1-j)(s+1+j)}{(s+2)(s-2-j)(s-2+j)}.$$
(5.22)

Über die Größe der (reellen) Konstanten K gibt das PN-Schema keine Auskunft.

Multipliziert man Zähler und Nenner von Gl. 5.22 aus, so wird

$$F(s) = K\frac{(s-3)(s^2+2s+2)}{(s+2)(s^2-4s+5)} = K\frac{-6-4s-s^2+s^3}{10-3s-2s^2+s^3}.$$

Wir erkennen, daß sich die Produkte mit den konjugiert komplexen Pol- bzw. Nullstellen zu Polynomen 2. Grades mit reellen Koeffizienten ausmultiplizieren lassen, so daß insgesamt Polynome mit reellen Koeffizienten entstehen.

Hinweis zum allgemeinen Beweis:

Bei $a = \alpha + j\beta$ und $a* = \alpha - j\beta$ soll ein konjugiert komplexes Pol-oder Nullstellenpaar liegen. Dann tritt das Produkt $(s - a)(s - a*)$ auf, das ausmultipliziert ein Polynom mit reellen Koeffizienten ergibt:

$$(s - a)(s - a*) = s^2 - s(a + a*) + aa* = s^2 - 2\alpha s + (\alpha^2 + \beta^2).$$

Aus dem PN-Schema kann man auch erkennen, wo der Konvergenzbereich der betreffenden Laplace-Transformierten liegt. Er ist (nach links) durch die am weitesten rechts liegende Polstelle begrenzt. Diese Aussage wird hier nicht bewiesen, sie bestätigt sich aus den Ergebnissen der Rücktransformation (Abschnitte 5.3.2, 5.3.3).

5.3.2 Die Rücktransformation bei einfachen Polstellen

$F(s)$ sei eine echt gebrochen rationale Funktion. Dies bedeutet, daß der Grad m des Zählerpolynoms $P_1(s)$ kleiner als der des Nennerpolynoms $P_2(s)$ ist. Ist diese Bedingung nicht erfüllt, so wird vorher von $F(s)$ ein Polynom vom Grade $m - n$ abgespaltet. Weiterhin wird vorausgesetzt, daß die n Polstellen einfach sind, also das Nennerpolynom n verschiedene Nullstellen $s_{\infty 1}, s_{\infty 2}, \ldots, s_{\infty n}$ hat. In diesem Fall kann $F(s)$ wie folgt in Partialbrüche zerlegt werden (vgl. z.B. [1]):

$$F(s) = \frac{a_0 + a_1 s + \ldots + a_m s^m}{b_n (s - s_{\infty 1})(s - s_{\infty 2}) \ldots (s - s_{\infty n})} = \frac{A_1}{s - s_{\infty 1}} + \frac{A_2}{s - s_{\infty 2}} + \ldots + \frac{A_n}{s - s_{\infty n}}. \tag{5.23}$$

Zur Ermittlung von z.B. A_1 multipliziert man Gl. 5.23 mit dem unter A_1 stehenden Ausdruck $(s - s_{\infty 1})$ und erhält

$$F(s)(s - s_{\infty 1}) = \frac{a_0 + a_1 s + \ldots + a_m s^m}{b_n (s - s_{\infty 2}) \ldots (s - s_{\infty n})} = A_1 + (s - s_{\infty 1}) \left[\frac{A_2}{s - s_{\infty 2}} + \ldots + \frac{A_n}{s - s_{\infty n}} \right].$$

Setzt man in diesem Ausdruck $s - s_{\infty 1}$, so steht rechts die gesuchte Größe alleine und wir erhalten

$$A_1 = \frac{a_0 + a_1 s_{\infty 1} + \ldots + a_m s_{\infty 1}^m}{b_n (s_{\infty 1} - s_{\infty 2})(s_{\infty 1} - s_{\infty 3}) \ldots (s_{\infty 1} - s_{\infty n})} = \{F(s)(s - s_{\infty 1})\}_{s = s_{\infty 1}}. \tag{5.24}$$

Der rechte Ausdruck in Gl. 5.24 ist so zu verstehen, daß die Funktion $F(s)$ zunächst mit $(s - s_{\infty 1})$ multipliziert wird. Dieser Faktor kürzt sich dabei gegen den gleichen im Nenner auftretenden Ausdruck, anschließend wird $s = s_{\infty 1}$ gesetzt.

Entsprechend Gl. 5.24 erhält man ganz allgemein

$$A_\nu = \{F(s)(s - s_{\infty\nu})\}_{s = s_{\infty\nu}}, \quad \nu = 1...n.$$ (5.25)

Nach der Berechnung der A_ν kann die Rücktransformation erfolgen. Wir verwenden die Korrespondenz (siehe Tabelle im Anhang C.2 oder Berechnung nach Gl. 5.2)

$$s(t)e^{s_\infty t} \;O\!\!-\!\!-\!\!\frac{1}{s - s_\infty}, \quad \mathrm{Re}\,s > \mathrm{Re}\,s_\infty$$ (5.26)

und erhalten

$$f(t) = s(t)A_1 e^{s_{\infty 1} t} + s(t)A_2 e^{s_{\infty 2} t} + ... + s(t)A_n e^{s_{\infty n} t}.$$ (5.27)

Am Ende des Abschnittes 5.3.1 wurde ausgeführt, daß der Konvergenzbereich einer Laplace-Transformierten durch den Pol mit dem größten Realteil festgelegt ist. Diese Aussage wird im Falle einfacher Pole durch die Korrespondenz 5.26 (und bei mehrfachen Polen durch die Korrespondenz 5.32) bestätigt. Weiterhin folgt aus der Korrespondenz 5.26 (und der Korrespondenz 5.32 bei mehrfachen Polen), daß ein negativer Realteil einer Polstelle zu einer "abnehmenden" Funktion führt: $s(t)e^{s_\infty t} = s(t)e^{\sigma_\infty t}e^{j\omega_\infty t} \to 0$ für $t \to \infty$ bei $\mathrm{Re}\,s_\infty = \sigma_\infty < 0$. Eine Polstelle in der rechten s –Halbebene ($\mathrm{Re}\,s_\infty = \sigma_\infty > 0$) führt hingegen zu einer "ansteigenden" Funktion $|f(t)| \to \infty$ für $t \to \infty$. Diese Aussagen bestätigen sich bei den folgenden Beispielen.

Beispiele

Gegeben sind die PN-Schemata und es sollen jeweils folgende Fragen beantwortet werden:

a) Wo liegt der Konvergenzbereich von $F(s)$?

b) Wie lautet $F(s)$, wenn der frei wählbare Faktor den Wert 1 hat?

c) Wie lautet ggf. die Fourier-Transformierte $F(j\omega)$?

d) $F(s)$ ist in Partialbrüche zu entwickeln und $f(t)$ zu ermitteln.

1. PN-Schema nach Bild 5.5

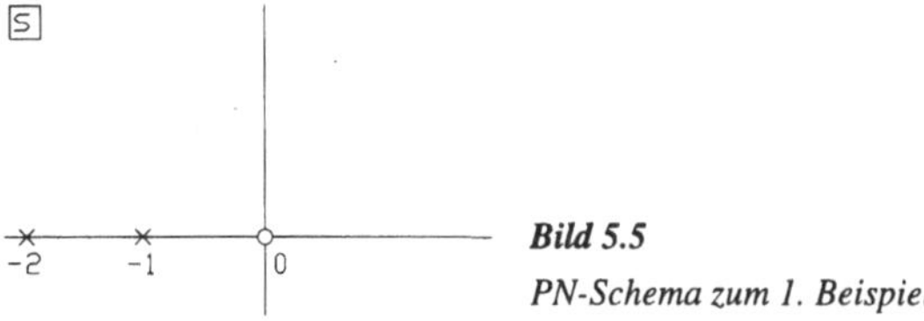

Bild 5.5
PN-Schema zum 1. Beispiel

a) Konvergenzbereich: $\mathrm{Re}\,s > -1$, Begrenzung durch den Pol mit dem größten Realteil.

b)
$$F(s) = K\frac{s}{(s+1)(s+2)} = \frac{s}{(s+1)(s+2)}, \quad K = 1.$$

c)
$$F(j\omega) = \frac{j\omega}{(j\omega+1)(j\omega+2)},$$

denn die $j\omega$–Achse liegt im Konvergenzbereich (siehe Abschnitt 5.1.3).

d)
$$F(s) = \frac{s}{(s+1)(s+2)} = \frac{A_1}{s+1} + \frac{A_2}{s+2} = \frac{-1}{s+1} + \frac{2}{s+2}.$$

$$\left\{ A_1 = \{F(s)(s+1)\}_{s=-1} = \left.\frac{s}{s+2}\right|_{s=-1} = -1, \quad A_2 = \{F(s)(s+2)\}_{s=-2} = \left.\frac{s}{s+1}\right|_{s=-2} = 2 \quad \text{(siehe Gl. 5.25)} \right\}$$

$$f(t) = -s(t)e^{-t} + 2s(t)e^{-2t} \quad \text{(Anwendung von Gl. 5.27)}.$$

2. PN-Schema nach Bild 5.6

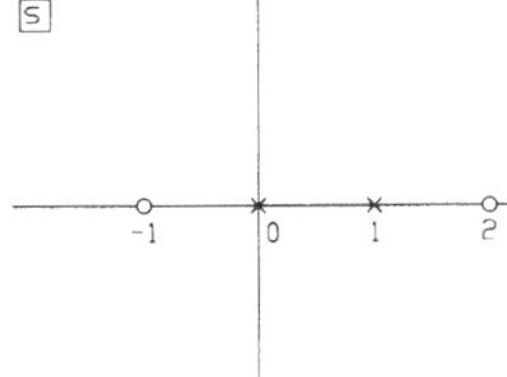

Bild 5.6

PN-Schema zum 2. Beispiel

a) Konvergenzbereich: $\mathrm{Re}\,s > 1$, Begrenzung durch den Pol mit dem größten Realteil.

b)
$$F(s) = K\frac{(s+1)(s-2)}{s(s-1)} = \frac{(s+1)(s-2)}{s(s-1)}, \quad K = 1.$$

c) Eine Fourier-Transformierte $F(j\omega)$ existiert nicht, da die imaginäre Achse nicht im Konvergenzbereich liegt (siehe Abschnitt 5.1.3).

d) $F(s)$ ist keine echt gebrochen rationale Funktion. Vor einer Partialbruchentwicklung muß daher (durch Polynomdivision) eine Konstante abgespalten werden. Wir erhalten

$$F(s) = 1 + \tilde{F}(s) = 1 + \frac{-2}{s(s-1)} = 1 + \frac{A_1}{s} + \frac{A_2}{s-1} = 1 + \frac{2}{s} - \frac{2}{s-1}.$$

$$\left\{ A_1 = \{\tilde{F}(s)s\}_{s=0} = \left.\frac{-2}{s-1}\right|_{s=0} = 2, \quad A_2 = \{\tilde{F}(s)(s-1)\}_{s=1} = \left.\frac{-2}{s}\right|_{s=1} = -2 \quad \text{(siehe Gl. 5.25)} \right\}$$

$$f(t) = \delta(t) + 2s(t) - 2s(t)e^{t} \quad \text{(siehe Korrespondenzentabelle C.2)}.$$

3. PN-Schema nach Bild 5.7

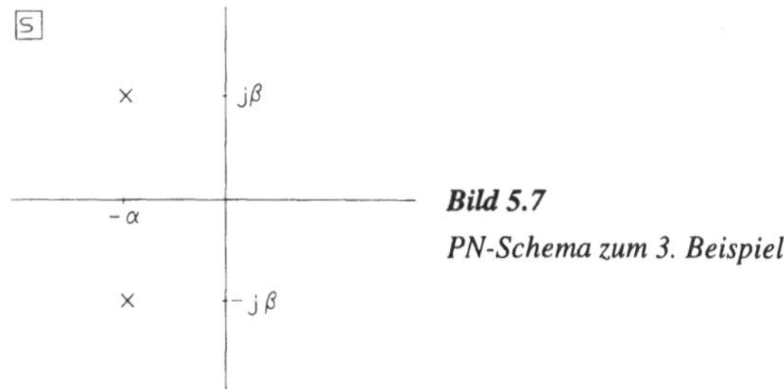

Bild 5.7

PN-Schema zum 3. Beispiel

a) Konvergenzbereich: $\mathrm{Re}\, s > -\alpha$, siehe Gl. 5.26.

b) $F(s) = K \dfrac{1}{(s+\alpha-j\beta)(s+\alpha+j\beta)} = \dfrac{1}{(s+\alpha-j\beta)(s+\alpha+j\beta)} = \dfrac{1}{\alpha^2+\beta^2+2\alpha s + s^2}$, $K = 1$.

c) Im Fall $\alpha > 0$ liegt die $j\omega$ –Achse im Konvergergenzbereich, dann gilt

$$F(j\omega) = \frac{1}{\alpha^2+\beta^2+2\alpha j\omega + (j\omega)^2}, \quad \alpha > 0.$$

Falls $\alpha < 0$ ist, liegen die Pole in der rechten s –Halbebene, dann existiert keine Fourier-Transformierte $F(j\omega)$ (siehe Abschnitt 5.1.3).

d)
$$F(s) = \frac{1}{[s+(\alpha-j\beta)]\,[s+(\alpha+j\beta)]} = \frac{A_1}{s+(\alpha-j\beta)} + \frac{A_2}{s+(\alpha+j\beta)}$$

$$= \frac{1}{2j\beta}\frac{1}{s+(\alpha-j\beta)} - \frac{1}{2j\beta}\frac{1}{s+(\alpha+j\beta)}.$$

$$\left\{ A_1 = \{F(s)\,[s+(\alpha-j\beta)]\}_{s=-(\alpha-j\beta)} = \frac{1}{2j\beta}, \quad A_2 = \{F(s)\,[s+(\alpha+j\beta)]\}_{s=-(\alpha+j\beta)} = -\frac{1}{2j\beta} \right\}$$

$$f(t) = s(t)\frac{1}{2j\beta}e^{-(\alpha-j\beta)t} - s(t)\frac{1}{2j\beta}e^{-(\alpha+j\beta)t} \quad \text{(Anwendung der Gl. 5.27)}.$$

Die beiden komplexen Summanden von $f(t)$ lassen sich zu einem reellen Ausdruck zusammenfassen:

$$f(t) = s(t)\frac{1}{2j\beta}e^{-\alpha t}(e^{j\beta t} - e^{-j\beta t}) = s(t)\frac{1}{\beta}e^{-\alpha t}\sin(\beta t).$$

Mit dieser Rechnung wurde die folgende Korrespondenz bewiesen

$$s(t)e^{-\alpha t}\sin(\beta t)\; \text{O}\!\!-\!\!\frac{\beta}{\alpha^2+\beta^2+2\alpha s + s^2}. \tag{5.28}$$

Im Bild 5.8 ist die ermittelte Funktion $f(t)$ für die drei Fälle $\alpha > 0$ (Pole in der linken s -Halbebene), $\alpha = 0$ (Pole auf der imaginären Achse) und $\alpha < 0$ (Pole in rechter s -Halbebene) skizziert.

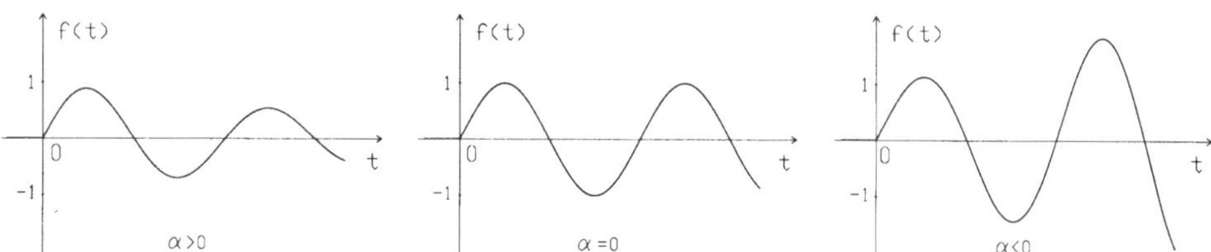

Bild 5.8 *Zeitfunktionen zu der Laplace-Transformierten mit dem PN-Schema nach Bild 5.7 (Gl. 5.28)*

Die behandelten Beispiele bestätigen die oben erwähnte Aussage:

Hat $F(s)$ Polstellen in der rechten s -Halbebene, so ist $f(t)$ eine "ansteigende" Funktion. Es gilt $|f(t)| \to \infty$ für $t \to \infty$ (Beispiel 2 und Beispiel 3 im Fall $\alpha < 0$). Liegen hingegen alle Polstellen in der linken s -Halbebene, so ist $f(t)$ "abnehmend", es gilt dann $f(t) \to 0$ für $t \to \infty$ (Beispiel 1 und Beispiel 3 im Fall $\alpha > 0$). Diese Aussagen ergeben sich formal natürlich auch aus der Rücktransformationsbeziehung 5.26 (bzw. Gl. 5.32 bei mehrfachen Polstellen). Im Abschnitt 5.4.1 werden wir diese Erkenntnisse zur Erklärung einer wichtigen Stabilitätsbedingung für lineare System verwenden.

5.3.3 Die Rücktransformation bei mehrfachen Polen

Zur Erklärung genügt es eine echt gebrochen rationale Funktion zu betrachten, die (neben möglicherweise weiteren Polstellen) eine k-fache Polstelle bei $s = s_\infty$ aufweist. Dann gilt

$$F(s) = \frac{P_1(s)}{(s - s_\infty)^k \tilde{P}_2(s)}. \tag{5.29}$$

Das Polynom $\tilde{P}_2(s)$ hat die möglicherweise weiteren Nullstellen des Nennerpoynoms von $F(s)$. Die Partialbruchentwicklung von $F(s)$ führt auf die Form

$$F(s) = \frac{A_1}{s - s_\infty} + \frac{A_2}{(s - s_\infty)^2} + \dots + \frac{A_k}{(s - s_\infty)^k} + \tilde{F}(s). \tag{5.30}$$

$\tilde{F}(s)$ enthält die restlichen zu den anderen Polen gehörenden Partialbrüche.

Die Koeffizienten in Gl. 5.30 berechnen sich nach folgender Beziehung:

$$A_\mu = \frac{1}{(k-\mu)!} \frac{d^{k-\mu}}{ds^{k-\mu}} \{F(s)(s-s_\infty)^k\}_{s=s_\infty}, \quad \mu = 1\ldots k. \tag{5.31}$$

Ein Beweis für diese Gleichung wird nicht angegeben (siehe z.B. vgl. [1]). Im Falle einer einfachen Polstelle ($k = 1$) erhält man aus Gl. 5.31 die vorne abgeleitete Beziehung 5.25.

Zur Rücktransformation benötigt man die Korrespondenz (siehe Tabelle im Anhang C.2)

$$s(t)\frac{t^n}{n!}e^{s_\infty t} \;\; \circ\!\!-\!\!-\!\!-\;\; \frac{1}{(s-s_\infty)^{n+1}}, \quad n = 0,1,2,\ldots, \; \mathrm{Re}\, s > \mathrm{Re}\, s_\infty. \tag{5.32}$$

Dann wird mit $F(s)$ entsprechend Gl. 5.30

$$f(t) = A_1 s(t) e^{s_\infty t} + A_2 s(t) t e^{s_\infty t} + \ldots + A_k s(t) \frac{t^{k-1}}{(k-1)!} e^{s_\infty t} + \tilde{f}(t). \tag{5.33}$$

$\tilde{f}(t)$ ist die zu $\tilde{F}(s)$ gehörende Zeitfunktion. Solange $\tilde{F}(s)$ nur einfache Pole hat, erfolgt die Rücktransformation nach der im Abschnitt 5.3.2 besprochenen Methode. Enthält $\tilde{F}(s)$ mehrfache Pole, so erfolgt nochmals eine Behandlung entsprechend Gl. 5.29.

Beispiel

Wir betrachten die Laplace-Transformierte

$$F(s) = \frac{s}{(s+1)^2(s+2)},$$

die bei $s = -1$ eine doppelte Polstelle und bei $s = -2$ eine einfache Polstelle aufweist. Das PN-Schema ist im Bild 5.9 skizziert.

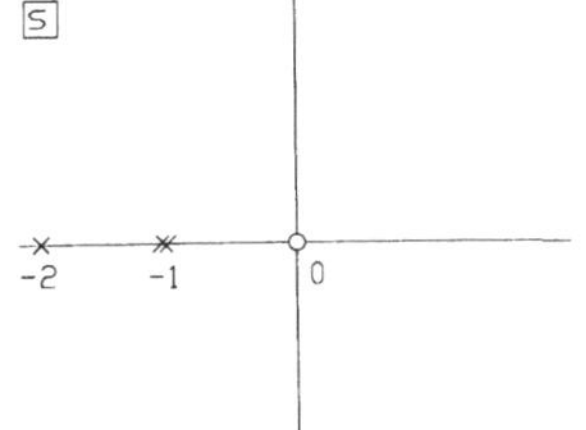

Bild 5.9

Pol-Nullstellenschema

Entsprechend Gl. 5.30 machen wir den Ansatz

$$F(s) = \frac{s}{(s+1)^2(s+2)} = \frac{A_1}{s+1} + \frac{A_2}{(s+1)^2} + \frac{A_3}{s+2}.$$

A_1 und A_2 werden nach Gl. 5.31 berechnet:

$$A_1 = \frac{d}{ds}\{F(s)(s+1)^2\}_{s=-1} = \frac{d}{ds}\left\{\frac{s}{s+2}\right\}_{s=-1} = \left\{\frac{2}{(s+2)^2}\right\}_{s=-1} = 2, \quad k = 2, \mu = 1,$$

$$A_2 = \{F(s)(s+1)^2\}_{s=-1} = \left\{\frac{s}{s+2}\right\}_{s=-1} = -1, \quad k = 2, \mu = 2.$$

A_3 wird nach Gl. 5.25 berechnet:

$$A_3 = \{F(s)(s+2)\}_{s=-2} = \left\{\frac{s}{(s+1)^2}\right\}_{s=-2} = -2.$$

Damit wird

$$F(s) = \frac{2}{s+1} - \frac{1}{(s+1)^2} - \frac{2}{s+2}$$

und nach den Gln. 5.26, 5.32

$$f(t) = 2s(t)e^{-t} - s(t)te^{-t} - 2s(t)e^{-2t}.$$

Der Konvergenzbereich von $F(s)$ liegt im vorliegenden Fall im Bereich $\operatorname{Re} s > -1$, also rechts von der doppelten Polstelle. Die imaginäre Achse liegt im Konvergenzbereich und damit besitzt $f(t)$ auch eine Fourier-Transformierte, nämlich $F(j\omega) = F(s = j\omega)$. Aus der Tatsache, daß die Pole von $F(s)$ alle in der linken s-Halbebene liegen (und natürlich auch aus dem Ausdruck für $f(t)$) folgt $f(t) \to 0$ für $t \to \infty$.

5.4 Berechnung von Systemreaktionen mit der Laplace-Transformation

5.4.1 Voraussetzungen und die Methode

Die Impulsantwort eines kausalen Systems hat die Eigenschaft $g(t) = 0$ für $t < 0$. Daher kann man bei kausalen Systemen die Laplace-Transformierte

$$G(s) = \int_{0-}^{\infty} g(t)e^{-st}dt \tag{5.34}$$

der Impulsantwort berechnen. Für $G(s)$ verwendet man ebenfalls die Bezeichnung Übertragungsfunktion, obwohl dieser Begriff eigentlich als Namen für die Fourier-Transformierte $G(j\omega)$ der Impulsantwort vergeben ist.

Wir befassen uns hier ausschließlich mit rationalen Übertragungsfunktionen $G(s)$. Man kann zeigen, daß Systeme, die aus endlich vielen konzentrierten (zeitunabhängigen) Bauelementen aufgebaut sind, rationale Laplace-Transformierte besitzen. Auch aktive Bauelemente sind zugelassen, solange sie in einem linearen Aussteuerungsbereich betrieben werden.

Ohne Beweis machen wir folgende Aussage:

$$G(s) = \frac{a_0 + a_1 s + a_2 s^2 + \ldots + a_m s^m}{b_0 + b_1 s + b_2 s^2 + \ldots + b_n s^n} \tag{5.35}$$

ist genau dann die Übertragungsfunktion eines linearen, kausalen und stabilen Systems, wenn

a) der Zählergrad m den Nennergrad n nicht übersteigt, $m \leq n$,

b) alle Polstellen von G(s) negative Realteile haben, also in der linken s-Halbebene liegen.

Hinweis:

Das Nennerpolynom $P_2(s) = b_0 + b_1 s + \ldots + b_n s^n$ von $G(s)$ hat demnach bei stabilen Systemen nur Nullstellen mit negativen Realteilen. Polynome mit solchen Eigenschaften werden häufig als Hurwitzpolynome bezeichnet. Eine notwendige Bedingung für ein Hurwitzpolynom ist übrigens, daß alle Polynomkoeffizienten vorhanden und entweder alle positiv oder negativ sein müssen.

Die Richtigkeit der Bedingung b ist leicht einzusehen. Im Abschnitt 5.3.2 wurde festgestellt, daß Pole in der rechten s-Halbebene zu "ansteigenden" Zeitfunktionen führen ($|f(t)| \to \infty$ für $t \to \infty$). Wenn $G(s)$ Pole mit $\operatorname{Re} s > 0$ hätte, so würde demnach $|g(t)| \to \infty$ für $t \to \infty$ gelten und damit würde die im Abschnitt 2.3.4 (Gl. 2.42) angegebene Stabilitätsbedingung

$$\int_0^\infty |g(t)|\, dt < K < \infty$$

verletzt. Da bei stabilen Systemen alle Pole links der $j\omega$-Achse liegen, gehört die imaginäre Achse voll zum Konvergenzbereich. Dies bedeutet, daß bei stabilen Systemen stets die Fourier-Transformierte $G(j\omega)$ der Impulsantwort, also die Übertragungsfunktion existiert. Die Laplace-Transformierte $G(s)$ kann also auch so bestimmt werden, daß z.B. mit der komplexen Rechnung $G(j\omega)$ ermittelt und dort $j\omega$ durch s ersetzt wird.

Im Abschnitt 3.5 wurde die wichtige Beziehung

$$Y(j\omega) = G(j\omega)X(j\omega) \tag{5.36}$$

abgeleitet, die die Fourier-Transformierten der Ein- und Ausgangssignale $x(t)$ und $y(t)$ bei linearen Systemen verknüpft. Läßt man nur kausale Systeme zu und fordert außerdem, daß die Eingangssignale $x(t) = 0$ für $t < 0$ sind (kausale Eingangssignale), so folgt daraus $y(t) = 0$ für $t < 0$. In diesem Fall kann die im Abschnitt 3.5 durchgeführte Ableitung der Gl. 5.36 sinngemäß auch mit der Laplace-Transformation erfolgen und wir erhalten

$$Y(s) = G(s)X(s). \tag{5.37}$$

Im Bild 5.10 ist der durch die Gl. 5.37 beschriebene Zusammenhang nochmals dargestellt.

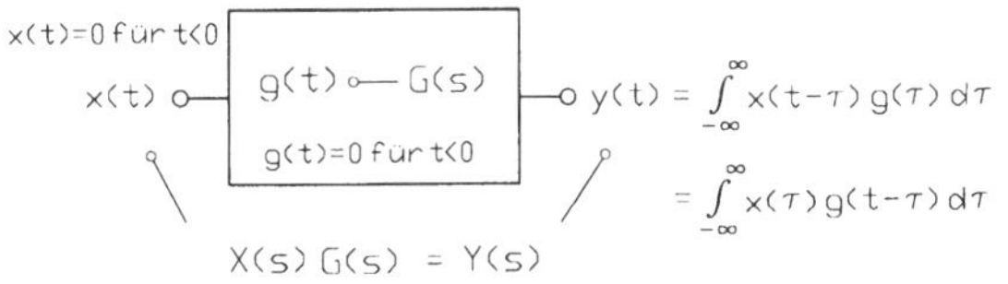

Bild 5.10

Berechnung von Systemreaktionen mit der Laplace-Transformation

Die Anwendung von Gl. 5.37 ist oft einfacher als die von Gl 5.36, besonders auch deshalb, weil bei Laplace-Transformierten keine Dirac-Anteile auftreten. Bei nichtkausalen Systemen oder bei nichtkausalen Eingangssignalen ist Gl. 5.37 nicht anwendbar, hier kann $y(t)$ ggf. mit Hilfe von Gl. 5.36 berechnet werden. Liegen Eingangssignale vor, die keine Fourier-Transformierte besitzen, so ist Gl. 5.36 nicht anwendbar. Es gibt auch Fälle, bei denen beide Beziehungen nicht verwendet werden können. Beispiel: Berechnung der Reaktion eines idealen Tiefpasses auf das Eingangssignal $x(t) = s(t)e^{t}$, weil hier $G(s)$ und $X(j\omega)$ nicht existieren. In solchen Fällen kann die Berechnung von $y(t)$ mit dem Faltungsintegral erfolgen.

5.4.2 Beispiele

1. Für ein System mit der Übertragungsfunktion

$$G(s) = \frac{1 - 2s}{0,25 + s + s^2}$$

ist die Sprungantwort $h(t)$ zu ermitteln, also die Reaktion auf $x(t) = s(t)$.

Berechnung der Polstellen von $G(s)$:

$P_2(s) = 0,25 + s + s^2 = 0$, daraus folgt $s_{\infty 1,2} = -1/2$, bei $-1/2$ liegt eine doppelte Polstelle vor, d.h.

$$G(s) = \frac{1 - 2s}{(s + 1/2)^2}.$$

Mit $x(t) = s(t)\ \text{O--}\ 1/s = X(s)$ folgt

$$Y(s) = G(s)X(s) = \frac{1-2s}{(s+0,5)^2 s} = \frac{A_1}{s+0,5} + \frac{A_2}{(s+0,5)^2} + \frac{A_3}{s}.$$

Nach den in den Abschnitten 5.3.2, 5.3.3 behandelten Verfahren wird $A_1 = -4$, $A_2 = -4$, $A_3 = 4$,

also

$$Y(s) = \frac{-4}{s+0,5} + \frac{-4}{(s+0,5)^2} + \frac{4}{s}, \quad y(t) = h(t) = 4s(t)(1 - e^{-0,5t} - te^{-0,5t}).$$

Aus diesem Ergebnis findet man $h(0+) = 0$ und $h(\infty) = 4$. Diese Werte erhält man auch mit dem

Anfangs- und Endwerttheorem (Gln. 5.18, 5.19):

$$y(0+) = h(0+) = \lim_{s \to \infty}\{sY(s)\} = \lim_{s \to \infty}\left\{\frac{1-2s}{(s+0,5)^2}\right\} = 0,$$

$$y(\infty) = h(\infty) = \lim_{s \to 0}\{sY(s)\} = \lim_{s \to 0}\left\{\frac{1-2s}{(s+0,5)^2}\right\} = 4.$$

2. Die Impuls- und Sprungantwort der im Bild 3.18 skizzierten Schaltung soll berechnet werden.

Die Übertragungsfunktion dieses Netzwerkes wurde bereits im Abschnitt 3.5.3 (Beispiel 2)
berechnet. Setzt man in dem dort gefundenen Ergebnis $j\omega = s$, so wird

$$G(s) = \frac{sR/L}{(s+0,382\,R/L)(s+2,618\,R/L)}.$$

Partialbruchentwicklung und Rücktransformation:

$$G(s) = \frac{-0,171\,R/L}{s+0,382\,R/L} + \frac{1,171\,R/L}{s+2,618\,R/L},$$

$$g(t) = s(t)\frac{R}{L}(-0,171e^{-0,382\,t\,R/L} + 1,171e^{-2,618\,t\,R/L}).$$

Im Falle $x(t) = s(t)$ wird $X(s) = 1/s$ und

$$Y(s) = G(s)X(s) = \frac{R/L}{(s+0,382\,R/L)(s+2,618\,R/L)}.$$

Partialbruchentwicklung und Rücktransformation:

$$Y(s) = \frac{0,447}{s+0,382\,R/L} - \frac{0,447}{s+2,618\,R/L}, \quad y(t) = h(t) = s(t)0,447(e^{-0,382\,t\,R/L} - e^{-2,618\,t\,R/L}).$$

3. Das Eingangssignal für die links im Bild 5.11 skizzierte Schaltung sei $x(t) = s(t)\hat{x}\cos(\omega_0 t)$, zu berechnen ist die Systemreaktion $y(t)$.

Mit der komplexen Rechnung erhält man die Übertragungsfunktion des Systems

$$G(j\omega) = \frac{U_2}{U_1} = \frac{1/(RC)}{2/(RC) + j\omega}$$

und daraus mit $j\omega = s$

$$G(s) = \frac{1/(RC)}{2/(RC) + s}.$$

Die Laplace-Tanformierte des Eingangssignales lautet (siehe Anhang C.2)

$$X(s) = \frac{\hat{x}s}{s^2 + \omega_0^2}.$$

Damit wird

$$Y(s) = X(s)G(s) = \frac{s\hat{x}/(RC)}{(s^2 + \omega_0^2)(s + 2/(RC))}.$$

Um die Partialbruchentwicklung nach der im Abschnitt 5.3.2 angegebenen Methode durchführen zu können, schreiben wir $s^2 + \omega_0^2 = (s + j\omega_0)(s - j\omega_0)$ und erhalten

$$Y(s) = \frac{s\hat{x}/(RC)}{(s + j\omega_0)(s - j\omega_0)(s + 2/(RC))} = \frac{A_1}{s + j\omega_0} + \frac{A_2}{s - j\omega_0} + \frac{A_3}{s + 2/(RC)}.$$

Die Berechnung von A_1, A_2, A_3 erfolgt nach Gl. 5.25:

$$A_1 = \frac{0,5\hat{x}/(RC)}{2/(RC) - j\omega_0}, \quad A_2 = \frac{0,5\hat{x}/(RC)}{2/(RC) + j\omega_0}, \quad A_3 = \frac{-2\hat{x}/(RC)^2}{4/(RC)^2 + \omega_0^2}.$$

Rücktransformation:

$$y(t) = s(t)A_1 e^{-j\omega_0 t} + s(t)A_2 e^{j\omega_0 t} + s(t)A_3 e^{-2/(RC)t}.$$

Daraus wird, wenn die beiden ersten Summanden zu einem reellen Ausdruck zusammengefaßt werden

$$y(t) = s(t)\frac{\hat{x}/(RC)}{4/(RC)^2 + \omega_0^2}\left\{\frac{2}{RC}\cos(\omega_0 t) + \omega_0\sin(\omega_0 t) - \frac{2}{RC}e^{-2/(RC)t}\right\}.$$

Der prinzipielle Verlauf von $y(t)$ ist im rechten Bildteil 5.11 dargestellt. Im eingeschwungenen Zustand liegt eine Kosinusschwingung mit der Amplitude $\hat{y} = \hat{x}\,|\,G(j\omega_0)\,| = \hat{x}/\sqrt{4 + (RC\omega_0)^2}$ vor.

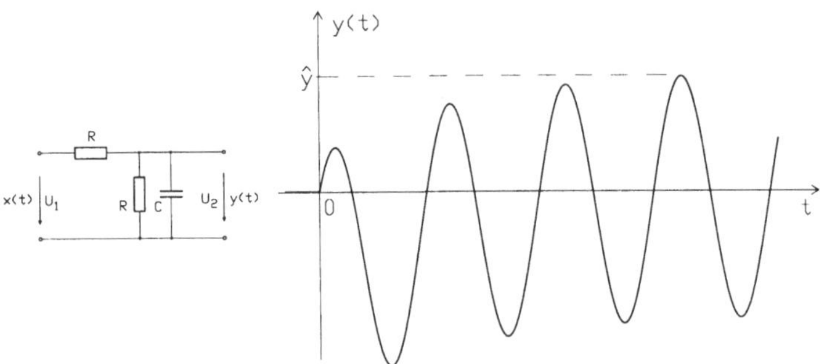

Bild 5.11 *Schaltung mit ihrer Systemreaktion auf das Eingangssignal* $x(t) = s(t)\hat{x}\cos(\omega_0 t)$

4. Das Bild 5.12 zeigt links das unvollständige PN-Schema der Übertragungsfunktion eines Systems, im rechten Bildteil ist der Verlauf des Betrages der Übertragungsfunktion dieses Systems skizziert, wobei $G(j\infty) = 0,1$ gilt.

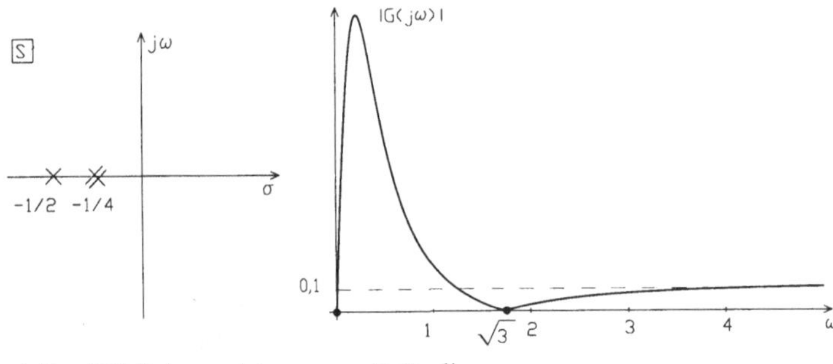

Bild 5.12
Unvollständiges PN-Schema und der Betragsverlauf der Übertragungsfunktion.

a) Das PN-Schema ist zu vervollständigen.

b) Die Übertragungsfunktion $G(s)$ ist aufzustellen.

c) Die Systemreaktion auf das Eingangssignal $x(t) = s(t)\cos(\sqrt{3}\,t)$ ist zu ermitteln.

zu a: Aus dem Verlauf der Funktion $|G(j\omega)|$ erkennt man, daß $G(0) = 0$ ist und ebenfalls $G(j\sqrt{3}) = 0$. Da die Betragsfunktion $|G(j\omega)|$ eine gerade Funktion ist (siehe Gl. 3.27, Abschnitt 3.3.2), gilt ebenfalls $|G(-j\sqrt{3})| = 0$. Diese drei Nullstellen $s = 0$ und $s = \pm j\sqrt{3}$ sind im PN-Schema links im Bild 5.13 eingetragen. Der rechte Bildteil zeigt eine mögliche Realisierungsschaltung für dieses System. Durch die Kapazität im Längszweig der Schaltung wird $G = U_2/U_1 = 0$ für $\omega = 0$. Der Reihenschwingkreis im Querzweig muß so dimensioniert sein, daß er bei $\omega = \sqrt{3}$ seine Resonanzfrequenz hat. Dies bedingt $G(j\sqrt{3}) = 0$. Schließlich muß gelten $R_1/R_2 = 9$, weil dadurch bei der Frequenz $\omega = \infty$ ein (Ohm'scher) Spannungsteiler entsteht, der zu $G(j\infty) = 0,1$ führt. Im übrigen wird darauf verwiesen, daß der Entwurf einer Schaltung nicht in das Gebiet der Systemtheorie sondern das der Netzwerksynthese fällt (siehe z.B. [15]).

zu b: Aus dem PN-Schema links im Bild 5.13 findet man

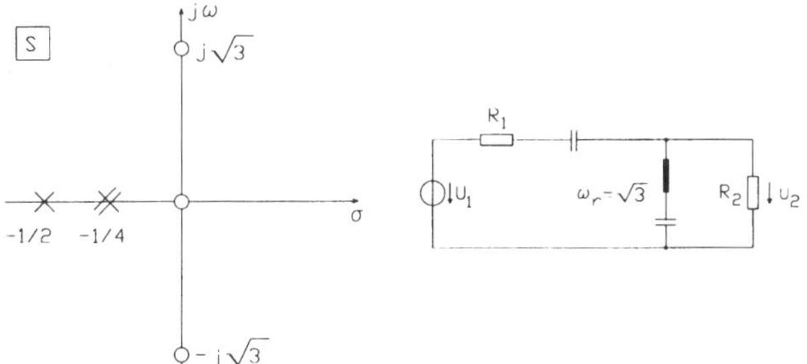

Bild 5.13
Vollständiges PN-Schema zur Fragestellung a und eine (nicht vollständig dimensionierte) Realisierungsschaltung für das System

$$G(s) = K\frac{s(s-j\sqrt{3})(s+j\sqrt{3})}{(s+0,5)(s+0,25)^2} = K\frac{s(s^2+3)}{(s+0,5)(s+0,25)^2} = 0,1\frac{s(s^2+3)}{(s+0,5)(s+0,25)^2}.$$

Aus dem Bild für $|G(j\omega)|$ erhält man $G(\infty) = 0,1 = K$.

zu c: Aus der Tabelle (Anhang C.2) entnehmen wir die Laplace-Transformierte zu dem oben angegebenen Eingangssignal

$$X(s) = \frac{s}{3+s^2} \text{ und erhalten } Y(s) = G(s)X(s) = \frac{0,1s^2}{(s+0,5)(s+0,25)^2}.$$

Die Patialbruchentwicklung und Rücktransformation nach den in den Abschnitten 5.3.2 und 5.3.3 beschriebenen Verfahren führt schießlich zu

$$Y(s) = \frac{0,4}{s+0,5} - \frac{0,3}{s+0,25} + \frac{0,025}{(s+0,25)^2}, \quad y(t) = s(t)(0,4e^{-0,5t} - 0,3e^{-0,25t} + 0,025te^{-0,5t}).$$

Weitere Beispiele findet der Leser in der Aufgabensammlung [16].

5.5 Die Berechnung von Netzwerkreaktionen bei gegebenen Anfangsbedingungen

5.5.1 Differentiation im Zeitbereich

Ist $F(s)$ die Laplace-Transformierte von $f(t)$, so gilt nach der Rücktransformationsgleichung 5.6

$$f(t) = \frac{1}{2\pi j}\int_{\sigma-j\infty}^{\sigma+j\infty} F(s)e^{st}ds.$$

Differenziert man t, so ergibt sich

$$\frac{d\,f(t)}{dt} = \frac{1}{2\pi j} \int_{\sigma-j\infty}^{\sigma+j\infty} s\,F(s)\,e^{st}\,ds$$

und wir erkennen, daß $s\,F(s)$ die Laplace-Transformierte von $f'(t)$ ist, also $f'(t)\,\mathrm{O}\!-\!s\,F(s)$.

Wiederholte Differentiation führt schließlich zu der Korrespondenz

$$f^{(n)}(t)\,\mathrm{O}\!-\!s^n\,F(s), \tag{5.38}$$

die auch schon im Abschnitt 5.2 (Gl. 5.15) angegeben wurde.

Ausgehend von der Korrespondenz $s(t)\,\mathrm{O}\!-\!1/s$ folgt nach Gl. 5.38

$$s'(t) = \delta(t)\,\mathrm{O}\!-\!s\,\frac{1}{s} = 1, \quad s''(t) = \delta'(t)\,\mathrm{O}\!-\!s,$$

allgemein:

$$\delta^{(n)}(t)\,\mathrm{O}\!-\!s^n. \tag{5.39}$$

Dabei ist zu beachten, daß (im Sinne der Theorie der verallgemeinerten Funktionen) beliebig hohe Ableitungen von $\delta(t)$ existieren (siehe z.B.[11]).

Beispiel 1

Die Laplace-Transformierte von $f(t) = s(t)e^{-t}$ lautet (Korrespondenzentabelle im Anhang C.2)

$$F(s) = \frac{1}{s+1}.$$

Da $f'(t) = \delta(t)e^{-t} - s(t)e^{-t} = \delta(t) - s(t)e^{-t}$ ist, gilt gemäß Gl. 5.38

$$\delta(t) - s(t)e^{-t}\,\mathrm{O}\!-\!\frac{s}{1+s}.$$

In vielen Fällen interessiert nicht der Verlauf von $f(t)$ und den Ableitungen $f^{(n)}(t)$ für alle Zeiten, sondern nur der Zeitbereich $t > 0$. Der Zeitpunkt $t = 0$ wird von der Betrachtung ausgeschlossen. Dadurch werden ggf. bei $t = 0$ auftretende Dirac-Impulse und deren Ableitungen nicht berücksichtigt.

Im Bild 5.14 ist eine (beliebige) Funktion $f(t)$ dargestellt, die bei $t = 0$ eine Sprungstelle aufweist. Wir definieren eine Hilfsfunktion $f_0(t)$ mit folgenden Eigenschaften:
a) für $t > 0$ gilt $f_0(t) = f(t)$,

b) bei $t = 0$ hat $f_0(t)$ im Gegensatz zu $f(t)$ keine Sprungstelle und ist hinreichend oft differenzierbar,

c) für $t < 0$ kann $f(t)$ beliebig verlaufen.

$f_0(t)$ ist ebenfalls im Bild 5.14 eingetragen. Die Funktion $f_0(t)$ setzt $f(t)$ bei $t = 0$ stetig und

differenzierbar nach links fort.

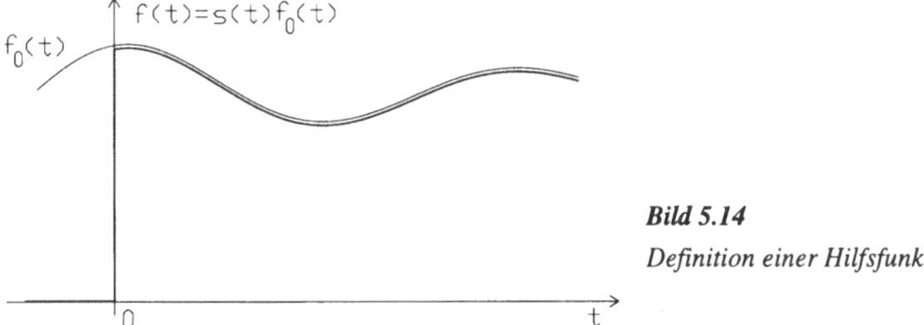

Bild 5.14

Definition einer Hilfsfunktion $f_0(t)$

Mit der soeben erklärten Hilfsfunktion $f_0(t)$ kann man schreiben

$$f(t) = s(t)f_0(t). \tag{5.40}$$

Für $t < 0$ ist $s(t) = 0$ und somit auch $f(t) = 0$, für $t > 0$ ist $s(t) = 1$ und damit $f(t) = f_0(t)$.

Aus Gl. 5.40 erhalten wir

$$f'(t) = f_0(0)\delta(t) + s(t)f_0'(t), \quad f''(t) = f_0(0)\delta'(t) + f_0'(0)\delta(t) + s(t)f_0''(t) \quad \text{usw.}.$$

Offensichtlich sind $s(t)f_0(t)$, $s(t)f_0'(t)$, $s(t)f_0''(t)$ usw. diejenigen Funktionen, die im Bereich

$t > 0$ mit $f(t), f'(t), f''(t)$ usw. übereinstimmen.

Da $sF(s)$ nach Gl. 5.38 die Laplace-Transformierte von $f'(t)$ ist, gilt nach der Definitionsgleichung 5.2 und mit $f'(t) = f_0(0)\delta(t) + s(t)f_0'(t)$:

$$sF(s) = \int_{0-}^{\infty} f'(t)e^{-st}dt = \int_{0-}^{\infty} [f_0(0)\delta(t) + s(t)f_0'(t)]e^{-st}dt =$$

$$= f_0(0)\int_{0-}^{\infty} \delta(t)e^{-st}dt + \int_{0}^{\infty} s(t)f_0'(t)e^{-st}dt = f_0(0) + \int_{0}^{\infty} s(t)f_0'(t)e^{-st}dt.$$

Das Integral mit dem δ-Anteil ist die Laplace-Transformierte von $\delta(t)$ und damit 1, das letzte

Integral ist offenbar die Laplace-Transformierte der Funktion $s(t)f_0'(t)$.

Ergebnis:

$$sF(s) = f_0(0) + \mathrm{L}\{s(t)f_0{}'(t)\},$$

$$s(t)f_0{}'(t) \;\mathrm{O}\!\!-\!\!\bullet\; sF(s) - f_0(0). \tag{5.41}$$

Beispiel 2

Bei der im Beispiel 1 behandelten Funktion $f(t) = s(t)e^{-t}$ lautet die Ableitung im Bereich $t > 0$: $f_0{}'(t) = -s(t)e^{-t}$. Nach Gl. 5.41 wird mit $f_0(0) = f(0+) = 1$:

$$-s(t)e^{-t}\;\mathrm{O}\!\!-\!\!\bullet\; sF(s) - f_0(0) = \frac{s}{s+1} - 1 = \frac{-1}{s+1} = -F(s).$$

Das Ergebnis stimmt, denn es gilt $s(t)f_0{}'(t) = -f(t)$.

Auf die gleiche Weise kann man die Laplace-Transformierte von $s(t)f_0{}''(t)$ berechnen:

$$s^2 F(s) = \int_{0-}^{\infty} f''(t)e^{-st}dt = \int_{0-}^{\infty} [f_0(0)\delta'(t) + f_0{}'(0)\delta(t) + s(t)f_0{}''(t)]e^{-st}dt =$$

$$= f_0(0)\int_{0-}^{\infty} \delta'(t)e^{-st}dt + f_0{}'(0)\int_{0-}^{\infty} \delta(t)e^{-st}dt + \int_{0}^{\infty} s(t)f_0{}''(t)e^{-st}dt.$$

Das 1. Teilintegral in der 2. Zeile ist die Laplace-Transformierte von $\delta'(t)$ und hat nach Gl. 5.39 das Ergebnis s. Das 2. Teilintegral ergibt 1 und das 3. ist die gesuchte Laplace-Transformierte von $s(t)f_0{}''(t)$. Man erhält also

$$s(t)f_0{}''(t) \;\mathrm{O}\!\!-\!\!\bullet\; s^2F(s) - sf_0(0) - f_0{}'(0). \tag{5.42}$$

Eine Erweiterung der Gln. 5.41, 5.42 liefert

$$s(t)f_0^{(n)}(t) \;\mathrm{O}\!\!-\!\!\bullet\; s^n F(s) - s^{n-1}f_0(0) - s^{n-2}f_0{}'(0) - \ldots - sf_0^{(n-2)}(0) - f_0^{(n-1)}(0). \tag{5.43}$$

5.5.2 Die Problemstellung

Ein sehr einfaches Beispiel soll die Aufgabenstellung dieses Abschnittes deutlich machen. Gegeben ist das links im Bild 5.15 dargestellte Netzwerk mit dem Eingangssignal $x(t) = s(t)$. Im Gegensatz zu früher ist $y(t)$ unter der Bedingung zu berechnen, daß der Kondensator zum "Einschaltzeitpunkt" $t = 0$ bereits eine Anfangsladung $Cu_C(0)$ besitzen soll. Bisher wurden Aufgabenstellungen mit Zusatzbedingungen dieser Art nicht behandelt.

Zur Lösung stellen wir zunächst die Differentialgleichung auf (siehe Abschnitte 2.3.1, 2.4.3)

$$RCy'(t) + y(t) = x(t).$$

Diese ist für $x(t)$ mit der gegebenen Anfangsbedingung $y(0) = u_C(0)$ zu lösen. Bei der Lösung der Differentialgleichung würden zum Zeitpunkt $t = 0$ Schwierigkeiten auftreten, wenn $y(t)$ dort unstetig verläuft. Wir suchen daher die Lösung nur im Bereich $t > 0$ und führen im Sinne von Gl. 5.40 (Bild 5.14) die Hilfsfunktionen $x_0(t)$, $y_0(t)$ ein, dann ist

$$x(t) = s(t)x_0(t), \quad y(t) = s(t)y_0(t).$$

Im Bereich $t > 0$ kann man die Differentialgleichung durch

$$RCs(t)y_0'(t) + s(t)y_0(t) = s(t)x_0(t) \tag{5.44}$$

ersetzen. $y_0(t)$ und $y_0'(t)$ sind Funktionen, die bei $t = 0$ stetig und auch differenzierbar sind, gleiches gilt auch für $x_0(t)$.

Zur Lösung von Gl. 5.44 benutzen wir die Laplace-Transformation und transformieren beide Seiten:

$$L\{RCs(t)y_0'(t)\} + L\{s(t)y_0(t)\} = L\{s(t)x_0(t)\}.$$

Mit den Korrespondenzen

$$x(t) = s(t)x_0(t)\,\text{O—}\,X(s), \quad y(t) = s(t)y_0(t)\,\text{O—}\,Y(s), \quad s(t)y_0'(t)\,\text{O—}\,sY(s) - y_0(0)$$

wird

$$RC[sY(s) - y_0(0)] + Y(s) = X(s).$$

Aus dieser Gleichung erhält man mit $y_0(0) = u_C(0)$

$$Y(s) = X(s)\frac{1/(RC)}{s + 1/(RC)} + u_C(0)\frac{1}{s + 1/(RC)}. \tag{5.45}$$

Gl. 5.45 gestattet die Berechnung von $Y(s)$ und damit von $y(t)$, wenn zusätzlich noch die Anfangsbedigung $u_C(0)$ gegeben ist. Man stellt fest, daß der 1. Summand von Gl. 5.45 die Form $Y(s) = X(s)G(s)$ hat und somit das Ergebnis bei einem leeren Energiespeicher $u_C(0) = 0$ liefert.

Im vorliegenden Fall soll $x(t) = s(t)$ und damit $X(s) = 1/s$ sein, dann wird

$$Y(s) = \frac{1/(RC)}{s(s + 1/(RC))} + u_C(0)\frac{1}{s + 1/(RC)}.$$

Partialbruchentwicklung und Rücktransformation:

$$Y(s) = \frac{1}{s} - \frac{1}{s + 1/(RC)} + u_C(0)\frac{1}{s + 1/(RC)}, \quad y(t) = s(t)(1 - e^{-t/(RC)}) + s(t)u_C(0)e^{-t/(RC)}.$$

Der 1. Summand von $y(t)$ ist die Sprungantwort $h(t)$, die man im Fall $u_C(0) = 0$ erhält. Bild 5.15 zeigt $y(t)$ für die Fälle $u_C(0) = -1$, $u_C(0) = 0$ und $u_C(0) = 2$.

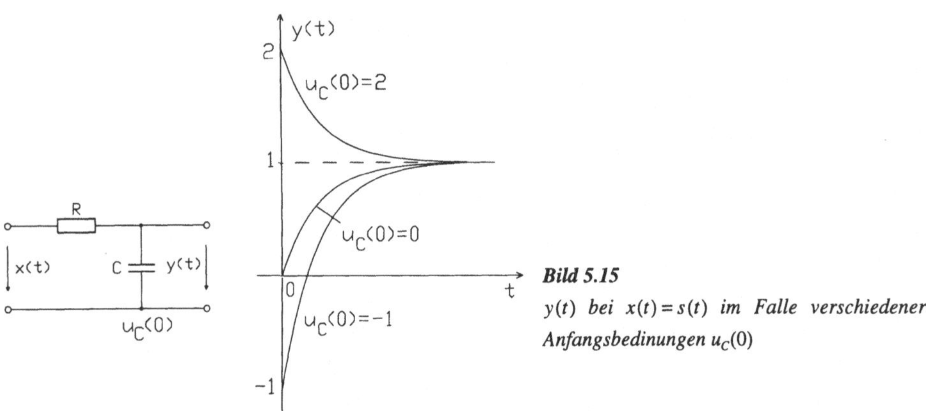

Bild 5.15

$y(t)$ bei $x(t) = s(t)$ im Falle verschiedener Anfangsbedinungen $u_C(0)$

Es stellt sich die Frage, welche Anfangsbedingungen bei der Anwendung des Faltungsintegrales oder der Beziehungen $Y(j\omega) = X(j\omega)G(j\omega)$ bzw. $Y(s) = X(s)G(s)$ berücksichtigt werden. Bei dem oben behandelten Beispiel haben wir gesehen, daß die Anfangsbedingung $u_C(0) = 0$ zu dem Ergebnis $Y(s) = X(s)G(s)$ führte. Allgemein gilt die folgende Aussage:

> Bei der Berechnung von Netzwerkreaktionen mit dem Faltungsintegral bzw. mit der Beziehung $Y(s) = X(s)G(s)$ ist vorausgesetzt, daß zum "Einschaltzeitpunkt" die Energiespeicher des Netzwerkes leer sind. D.h. Kondensatoren sind ungeladen und Induktivitäten stromlos.

Diese Aussage soll mit Hilfe des Bildes 5.16 plausibel gemacht werden. Der Kasten im oberen Bildteil deutet ein allgemeines Netzwerk an, das durch eine Spannung $x(t) = s(t)u(t)$ erregt wird. Die gesuchte Ausgangsgröße ist ebenfalls eine Spannung. Berechnet man $y(t)$ mit dem Faltungsintegral bzw. mit Hilfe der Beziehung $Y(s) = X(s)G(s)$, so zeigt das Bild links unten die gültige physikalische Anordnung im Zeitbereich $t < 0$. $x(t) = 0$ bedeutet nämlich einen Kurzschluß an den Eingangsklemmen. Im Zeitbereich von $t = -\infty$ bis $t = 0$ ist der Eingang kurzgeschlosssen. Wenn zu irgendeinem Zeitpunkt ein Energiespeicher nicht leer gewesen sein sollte, so hätte er sich bis $t = 0$ jedenfalls längst entladen. Unten rechts im Bild 5.16 ist das physikalische Modell für den Zeitbereich $t > 0$ dargestellt. Bei leeren Energiespeichern zum Einschaltzeitpunkt $t = 0$ gilt also $Y(s) = X(s)G(s)$.

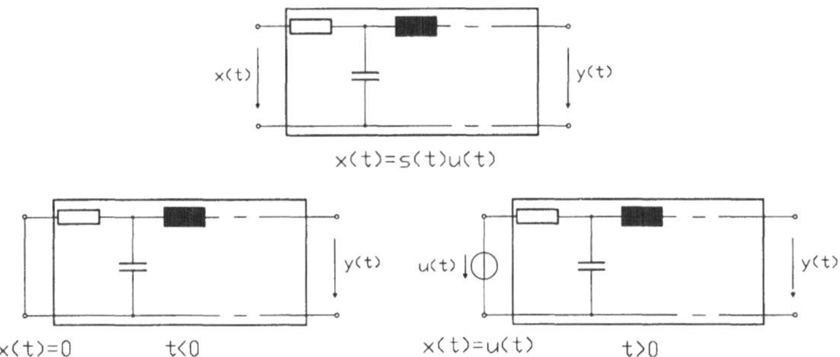

Bild 5.16 *Darstellung zur Erklärung der Anfangsbedingungen bei Netzwerken*

Sind die Energiespeicher zum Zeitpunkt $t = 0$ nicht leer, so findet man die Form

$$Y(s) = X(s)G(s) + R(s). \tag{5.46}$$

Beim oben behandelten Beispiel war $R(s) = u_C(0)/[s + 1/(RC)]$. Im folgenden Abschnitt soll am Beispiel eines Netzwerkes mit zwei Energiespeichern gezeigt werden, wie man $Y(s)$ gemäß Gl. 5.46 auf systematische Weise ermitteln kann.

5.5.3 Berechnung am Beispiel von Netzwerken mit zwei Energiespeichern

Gegeben sei ein Netzwerk mit zwei Energiespeichern. Dann hat die Übertragungsfunktion die Form (siehe auch Abschnitt 3.5.2)

$$G(s) = \frac{a_0 + a_1 s + a_2 s^2}{b_0 + b_1 s + b_2 s^2}. \tag{5.47}$$

Wir unterscheiden nun zwei Fälle:

a) Zum Einschaltzeitpunkt sind die beiden Energiespeicher leer. Dann berechnet man die Netzwerkreaktion mit Hilfe der Beziehung $Y(s) = X(s)G(s)$ oder auch mit dem Faltungsintegral.

b) Die Energiespeicher sind nicht leer. Dann gilt

$$Y(s) = X(s)G(s) + R(s).$$

Zur Berechnung von $Y(s)$, d.h. im wesentlichen zur Ermittlung von $R(s)$ und zur anschließenden Ermittlung von $y(t)$ gehen wir in folgenden Schritten vor.

Schritt 1: Aufstellen der Differentialgleichung

Wie im Abschnitt 2.4.3 ausgeführt wurde (siehe Gln. 2.48, 2.49), erhält man aus $G(j\omega)$ bzw. aus $G(s)$ in der Form gemäß Gl. 5.47 die Differentialgleichung des Netzwerkes:

$$b_0 y(t) + b_1 y'(t) + b_2 y''(t) = a_0 x(t) + a_1 x'(t) + a_2 x''(t). \tag{5.48}$$

Schritt 2: Aufstellung der Beziehung $Y(s) = X(s)G(s) + R(s)$

Nachdem die Differentialgleichung vorliegt, ersetzt man dort $x^{(\mu)}(t)$, $\mu = 0, 1, 2$ durch $s(t)x_0^{(\mu)}(t)$ und $y^{(\nu)}(t)$, $\nu = 0, 1, 2$ durch $s(t)y_0^{(\nu)}(t)$ und erhält die modifizierte Differentialgleichung für den Bereich $t > 0$:

$$\begin{aligned}
b_0 s(t)y_0(t) + b_1 s(t)y_0'(t) + b_2 s(t)y_0''(t) = \\
= a_0 s(t)x_0(t) + a_1 s(t)x_0'(t) + a_2 s(t)x_0''(t).
\end{aligned} \tag{5.49}$$

Es wird daran erinnert, daß die Hilfsfunktionen $x_0(t)$, $y_0(t)$ mit $x(t)$ und $y(t)$ im Bereich $t > 0$ übereinstimmen. $x_0(t)$ und $y_0(t)$ sind aber bei $t = 0$ stetig und hinreichend oft ableitbar, so daß in der Differentialgleichung 5.49 bei $t = 0$ keine Dirac-Impulse oder Ableitungen von Dirac-Impulsen auftreten können (siehe Bild 5.14).

Wir bilden nun die Laplace-Transformierten beider Seiten von Gl. 5.49 und erhalten unter Beachtung der Gln. 5.41, 5.42

$$\begin{aligned}
b_0 Y(s) + b_1[s Y(s) - y_0(0)] + b_2[s^2 Y(s) - s y_0(0) - y_0'(0)] = \\
= a_0 X(s) + a_1[s X(s) - x_0(0)] + a_2[s^2 X(s) - s x_0(0) - x_0'(0)].
\end{aligned}$$

Auflösung nach $Y(s)$:

$$\begin{aligned}
Y(s) = X(s)\frac{a_0 + a_1 s + a_2 s^2}{b_0 + b_1 s + b_2 s^2} + \\
+ \frac{s[b_2 y_0(0) - a_2 x_0(0)] + b_2 y_0'(0) - a_2 x_0'(0) + b_1 y_0(0) - a_1 x_0(0)}{b_0 + b_1 s + b_2 s^2}.
\end{aligned} \tag{5.50}$$

Aus dieser Gleichung kann $y(t)$ berechnet werden, wenn $x(t)$ bzw. $X(s)$ und die Anfangsbedingungen der Differentialgleichung $y_0(0) = y(0+)$, $y_0'(0) = y'(0+)$ bekannt sind. Die weiterhin in $R(s)$ auftretenden Werte $x_0(0) = x(0+)$ und $x_0'(0) = x'(0+)$ sind natürlich durch das Eingangssignal gegeben.

Schritt 3: Ermittlung der Anfangsbedingungen $y_0(0)$, $y_0'(0)$

$y_0(0)$ und $y_0'(0)$ sind die Anfangsbedingungen der Differentialgleichung 5.49. Die Anfangsbedingungen von denen bisher gesprochen wurde, waren Kondensatorspannungen und Spulenströme zum Einschaltzeitpunkt. Diese sogenannten natürlichen Anfangsbedingungen sind in der Regel nicht mit den Anfangsbedingungen der Differentialgleichung identisch. Beispiel: Bei einem Netzwerk mit einem Kondensator (Anfangsbedingung $u_C(0)$) und einer

Induktivität (Anfangsbedingung $i_L(0)$) sei die Ausgangsgröße $y(t)$ die Spannung an einem Widerstand in dem Netzwerk. Dann muß man die zur Auswertung von Gl. 5.50 benötigten Anfangsbedingungen $y_0(0)$, $y_0'(0)$ erst noch aus den natürlichen Anfangsbedingungen $u_C(0)$ und $i_L(0)$ berechnen. Das ist auch der Grund, weswegen die hier behandelte Art zur Berechnung von Netzwerkreaktionen oft durch die sogenannte Zustandsraum-Methode ersetzt wird, bei der dieses "Umrechnungsproblem" mit den Anfangsbedingungen nicht auftritt (siehe z.B. [22]).

Schritt 4: Rücktransformation
Diese erfolgt nach den im Abschnitt 5.3 besprochenen Methoden.

Beispiel
Bei dem im Bild 3.15 (Abschnitt 3.5.2) dargestellten Netzwerk ist $y(t)$ im Falle $x(t) = s(t)$ und gegebenen Anfangsbedingungen $u_C(0)$, $i_L(0)$ zu berechnen.

Mit der komplexen Rechnung findet man (bei $R = 1$, $L = 1$, $C = 1$) die Übertragungsfunktion

$$G(s) = \frac{1}{1 + s + s^2},$$

d.h. $a_0 = 1$, $a_1 = 0$, $a_2 = 0$, $b_0 = 1$, $b_1 = 1$, $b_2 = 1$.

Wir beachten, daß mit normierten Bauelementen gerechnet wird und daher eine Dimensionskontrolle bei den Ergebnissen nicht möglich ist. Es wird auf die ausführlichen Erklärungen zu diesem Problem bei dem Beispiel des Abschnittes 3.5.2 hingewiesen.

Mit $X(s) = 1/s$ erhalten wir nach Gl. 5.50

$$Y(s) = \frac{1}{s(1 + s + s^2)} + \frac{s\,y_0(0) + y_0'(0) + y_0(0)}{1 + s + s^2}.$$

Die Summanden mit $x_0(0) = s(0+) = 1$ und $x_0'(0) = s'(0+) = 0$ entfallen im vorliegenden Fall.
Zur Auswertung der Gleichung für $Y(s)$ müssen $y_0(0)$ und $y_0'(0)$ durch die natürlichen Anfangsbedingungen $u_C(0)$ und $i_L(0)$ ausgedrückt werden. Dies ist hier einfach, denn aus $y(t) = u_C(t)$ folgt $y(0+) = y_0(0) = u_C(0)$ (siehe Schaltung im Bild 3.15). Der durch C (und damit auch durch L) fließende Strom ist mit $u_C(t)$ durch die Beziehung $i(t) = C u_C'(t) = C y'(t)$ verknüpft. Daraus folgt $i(0) = i_L(0) = C u_C'(0)$, oder mit $C = 1$: $i_L(0) = u_C'(0) = y_0'(0)$. Damit erhalten wir

$$Y(s) = \frac{1}{s(1 + s + s^2)} + \frac{s\,u_C(0) + i_L(0) + u_C(0)}{1 + s + s^2}. \tag{5.51}$$

Hinweis:

Da normiert gerechnet wurde, sind Widersprüche bei den Dimensionen in Gl. 5.51 nur scheinbar. Es wird nochmals auf die Ausführungen bei dem Beispiel im Abschnitt 3.5.2 verwiesen.

Die Rücktransformation soll für zwei Fälle durchgeführt werden.

1. Anfangsbedinungen $u_C(0) = 1$, $i_L(0) = 0$:

$$Y(s) = \frac{1}{s(1+s+s^2)} + \frac{1+s}{1+s+s^2}.$$

Wir transformieren noch nicht in den Zeitbereich zurück sondern untersuchen, ob $Y(s)$ noch vereinfacht werden kann. Mit dem gemeinsamen Nenner $s(1+s+s^2)$ erhalten wir

$$Y(s) = \frac{1}{s(1+s+s^2)} + \frac{1+s}{1+s+s^2} = \frac{1}{s(1+s+s^2)}[1+s(1+s)] = \frac{1}{s}$$

und daraus $y(t) = s(t)$. Dieses Ergebnis ist einleuchtend, denn im eingeschwungenen Zustand wird am Kondensator die Spannung $u_C = 1$ anliegen ($x(t) = 1$ für $t > 0$) und der Strom $i(t)$ ist dann 0. Die hier gewählten Anfangsbedingungen entsprechen den Werten im eingeschwungenen Zustand.

2. Anfangsbedinungen $u_C(0) = 0$, $i_L(0) = 0$ (leere Energiespeicher):

$$Y(s) = \frac{1}{1+s+s^2} = X(s)G(s).$$

Das Polynom $1+s+s^2$ hat zwei einfache Nullstellen bei $-0,5 \pm j0,5\sqrt{3}$ und wir erhalten

$$Y(s) = \frac{1}{s(s+0,5-j0,5\sqrt{3})(s+0,5+j0,5\sqrt{3})} = \frac{A_1}{s} + \frac{A_2}{(s+0,5-j0,5\sqrt{3})} + \frac{A_3}{(s+0,5+j0,5\sqrt{3})}.$$

Die weitere Rechnung wird entsprechend den Beispielen im Abschnitt 5.3 durchgeführt. Die zu den beiden letzten Teilbrüchen gehörenden komplexen Zeitfunktionen lassen sich zu einem reellen Ausdruck zusammenfassen.

Ergebnis:

$$y(t) = h(t) = s(t)\{1 - e^{-0,5t}[\cos(0,5\sqrt{3}\,t) + \sin(0,5\sqrt{3}\,t)/\sqrt{3}]\}.$$

Dieses Ergebnis (die Sprungantwort der Schaltung nach Bild 3.15) wurde im Abschnitt 3.5.2 (Gl. 3.98) auf andere Weise berechnet, und ist im Bild 3.16 dargestellt.

6 Zeitdiskrete Signale und Systeme

Während in den früheren Kapiteln ausschließlich zeitkontinuierliche Signale und Systeme behandelt wurden, befassen wir uns hier mit zeitdiskreten Signalen und den für die Übertragung solcher Signale geeigneten zeitdiskreten Systemen.

Ein zeitdiskretes Signal erhält man aus einem zeitkontinuierlichen durch Abtastung. Nach dem Abtasttheorem darf der Abtastabstand nicht größer als $1/(2f_g)$ sein, wenn f_g die höchste Frequenz im Spektrum des betreffenden Signales ist. Wird diese Bedingung eingehalten, so entsteht durch die Abtastung kein Verlust an Information, da aus der Folge der Abtastwerte das ursprüngliche analoge Signal exakt wiedergewonnen werden kann.

Das 6. Kapitel baut auf den Ergebnissen der früheren Kapitel auf. Der Leser wird bei der Durcharbeitung grundsätzliche Ähnlichkeiten zur Theorie kontinuierlicher Signale und Systeme feststellen. Viele Begriffe, wie z.B. Linearität, Zeitinvarianz, Stabilität haben bei zeitdiskreten Systemen eine völlig gleiche Bedeutung und können sinngemäß übernommen werden.

Einen größeren Raum nimmt die Beschäftigung mit der z-Transformation ein. Diese hat für zeitdiskrete Signale und Systeme eine ähnliche Bedeutung wie die Fourier- und die Laplace-Transformation bei kontinuierlichen Signalen und Systemen.

6.1 Einleitung

6.1.1 Das Prinzip der zeitdiskreten und digitalen Signalverarbeitung

Im Bild 6.1 ist das Schema einer Signalverarbeitung durch zeitdiskrete bzw. digitale Systeme dargestellt.

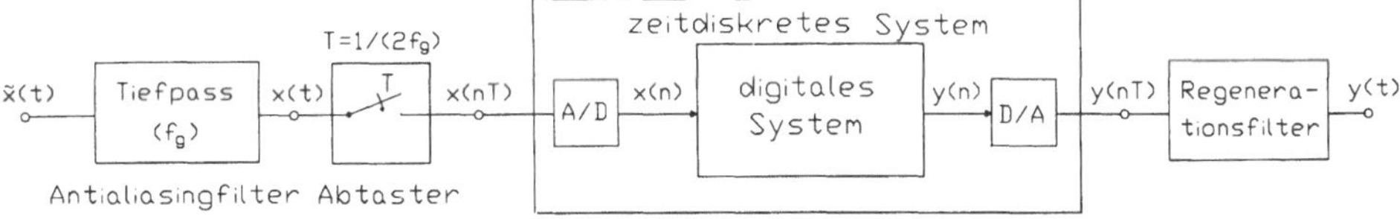

Bild 6.1 *Schema einer zeitdiskreten/digitalen Signalverarbeitung*

Das Spektrum eines analogen Signales $\tilde{x}(t)$ wird zunächst durch einen Tiefpaß (Bezeichnung Antialiasing-Tiefpaß) auf eine Bandbreite f_g begrenzt. Dadurch ist sichergestellt, daß aus den durch Abtastung enstehenden Werten $x(nT)$ das Ursprungssignal $x(t)$ exakt rekonstruiert werden kann (siehe Gl. 3.106, Abschnitt 3.6). Die Abtastwerte $x(nT)$ stellen das Eingangssignal für ein zeitdiskretes System dar. Aus der Ausgangsfolge $y(nT)$ dieses Systems kann (falls erforderlich) wieder ein analoges zeitkontinuierliches Signal $y(t)$ erzeugt werden.

Das zeitdiskrete System kann so realisiert werden, daß die Abtastwerte $x(nT)$ unmittelbar verarbeitet werden (z.B. durch Schalter-Kondensator-Filter, siehe [15]). Bei einer digitalen Realisierung werden die Signalwerte $x(nT)$ durch eine A/D-Wandlung zunächst in eine Zahlenfolge $x(n)$ überführt. Dadurch entstehen auf jeden Fall Fehler, weil die Darstellung eines Signalwertes $x(nT)$ durch eine Zahl $x(n)$ mit unvermeidlichen Rundungsfehlern behaftet ist. Das eigentliche digitale System (siehe Bild 6.1) kann als spezieller Rechner angesehen werden, der die Eingangszahlenfolge $x(n)$ in eine Ausgangszahlenfolge $y(n)$ "umrechnet". Durch eine anschließende D/A-Wandlung entstehen die Ausgangssignalwerte $y(nT)$.

Ein digitales System ist demnach nicht nur ein zeitdiskretes, sondern zusätzlich auch ein wertediskretes System. In der Praxis stellen die diskreten Signalwerte insofern ein Problem dar, weil durch das Rechnen mit Zahlen (endlicher Stellenzahl) zusätzliche Fehler entstehen, die zu einem unerwünschten Verhalten des Systems führen können (siehe z.B. [15]). Auf Probleme dieser Art wird hier allerdings nicht eingegangen. Wir werden im folgenden zwischen digitalen und zeitdiskreten Systemen nicht unterscheiden. Insbesonders wird für Signale meist die kürzere Bezeichnung $x(n)$ anstatt $x(nT)$ verwendet.

6.1.2 Einige Grundlagen

Zur Vorbereitung für die folgenden Abschnitte sollen zwei besonders häufig verwendete Signale eingeführt werden. Bild 6.2 zeigt den Einheitsimpuls

$$\delta(n) = \begin{cases} 1 \text{ für } n = 0 \\ 0 \text{ für } n \neq 0 \end{cases}. \tag{6.1}$$

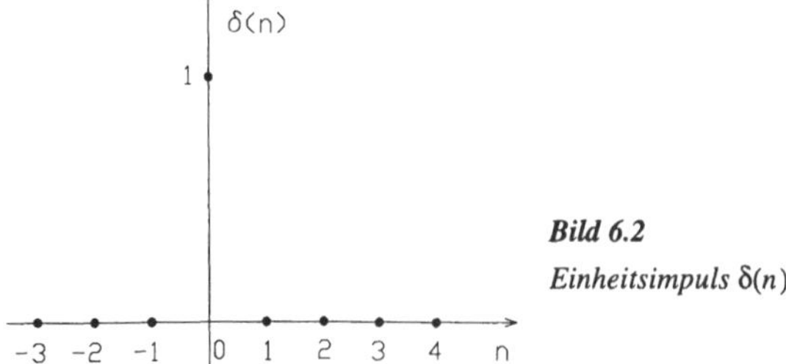

Bild 6.2
Einheitsimpuls $\delta(n)$

$\delta(n)$ tritt bei diskreten Systemen an die Stelle des Dirac-Impulses $\delta(t)$. Wir beachten, daß $\delta(n)$ aber nicht durch eine "Abtastung" aus $\delta(t)$ entstanden sein kann ($\delta(t)$ ist als Grenzwert von $\Delta(t)$ nach Bild 2.1 im Fall $\varepsilon \to 0$ auffaßbar). Mit Hilfe des Einheitsimpulses kann man eine zur Ausblendeigenschaft des Dirac-Impulses (Gl. 2.8) analoge Beziehung angeben

$$f(n) = \sum_{v=-\infty}^{\infty} f(v)\delta(n-v). \tag{6.2}$$

In dieser Summe verschwinden alle Summanden mit $v \neq n$, da dann $\delta(n-v) = 0$ ist. Im Fall $v = n$ wird $\delta(n-v) = \delta(0) = 1$. Gl. 6.2 kann man **Ausblendsumme** nennen, aus der Folge $f(v)$ wird der Wert $f(n)$ "ausgeblendet".

Bild 6.3 zeigt die Sprungfolge

$$s(n) = \begin{cases} 0 \text{ für } n < 0 \\ 1 \text{ für } n \geq 0 \end{cases}. \tag{6.3}$$

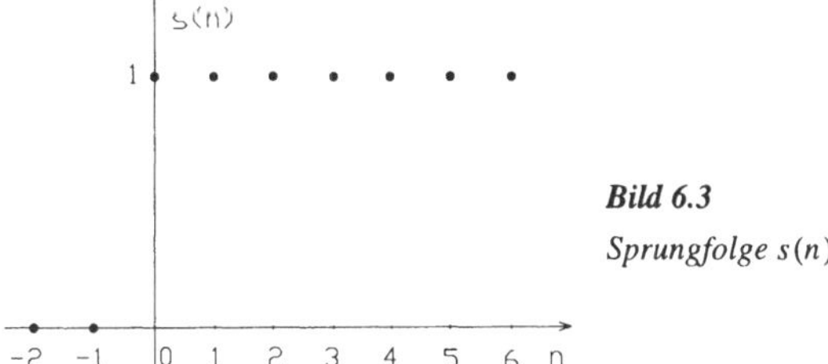

Bild 6.3

Sprungfolge $s(n)$

Die Sprungfolge $s(n)$ kann man durch Abtastung der Sprungfunktion $s(t)$ erhalten. Umgekehrt beschreibt das diskrete Signal $s(n)$ die Sprungfunktion $s(t)$ nicht eindeutig, denn $s(t)$ ist kein bandbegrenztes Signal (siehe Gl. 3.59, Bild 3.8), so daß die für die Anwendung des Abtasttheorems erforderliche Bedingung $F(j\omega) = 0$ für $\omega > \omega_g$ nicht erfüllt ist. Natürlich erhält man bei hinreichend kleinem Abtastabstand dennoch aus der Folge $s(n)$ eine gute Näherung für $s(t)$.

Einen Zusammenhang zwischen $s(n)$ und $\delta(n)$ stellt folgende Beziehung her

$$\delta(n) = s(n) - s(n-1). \tag{6.4}$$

Gl. 6.4 ist so zu interpretieren, daß von der Sprungfolge $s(n)$ die um eine Einheit nach rechts verschobene Sprungfolge $s(n-1)$ subtrahiert wird. Dadurch verschwinden alle Werte bis auf den bei $n = 0$.

In den folgenden Abschnitten treten häufig geometrische Reihen

$$1, \quad q, \quad q^2, \quad q^3 \quad \dots \quad q^{m-1}$$

auf. Jedes Reihenglied entsteht aus dem vorhergehenden durch Multiplikation mit dem Faktor q, wobei q auch komplex sein kann. Die Summe der m Reihenglieder ergibt

$$S_m = 1 + q + q^2 + \ldots + q^{m-1} = \sum_{i=0}^{m-1} q^i = \frac{1 - q^m}{1 - q} . \tag{6.5}$$

Im Falle $|q| < 1$ spricht man von einer fallenden geometrischen Reihe. Für die Summe der unendlichen fallenden geometrischen Reihe erhält man aus Gl. 6.5 ($q^m \to 0$ für $m \to \infty$ bei $|q| < 1$):

$$S = \sum_{i=0}^{\infty} q^i = \frac{1}{1 - q} , \quad |q| < 1 . \tag{6.6}$$

6.2 Die Faltungssumme

Unter Beibehaltung der im Abschnitt 2.2 eingeführten Bezeichnungen, beschreiben wir auch bei zeitdiskreten Systemen den Zusammenhang zwischen Ein- und Ausgangssignal durch die Operatorenbeziehung

$$y(nT) = \mathrm{T}\{x(nT)\} \quad \text{bzw.} \quad y(n) = \mathrm{T}\{x(n)\}. \tag{6.7}$$

Ist das System linear, so gilt entsprechend Gl. 2.13

$$\mathrm{T}\{k_1 x_1(n) + k_2 x_2(n)\} = k_1 \mathrm{T}\{x_1(n)\} + k_2 \mathrm{T}\{x_2(n)\}. \tag{6.8}$$

Dies bedeutet, daß das System auf die (gewichtete) Summe der beiden Eingangsfolgen mit der (gewichteten) Summe der entsprechenden Ausgangsfolgen reagiert. Gl. 6.8 ist auf mehr als zwei Summanden erweiterbar (vgl. Gl. 2.14):

$$\mathrm{T}\left\{ \sum_{v=0}^{m} k_v x_v(n) \right\} = \sum_{v=0}^{m} k_v \mathrm{T}\{x_v(n)\}. \tag{6.9}$$

Ist das diskrete System zeitinvariant, so reagiert es auf eine um i nach rechts (oder nach links im Fall $i < 0$) verschobene Folge $x(n - i)$ mit der ebenfalls um i verschobenen Folge $y(n - i)$, es gilt (vgl. Gl. 2.15):

$$\mathrm{T}\{x(n - i)\} = y(n - i). \tag{6.10}$$

Wir beschränken uns im folgenden wieder auf lineare und zeitinvariante Systeme.

Analog zu kontinuierlichen Systemen bezeichnet man die Systemreaktion auf den Einheitsimpuls $\delta(n)$ als **Impulsantwort**

$$g(n) = \mathrm{T}\{\delta(n)\}. \tag{6.11}$$

Bei kausalen Systemen ist $g(n) = 0$ für $n < 0$ (vgl. Abschnitt 2.3.5).

Zur Ableitung der Faltungssumme ersetzen wir $x(n)$ in Gl. 6.7 durch die Ausblendsumme nach Gl. 6.2 und erhalten

$$y(n) = T\left\{ \sum_{\nu = -\infty}^{\infty} x(\nu)\delta(n - \nu) \right\}. \qquad (6.12)$$

Wir wenden jetzt auf Gl. 6.12 die Linearitätseigenschaft gemäß Gl. 6.9 an $(k_\nu \mathrel{\hat=} x(\nu)$, $x(n) \mathrel{\hat=} \delta(n - \nu))$ und erhalten

$$y(n) = \sum_{\nu = -\infty}^{\infty} x(\nu)\, T\{\delta(n - \nu)\}. \qquad (6.13)$$

Da das System zeitinvariant sein soll, ist nach Gl. 6.11 $T\{\delta(n - \nu)\} = g(n - \nu)$ die um ν verschobene Impulsantwort. Setzt man dieses Ergebnis in Gl. 6.13 ein, so erhält man die **Faltungssumme**

$$y(n) = \sum_{\nu = -\infty}^{\infty} x(\nu)g(n - \nu). \qquad (6.14)$$

Die Faltungssumme entspricht dem Faltungsintegral bei kontinuierlichen Systemen. Wenn wir den hier durchgeführten Beweis mit dem für das Faltungsintegral im Abschnitt 2.3.2 vergleichen, so stellen wir eine weitgehende Analogie bei der Beweisführung fest.

Die Faltungssumme kann auch in der folgenden Form angegeben werden

$$y(n) = \sum_{\nu = -\infty}^{\infty} x(n - \nu)g(\nu). \qquad (6.15)$$

Beweis:

In der Summe nach Gl. 6.14 setzen wir $\mu = n - \nu$. Dann ist $\nu = n - \mu$, die untere Summationsgrenze $\nu = -\infty$ geht in $\mu = \infty$, die obere $\nu = \infty$ in $\mu = -\infty$ über:

$$y(n) = \sum_{\nu = -\infty}^{\infty} x(\nu)g(n - \nu) = \sum_{\mu = \infty}^{-\infty} x(n - \mu)g(\mu) = \sum_{\mu = -\infty}^{\infty} x(n - \mu)g(\mu).$$

Natürlich kann man die untere und obere Summationsgrenze vertauschen, dies bedeutet nur eine andere Reihenfolge der Summanden. Ersetzt man schließlich die Variable μ durch ν, so ergibt sich Gl. 6.15.

Die Aussagen der Gln. 6.14 und 6.15 werden gelegentlich auch in der Kurzform

$$y(n) = x(n) * g(n) = g(n) * x(n)$$

dargestellt. Das Zeichen * ist das Faltungssymbol, das auch bei kontinuierlichen Systemen verwendet wird (vgl. Gl. 2.27).

Stabil ist ein zeitdiskretes System dann, wenn es auf beschränkte Eingangssignale, d.h. $|x(n)| < M < \infty$, mit ebenfalls beschränkten Ausgangssignalen, also $|y(n)| < N < \infty$, reagiert (siehe auch Abschnitt 2.2.3). In Analogie zur Stabilitätseigenschaft kontinuierlicher Systeme nach Gl. 2.42 kann man zeigen, daß ein zeitdiskretes System genau dann stabil ist, wenn die Impulsantwort die folgende Bedingung erfüllt:

$$\sum_{n=-\infty}^{\infty} |g(n)| < K < \infty. \tag{6.16}$$

Beispiel

Gegeben sei ein System mit der im Bild 6.4 skizzierten Impulsantwort

$$g(n) = \begin{cases} 0 \text{ für } n < 0 \\ 0,5^n \text{ für } n \geq 0 \end{cases}. \tag{6.17}$$

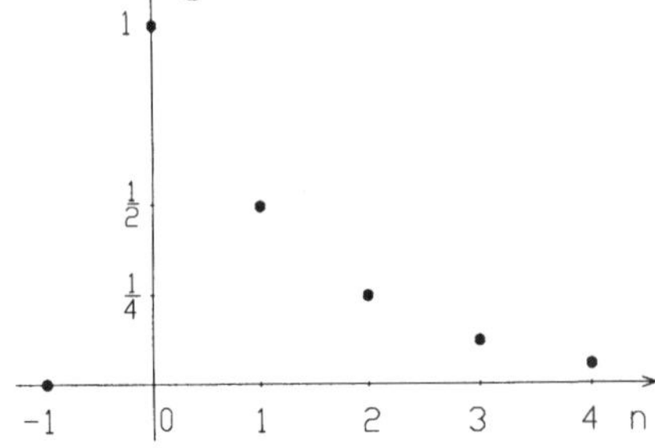

Bild 6.4

Impulsantwort eines zeitdiskreten Systems

Folgende Fragen sind zu beantworten:

a) Handelt es sich um ein kausales und stabiles System?

b) Wie reagiert das System auf das Eingangssignal $x(n) = s(n)$, d.h. wie lautet seine Sprungantwort $y(n) = h(n)$?

zu a: Das System ist kausal, denn es gilt $g(n) = 0$ für $n < 0$. Zum Nachweis der Stabilität verwenden wir Gl. 6.16 und erhalten bei Berücksichtigung von $g(n) = 0$ für $n < 0$ mit Gl. 6.6

$$\sum_{n=0}^{\infty} |g(n)| = \sum_{n=0}^{\infty} 0,5^n = 1 + 0,5 + 0,25 + 0,125 + \cdots = 2,$$

das System ist also stabil.

zu b: Mit Hilfe der Sprungfolge $s(n)$ nach Gl. 6.3 kann man die Impulsantwort auch in der Form

$$g(n) = s(n) 0,5^n \tag{6.18}$$

darstellen. Für $n < 0$ wird $s(n) = 0$ und somit auch $g(n) = 0$, für $n > 0$ wird $s(n) = 1$ und $g(n) = 0,5^n$. Mit $g(n)$ nach Gl. 6.18 und dem Eingangssignal $x(n) = s(n)$ wird nach Gl. 6.14

$$y(n) = \sum_{\nu=-\infty}^{\infty} x(\nu)g(n-y) = \sum_{\nu=-\infty}^{\infty} s(\nu)s(n-\nu)0,5^{n-\nu}. \qquad (6.19)$$

Die Auswertung von Gl. 6.19 führt zu ähnlichen Problemen wie sie bei der Festlegung der Integrationsgrenzen beim Faltungsintegral auftraten. Die Faktoren $s(\nu)$ und $s(n-\nu)$ in Gl. 6.19 sind entweder 0 (im Falle $\nu < 0$ bzw. $n - \nu < 0$), oder sie haben den Wert 1. Nur die Summanden liefern einen Beitrag zur Summe, bei denen sowohl $s(\nu) = 1$ als auch $s(n-\nu) = 1$ ist.

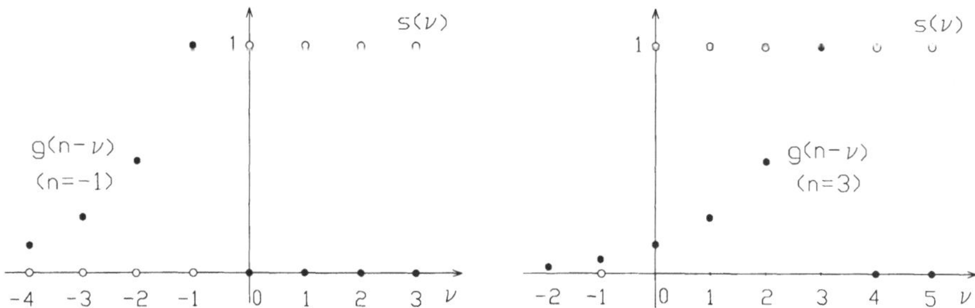

Bild 6.5 *Darstellung zur Festlegung der Summationsgrenzen bei Gl. 6.19*

Analog zur Vorgehensweise beim Faltungsintegral, sind in Bild 6.5 die Funktionen $x(\nu) = s(\nu)$ und $g(n-\nu)$ in Abhängigkeit von ν dargestellt. $g(n-\nu)$ erhält man aus $g(\nu)$ (siehe Bild 6.4), indem man $g(\nu)$ "umklappt" und um n Einheiten verschiebt" (vgl. hierzu die entsprechenden Ausführungen bei kontinuierlichen Systemen im Abschnitt 2.3.3). Links im Bild 6.5 ist $g(n-\nu)$ für $n < 0$ ($n = -1$), rechts für $n > 0$ ($n = 3$) dargestellt. Im Fall $n < 0$ verschwinden alle Produkte $x(\nu)g(n-\nu)$. Entweder ist $x(\nu) = 0$ oder die andere Funktion $g(n-\nu)$. Damit wird $y(n) = h(n) = 0$ für $n < 0$. Dieses Ergebnis hätten wir auch ohne Rechnung finden können, denn das vorliegende System ist kausal und die Eingangsfolge beginnt erst bei 0. Aus Bild 6.5 erkennt man, daß im Fall $n > 0$ nicht alle Produkte $x(\nu)g(n-\nu)$ verschwinden, aus Gl. 6.19 wird (mit $s(\nu) = 1$ und $s(n-\nu) = 1$ für $0 \leq \nu \leq n$):

$$y(n) = h(n) = \sum_{\nu=0}^{n} 0,5^{n-\nu}. \qquad (6.20)$$

Speziell für den rechts im Bild 6.5 dargestellten Fall, nämlich $n = 3$, existieren vier nicht-verschwindende Produkte, es wird

$h(3) = x(0)g(3) + x(1)g(2) + x(2)g(1) + x(3)g(0) = 1 \cdot 0,125 + 1 \cdot 0,25 + 1 \cdot 0,5 + 1 \cdot 1 = 1,875.$

Die Summe nach Gl. 6.20 läßt sich mit Hilfe von Gl. 6.5 geschlossen auswerten. Dabei ist zu beachten, daß hier eine Reihe mit $m = n + 1$ Reihengliedern vorliegt, während Gl. 6.5 nur $m = n$ Glieder aufsummiert. Wir erhalten daher, wenn in Gl. 6.5 m durch $n + 1$ ersetzt wird

$$h(n) = \sum_{v=0}^{n} 0,5^{n-v} = 0,5^{n} + 0,5^{n-1} + \ldots + 0,5 + 1 = \frac{1 - 0,5^{n+1}}{1 - 0,5} = 2 - 0,5^{n}.$$

Die Sprungantwort des Systems lautet somit

$$h(n) = \begin{cases} 0 \text{ für } n < 0 \\ 2 - 0,5^{n} \text{ für } n \geq 0 \end{cases} = s(n)(2 - 0,5^{n}), \tag{6.21}$$

sie ist im Bild 6.6 dargestellt. Für $n \to \infty$ erhalten wir aus Gl. 6.21 den Wert $h(\infty) = 2$.

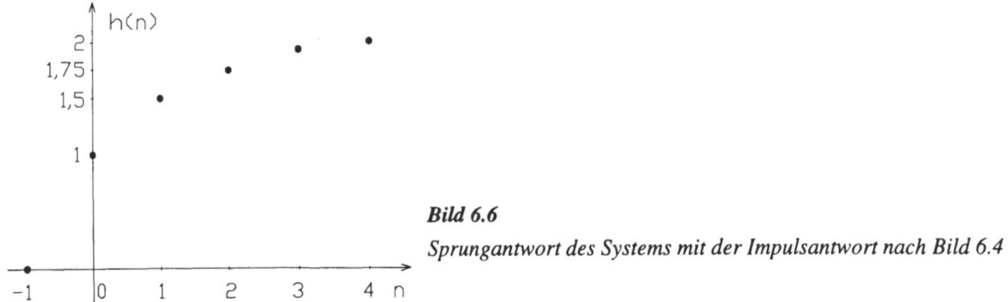

Bild 6.6
Sprungantwort des Systems mit der Impulsantwort nach Bild 6.4

Hinweis:

Der Leser möge beachten, daß der Ausdruck $s(n)$ auf der rechten Gleichungsseite 6.21 nicht die Bedeutung des Eingangssignales $x(n) = s(n)$ hat. Durch s(n) werden hier lediglich die zu unterscheidenden Zeitbereiche in einem geschlossenen Ausdruck zusammengefaßt.

Bei kontinuierlichen Systemen konnte man die Impulsantwort durch Differenzieren aus der Sprungantwort berechnen (Gl. 2.23). Bei linearen zeitinvarianten zeitdiskreten Systemen erhalten wir mit $\delta(n) = s(n) - s(n - 1)$ die Impulsantwort

$$g(n) = T\{\delta(n)\} = T\{s(n) - s(n - 1)\} = T\{s(n)\} - T\{s(n - 1\}.$$

Da $T\{s(n)\} = h(n)$ und $T\{s(n - 1)\} = h(n - 1)$ ist, wird

$$g(n) = h(n) - h(n - 1). \tag{6.22}$$

Im oben besprochenen Beispiel ($h(n)$ nach Gl. 6.21) wird

$$g(n) = s(n)(2 - 0,5^{n}) - s(n - 1)(2 - 0,5^{n-1}). \tag{6.23}$$

Aus dieser Beziehung erhalten wir für

$n < 0$: $g(n) = 0$ $(s(n) = 0, s(n-1) = 0)$, $n = 0$: $g(0) = 1$ $(s(0) = 1, s(-1) = 0)$,

$n > 0$: $g(n) = (2 - 0,5^n) - (2 - 0,5^{n-1}) = 0,5^{n-1} - 0,5^n = 0,5^n$.

Ergebnis: $g(n) = s(n)0,5^n$, siehe Gl. 6.18.

6.3 Die Übertragungsfunktion

Wir wählen als Eingangssignal das im Abstand T abgetastete Signal $x(t) = e^{j\omega t}$, also

$$x(n) = x(nT) = e^{jn\omega T} \tag{6.24}$$

und erhalten nach Gl. 6.15 die Systemreaktion

$$y(n) = \sum_{\nu = -\infty}^{\infty} x(n - \nu)g(\nu) = \sum_{\nu = -\infty}^{\infty} e^{j(n-\nu)\omega T}g(\nu).$$

$e^{jn\omega T}$ kann vor die Summe geschrieben werden:

$$y(n) = e^{jn\omega T} \sum_{\nu = -\infty}^{\infty} e^{-j\nu\omega T}g(\nu). \tag{6.25}$$

Die (von ω abhängige) Summe in Gl. 6.25 nennen wir Übertragungsfunktion

$$G(j\omega) = \sum_{\nu = -\infty}^{\infty} g(\nu)e^{-j\nu\omega T} \tag{6.26}$$

des zeitdiskreten Systems, denn analog zu kontinuierlichen Systemen (Gl. 2.45) gilt offenbar $y(n) = G(j\omega)e^{jn\omega T}$ bzw.

$$G(j\omega) = \left. \frac{y(n)}{x(n)} \right|_{x(n) = e^{jn\omega T}}. \tag{6.27}$$

Bei kausalen Systemen ist $g(n) = 0$ für $n < 0$, die Übertragungsfunktion lautet dann

$$G(j\omega) = \sum_{n = 0}^{\infty} g(n)e^{-jn\omega T} = \sum_{n = 0}^{\infty} g(n)(e^{j\omega T})^{-n}. \tag{6.28}$$

In Gl. 6.28 wurde gegenüber Gl. 6.26 die Summationsvariable ν durch n ersetzt.

Im Gegensatz zu kontinuierlichen Systemen sind Überragungsfunktionen zeitdiskreter Systeme periodisch mit der Periode $2\pi/T$.

Beweis:

Aus Gl. 6.28 erhält man mit $\tilde{\omega} = \omega + k2\pi/T$ (und $e^{-jnk2\pi} = 1$!):

$$G(j\tilde{\omega}) = G(j\omega + jk2\pi/T) = \sum_{n=0}^{\infty} g(n)e^{-jn(\omega + k2\pi/T)T} = \sum_{n=0}^{\infty} g(n)e^{-jn\omega T}e^{-jnk2\pi} =$$

$$= \sum_{n=0}^{\infty} g(n)e^{-jn\omega T} = G(j\omega). \tag{6.29}$$

Diese zunächst überraschende Eigenschaft kann man sich durch folgende Überlegung plausibel machen. Das Eingangssignal eines diskreten System sei $x_1(n) = e^{jn\omega T}$. Dann erhalten wir nach Gl. 6.27 die Ausgangsfolge

$$y_1(n) = G(j\omega)e^{jn\omega T} = G(j\omega)x_1(n).$$

Wir geben ein zweites Einganssignal $x_2(n) = e^{jn\tilde{\omega}T}$ auf das System, die Reaktion lautet

$$y_2(n) = G(j\tilde{\omega})e^{jn\tilde{\omega}T} = G(j\tilde{\omega})x_2(n).$$

Nun setzen wir $\tilde{\omega} = \omega + 2\pi/T$ und finden

$$x_2(n) = e^{jn\tilde{\omega}T} = e^{jn(\omega + 2\pi/T)T} = e^{jn\omega T}e^{jn2\pi} = e^{jn\omega T} = x_1(n).$$

Obschon zwei verschiedene Signale $x_1(t) = e^{j\omega t}$ und $x_2(t) = e^{j\tilde{\omega}t}$ im Abstand T abgetastet wurden, ergeben sich im Falle $\tilde{\omega} = \omega + 2\pi/T$ die gleichen Abtastfolgen $x_1(n) = x_2(n)$. Das System kann auf zwei gleiche Eingangsfolgen natürlich nur mit gleichen Ausgangsfolgen $y_1(n) = y_2(n)$ reagieren und daher muß $G(j\omega) = G(j\omega + j2\pi/T)$ sein.

Nach dem Abtasttheorem (Abschnitt 3.6) wird ein mit f_g bandbegrenztes kontinuierliches Signal nur dann eindeutig durch seine Abtastwerte beschrieben, wenn der Abtastabstand $T < 1/(2fg)$ ist. Dies würde bedeuten, daß bei dem Signal $x_1(t) = e^{j\omega t}$ der Abtastabstand $T < 1/(2f_g) = \pi/\omega$ sein muß, oder bei gegebenem T muß $\omega < \pi/T$ sein. Wenn auch das 2. Signal $x_2(t) = e^{j\tilde{\omega}t}$ eindeutig durch seine Abtastwerte im Abstand T beschrieben werden soll, muß ebenfalls $\tilde{\omega} < \pi/T$ sein. Diese Bedingung ist offensichtlich im Fall $\tilde{\omega} = \omega + 2\pi/T$ nicht erfüllt.

Aus diesen Überlegungen ist auch ersichtlich, daß bei einem Abtastabstand T nur der Frequenzbereich von $G(j\omega)$ bis zu $\omega = \pi/T$ von Bedeutung ist, wenn die Bedingungen des Abtasttheorems eingehalten werden sollen.

Beispiel

Die Übertragungsfunktion des Systems mit der im Bild 6.4 skizzierten Impulsantwort $g(n) = s(n)\,0,5^n$ ist zu berechnen. Weiterhin soll die Systemreaktion auf das Eingangssignal $x(n) = \cos(n\,\omega T)$ ermittelt werden.

Nach Gl. 6.28 erhalten wir unter Beachtung von Gl. 6.6

$$G(j\omega) = \sum_{n=0}^{\infty} 0,5^n (e^{j\omega T})^{-n} = \sum_{n=0}^{\infty} (0,5e^{-j\omega T})^n = \frac{1}{1 - 0,5e^{-j\omega T}}. \tag{6.30}$$

Hinweis: Die Summe konvergiert, denn es gilt $|q| = |0,5e^{-j\omega T}| = 0,5 < 1$.

Mit $e^{-j\omega T} = \cos(\omega T) - j\sin(\omega T)$ wird aus Gl. 6.30

$$G(j\omega) = \frac{1}{1 - 0,5e^{-j\omega T}} = \frac{1}{1 - 0,5\cos(\omega T) + 0,5j\sin(\omega T)}. \tag{6.31}$$

Mit der Schreibweise $G(j\omega) = |G(j\omega)|\, e^{-jB(\omega)}$ (vgl. Gln. 4.3, 4.4) finden wir den (im Bild 6.7 skizzierten) Betrag der Übertragungsfunktion

$$|G(j\omega)| = \frac{1}{\sqrt{[1 - 0,5\cos(\omega T)]^2 + [0,5\sin(\omega T)]^2}} = \frac{1}{\sqrt{1,25 - \cos(\omega T)}} \tag{6.32}$$

und die Phase

$$B(\omega) = \arctan\frac{0,5\sin(\omega T)}{1 - 0,5\cos(\omega T)}. \tag{6.33}$$

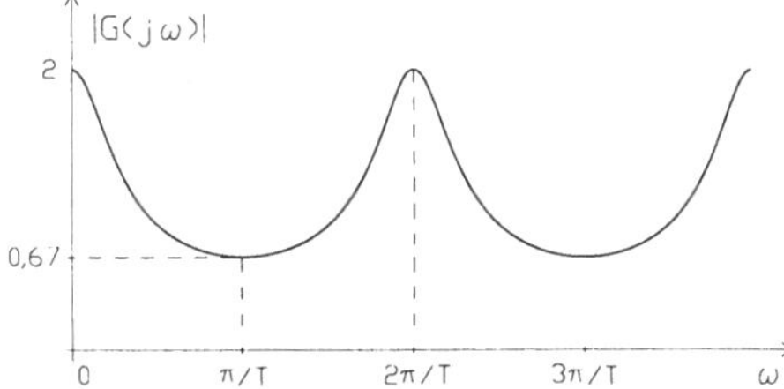

Bild 6.7

Betrag der Übertragungsfunktion nach Gl. 6.32

Wie schon vorne ausgeführt wurde, ist die Übertragungsfunktion periodisch mit der Periode $2\pi/T$. Nur für Signale mit Frequenzen $\omega \leq \pi/T$ sind die Bedingungen des Abtasttheorems erfüllt, so daß oft nur der Verlauf der Übertragungsfunktion bis zur Frequenz $\omega = \pi/T$ interessiert.

Wir kommen zur Berechnung der Reaktion auf das Signal $x(n) = \cos(n\,\omega T)$. Diese kann natürlich mit der Faltungssumme (Gl. 6.14) erfolgen. Im vorliegenden Fall bietet sich aber eine andere Berechnungsmethode an. $x(n)$ ist der Realteil von $e^{jn\omega T}$, also

$$x(n) = \cos(n\,\omega T) = \mathrm{Re}\{e^{jn\omega T}\}.$$

Daraus folgt, daß $y(n)$ der Realteil der Reaktion auf das Signal $e^{jn\omega T}$ sein muß. Auf $e^{jn\omega T}$ reagiert das System mit $G(j\omega)e^{jn\omega T}$, also wird

$$y(n) = \mathrm{Re}\{G(j\omega)e^{jn\omega T}\} = \mathrm{Re}\left\{\frac{\cos(n\,\omega T) + j\sin(n\,\omega T)}{1 - 0,5\cos(\omega T) + j0,5\sin(\omega T)}\right\} =$$

$$= \frac{1}{1,25 - \cos(\omega T)}\{[1 - 0,5\cos(\omega T)]\cos(n\,\omega T) + 0,5\sin(\omega T)\sin(n\,\omega T)\}.$$

6.4 Die z-Transformation

6.4.1 Die Grundgleichungen und einführende Beispiele

Die z-Transformation spielt bei zeitdiskreten Signalen und Systemen eine ähnliche Rolle wie die Laplace-Transformation bei kontinuierlichen. Bei der Laplace-Transformation wurde einer Funktion $f(t)$ mit der Eigenschaft $f(t) = 0$ für $t < 0$ eine Funktion $F(s)$ der komplexen Variablen s zugeordnet. Bei der z-Transformation ordnen wir einer Folge $f(n)$ mit der Eigenschaft $f(n) = 0$ für $n < 0$ eine von der komplexen Variablen z abhängige Funktion

$$F(z) = \sum_{n=0}^{\infty} f(n)z^{-n} \tag{6.34}$$

zu. $F(z)$ ist die (einseitige) z-Transformierte der Folge $f(n)$. Ohne Beweis wird die allgemeine Rücktransformationsgleichung der z-Transformation angegeben (Beweis siehe z.B. [22]):

$$f(n) = \frac{1}{2\pi j}\oint F(z)z^{n-1}dz. \tag{6.35}$$

Der Integrationsweg muß ein einfach geschlossener Weg im Konvergenzbereich der z-Transformierten sein. Wir werden Gl. 6.35 nicht anwenden und uns später im wesentlichen mit rationalen z-Transformierten befassen, die sich auf andere Weise einfacher zurücktransformieren lassen. In vielen Fällen kann die Trans- und Rücktransformation auch mit Hilfe von Tabellen (siehe Anhang C.3) durchgeführt werden. So wie bei der Fourier- und der Laplace-Transformation verwenden wir auch bei der z-Transformation das Korrespondenzsymbol O—.

Beispiel 1

Gesucht ist die z-Transformierte der Sprungfolge

$$s(n) = \begin{cases} 0 \text{ für } n < 0 \\ 1 \text{ für } n \geq 0 \end{cases}.$$

Mit der Definitionsgleichung 6.34 wird

$$F(z) = \sum_{n=0}^{\infty} f(n)z^{-n} = \sum_{n=0}^{\infty} z^{-n} = \sum_{n=0}^{\infty} (z^{-1})^n. \tag{6.36}$$

Bei der Auswertung dieser Summe muß man zwei Fälle unterscheiden:

a) $|z| < 1$: In diesem Fall liegt eine nicht konvergierende geometrische Reihe vor. Bei z.B. $z = 1/2$ würde man die Summe

$$F(z) = \sum_{n=0}^{\infty} 0,5^{-n} = 1 + 2 + 4 + 8 + \dots$$

erhalten, die nicht konvergiert.

b) $|z| > 1$: In diesem Fall liegt eine fallende geometrische Reihe vor und wir erhalten nach Gl. 6.6 mit $q = z^{-1}$

$$F(z) = \frac{1}{1-z^{-1}} = \frac{z}{z-1}, \quad |z| > 1. \tag{6.37}$$

Den Wertebereich $|z| > 1$, in dem die Summe konvergiert, nennt man den **Konvergenzereich** der z-Transformierten. Im Bild 6.8 ist dieser Bereich in der komplexen z-Ebene markiert. Der Konvergenzbereich wird hier durch einen Kreis mit dem Radius 1 begrenzt. Im Bild 6.8 ist ebenfalls die Nullstelle von $F(z)$ bei $z = 0$ und die Polstelle bei $z = 1$ eingetragen.

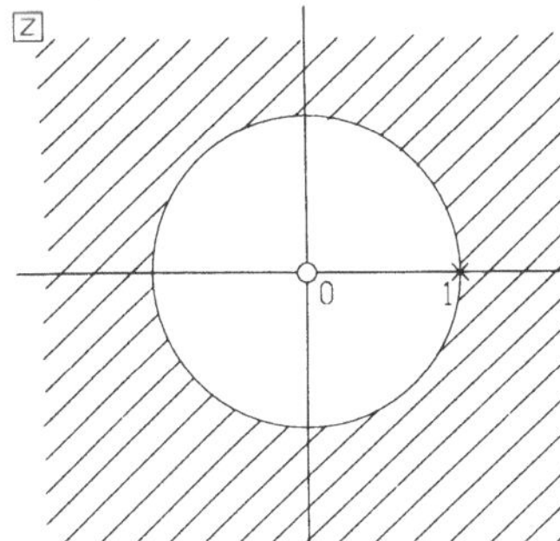

Bild 6.8
*PN-Schema und Konvergenzbereich (schraffiert)
der z-Transformierten von s(n)*

Beispiel 2

Gesucht ist die z-Transformierte der Folge

$$f(n) = \begin{cases} 0 \text{ für } n < 0 \\ e^{an} \text{ für } n \geq 0 \end{cases} = s(n)e^{an}.$$

Nach Gl. 6.34 wird mit $e^{an} = (e^a)^n$:

$$F(z) = \sum_{n=0}^{\infty} f(n)z^{-n} = \sum_{n=0}^{\infty} (e^a)^n z^{-n} = \sum_{n=0}^{\infty} (e^a/z)^n.$$

Diese Summe konvergiert im Fall $|e^a/z| < 1$, d.h. $|z| > e^a$, dann wird (Gl. 6.6)

$$F(z) = \frac{1}{1 - e^a z^{-1}} = \frac{z}{z - e^a}, \quad |z| > e^a. \tag{6.38}$$

Der Konvergenzbereich wird hier durch einen Kreis mit dem Radius e^a begrenzt.

Beispiel 3

Gesucht wird die z-Transformierte des Einheitsimpulses

$$\delta(n) = \begin{cases} 0 \text{ für } n \neq 0 \\ 1 \text{ für } n = 0 \end{cases}.$$

Nach Gl. 6.34 erhalten wir

$$F(z) = \sum_{n=0}^{\infty} \delta(n)z^{-n} = 1. \tag{6.39}$$

Alle Summanden, bis auf den bei $n = 0$, verschwinden in diesem Fall. Konvergenzbereich ist die gesamte z-Ebene. Einschränkungen, die die Konvergenz der Summe sichern, entfallen hier.

6.4.2 Die z-Transformierte der Impulsantwort und der Zusammenhang zur Übertragungsfunktion

Ist $f(n) = g(n)$ die Impulsantwort eines kausalen Systems, so nennt man die z-Transformierte

$$G(z) = \sum_{n=0}^{\infty} g(n)z^{-n} \tag{6.40}$$

oft ebenfalls Übertragungsfunktion. Den Zusammenhang mit der im Abschnitt 6.3 eingeführten Übertragungsfunktion (Gl. 6.28)

$$G(j\omega) = \sum_{n=0}^{\infty} g(n)\left(e^{j\omega T}\right)^{-n}$$

findet man, wenn in $G(z)$ nach Gl. 6.40

$$z = e^{j\omega T} \tag{6.41}$$

gesetzt wird, also gilt

$$G(j\omega) = G(z = e^{j\omega T}) = \sum_{n=0}^{\infty} g(n)\left(e^{j\omega T}\right)^{-n}. \tag{6.42}$$

Stellt man Gl. 6.41 nach $j\omega$ um, so wird

$$j\omega = \frac{1}{T}\ln z \tag{6.43}$$

und wir erhalten $G(z)$ aus $G(j\omega)$, wenn dort $j\omega$ durch $(\ln z)/T$ ersetzt wird:

$$G(z) = G\left(j\omega = \frac{1}{T}\ln z\right). \tag{6.44}$$

Hinweis:

Mathematisch ist es unschön, daß für die Übertragungsfunktion $G(j\omega)$ und die z-Transformierte der Impulsantwort das gleiche Formelzeichen "G" verwendet wird. Aus der Schreibweise der beiden Gln. 6.42 und 6.44 geht aber hervor, welche der beiden Funktionen jeweils gemeint ist.

Beispiel

Im Abschnitt 6.3 wurde die Übertragungsfunktion (Gl. 6.31)

$$G(j\omega) = \frac{1}{1 - 0,5 e^{-j\omega T}}$$

des Systems mit der Impulsantwort $g(n) = s(n)0,5^n$ berechnet. Nach Gl. 6.44 finden wir die z-Transformierte der Impulsantwort, wenn $j\omega$ durch $(\ln z)/T$ ersetzt wird, also

$$G(z) = G\left(j\omega = \frac{1}{T}\ln z\right) = \frac{1}{1 - 0,5 e^{-(\ln z)}} = \frac{1}{1 - 0,5 z^{-1}}.$$

Das gleiche Ergebnis hätten wir mit der Korrespondenz 6.38

$$s(n)e^{an} = s(n)\left(e^{a}\right)^{n} \; \bigcirc\!\!\!-\!\!\!- \; \frac{1}{1 - e^{a}z^{-1}}$$

im Fall $e^{a} = 0,5$ unmittelbar erhalten.

6.4.3 Zusammenstellung wichtiger Eigenschaften der z-Transformation

Die hier zusammengestellten Aussagen erfolgen meist ohne Beweise. Dieser Abschnitt kann bei der ersten Durcharbeitung übersprungen werden.

Im folgenden verwenden wir die Korrespondenzen

$$f(n)\ \text{O---}\ F(z), |z| > |\tilde{z}|\ ;\quad f_1(n)\ \text{O---}\ F_1(z), |z| > |\tilde{z}_1|\ ;\quad f_2(n)\ \text{O---}\ F_2(z), |z| > |\tilde{z}_2|\ .$$

Existenz von z-Transformierten:

Genügt eine Folge $f(n)$ der Ungleichung $|f(n)| < K \cdot R^n$ mit geeignet gewählten Konstanten K und R, so konvergiert die Summe nach Gl. 6.34 für alle Werte von z im Bereich $|z| > R$. Diesen Bereich nennt man den Konvergenzbereich der z-Transformierten.

Linearität:

$$k_1 f_1(n) + k_2 f_2(n)\ \text{O---}\ k_1 F_1(z) + k_2 F_2(z), \quad |z| > \max(|\tilde{z}_1|, |\tilde{z}_2|). \tag{6.45}$$

Verschiebungssatz:

$$f(n - i)\ \text{O---}\ z^{-i} F(z), \quad |z| > |\tilde{z}|, \quad i > 0. \tag{6.46}$$

Beweis: Nach Gl. 6.34 wird die z-Transformierte von $f(n - i)$

$$\tilde{F}(z) = \sum_{n=i}^{\infty} f(n-i)z^{-n} = \sum_{n=i}^{\infty} f(n-i)z^{-i}z^{-(n-i)} = z^{-i} \sum_{n=i}^{\infty} f(n-i)z^{-(n-i)}.$$

Dabei wurde die Eigenschaft $f(n-i) = 0$ für $n < i$ berücksichtigt. Mit dem neuen Summationsindex $\nu = n - i$ erhalten wir

$$\tilde{F}(z) = z^{-i} \sum_{\nu=0}^{\infty} f(\nu)z^{-\nu} = z^{-i} F(z).$$

Multiplikation mit n:

$$n \cdot f(n)\ \text{O---}\ -z\frac{d\,F(z)}{dz}, \quad |z| > |\tilde{z}|. \tag{6.47}$$

Beweis: Die Differentiation von $F(z)$ nach Gl. 6.34 liefert

$$\frac{d\,F(z)}{dz} = -\sum_{n=0}^{\infty} nf(n)z^{-(n+1)} = -z^{-1} \sum_{n=0}^{\infty} nf(n)z^{-n}.$$

Die Multiplikation des rechts stehenden Ausdruckes mit z führt zu der Korrespondenz 6.47.

Faltungssatz:

$$f_1(n) * f_2(n) \; \text{O---} \; F_1(z) \cdot F_2(z), \quad |z| > \max(|\tilde{z}_1|, |\tilde{z}_2|). \tag{6.48}$$

Der Beweis hierzu wird im Abschnitt 6.4.5 durchgeführt.

Anfangswertsatz:

$$f(0) = \lim_{z \to \infty} \{F(z)\}. \tag{6.49}$$

Endwertsatz:

$$f(\infty) = \lim_{z \to 1} \{(z-1)F(z)\}. \tag{6.50}$$

6.4.4 Rationale z-Transformierte

Die hier notwendigen Überlegungen entsprechen zunächst fast völlig denen im Abschnitt 5.3 bei rationalen Laplace-Transformierten. Bei Verständnisschwierigkeiten wird dem Leser empfohlen, sich zunächst nochmals mit den Ergebnissen aus diesem Abschnitt zu befassen.

Wir behandeln hier rationale z-Transformierte

$$F(z) = \frac{P_1(z)}{P_2(z)} = \frac{c_0 + c_1 z + \dots + c_q z^q}{d_0 + d_1 z + \dots + d_r z^r} \tag{6.51}$$

mit reellen Koeffizienten c_μ, d_ν.

Sind die Null- und Polstellen bekannt, so kann man auch die folgende Darstellung

$$F(z) = \frac{c_q}{d_r} \frac{(z - z_{01})(z - z_{02})\dots(z - z_{0q})}{(z - z_{\infty 1})(z - z_{\infty 2})\dots(z - z_{\infty r})} \tag{6.52}$$

wählen. Das PN-Schema der z-Transformierten findet man, wenn man die Pol- und Nullstellen in die komplexe z-Ebene einträgt. Da die Koeffizienten von $F(z)$ reell sind, liegen Pol- und Nullstellen entweder auf der reellen Achse, oder sie treten als konjugiert komplexe Paare auf. Das PN-Schema beschreibt die rationale z-Transformierte bis auf einen Faktor. Auch der Konvergenzbereich von $F(z)$ kann aus dem PN-Schema entnommen werden. Er liegt außerhalb eines Kreises um den Koordinatenursprung, der durch die am weitesten vom Koordinatenursprung liegende Polstelle verläuft.

Die rationale z-Transformierte wird zunächst in Partialbrüche zerlegt. Ist $F(z)$ echt gebrochen rational und sind alle Pole einfach, so gilt (vgl. Gln. 5.23, 5.25)

$$F(z) = \frac{c_0 + c_1 z + \ldots + c_q z^q}{d_r (z - z_{\infty 1})(z - z_{\infty 2})\ldots(z - z_{\infty r})} = \frac{A_1}{(z - z_{\infty 1})} + \frac{A_2}{(z - z_{\infty 2})} + \ldots + \frac{A_r}{(z - z_{\infty r})},$$

$$(6.53)$$

$$A_\nu = \left\{ F(z)(z - z_{\infty \nu}) \right\}_{z = z_{\infty \nu}}, \quad \nu = 1 \ldots r.$$

Hat das Nennerpolynom von $F(z)$ bei z_∞ eine k-fache Nullstelle, so wird (vgl. Gln. 5.30, 5.31):

$$F(z) = \frac{A_1}{z - z_\infty} + \frac{A_2}{(z - z_\infty)^2} + \ldots + \frac{A_k}{(z - z_\infty)^k} + \tilde{F}(z),$$

$$(6.54)$$

$$A_\mu = \frac{1}{(k - \mu)!} \frac{d^{k-\mu}}{dz^{k-\mu}} \left\{ F(z)(z - z_\infty)^k \right\}_{z = z_\infty}, \quad \mu = 1 \ldots k.$$

Die Funktion $\tilde{F}(z)$ enthält die möglicherweise weiteren Polstellen von $F(z)$.

Zur Rücktransformation der Partialbrüche in Gl. 6.53 benötigen wir die Korrespondenz (siehe Tabelle im Anhang C.3)

$$\frac{1}{z - z_\infty} \!-\!\!\bigcirc\ s(n-1)z_\infty^{n-1} = \begin{cases} 0 \text{ für } n < 1 \\ z_\infty^{n-1} \text{ für } n \geq 1 \end{cases}.$$

$$(6.55)$$

Zum Beweis dieser Korrespondenz setzt man am besten $f(n) = s(n-1)z_\infty^{n-1}$ in die Definitionsgleichung 6.34 für $F(z)$ ein und berechnet die Summe der dabei entstehenden geometrischen Reihe.

Treten in $F(z)$ mehrfache Pole auf, so benötigt man die Korrespondenz

$$\frac{1}{(z - z_\infty)^i} \!-\!\!\bigcirc = s(n-i)\binom{n-1}{i-1}z_\infty^{n-i} = \begin{cases} 0 \text{ für } n < i \\ \binom{n-1}{i-1}z_\infty^{n-i} \text{ für } n \geq i \end{cases}, \quad i = 1, 2, \ldots. \quad (6.56)$$

Gl. 6.56 geht für einfache Pole (i=1) in Gl. 6.55 über. Zur Berechnung der in Gl. 6.56 auftretenden Binomialkoeffizienten können die Beziehungen

$$\binom{m}{k} = \frac{m!}{k!(m-k)!} = \frac{m(m-1)\ldots(m-k+1)}{1 \cdot 2 \cdots k}$$

verwendet werden.

Falls $F(z)$ Polstellen bei $z = 0$ hat, wird noch zusätzlich die Korrespondenz

$$\frac{1}{z^i} \!-\!\!\bigcirc\ \delta(n-i), \quad i = 0, 1, 2, \ldots$$

$$(6.57)$$

benötigt. Den Beweis für diese Korrespondenz führt man am zweckmäßigsten durch Einsetzen von $\delta(n - i)$ in die Definitionsgleichung 6.34 für $F(z)$.

Beispiel 1

Gegeben ist das PN-Schema nach Bild 6.9. Gesucht sind $F(z)$ und $f(n)$.

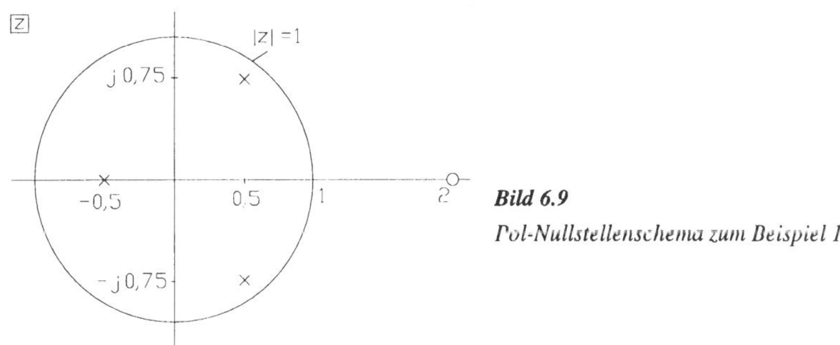

Bild 6.9

Pol-Nullstellenschema zum Beispiel 1

Aus dem PN-Schema erhält man (mit $K = 1$)

$$F(z) = \frac{(z - 2)}{(z + 0,5)\,[z - (0,5 + j0,75)]\,[z - (0,5 - j0,75)]} =$$

$$= \frac{A_1}{z + 0,5} + \frac{A_2}{z - (0,5 + j0,75)} + \frac{A_3}{z - (0,5 - j0,75)}.$$

Nach Gl. 6.53 erhalten wir

$$A_1 = \{F(z)\,(z + 0,5)\}_{z = -0,5} = -\frac{8}{5},$$

$$A_2 = \{F(z)\,[z - (0,5 + j0,75)]\}_{z = 0,5 + j0,75} = \frac{2 + 4j}{4 + 3j} = \frac{4}{5} + j\frac{2}{5},$$

$$A_3 = \{F(z)\,[z - (0,5 - j0,75)]\}_{z = 0,5 - j0,75} = \frac{2 - 4j}{4 - 3j} = \frac{4}{5} - j\frac{2}{5}.$$

Rücktransformation nach Gl. 6.55:

$$A_1 \frac{1}{z + 0,5} \longrightarrow\!\!O\ -\frac{8}{5} s(n - 1)\,(-0,5)^{n-1} = f_1(n),$$

$$A_2 \frac{1}{z - (0,5 + j0,75)} \longrightarrow\!\!O\ \left(\frac{4}{5} + j\frac{2}{5}\right) s(n - 1)\,(0,5 + j0,75)^{n-1} = f_2(n),$$

$$A_3 \frac{1}{z - (0,5 - j0,75)} \longrightarrow\!\!O\ \left(\frac{4}{5} - j\frac{2}{5}\right) s(n - 1)\,(0,5 - j0,75)^{n-1} = f_3(n).$$

Ergebnis: $f(n) = f_1(n) + f_2(n) + f_3(n)$.

Die beiden letzten komplexen Folgen $f_2(n)$, $f_3(n)$ lassen sich zu einem reellen Signal zusammenfassen. Dazu schreibt man zunächst $0,5 \pm j0,75 = 0,9014\, e^{\pm j0,9828}$ und erhält

$$f_2(n) + f_3(n) = s(n-1)0,9014^{n-1}\left\{\left(\frac{4}{5}+j\frac{2}{5}\right)e^{j0,9828(n-1)} + \left(\frac{4}{5}-j\frac{2}{5}\right)e^{-j0,9828(n-1)}\right\} = s(n-1)0,9014^{n-1} \times$$

$$\times \left\{\left(\frac{4}{5}+j\frac{2}{5}\right)(\cos[0,9828(n-1)] + j\sin[0,9828(n-1)]) + \left(\frac{4}{5}-j\frac{2}{5}\right)(\cos[0,9828(n-1)] - j\sin[0,9828(n-1)])\right\}$$

$$= s(n-1)0,9014^{n-1}\{1,6\cos[0,9828(n-1)] - 0,8\sin[0,9828(n-1)]\}.$$

Gesamtergebnis:

$$f(n) = s(n-1)\{-1,6(-0,5)^{n-1} + 0,9014^{n-1}(1,6\cos[0,9828(n-1)] - 0,8\sin[0,9828(n-1)])\}.$$

Man findet daraus die Werte $f(0) = 0$, $f(1) = 0$, $f(2) = 1$, $f(3) = -1,5$, $f(4) = -1,0625, \ldots$. Für $n \to \infty$ wird $f(n) \to 0$, es handelt sich um eine abnehmende Folge.

Beispiel 2

Gegeben ist das PN-Schema nach Bild 6.10, gesucht sind $F(z)$ und $f(n)$.

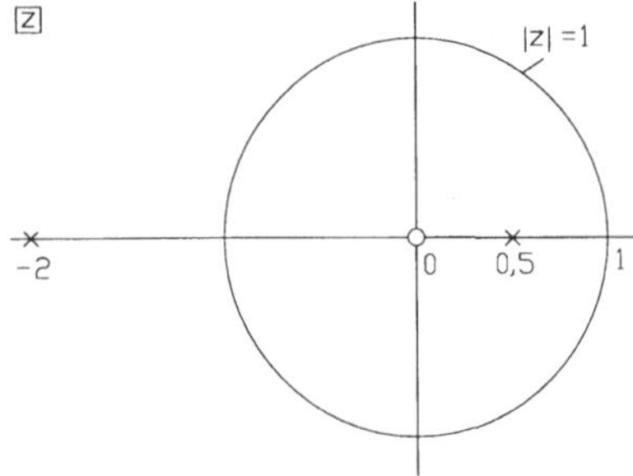

Bild 6.10

Pol-Nullstellenschema zum Beispiel 2

Aus dem PN-Schema erhält man

$$F(z) = \frac{Kz}{(z+2)(z-0,5)} = \frac{A_1}{z+2} + \frac{A_2}{z-0,5}.$$

Nach den Gln. 6.53, 6.55 wird (mit $K = 1$)

$$A_1 = \{F(z)(z+2)\}_{z=-2} = 4/5, \quad A_2 = \{F(z)(z-0,5)\}_{z=0,5} = 1/5,$$

$$f(n) = s(n-1)\frac{1}{5}[4\cdot(-2)^{n-1} + (0,5)^{n-1}].$$

Werte: $f(0) = 0$, $f(1) = 1$, $f(2) = -1,5$, $f(3) = 3,25, \ldots$, es handelt sich um ein ansteigendes Signal $|f(n)| \to \infty$ für $n \to \infty$.

Aus den Beispielen und insbesonders aus den Korrespondenzen 6.55, 6.56 erkennt man, daß z-Transformierte, die nur Pole innerhalb des Einheitskreises $|z|< 1$ besitzen, zu "abnehmenden" Signalen gehören, d.h. $f(n) \to 0$ für $n \to \infty$ (siehe Beispiel 1). Liegt mindestens ein Pol außerhalb des Einheitskreises $|z|> 1$, so gilt $|f(n)| \to \infty$ für $n \to \infty$ (siehe Beispiel 2).

Weitere Beispiele findet der Leser in der Aufgabensammlung [16].

6.4.5 Die Berechnung von Systemreaktionen mit der z-Transformation

Ist die Folge $f(n)$ die Impulsantwort $g(n)$ eines kausalen und stabilen Systems, so muß nach Gl. 6.16 die Bedingung

$$\sum_{n=0}^{\infty} |g(n)| < K < \infty$$

erfüllt sein. Diese Bedingung setzt voraus, daß $g(n) \to 0$ für $n \to \infty$ gilt und dies bedeutet, daß die als rational vorausgesetzte z-Transformierte $G(z)$ keine Polstellen im Bereich $|z|> 1$ haben darf.

Ohne Beweis geben wir folgende Bedingungen für die Stabilität eines zeitdiskreten Systems an (vgl. auch die entsprechenden Bedingungen bei kontinuierlichen Systemen im Abschnitt 5.4.1):

$$G(z) = \frac{c_0 + c_1 z + c_2 z^2 + \ldots + c_q z^q}{d_0 + d_1 z + d_2 z^2 + \ldots + d_r z^r} \tag{6.58}$$

ist genau dann die Übertragungsfunktion (z-Transformierte von $g(n)$) eines stabilen zeitdiskreten Systems, wenn

a) der Zählergrad q den Nennergrad r nicht übersteigt ($q \le r$),

b) alle Polstellen von $G(z)$ im Inneren des Einheitskreises $|z|< 1$ in der z-Ebene liegen.

Analog zur Beziehung $Y(s) = X(s)G(s)$ bei kontinuierlichen Systemen lautet der Zusammenhang bei zeitdiskreten Systemen zwischen den entsprechenden z-Transformierten

$$Y(z) = X(z)G(z). \tag{6.59}$$

Voraussetzung ist, daß ein kausales System vorliegt ($g(n) = 0$ für $n < 0$) und das Einganssignal $x(n)$ ebenfalls kausal ist ($x(n) = 0$ für $n < 0$). Im anderen Fall würden die benötigten (einseitigen) z-Transformierten nicht existieren.

Beweis:

In die Gleichung für die z-Transformierte von $y(n)$

$$Y(z) = \sum_{n=0}^{\infty} y(n)z^{-n}$$

setzen wir die nach der Faltungssumme (Gl. 6.14 mit $x(v) = 0$ für $v < 0$) berechneten Werte

$$y(n) = \sum_{v=0}^{\infty} x(v)g(n-v)$$

ein und erhalten

$$Y(z) = \sum_{n=0}^{\infty} \sum_{v=0}^{\infty} x(v)g(n-v)z^{-n}.$$

Wir vertauschen die Reihenfolge der beiden Summen:

$$Y(z) = \sum_{v=0}^{\infty} x(v)z^{-v} \sum_{n=v}^{\infty} g(n-v)z^{-(n-v)}. \tag{6.60}$$

Der zusätzlich hinter $x(v)$ eingeführte Faktor z^{-v} kürzt sich gegen den bei $z^{-(n-v)} = z^{-n}z^{v}$ weg. Außerdem beginnt die 2. Summe erst bei $n = v$, denn im Falle $n < v$ ist $g(n-v) = 0$. In der 2. Summe von Gl. 6.60 ersetzen wir den Summationsindex n durch $\mu = n - v$ und finden für die 2. Summe den Ausdruck

$$\sum_{n=v}^{\infty} g(n-v)z^{-(n-v)} = \sum_{\mu=0}^{\infty} g(\mu)z^{-\mu} = G(z).$$

Die Summe hängt also nur scheinbar von dem Parameter v ab. Wir setzen dieses Ergebnis in Gl. 6.60 ein und erhalten

$$Y(z) = \sum_{v=0}^{\infty} x(v)z^{-v}G(z) = G(z) \sum_{v=0}^{\infty} x(v)z^{-v} = G(z)X(z).$$

Im Bild 6.11 ist der durch Gl. 6.59 gegebene Zusammenhang dargestellt.

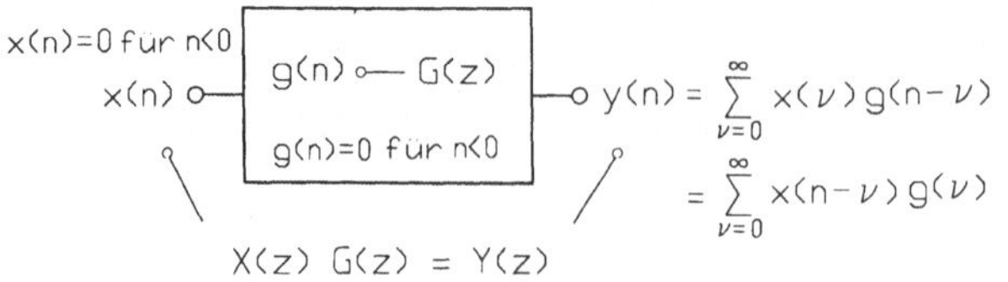

Bild 6.11
Berechnung von Systemreaktionen mit der z-Transformation

Beispiel

Die Sprungantwort $h(n)$ des Systems mit der im Bild 6.4 skizzierten Impulsantwort $g(n) = s(n)(0,5)^n$ soll berechnet werden.

Im Abschnitt 6.3 wurde für dieses System die Übertragungsfunktion berechnet (Gl. 6.31):

$$G(j\omega) = \frac{1}{1 - 0,5e^{-j\omega T}}.$$

Mit $z = e^{j\omega T}$ (vgl. Gl. 6.41) erhalten wir

$$G(z) = \frac{1}{1 - 0,5z^{-1}} = \frac{z}{z - 0,5}.$$

Nach Gl. 6.37 ist $X(z) = z/(z-1)$ die z-Transformierte der Eingangsfolge $x(n) = s(n)$ und nach Gl. 6.59 wird

$$Y(z) = X(z)G(z) = \frac{z^2}{(z-1)(z-0,5)}. \tag{6.61}$$

$Y(z)$ ist keine echt gebrochen rationale Funktion, wir erhalten (Polynomdivision):

$$Y(z) = 1 + \frac{1,5z - 0,5}{(z-1)(z-0,5)} = 1 + \tilde{Y}(z).$$

Die echt gebrochen rationale Funktion $\tilde{Y}(z)$ wird in Partialbrüche zerlegt:

$$\tilde{Y}(z) = \frac{1,5z - 0,5}{(z-1)(z-0,5)} = \frac{A_1}{z-1} + \frac{A_2}{z-0,5},$$

$$A_1 = \{\tilde{Y}(z)(z-1)\}_{z=1} = 2, \quad A_2 = \{\tilde{Y}(z)(z-0,5)\}_{z=0,5} = -0,5.$$

Ergebnis:

$$Y(z) = 1 + \frac{2}{z-1} - \frac{0,5}{z-0,5}.$$

Mit den Korrespondenzen $1 \multimap \delta(n)$ und $1/(z-z_\infty) \multimap s(n-1)z_\infty^{n-1}$ erhalten wir die Sprungantwort

$$y(n) = h(n) = \delta(n) + 2s(n-1) - 0,5s(n-1)0,5^{n-1}.$$

Für $n = 0$ wird $h(0) = 1$ ($\delta(0) = 1$, $s(-1) = 0$), für $n > 0$ gilt $h(n) = 2 - 0,5^n$. Da die Teillösung für $n > 0$ bei $n = 0$ den (richtigen) Wert 1 liefert, wird $h(n) = s(n)(2 - 0,5^n)$. Dieses Ergebnis wurde bereits im Abschnitt 6.2 (Gl. 6.21) mit der Faltungssumme ermittelt. Die Sprungantwort ist im Bild 6.6 dargestellt.

6.5 Die Beschreibung zeitdiskreter Systeme durch Differenzengleichungen

6.5.1 Differenzengleichungen 1. und 2. Ordnung

Der Zusammenhang zwischen Ein- und Ausgangssignalen wird bei kontinuierlichen Systemen (bestehend aus endlich vielen konzentrierten Bauelementen) durch lineare Differentialgleichungen beschrieben. Bei zeitdiskreten Systemen treten Differenzengleichungen an die Stelle der Differentialgleichungen.

Zur Einführung betrachten wir eine Differenzengleichung 1. Ordnung

$$y(n) + d_0 y(n-1) = c_1 x(n) + c_0 x(n-1). \tag{6.62}$$

$x(n)$ ist die Eingangsfolge, $y(n)$ die Ausgangsfolge des Systems. In der Differenzengleichung treten zusätzlich die um eine Einheit nach rechts verschobenen Folgen $x(n-1)$ und $y(n-1)$ auf.

Die Berechnung der Ausgangsfolge kann bei gegebenem Eingangssignal rekursiv erfolgen. Aus Gl. 6.62 folgt nämlich

$$y(n) = c_1 x(n) + c_0 x(n-1) - d_0 y(n-1). \tag{6.63}$$

Setzt man voraus, daß $x(n) = 0$ für $n < 0$ und somit auch $y(n) = 0$ für $n < 0$ ist, so erhält man schrittweise (rekursiv) aus Gl. 6.63

$$\begin{aligned}
n = 0: \quad & y(0) = c_1 x(0) \quad (x(-1) = 0, \, y(-1) = 0), \\
n = 1: \quad & y(1) = c_1 x(1) + c_0 x(0) - d_0 y(0), \\
n = 2: \quad & y(2) = c_1 x(2) + c_0 x(1) - d_0 y(1), \\
n = 3: \quad & y(3) = c_1 x(3) + c_0 x(2) - d_0 y(2) \quad \text{usw.}.
\end{aligned} \tag{6.64}$$

Eine ähnlich einfache Methode zur Lösung von Differentialgleichungen gibt es nicht.

Beispiel 1

Gegeben ist ein System mit der Differenzengleichung

$$y(n) - 0,5 y(n-1) = x(n),$$

dies ist der Sonderfall der Differenzengleichung nach Gl. 6.62 mit $d_0 = -0,5$, $c_1 = 1$, $c_0 = 0$. Gesucht wird die Sprungantwort des Systems, d.h. seine Reaktion auf $x(n) = s(n)$.

Aus $y(n) = x(n) + 0,5 y(n-1) = s(n) + 0,5 y(n-1)$ folgt schrittweise:

$$y(0) = x(0) = 1$$
$$y(1) = x(1) + 0,5 y(0) = 1 + 0,5 \cdot 1 = 1,5,$$
$$y(2) = x(2) + 0,5 y(1) = 1 + 0,5 \cdot 1,5 = 1,75,$$
$$y(3) = x(3) + 0,5 y(2) = 1 + 0,5 \cdot 1,75 = 1,875 \quad \text{usw.}.$$

Wir stellen fest, daß diese Folge mit der Sprungantwort im Beispiel des Abschnittes 6.2 (Bild 6.6) übereinstimmt. Offenbar wird das dort behandelte System mit der Impulsantwort $g(n) = s(n)(0,5)^n$ auch durch die Differenzengleichung $y(n) - 0,5 y(n-1) = x(n)$ beschrieben. Natürlich hätten wir die Impulsantwort auf die gleiche Weise rekursiv berechnen können ($x(n) = \delta(n)$, Übung für den Leser!).

Wir wollen nun noch die Übertragungsfunktion des Systems mit der Differenzengleichung 6.62 ermitteln. Aus der Definitionsgleichung 6.27 für die Übertragungsfunktion folgt $y(n) = Ge^{jn\omega T}$ und damit $y(n-1) = Ge^{j(n-1)\omega T}$, wenn $x(n) = e^{jn\omega T}$ ist. Setzen wir $y(n)$, $y(n-1)$, $x(n)$ und $x(n-1)$ in die Differenzengleichung ein, so wird

$$Ge^{jn\omega T} + d_0 Ge^{j(n-1)\omega T} = c_1 e^{jn\omega T} + c_0 e^{j(n-1)\omega T}, \quad G(1 + d_0 e^{-j\omega T}) = c_1 + c_0 e^{-j\omega T},$$

$$G(j\omega) = \frac{c_1 + c_0 e^{-j\omega T}}{1 + d_0 e^{-j\omega T}}.$$

Mit $z = e^{j\omega T}$ (vgl. Gl. 6.41) erhalten wir daraus die z-Transformierte der Impulsantwort

$$G(z) = \frac{c_1 + c_0 z^{-1}}{1 + d_0 z^{-1}} = \frac{c_0 + c_1 z}{d_0 + z}. \tag{6.65}$$

Wir stellen fest, daß man bei dieser Art der Darstellung von $G(z)$ sofort die zugehörige Differenzengleichung angeben kann, da die in $G(z)$ auftretenden Koeffizienten identisch mit denen in der Differenzengleichung sind.

Nach Gl. 6.65 hat die Übertragungsfunktion eine Polstelle bei $z = -d_0$. Wie im Abschnitt 6.4.5 ausgeführt wurde, ist ein zeitdiskretes System genau dann stabil, wenn seine Pole innerhalb des Einheitskreises in der z-Ebene liegen. Dies bedeutet, daß $|d_0| < 1$ sein muß, damit das System mit der Differenzengleichung 6.62 stabil ist.

Schließlich zeigt Bild 6.12 eine Realisierungsstruktur für ein zeitdiskretes System 1. Ordnung. Diese Struktur ergibt sich durch die unmittelbare Nachbildung der Rekursionsgleichung $y(n) = c_1 x(n) + c_0 x(n-1) - d_0 y(n-1)$.

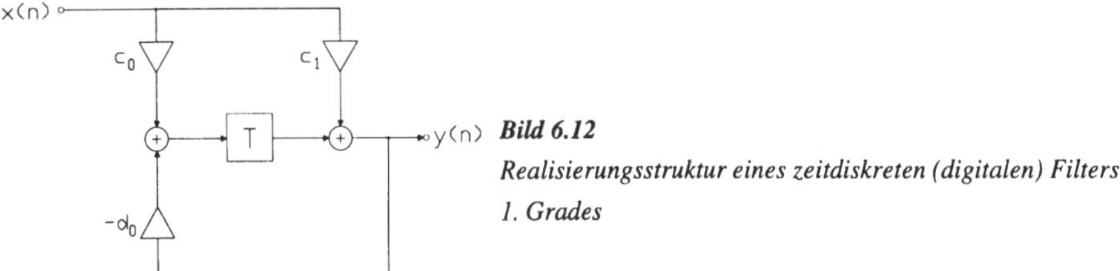

Bild 6.12

Realisierungsstruktur eines zeitdiskreten (digitalen) Filters

1. Grades

Eine Differenzengleichung 2. Ordnung hat die Form

$$y(n) + d_1 y(n-1) + d_0 y(n-2) = c_2 x(n) + c_1 x(n-1) + c_0 x(n-2). \tag{6.66}$$

Auf entsprechende Weise wie bei der Differenzengleichung 1. Ordnung erhalten wir die Übertragungsfunktion

$$G(z) = \frac{c_0 z^{-2} + c_1 z^{-1} + c_2}{d_0 z^{-2} + d_1 z^{-1} + 1} = \frac{c_0 + c_1 z + c_2 z^2}{d_0 + d_1 z + z^2}. \tag{6.67}$$

Stabil ist das System, wenn die beiden Pole im Inneren des Einheitskreises liegen, dies bedeutet

$$|z_{\infty 1,2}| = \left| -d_1/2 \pm \sqrt{d_1^2/4 - d_0} \right| < 1. \tag{6.68}$$

Eine Realisierungsstruktur für ein digitales Filter 2. Ordnung zeigt Bild 6.13. Auch diese Struktur erklärt sich unmittelbar aus der Rekursionsgleichung

$$y(n) = c_2 x(n) + c_1 x(n-1) + c_0 x(n-2) - d_1 y(n-1) - d_0 y(n-2).$$

Filter höherer Ordnung lassen sich durch Hintereinanderschaltungen von Strukturen 1. und 2. Ordnung realisieren.

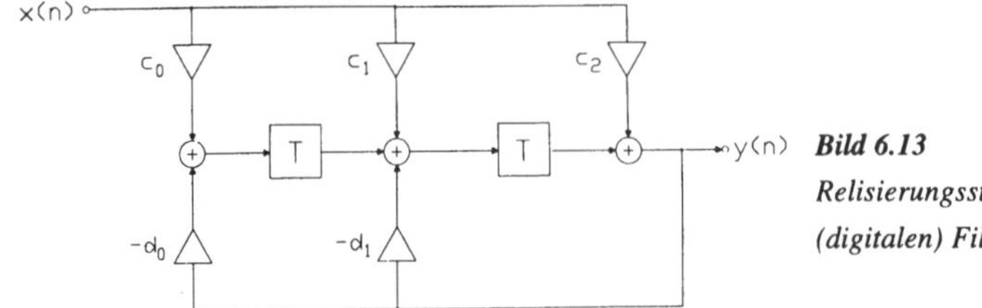

Bild 6.13

Relisierungsstruktur eines zeitdiskreten (digitalen) Filters 2. Grades

Beispiel 2

Gegeben sei ein zeitdiskretes System mit der Differenzengleichung

$$y(n) + y(n-1) + 0,5 y(n-2) = x(n).$$

Gesucht ist die Übertragungsfunktion dieses Systems.

Mit $d_1 = 1$, $d_0 = 0,5$, $c_2 = 1$, $c_1 = 0$, $c_0 = 0$ (siehe Gl. 6.66) erhält man nach Gl. 6.67

$$G(z) = \frac{z^2}{0,5 + z + z^2}.$$

Mit $z = e^{j\omega T}$ wird schließlich

$$G(j\omega) = \frac{e^{2j\omega T}}{0,5 + e^{j\omega T} + e^{2j\omega T}} = \frac{\cos(2\omega T) + j\sin(2\omega T)}{[0,5 + \cos(\omega T) + \cos(2\omega T)] + j[\sin(\omega T) + \sin(2\omega T)]},$$

$$|G(j\omega)| = \frac{1}{\sqrt{[0,5 + \cos(\omega T) + \cos(2\omega T)]^2 + [\sin(\omega T) + \sin(2\omega T)]^2}}.$$

$G(j\omega)$ ist periodisch mit der Periode $2\pi/T$, Bild 6.14 zeigt den Verlauf des Betrages $|G(j\omega)|$.

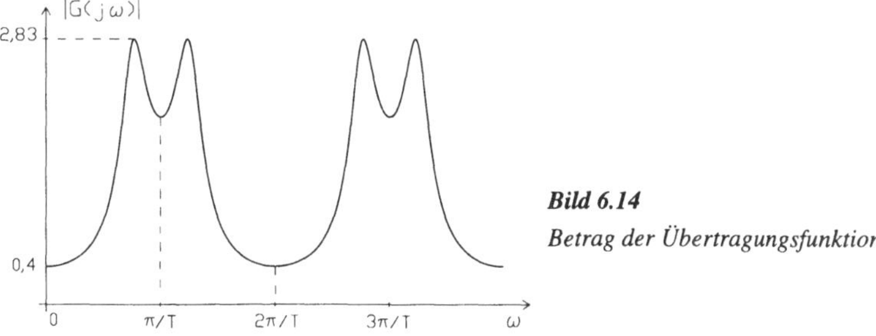

Bild 6.14
Betrag der Übertragungsfunktion

Weitere Beispiele findet der Leser in der Aufgabensammlung [16].

6.5.2 Der allgemeine Fall

Eine Differenzengleichung der Ordnung r hat die Form

$$y(n) + d_{r-1}y(n-1) + \ldots + d_0 y(n-r) = c_q x(n-(r-q)) + \ldots + c_0 x(n-r), \quad q \le r. \quad (6.69)$$

Die Übertragungsfunktion lautet

$$G(z) = \frac{c_q z^{-(r-q)} + \ldots + c_1 z^{-(r-1)} + c_0 z^{-r}}{1 + d_{r-1}z^{-1} + \ldots + d_1 z^{-(r-1)} + d_0 z^{-r}} = \frac{c_0 + c_1 z + \ldots + c_q z^q}{d_0 + d_1 z + \ldots + d_{r-1}z^{r-1} + z^r}, \quad q \le r. \quad (6.70)$$

Aus der im Abschnitt 6.4.5 angegebenen Stabilitätsbedingung folgt, daß alle Pole von $G(z)$ im Bereich $|z| < 1$ liegen müssen.

Bild 6.15 zeigt eine Realisierungsstruktur. Es besteht auch die Möglichkeit das System durch Hintereinanderschaltungen von Teilsystemen 1. und 2. Ordnung zu realisieren. Die Teilsysteme 1. Ordnung berücksichtigen die reellen Pole von $G(z)$, in den Teilsystemen 2. Ordnung werden jeweils zwei konjugiert komplexe Pole realisiert.

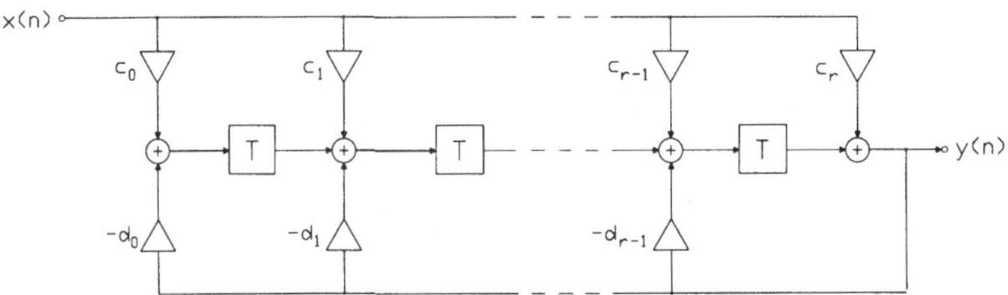

Bild 6.15 *Mögliche Realisierungsstruktur für ein zeitdiskretes (digitales) Filter der Ordnung r*

6.6 Der Ersatz kontinuierlicher durch zeitdiskrete Systeme

6.6.1 Der Ersatz für bestimmte Eingangssignale

In diesem Abschnitt soll kurz die Frage angeschnitten werden, wie man ein zeitdiskretes System findet, das auf ein bestimmtes Eingangssignal genau so wie ein vorgegebenes kontinuierliches System reagiert. Das zeitdiskrete System soll also das kontinuierliche nachbilden oder simulieren.

Wir setzen voraus, daß die Reaktion $y(t)$ des kontinuierlichen Systems auf das uns interessierende Eingangssignal $x(t)$ bekannt ist. Falls dies nicht zutrifft, muß zunächst $y(t)$ berechnet werden. Dann erfolgt der Entwurf des zeitdiskreten Systems in folgenden Schritten:

1. Die z-Transformierten $X(z)$ und $Y(z)$ der im Abstand T abgetasteten Signale $x(nT) = x(n)$, $y(nT) = y(n)$ werden berechnet.

2. Aus der Beziehung $Y(z) = X(z)G(z)$ wird die Übertragungsfunktion $G(z) = Y(z)/X(z)$ des zeitdiskreten Systems ermittelt.

3. Falls $G(z)$ keine rationale Funktion (mit Polen ausschließlich im Einheitskreis) ist, muß sie durch eine solche hinreichend genau approximiert werden. Auf die Behandlung dieser Fragen wird hier nicht eingegangen. Die nun rationale Funktion $G(z)$ wird in eine Form gemäß Gl.

6.70 gebracht. Die Koeffizienten c_μ, d_ν sind dann die gleichen wie in der Differenzengleichung 6.69, so daß die Differenzengleichung des gesuchten Systems bekannt ist.

4. Die Struktur des zeitdiskreten Systems wird festgelegt, beispielsweise die nach Bild 6.15.

Das so gefundene zeitdiskrete System ersetzt das kontinuierliche bezüglich des Eingangssignales, nach dem die Auslegung erfolgt ist. Für andere Eingangssignale treten mehr oder weniger starke Abweichungen zwischen den Ausgangssignalen des kontinuierlichen und zeitdiskreten Systems auf.

Beispiel

Gesucht wird ein zeitdiskretes System, das die gleiche Sprungantwort wie die Schaltung nach Bild 2.25 hat, also $h(t) = s(t)(1 - e^{-t})$.

Dann wird entsprechend Punkt 1 $x(n) = s(nT) = s(n)$ und nach Gl. 6.37 $X(z) = z/(z - 1)$, $y(n) = h(nT) = s(n)(1 - e^{-nT}) = s(n) - s(n)e^{nT}$ und nach den Gln. 6.37, 6.38 (mit $e^u = e^{-T}$) $Y(z) = z/(z - 1) - z/(z - e^{-T})$. Damit wird

$$G(z) = \frac{Y(z)}{X(z)} = 1 - \frac{z - 1}{z - e^{-T}} = \frac{1 - e^{-T}}{-e^{-T} + z}.$$

Ein Vergleich mit Gl. 6.65 (bzw. Gl. 6.70 im Fall r=1) zeigt, daß $c_0 = 1 - e^{-T}$, $c_1 = 0$, $d_0 = -e^{-T}$ ist, die Differenzengleichung lautet

$$y(n) - e^{-T}y(n - 1) = (1 - e^{-T})x(n - 1). \tag{6.71}$$

Eine Realisierungsstruktur erhält man aus der nach Bild 6.12, wenn die entsprechenden Koeffizienten berücksichtigt werden.

Zur Kontrolle der Ergebnisse berechnen wir rekursiv die Sprungantwort. Mit $x(n) = s(n)$ folgt aus Gl. 6.71 $h(n) = y(n) = (1 - e^{-T})s(n - 1) + e^{-T}h(n - 1)$:

$$n = 0: \quad h(0) = 0,$$
$$n = 1: \quad h(1) = 1 - e^{-T},$$
$$n = 2: \quad h(2) = 1 - e^{-T} + e^{-T}(1 - e^{-T}) = 1 - e^{-2T},$$
$$n = 3: \quad h(3) = 1 - e^{-T} + e^{-T}(1 - e^{-2T}) = 1 - e^{-3T} \text{ usw.,}$$

wir erkennen, daß $h(n) = h(nT) = s(n)(1 - e^{-nT})$ lautet.

6.6.2 Die Bilinear-Transformation

Neben der oben beschriebenen Methode zur Nachbildung kontinuierlicher Systeme gibt es eine ganze Reihe anderer Verfahren (siehe z.B. [20]). Von besonderer Bedeutung ist die sogenannte Bilinear-Transformation, die jetzt besprochen werden soll.

In diesem Abschnitt muß zwischen Übertragungsfunktionen zeitdiskreter und kontinuierlicher Systeme unterschieden werden. Daher werden die Übertragungsfunktionen der zeitdiskreten Systeme mit einem Index D besonders gekennzeichnet. $G_D(j\omega)$ ist also die Übertragungsfunktion eines zeitdiskreten Systems, $G(j\omega)$ die eines kontinuierlichen.

Gesucht wird ein zeitdiskretes System mit der (nicht exakt erfüllbaren) Eigenschaft

$$G_D(j\omega) = G(j\omega) \quad \text{für} \quad |\omega| < \pi/T. \tag{6.72}$$

Die Übertragungsfunktionen des zeitdiskreten und kontinuierlichen Systems sollen möglichst genau übereinstimmen. Eine Begründung für die Einschränkung des Frequenzbereiches in Gl. 6.72 ergibt sich aus den Ausführungen im Abschnitt 6.3.

Nach Gl. 6.42 ist die Übertragungsfunktion $G_D(j\omega)$ identisch mit der z-Transformierten $G_D(z)$, wenn $z = e^{j\omega T}$ gesetzt wird, also $G_D(j\omega) = G_D(z = e^{j\omega T})$. Weiterhin entspricht die Übertragungsfunktion $G(j\omega)$ des kontinuierlichen Systems der Laplace-Transformierten $G(s)$ für $s = j\omega$. Berücksichtigt man dies, so folgt aus Gl. 6.72

$$G_D(z = e^{j\omega T}) = G(s = j\omega). \tag{6.73}$$

Aus $z = e^{j\omega T}$ folgt $j\omega = (\ln z)/T$ und wir erhalten

$$G_D(z) = G(s = (\ln z)/T), \quad z = e^{j\omega T}. \tag{6.74}$$

Die Forderung nach Gl. 6.74 würde eine rationale Übertragungsfunktion $G(s)$ in eine transzendente Funktion $G_D(z)$ überführen. Wir wünschen aber eine rationale Funktion $G_D(z)$, die nach den im Abschnitt 6.5 angegebenen Strukturen realisiert werden kann. Dieses Ziel erreichen wir, wenn $\ln z$ in eine Reihe entwickelt wird. Die Reihendarstellung

$$\ln z = 2\left\{ \frac{z-1}{z+1} + \frac{1}{3}\left[\frac{z-1}{z+1}\right]^3 + \frac{1}{5}\left[\frac{z-1}{z+1}\right]^5 + \ldots \right\}$$

liefert die Näherung

$$\ln z \approx 2\frac{z-1}{z+1}, \tag{6.75}$$

die umso genauer wird, je kleiner $z - 1$ ist. Diese Bedingung ist für $z = e^{j\omega T}$ bei kleinen Werten von ωT gut erfüllt: $e^{j\omega T} = \cos(\omega T) + j \sin(\omega T) \rightarrow 1$ für $\omega T \rightarrow 0$. Mit Gl. 6.75 wird aus Gl. 6.74

$$G_D(z) \approx G\left(\frac{2}{T} \frac{z-1}{z+1} \right). \tag{6.76}$$

Den Ersatz von s durch $2/T \cdot (z-1)/(z+1)$ bezeichnet man als Bilinear-Transformation. Das zeitdiskrete System findet man gemäß Gl. 6.76 dadurch, daß in der Übertragungsfunktion $G(s)$ des kontinuierlichen Systems s durch $2/T \cdot (z-1)/(z+1)$ ersetzt wird. Falls $G(s)$ rational ist, erhält man ebenfalls eine rationale Funktion $G_D(z)$ und damit die Differenzengleichung des zeitdiskreten Systems (siehe Abschnitt 6.5.2). Da die Übertragungsfunktionen zeitdiskreter Systeme periodisch sind, kann eine Übereinstimmung $G_D(j\omega) \approx G(j\omega)$ prinzipiell nur im Bereich $|\omega| < \pi/T$ erreicht werden. Je kleiner ωT ist, umso besser ist die Übereinstimmung.

Das so ermittelte zeitdiskrete System bildet das kontinuierliche für kein spezielles Eingangssignal fehlerfrei nach, wie dies bei der im Abschnitt 6.6.1 beschriebenen Methode der Fall war. Die Nachbildungsfehler können durch geeignete Wahl des Abtastabstandes klein gehalten werden siehe (hierzu z.B. [15]).

Beispiel

Gesucht wird ein zeitdiskretes System, das die Übertragungsfunktion der im Bild 3.15 dargestellten Schaltung (im Fall $R = 1, L = 1, C = 1$) approximiert.

Diese Übertragungsfunktion lautet (vgl. das Beispiel im Abschnitt 3.5.2)

$$G(s) = \frac{1}{1 + s + s^2}.$$

Nach Gl. 6.76 wird

$$G_D(z) = G\left(\frac{2}{T} \frac{z-1}{z+1} \right) = \frac{1}{1 + \frac{2}{T}\frac{z-1}{z+1} + \left[\frac{2}{T}\frac{z-1}{z+1} \right]^2} = \frac{c_0 + c_1 z + c_2 z^2}{d_0 + d_1 z + z^2} \tag{6.77}$$

mit

$$c_0 = T^2/(T^2 + 2T + 4), \quad c_1 = 2c_0, \quad c_2 = c_0,$$
$$d_0 = (T^2 - 2T + 4)/(T^2 + 2T + 4), \quad d_1 = 2(T^2 - 4)/(T^2 + 2T + 4).$$

Die Realisierung kann gemäß der Struktur nach Bild 6.13 erfolgen.

Mit $z - e^{j\omega T}$ erhalten wir aus Gl. 6.77 $G_D(j\omega)$ und den Betrag

$$|G_D(j\omega)| = \sqrt{\frac{[c_0 + c_1\cos(\omega T) + c_2\cos(2\omega T)]^2 + [c_1\sin(\omega T) + c_2\sin(2\omega T)]^2}{[d_0 + d_1\cos(\omega T) + \cos(2\omega T)]^2 + [d_1\sin(\omega T) + \sin(2\omega T)]^2}} \; . \tag{6.78}$$

$|G_D(j\omega)|$ ist im Bild 6.16 für $T = 0,1$ bis zu $\omega = 5$ aufgetragen. Die Periode von $G_D(j\omega)$ beträgt

hier $2\pi/T = 20\pi \approx 63$.

Der Betrag der Übertragungsfunktion des zugrundeliegenden kontinuierlichen Systems

$$|G(j\omega)| = \frac{1}{\sqrt{(1-\omega^2)^2 + \omega^2}} = \frac{1}{\sqrt{1 - \omega^2 + \omega^4}} \tag{6.79}$$

ist ebenfalls im Bild 6.16 dargestellt, er unterscheidet sich kaum von $|G_D(j\omega)|$, z.B. beträgt der

Unterschied zwischen beiden Kurven bei $\omega = 5$ weniger als 5%.

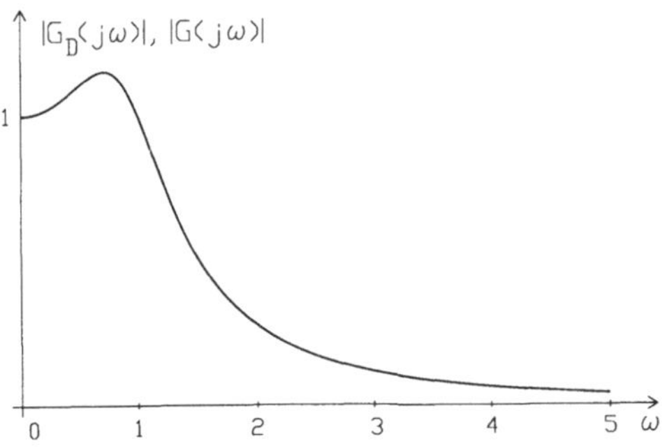

Bild 6.16
$|G_D(j\omega)|$ nach Gl. 6.78 und $|G(j\omega)|$ nach Gl. 6.79

7 Stochastische Signale

Der Abschnitt befaßt sich mit der Beschreibung von Zufallssignalen im Zeit- und im Frequenzbereich. Im Abschnitt 7.1 wird der Begriff des Zufallssignales eingeführt, wobei im wesentlichen stationäre und ergodische Zufallsprozesse betrachtet werden. Dabei zeigt sich, daß Zufallssignale weitgehend, normalverteilte Zufallssignale sogar vollständig, durch Korrelationsfunktionen beschrieben werden können. Die Eigenschaften dieser Korrelationsfunktionen und Methoden zu ihrer Messung werden in den Abschnitten 7.2 und 7.3 besprochen. Im Abschnitt 7.4 wird gezeigt, auf welche Weise (auch sehr) stark gestörte periodische Signale durch Messungen von Korrelationsfunktionen "erkannt" werden können. Die Untersuchung von Zufallssignalen im Frequenzbereich erfolgt im Abschnitt 7.5. Hier wird auch der Begriff "weißes Rauschen" eingeführt.

Die Ausführungen beziehen sich i.a. auf kontinuierliche Zufallssignale. Es werden jedoch stets auch die entsprechenden Beziehungen für zeitdiskrete Signale angegeben.

Zum Verständnis des Stoffes in diesem (und auch dem folgenden) Abschnitt sind Kenntnisse aus dem Gebiet der Wahrscheinlichkeitsrechnung erforderlich. Der Anhang A enthält hierzu eine Zusammenstellung der wichtigsten Beziehungen und Begriffe.

7.1 Die Beschreibung von zufälligen Signalen

Falls eine Zufallsvariable X von einem Parameter t abhängt, spricht man von einem Zufallssignal oder Zufallsprozess $X(t)$. Der Parameter t hat (hier) die Bedeutung der Zeit. Bei einem festen Wert des Parameters t ist $X(t)$ eine Zufallsgröße mit einem Erwartungswert $E[X(t)]$ und einer Streuung $\sigma^2_{X(t)}$. Im allgemeinen sind diese Kennwerte zeitabhängig.

Betrachtet man zwei Zeitpunkte t_1 und t_2, so liegen zwei Zufallsgrößen $X(t_1)$ und $X(t_2)$ vor. Ihre Abhängigkeit kann durch den Korrelationskoeffizienten (siehe Gl. A.25)

$$r_{12} = r(t_1, t_2) = \frac{E[X(t_1)X(t_2)] - E[X(t_1)]\,E[X(t_2)]}{\sigma_1 \sigma_2} \tag{7.1}$$

beschrieben werden, wobei σ^2_1, σ^2_2 die Streuungen von $X(t_1)$ und $X(t_2)$ sind.

Im Sonderfall $t_1 = t_2$ wird $r(t_1, t_2) = 1$, denn dann gilt $X(t_1) = X(t_2)$ und dies kann als lineare Abhängigkeit interpretiert werden (siehe Abschnitt A.3.2).

Von besonderer Bedeutung ist der in Gl. 7.1 auftretende Erwartungswert des Produktes

$$R_{XX}(t_1, t_2) = E[X(t_1)X(t_2)], \tag{7.2}$$

den man **Autokorrelationsfunktion** (Abkürzung AKF) nennt. Die Autokorrelationsfunktion ist eine wichtige Kennfunktion zur Beschreibung von Zufallssignalen.

7.1.1 Ein einfaches Beispiel für ein Zufallssignal

A und B sollen zwei voneinander unabhängige normalverteilte Zufallsgrößen sein. Beide sollen mittelwertfrei sein, d.h. $E[A] = E[B] = 0$ und sie sollen gleiche Streuungen $\sigma^2 = \sigma_A^2 = \sigma_B^2$ besitzen. Nun definieren wir ein zufälliges Signal

$$X(t) = A \cos(\omega t) + B \sin(\omega t). \tag{7.3}$$

Falls die Zufallsvariablen A und B spezielle Werte a und b annehmen, nimmt $X(t)$ die Form

$$x(t) = a \cos(\omega t) + b \sin(\omega t)$$

an. $x(t)$ nennt man eine **Realisierung** von $X(t)$. Im vorliegenden Fall sind alle Realisierungen von $X(t)$ periodische Signale (mit zufälligen Amplituden und Nullphasenwinkeln).

Für feste Werte des Zeitparameters t liegt eine Zufallsgröße der Form

$$X(t) = k_1 A + k_2 B$$

($k_1 = \cos(\omega t)$, $k_2 = \sin(\omega t)$) vor und entsprechend den Gln. A.34, A.36 erhalten wir

$$E[X(t)] = E[A]\cos(\omega t) + E[B]\sin(\omega t) = 0, \quad \sigma_X^2 = \sigma_A^2 \cos^2(\omega t) + \sigma_B^2 \sin^2(\omega t) = \sigma^2.$$

Das vorliegende Zufallssignal hat offenbar (bei verschwindenden Mittelwerten und gleichen Streuungen von A und B) den Erwartungswert 0 und eine zeitunabhängige Streuung. Da $X(t)$ nach Gl. 7.3 eine Summe von normalverteilten Zufallsgrößen ist, ist es ebenfalls normalverteilt. Damit kennen wir auch die (hier zeitunabhängige) Wahrscheinlichkeitsdichte von $X(t)$

$$p(x) = \frac{1}{\sqrt{2\pi}\,\sigma} e^{-x^2/(2\sigma^2)}.$$

Wir können nun mit Hilfe von Gl. A.12 ausrechnen mit welcher Wahrscheinlichkeit das Zufallssignal $X(t)$ bzw. seine Realisierungen $x(t)$ innerhalb eines vorgegebenen Intervalles $c \leq X(t) \leq d$ liegen. Da $X(t)$ normalverteilt (und $E[X(t)] = 0$) ist, wissen wir (Abschnitt A.4.1), daß z.B. $P(-\sigma < X(t) < \sigma) = 0,6826$ beträgt. Die Signalwerte liegen mit einer Wahrscheinlichkeit von 0,68 im Bereich von $-\sigma$ bis σ.

Zur Berechnung der nach Gl. 7.2 definierten Autokorrelationsfunktion ermitteln wir zunächst das Produkt

$$X(t_1)X(t_2) = [A\,\cos(\omega t_1) + B\,\sin(\omega t_1)]\,[(A\,\cos(\omega t_2) + B\,\sin(\omega t_2)] =$$

$$= A^2\cos(\omega t_1)\cos(\omega t_2) + B^2\sin(\omega t_1)\sin(\omega t_2) + AB\,[\cos(\omega t_1)\sin(\omega t_2) + \sin(\omega t_1)\cos(\omega t_2)].$$

Entsprechend den Ergebnissen vom Abschnitt A.5 wird der Erwartungswert

$$R_{XX}(t_1,t_2) = \mathrm{E}[X(t_1)X(t_2)] = \mathrm{E}[A^2]\cos(\omega t_1)\cos(\omega t_2) + \mathrm{E}[B^2]\sin(\omega t_1)\sin(\omega t_2) +$$

$$+ \mathrm{E}[AB]\{\cos(\omega t_1)\sin(\omega t_2) + \sin(\omega t_1)\cos(\omega t_2)\}.$$

Da A und B voneinander unabhängig sind, gilt

$$r_{AB} = \frac{\mathrm{E}[AB] - \mathrm{E}[A]\,\mathrm{E}[B]}{\sigma_A\sigma_B} = 0$$

und mit $\mathrm{E}[A] = \mathrm{E}[B] = 0$ folgt $\mathrm{E}[AB] = 0$. Mit Berücksichtigung dieses Ergebnisses und $\mathrm{E}[A^2] = \mathrm{E}[B^2] = \sigma^2$ erhält man die Autokorrelationsfunktion

$$R_{XX}(t_1,t_2) = \sigma^2[\cos(\omega t_1)\cos(\omega t_2) + \sin(\omega t_1)\sin(\omega t_2)] = \sigma^2\cos[\omega(t_1 - t_2)]. \qquad (7.4)$$

Sie hängt im vorliegenden Fall nur vom Abstand $|\,t_1 - t_2\,|$ der beiden Zeitpunkte ab.

Mit Hilfe von Gl. 7.1 können wir nun den Korrelationskoeffizienten zwischen den Zufallsvariablen $X(t_1)$ und $X(t_2)$ ermitteln und erhalten

$$r_{12} = r(t_1,t_2) = \cos[\omega(t_1 - t_2)].$$

Damit können wir nun auch die zweidimensionale Dichtefunktion $p(x_1,x_2)$ gemäß Gl. A.29 angeben. Dazu ist dort $\sigma_1 = \sigma_2 = \sigma$, $m_1 = m_2 = 0$ und r_{12} entsprechend dem oben angegebenen Ausdruck einzusetzen. Bei Kenntnis der zweidimensionalen Dichte können wir ausrechnen, mit welcher Wahrscheinlichkeit Signalwerte von $X(t)$ bei $t = t_1$ in einem Bereich von c_1 bis d_1 und gleichzeitig bei t_2 in einem Bereich von c_2 bis d_2 liegen. Die Berechnung dieser Wahrscheinlichkeit erfolgt nach Gl. A.12.

Wir können unsere Überlegungen fortsetzen und drei Zeitpunkte mit den Zufallsvariablen $X(t_1)$, $X(t_2)$, $X(t_3)$ untersuchen. Alle drei Zufallsgrößen haben den Mittelwert 0 und die Streuung σ^2. Die drei Korrelationskoeffizienten r_{12}, r_{13}, r_{23} sind ebenfalls bekannt (Gln. 7.1, 7.4) und damit kann man die dreidimensionale Dichte $p(x_1,x_2,x_3)$ ermitteln (Gl. A.30). Nun kann die Frage beantwortet werden, mit welcher Wahrscheinlichkeit das Zufallssignal an den drei Zeitpunkten in bestimmten Bereichen liegt. Im vorliegenden Fall können alle n-dimensionalen Dichtefunktionen angegeben werden und damit ist das Zufallssignal $X(t)$ im Sinne der Wahrscheinlichkeitsrechnung vollständig beschrieben.

7.1.2 Stationäre und ergodische Zufallsprozesse

7.1.2.1 Stationarität

Im Abschnitt 7.1.1 wurde ein normalverteiltes Zufallssignal mathematisch "konstruiert". Dadurch war es leicht möglich die interessierenden Kennwerte $E[X(t)]$ und $R_{XX}(t_1, t_2)$ zu berechnen. Wir wollen nun einen (normalverteilten) Zufallsprozeß untersuchen, der nicht durch eine einfache mathematische Beziehung beschrieben werden kann und bei dem die interessierenden Kenngrößen auf ganz andere Art ermittelt werden müssen.

Betrachtet man einen (stromlosen) Widerstand, dann werden die temperaturbedingten Bewegungen der Moleküle im Widerstandsmaterial dazu führen, daß die freien Ladungsträger zu bestimmten Zeitpunkten unterschiedlich konzentriert sind. Mit einer sehr empfindlichen Meßanordnung könnte an dem Widerstand eine zufällig verlaufende Spannung gemessen werden. Tatsächlich benutzt man in Rauschgeneratoren dieses Phänomen zu Erzeugung von Zufallssignalen. Wir nehmen nun an, daß eine sehr große Zahl völlig gleichartiger Widerstände ("Rauschgeneratoren") vorliegt. Wie im Bild 7.1 dargestellt, messen wir am Rauschgenerator 1 den Signalverlauf $x_1(t)$, am Rauschgenerator 2 den Verlauf $x_2(t)$ usw.. Die Funktionen $x_i(t)$, $i = 1, 2, \ldots$, sind die **Realisierungen** eines Zufallsprozesses $X(t)$. Im vorliegenden Fall wird dieser Zufallsprozeß durch die Gesamtheit seiner möglichen Realisierungen repräsentiert.

Da für $X(t)$, im Gegensatz zu dem Beispiel vom Abschnitt 7.1.1, kein mathematischer Ausdruck vorliegt, müssen die Kennwerte "statistisch" aus den Realisierungsfunktionen ermittelt werden. Zu diesem Zweck betrachten wir zunächst einen Zeitpunkt t_1 (im Bild 7.1 markiert). Die Zufallsgröße $X_1 = X(t_1)$ nimmt die Werte $x_1(t_1), x_2(t_1), \ldots, x_N(t_1)$ an und wir erhalten im Sinne von Gl. A.21 den Mittelwert und die Streuung

$$E[X(t_1)] \approx \frac{1}{N} \sum_{i=1}^{N} x_i(t_1), \quad \sigma_1^2 \approx \frac{1}{N} \sum_{i=1}^{N} (x_i(t_1) - E[X(t_1)])^2. \tag{7.5}$$

Die gleichen Überlegungen können wir für einen beliebigen anderen Zeitpunkt t_2 (siehe Bild 7.1) durchführen und finden den Mittelwert und die Streuung, wenn wir in Gl 7.5 t_1 durch t_2 ersetzen. Im vorliegenden Fall liegt ein sogenanntes **stationäres** Zufallssignal vor und dies bedeutet, daß der Mittelwert und auch die Streuung zeitunabhängig ist. Für den Mittelwert erwarten wir den (zeitunabhängigen) Wert 0, die gemessenen Rauschspannungen an den Widerständen können positiv und negativ sein, ein "Gleichanteil" ($E[X(t)] \neq 0$) ist nicht möglich. Sicher ist es hier auch einleuchtend, daß die Streuung nicht von dem willkürlich gewählten Meßzeitpunkt abhängt.

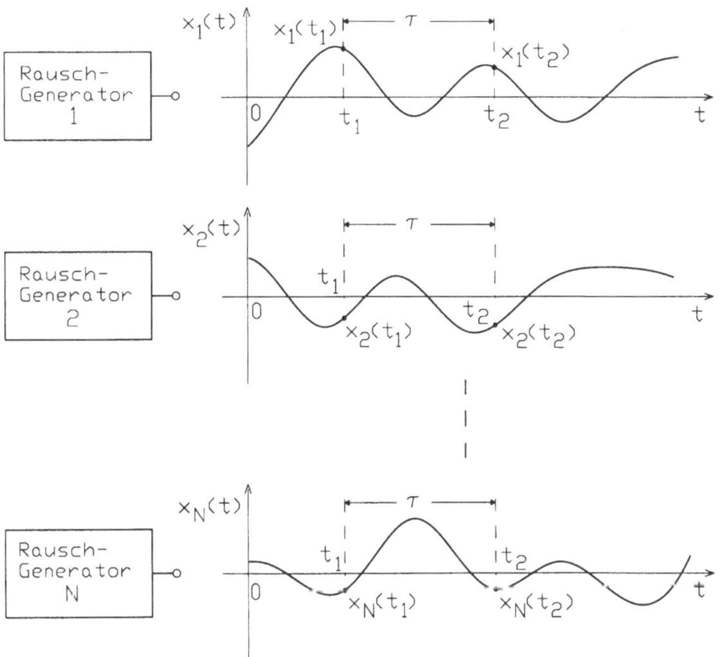

Bild 7.1 *Realisierungen eines Zufallsprozesses* $X(t)$

Zur näherungsweisen Berechnung der Autokorrelationsfunktion bilden wir bei jeder Realisierungsfunktion (Bild 7.1) das Produkt $x_i(t_1)\,x_i(t_2)$ und berechnen den Mittelwert

$$R_{XX}(t_1, t_2) \approx \frac{1}{N} \sum_{i=1}^{N} x_i(t_1)x_i(t_2). \tag{7.6}$$

Stationäre Zufallssignale haben zusätzlich zu der Zeitunabhängigkeit von Mittelwert und Streuung die Eigenschaft, daß die Autokorrelationsfunktion alleine von dem Abstand $|\,t_1 - t_2\,|$ der Betrachtungszeitpunkte abhängt, d.h.

$$R_{XX}(t_1, t_2) = R_{XX}(|\,t_1 - t_2\,|) = R_{XX}(\tau) = R_{XX}(-\tau), \quad \tau = t_1 - t_2. \tag{7.7}$$

Im vorliegenden Fall der "rauschenden Widerstände" erscheint es einleuchtend, daß das Ergebnis nach Gl. 7.6 das gleiche bleibt, wenn die Beobachtungszeitpunkte t_1 und t_2 beide z.B. um einen gleichen Wert nach rechts oder links verschoben werden.

Der hier betrachtete Zufallsprozeß ist stationär. Ein stationäres Zufallssignal ist dadurch gekennzeichnet, daß Mittelwert und Streuung zeitunabhängig sind und die Autokorrelationsfunktion nur vom Abstand der Beobachtungszeitpunkte abhängt. In diesem Sinne ist übrigens auch der im Abschnitt 7.1.1 besprochene Zufallsprozeß stationär.

7.1.2.2 Ergodische Zufallssignale

Bei der Bestimmung der Kennwerte nach den Gln. 7.5 und 7.6 spricht man von den Ensemble- oder Scharmittelwerten, weil das Vorhandensein eines Ensembles von Realisierungsfunktionen zu ihrer Bestimmung erforderlich ist. Die Ermittlung der Kenngrößen als Ensemblemittelwerte ist sehr aufwendig und oft überhaupt gar nicht möglich. Nicht in jedem Fall steht eine hinreichend große Zahl von Realisierungsfunktionen des Zufallsprozesses zur Verfügung. Oft wird man sogar nur ein einziges Signal empfangen, das als Realisierung eines Zufallsprozesses angesehen wird. Selbstverständlich kann man beim Vorhandensein einer einzigen Realisierung die Gln. 7.5, 7.6 nicht anwenden. Man kann ja auch nicht den Mittelwert der Augenzahlen eines Würfels durch ein einmaliges Werfen des Würfels ermitteln.

Stationäre Zufallssignale können die zusätzliche Eigenschaft der **Ergodizität** aufweisen. Ergodische Zufallssignale haben die äußerst wichtige Eigenschaft, daß die (zeitunabhängigen) Kenngrößen $E[X(t)]$ und $R_{XX}(\tau) = E[(X(t)X(t+\tau)]$ $(t_1 = t, t_2 = t + \tau)$ auch als Zeitmittelwerte aus einer einzigen Realisierungsfunktion $x(t)$ bestimmt werden können. Das sogenannte Ergodentheoren macht die Aussage

$$E[X(t)] = \lim_{T \to \infty} \frac{1}{2T} \int_{-T}^{T} x(t)dt, \tag{7.8}$$

$$R_{XX}(\tau) = E[X(t)X(t+\tau)] = \lim_{T \to \infty} \frac{1}{2T} \int_{-T}^{T} x(t)x(t+\tau)dt. \tag{7.9}$$

Mit $\tau = 0$ erhält man aus Gl. 7.9 eine Beziehung für das 2. Moment

$$E[X^2] = R_{XX}(0) = \lim_{T \to \infty} \frac{1}{2T} \int_{-T}^{T} x^2(t)dt. \tag{7.10}$$

Bei Kenntnis des 2. Momentes findet man die Streuung

$$\sigma^2_{X(t)} = E[X^2] - (E[X])^2. \tag{7.11}$$

Damit können auch alle zur Berechnung des Korrelationskoeffizienten nach Gl. 7.1 nötigen Größen als Zeitmittelwerte berechnet werden.

Zur Erklärung von Gl. 7.8 betrachten wir die im Bild 7.2 skizzierte Realisierungsfunktion $x(t)$. Die Fläche zwischen $-T_i$ und T_i unter $x(t)$ kann als Rechteckfläche der Breite $2T_i$ und einer "mittleren Höhe" h ausgedrückt werden, d.h.

$$A = \int_{-T_i}^{T_i} x(t)dt = h2T_i.$$

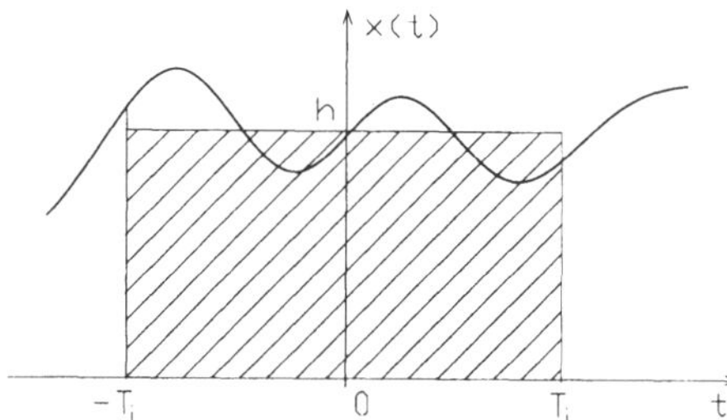

Bild 7.2

Darstellung zur Interpretation von Gl. 7.8

Bei unendlich großer Integrationszeit ($T_i \to \infty$) erhält man aus dieser Beziehung einen Ausdruck für die mittlere Höhe h, der mit E[$X(t)$] nach Gl. 7.8 übereinstimmt. In diesem Sinne ist E[$X(t)$] auch als mittlere Höhe einer (beliebigen) Realisierungsfunktion des Zufallsprozesses erklärbar. Selbstverständlich ist Gl. 7.8 damit nicht bewiesen. Einen Beweis für die Gln. 7.8, 7.9 können wir hier nicht mitteilen (siehe z.B. [14]). Zufallsprozesse, bei denen die Gln. 7.8, 7.9 angewendet werden dürfen, nennt man ergodische Zufallsprozesse. Eine notwendige Voraussetzung ist die Stationarität. Es gibt jedoch auch Zufallsprozesse, die stationär, aber nicht ergodisch sind, bei denen also die Gln. 7.8, 7.9 nicht angewendet werden können.

Die Frage, ob ein Zufallssignal ergodisch ist, kann dadurch beantwortet werden, daß die Übereinstimmung der Ensemblemittelwerte (Gln. 7.5, 7.6) mit den Zeitmittelwerten (Gln. 7.8, 7.9) nachgewiesen wird. Dieser Nachweis ist häufig nicht durchführbar, insbesonders dann nicht, wenn nur eine einzige Realisierung des Zufallsprozesses vorliegt. In der Praxis schließt man dann häufig durch Überlegungen über den Entstehungsprozeß des Zufallssignales auf die Ergodizität und spricht von einer Ergodenhypothese.

Man kann zeigen, daß es sich bei dem im Abschnitt 7.1.2.1 erwähnten Zufallsprozeß (Rauschspannungen an Widerständen) um einen stationären, ergodischen und normalverteilten Zufallsprozeß handelt (siehe z.B. [2]).

Der im Abschnitt 7.1.1 besprochene Zufallsprozeß nach Gl. 7.3 ist stationär, aber nicht ergodisch. Um dies zu zeigen, nehmen wir an, daß die Zufallsgrößen A und B in Gl. 7.3 die Werte $A = a$ und $B = b$ angenommen haben. Dann ist $x(t) = a \cos(\omega t) + b \sin(\omega t)$ eine spezielle Realisierung von $X(t)$. Wir setzen $x^2(t) = a^2 \cos^2(\omega t) + b^2 \sin^2(\omega t) + 2ab \cos(\omega t) \sin(\omega t)$ in Gl. 7.10 ein und erhalten nach elementarer Rechnung

$$\lim_{T \to \infty} \frac{1}{2T} \int_{-T}^{T} x^2(t)dt = a^2 \lim_{T \to \infty} \frac{1}{2T} \int_{-T}^{T} \cos^2(\omega t)dt + b^2 \lim_{T \to \infty} \frac{1}{2T} \int_{-T}^{T} \sin^2(\omega t)dt +$$

$$+ 2ab \lim_{T \to \infty} \frac{1}{2T} \int_{-T}^{T} \cos(\omega t) \sin(\omega t)dt = \frac{1}{2}(a^2 + b^2).$$

a und b sind zufällige Zahlenwerte, die die Zufallsgrößen A und B angenommen haben. Das Ergebnis stimmt also nicht mit dem im Abschnitt 7.1.1 ermittelten 2. Moment $E[X^2] = \sigma^2$ (Gl. 7.4 mit $t_1 = t_2$) überein und damit ist $X(t)$ nach Gl. 7.3 kein ergodisches Signal. Ein Beispiel für einen ergodischen Zufallsprozeß ist hingegen $X(t) = \cos(\omega t + \varphi)$, dabei ist φ eine im Bereich von 0 bis 2π gleichverteilte Zufallsvariable (siehe z.B. [14]).

Im folgenden werden wir ausschließlich stationäre ergodische Zufallssignale voraussetzen. Daher wird es bei vielen Fragestellungen auch nicht mehr so wichtig sein, sprachlich zwischen dem Zufallssignal $X(t)$ und einer Realisierung $x(t)$ des Zufallsprozesses zu unterscheiden. Im folgenden werden wir daher häufig auch $x(t)$ als Zufallssignal bezeichnen.

7.2 Korrelationsfunktionen

7.2.1 Eigenschaften von Autokorrelationsfunktionen

Wie schon erwähnt, setzen wir stationäre ergodische Zufallsprozesse voraus. Dies bedeutet, daß der Mittelwert $E[X(t)]$ und das 2. Moment $E[X^2(t)]$ (und damit die Streuung) zeitunabhängig sind. Die Autokorrelationsfunktion $R_{XX}(\tau)$ ist lediglich vom Abstand $\tau = t_2 - t_1$ der Betrachtungszeitpunkte abhängig. Von größter Bedeutung für die Praxis ist, daß diese Kenngrößen beim Vorhandensein einer einzigen Realisierung $x(t)$ des Zufallsprozesses $X(t)$ ermittelt werden können (Gln. 7.8, 7.9). Wir besprechen hier nur die wichtigsten Eigenschaften von Autokorrelationsfunktionen. Eine vollständigere und ausführlichere Darstellung findet der Leser in [14].

1. Die Autokorrelationsfunktion ist eine gerade Funktion, d.h.

$$R_{XX}(\tau) = R_{XX}(-\tau). \tag{7.12}$$

Diese Aussage wurde bereits im Abschnitt 7.1.2.1 begründet. Einen zusätzlichen Beweis erhält man, wenn in Gl. 7.9 τ durch $-\tau$ ersetzt wird und in dem dann vorliegenden Integral $t - \tau$ durch t' substituiert wird.

2. Für $\tau = 0$ erhält man aus Gl. 7.9 das 2. Moment

$$R_{XX}(0) = E[X^2] = \lim_{T \to \infty} \frac{1}{2T} \int_{-T}^{T} x^2(t)\,dt. \tag{7.13}$$

Das 2. Moment $E[X^2]$ wird häufig die **mittlere Leistung** des Zufallssignales genannt.

Grund: In der Elektrotechnik handelt es sich bei den Signalen meist um Spannungen oder Ströme. Ist $x(t)$ ein durch einen Widerstand fließender Strom (oder eine an dem Widerstand anliegende Spannung), so ist $x^2(t)R$ (oder $x^2(t)/R$) die in R erzeugte Augenblicksleistung. Meist interessiert die im (zeitlichen) Mittel erzeugte Leistung

$$P = R \lim_{T \to \infty} \frac{1}{T} \int_0^T x^2(t)dt \quad \text{bzw.} \quad P = \frac{1}{R} \lim_{T \to \infty} \frac{1}{T} \int_0^T x^2(t)dt. \tag{7.14}$$

P stimmt bis auf den Faktor R bzw. $1/R$ mit $R_{XX}(0)$ überein, wobei es natürlich keine Rolle spielt, ob die Mittelung im Bereich von 0 bis T oder von $-T$ bis T erfolgt.

Die eigentliche mittlere Leistung ist also proportional zu $R_{XX}(0)$. Gelegentlich wird $R_{XX}(0)$ auch als mittlere Leistung an einem Widerstand $R = 1$ bezeichnet. Diese Aussage beschränkt aber den Begriff der mittleren Leistung in unnötiger Weise auf Ströme und Spannungen. Schließlich soll nochmals daran erinnert werden, daß wir durchweg normiert rechnen, also ohne Berücksichtigung der Dimensionen.

3. Es gilt

$$R_{XX}(0) \geq |R_{XX}(\tau)|, \tag{7.15}$$

die Autokorrelationsfunktion hat bei $\tau = 0$ ein absolutes Maximum.

Beweis:
Die Zufallsgröße $Z = [X(t) \pm X(t + \tau)]^2$ kann keine negativen Werte annehmen, daher ist auch ihr Erwartungswert $E[Z] \geq 0$. Mit $Z = X^2(t) + X^2(t + \tau) \pm 2X(t)X(t + \tau)$ erhält man

$$E[Z] = E[X^2(t)] + E[X^2(t + \tau)] \pm 2\,E[X(t)X(t + \tau)] \geq 0.$$

Das Signal ist stationär, also gilt $E[X^2(t)] = E[X^2(t + \tau)] = R_{XX}(0)$ und $E[X(t)X(t + \tau)] = R_{XX}(\tau)$. Damit folgt $E[Z] = 2R_{XX}(0) \pm 2R_{XX}(\tau) \geq 0$ bzw. $R_{XX}(0) \geq |R_{XX}(\tau)|$.

4. Im allgemeinen kann man davon ausgehen, daß die Zufallsgrößen $X(t)$ und $X(t + \tau)$ für große Werte von τ unabhängig voneinander sind. Dies bedeutet, daß der Korrelationskoeffizient (für $\tau \to \infty$) zu Null wird. Mit $E[X(t_1)X(t_2)] = E[X(t)X(t + \tau)] = R_{XX}(\tau)$, $E[X(t_1)] = E[X(t_2)] = E[X(t)]$ sowie $\sigma_1^2 = \sigma_2^2 = E[X^2(t)] - (E[X(t)])^2$ lautet Gl. 7.1

$$r_{12} = \frac{R_{XX}(\tau) - (E[X(t)])^2}{E[X^2(t)] - (E[X(t)])^2} = r_{XX}(\tau). \tag{7.16}$$

Die Bedingung $r_{XX}(\infty) = 0$ führt zu der Aussage

$$R_{XX}(\infty) = (E[X(t)])^2. \tag{7.17}$$

Dies bedeutet, daß bei Kenntnis der Autokorrelationsfunktion, der Mittelwert des betreffenden Zufallssignales bis auf sein Vorzeichen bekannt ist.

Hinweis:

Diese Aussagen gelten nicht bei der speziellen Klasse periodischer Zufallsprozesse (siehe das Beispiel im Abschnitt 7.1.1).

Mit $E[X^2(t)] = R_{XX}(0)$ und $(E[X(t)])^2 = R_{XX}(\infty)$ erhalten wir die Streuung

$$\sigma^2 = R_{XX}(0) - R_{XX}(\infty) \tag{7.18}$$

und aus Gl. 7.16

$$r_{XX}(\tau) = \frac{R_{XX}(\tau) - R_{XX}(\infty)}{R_{XX}(0) - R_{XX}(\infty)}. \tag{7.19}$$

Bei mittelwertfreien Zufallssignalen vereinfacht sich Gl. 7.19 zu

$$r_{XX}(\tau) = \frac{R_{XX}(\tau)}{R_{XX}(0)}. \tag{7.20}$$

Normalverteilte Zufallssignale werden (bis auf das Vorzeichen ihres Mittelwertes) vollständig durch ihre Autokorrelationsfunktion beschrieben. Dies ergibt sich aus den Ausführungen im Abschnitt 7.1.1 und wird bei den Beispielen im kommenden Abschnitt 7.2.2 nochmals erläutert. Bei nicht normalverteilten Zufallsprozessen trifft dies nicht zu. Aber auch in solchen Fällen lassen sich bestimmte Fragestellungen bei Kenntnis der Autokorrelationsfunktion beantworten (siehe z.B. die Problemstellung im Abschnitt 7.4).

5. Die Korrelationsdauer τ_0 eines Zufallssignales (mit verschwindendem Mittelwert) ist folgendermaßen definiert

$$\tau_0 = \frac{1}{R_{XX}(0)} \int_{-\infty}^{\infty} R_{XX}(\tau) d\tau. \tag{7.21}$$

Dies bedeutet, daß die Fläche unter $R_{XX}(\tau)$ einer Rechteckfläche $\tau_0 \cdot R_{XX}(0)$ entspricht. Eine Definition dieser Art haben wir im Abschnitt 3.4.4 (Gl. 3.65) für die Bandbreite eines Signales kennengelernt.

6. Ist $R_{XX}(\tau)$ die Autokorrelationsfunktion eines Zufallssignales $X(t)$, so hat das abgeleitete Zufallssignal $X'(t)$ die Autokorrelationsfunktion

$$R_{X'X'}(\tau) = -\frac{d^2 R_{XX}(\tau)}{d\tau^2}.$$ (7.22)

Ein Beweis für diese Beziehung und nähere Erläuterungen über den Begriff der Ableitung von Zufallsprozessen kann z.B. [14] entnommen werden. Notwendige Voraussetzung für die Existenz von $X'(t)$ ist die Stetigkeit von $X(t)$. Diese liegt vor, wenn die Autokorrelationsfunktion $R_{XX}(\tau)$ stetig ist (siehe z.B. [14]).

7.2.2 Beispiele

1. Ein normalverteiltes Zufallssignal $X(t)$ besitzt die im Bild 7.3 skizzierte Autokorrelationsfunktion

$$R_{XX}(\tau) = \sigma^2 e^{-k|\tau|}.$$ (7.23)

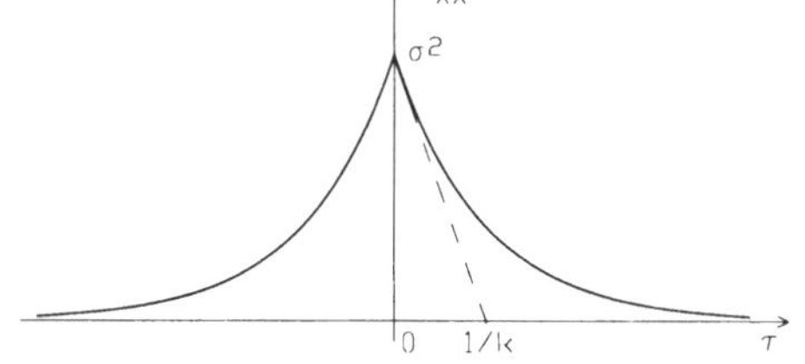

Bild 7.3

Autokorrelationsfunktion nach Gl. 7.23

Aus $R_{XX}(\infty) = 0$ folgt, daß es sich um ein mittelwertfreies Zufallssignal handelt, d.h. $E[X] = 0$ (siehe Gl. 7.17). Nach Gl. 7.18 hat das Signal die Streuung $\sigma_X^2 = R_{XX}(0) - R_{XX}(\infty) = \sigma^2$, dies ist auch die mittlere Leistung von $X(t)$.

Im Falle $\sigma^2 = 0,04$ bzw. $\sigma = 0,2$ lautet die Wahrscheinlichkeitsdichte (Gl. A.26)

$$p(x) = \frac{1}{\sqrt{2\pi}\,0,2} e^{-x^2/0,08},$$ (7.24)

sie ist links im Bild 7.4 skizziert. Rechts im Bild 7.4 ist der mögliche Verlauf eines Zufallssignales $x(t)$ dargestellt.

Man kann nun die Frage beantworten, mit welcher Wahrscheinlichkeit Signalwerte in einem Bereich von a bis b auftreten. Es gilt (siehe Gl. A.12)

$$P(a < X(t) \le b) = \int_a^b p(x)dx.$$

Für den Fall $a = -2\sigma = -0,4$ und $b = 2\sigma = 0,4$ (im Bild 7.4 angedeutet) erhält man hieraus den Wert $P(-0,4 < X(t) \le 0,4) = 0,954$, es handelt sich hier um den 2σ-Bereich (siehe Abschnitt A.4.1). Signalwerte treten demnach im Bereich von -0,4 bis 0,4 mit einer Wahrscheinlichkeit von ca. 95% auf.

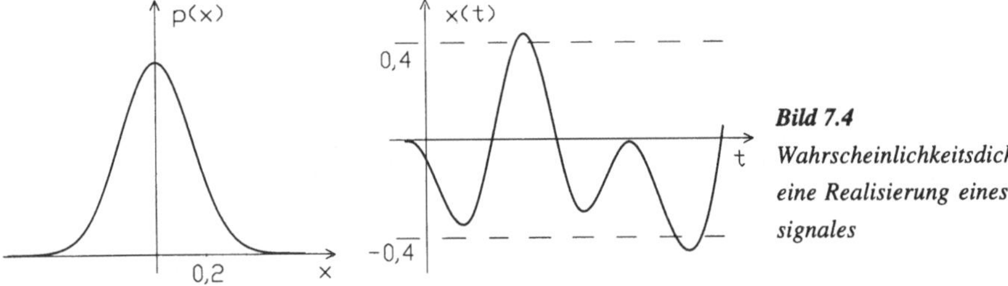

Bild 7.4

Wahrscheinlichkeitsdichte und eine Realisierung eines Zufalls-signales

Den Korrelationskoeffizienten zwischen zwei Zufallsgrößen $X(t)$ und $X(t + \tau)$ erhält man nach Gl. 7.20 zu

$$r_{XX}(\tau) = \frac{R_{XX}(\tau)}{R_{XX}(0)} = e^{-k\,|\tau|}.$$

Für $\tau = 0$ ergibt sich der Wert 1, für $\tau = \infty$ der Wert 0 und z.B. für $\tau = 1,5$ (bei $k = 2$) der Wert $e^{-3} = 0,0498$.

Mit den vorliegenden Kenngrößen ($E[X] = 0$, $E[X^2] = \sigma^2$, $r_{XX}(\tau)$) können alle höherdimensionalen Wahrscheinlichkeitsdichten des Zufallsprozesses angegeben werden (Gln. A.30, A.31). Mit Hilfe der zweidimensionalen Dichte $p(x_1, x_2)$ der Zufallsvariablen $X_1 = X(t)$ und $X_2 = X(t + \tau)$ kann z.B. die Wahrscheinlichkeit $P(a < X(t) \le b, c < X(t + \tau) \le d)$ ermittelt werden (siehe Gl. A.12).

2. Die Autokorrelationsfunktion eines Zufallssignales hat die Form

$$R_{XX}(\tau) = 0,04 e^{-|\tau|}\cos(\pi\tau), \tag{7.25}$$

sie ist im Bild 7.5 skizziert.

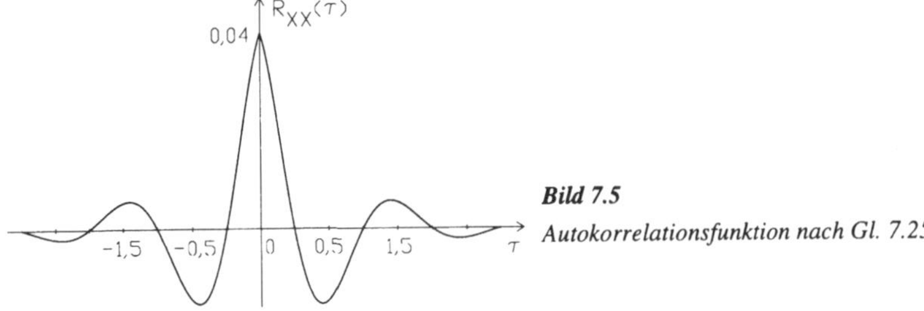

Bild 7.5

Autokorrelationsfunktion nach Gl. 7.25

Das Signal ist mittelwertfrei (Grund: $R_{XX}(\infty) = (E[X])^2 = 0$). Die Streuung ergibt sich zu $\sigma^2 = R_{XX}(0) - R_{XX}(\infty) = 0,04$, sie hat den gleichen Wert wie beim Beispiel 1. Das vorliegende Zufallssignal hat die gleiche Wahrscheinlichkeitsdichte $p(x)$ wie die vom Beispiel 1, insofern beziehen sich die Darstellungen im Bild 7.4 und die damit zusammenhängenden Erklärungen in gleicher Weise auf dieses Beispiel.

Der Korrelationskoeffizient hat die Form

$$r_{XX}(\tau) = \frac{R_{XX}(\tau)}{R_{XX}(0)} = e^{-|\tau|}\cos(\pi\tau),$$

er unterscheidet sich von dem im Beispiel 1 und dies bedeutet auch unterschiedliche höherdimensionale Wahrscheinlichkeitsdichten. Im vorliegenden Fall kann der Korrelationskoeffizient auch negative Werte annehmen, z.B. erhält man bei $\tau = 1$ den Wert $r = -0,368$. Welche Erkenntnisse über den Signalverlauf ergeben sich aus einem solchen Ergebnis? Aus dem Abschnitt A.3.2 wissen wir, daß der Korrelationskoeffizient ein Maß für die Abhängigkeit von Zufallsgrößen ist. Negative Werte bedeuten eine "gegenläufige" Abhängigkeit. Im vorliegenden Fall ($r = -0,368$ bei $\tau = 1$) bedeutet dies, daß die Werte der Zufallsgrößen $X(t)$ und $X(t + 1)$ "häufiger" unterschiedliche Vorzeichen aufweisen. Vereinfacht ausgedrückt kann man sagen, daß die Realisierungsfunktionen $x_i(t)$ bei um $\tau = 1$ auseinanderliegenden Werten oft unterschiedliche Vorzeichen besitzen.

7.2.3 Kreuzkorrelationsfunktionen

$X(t)$ und $Y(t)$ sollen zwei (i.a. unterschiedliche) Zufallsprozesse sein. Dann ist

$$r_{XY}(t_1, t_2) = \frac{E[X(t_1)Y(t_2)] - E[X(t_1)]\,E[Y(t_2)]}{\sigma_X \sigma_Y} \tag{7.26}$$

der Korrelationskoeffizient zwischen den Zufallsgrößen $X(t_1)$ und $Y(t_2)$. Den hier auftretenden Erwartungswert des Produktes der beiden Zufallsgrößen nennt man Kreuzkorrelationsfunktion (Abkürzung KKF)

$$R_{XY}(t_1, t_2) = E[X(t_1)Y(t_2)].$$

Bei stationären Zufallsgrößen hängt die Kreuzkorrelationsfunktion nur von der Differenz zwischen den Beobachtungszeitpunkten ab. Mit $t = t_1$, $t + \tau = t_2$ wird

$$R_{XY}(t, t + \tau) = E[X(t)Y(t + \tau)] = R_{XY}(\tau). \tag{7.27}$$

Sind die Zufallssignale nicht nur stationär, sondern auch ergodisch, so kann $R_{XY}(\tau)$ aus jeweils einer Realisierungsfunktion der Zufallsprozesse ermittelt werden, es gilt

$$R_{XY}(\tau) = E[X(t)Y(t+\tau)] = \lim_{T \to \infty} \frac{1}{2T} \int_{-T}^{T} x(t)y(t+\tau)dt. \qquad (7.28)$$

Man erkennt, daß die Kreuzkorrelationsfunktion im Falle $X(t) = Y(t)$ in die Autokorrelationsfunktion (Gl. 7.9) übergeht.

Aus Gl. 7.28 erhält man für negative Werte von τ

$$R_{XY}(-\tau) = E[X(t)Y(t-\tau)] = \lim_{T \to \infty} \frac{1}{2T} \int_{-T}^{T} x(t)y(t-\tau)dt.$$

Die Substitution $t - \tau = u$ $(t = u + \tau$, $dt = du)$ führt zu

$$R_{XY}(-\tau) = E[X(t)Y(t-\tau)] = \lim_{T \to \infty} \frac{1}{2T} \int_{-T}^{T} y(u)x(u+\tau)du.$$

Da der Grenzwert $T \to \infty$ betrachtet wird, ist es unnötig, die Integrationsgrenzen durch $-T-\tau$ bzw. $T-\tau$ zu ersetzen. Eine Umbenennung der Integrationsvariablen von u nach t ergibt schließlich

$$R_{XY}(-\tau) = E[X(t)Y(t-\tau)] = \lim_{T \to \infty} \frac{1}{2T} \int_{-T}^{T} y(t)x(t+\tau)dt. \qquad (7.29)$$

Die Gln. 7.28 und 7.29 unterscheiden sich dadurch, daß bei Gl. 7.28 $y(t)$ und bei Gl. 7.29 $x(t)$ um τ "verschoben" ist. Man definiert daher eine weitere Kreuzkorrelationsfunktion

$$R_{YX}(\tau) = E[Y(t)X(t+\tau)] = \lim_{T \to \infty} \frac{1}{2T} \int_{-T}^{T} y(t)x(t+\tau)dt. \qquad (7.30)$$

Dabei gilt der Zusammenhang (siehe Gl. 7.29)

$$R_{XY}(-\tau) = R_{YX}(\tau), \quad R_{YX}(-\tau) = R_{XY}(\tau) \cdot \qquad (7.31)$$

Die Einführung einer 2. Kreuzkorrelationsfunktion erweist sich im Zusammenhang mit Meßproblemen als nützlich, vom theoretischen Gesichtspunkt wäre sie nicht erforderlich.

Ohne Beweis wird die folgende Beziehung angegeben (siehe z.B. [14])

$$| R_{XY}(\tau) | \leq \sqrt{R_{XX}(0)R_{YY}(0)}. \qquad (7.32)$$

Da das geometrische Mittel nicht größer als das arithmetische Mittel ist, folgt aus Gl. 7.32

$$| R_{XY}(\tau) | \leq 0,5\{R_{XX}(0) + R_{YY}(0)\}. \tag{7.33}$$

Die letzte Ungleichung ist sehr einfach im Sinne des Beweises von Gl. 7.15 (Abschnitt 7.2.1) nachzukontrollieren, wenn der Erwartungswert der Zufallsgröße $Z = [X(t) \pm Y(t+\tau)]^2$ ermittelt wird.

Im Falle stationärer Zufallssignale erhält man aus Gl. 7.26

$$r_{XY}(\tau) = \frac{R_{XY}(\tau) - \mathrm{E}[X]\,\mathrm{E}[Y]}{\sigma_X \sigma_Y} \tag{7.34}$$

bzw., wenn eines der Signale $X(t)$ oder $Y(t)$ mittelwertfrei ist

$$r_{XY}(\tau) = \frac{R_{XY}(\tau)}{\sigma_X \sigma_Y}. \tag{7.35}$$

Beispiel

Ein Zufallssignal mit der Autokorrelationsfunktion

$$R_{XX}(\tau) = \sigma^2 e^{-k|\tau|}, \quad k > 0$$

ist das Eingangssignal der im Bild 7.6 angegebenen Spannungsteilerschaltung. Zu ermitteln sind die Autokorrelationsfunktion $R_{YY}(\tau)$ des Ausgangssignales und die Kreuzkorrelationsfunktion $R_{XY}(\tau)$ zwischen dem Zufallssignalen $X(t)$ und $Y(t)$.

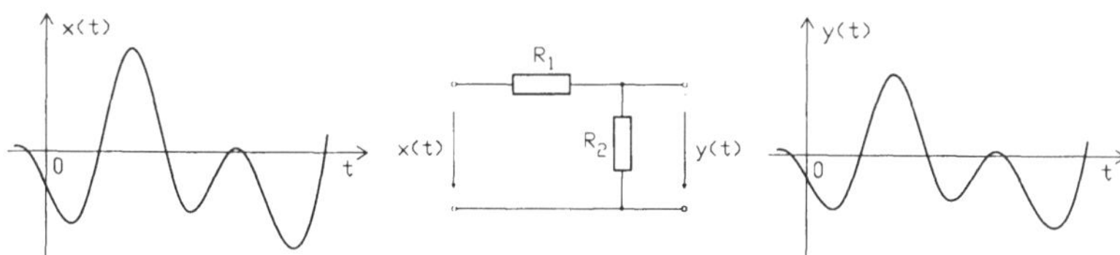

Bild 7.6 *Spannungsteilerschaltung mit zufälligem Ein- und Ausgangssignal*

Mit $y(t) = x(t)R_2/(R_1 + R_2)$ findet man

$$y(t)y(t+\tau) = \frac{R_2^2}{(R_1+R_2)^2}x(t)x(t+\tau),$$

dann erhält man

$$R_{YY}(\tau) = \lim_{T \to \infty}\frac{1}{2T}\int_{-T}^{T} y(t)y(t+\tau)dt = \frac{R_2^2}{(R_1+R_2)^2}\lim_{T \to \infty}\frac{1}{2T}\int_{-T}^{T}x(t)x(t+\tau)dt,$$

$$R_{YY}(\tau) = \frac{R_2^2}{(R_1+R_2)^2}R_{XX}(\tau) = \frac{R_2^2}{(R_1+R_2)^2}\sigma^2 e^{-k|\tau|}.$$

Da $X(t)$ mittelwertfrei ist ($R_{XX}(\infty) = 0$), ist auch das Ausgangssignal mittelwertfrei.

Setzt man $x(t)y(t+\tau) = x(t)x(t+\tau)R_2/(R_1+R_2)$ in Gl. 7.28 ein, so wird

$$R_{XY}(\tau) = \frac{R_2}{R_1+R_2}\lim_{T\to\infty}\frac{1}{2T}\int_{-T}^{T}x(t)x(t+\tau)dt = \frac{R_2}{R_1+R_2}R_{XX}(\tau) = \frac{R_2}{R_1+R_2}\sigma^2 e^{-k|\tau|}.$$

Mit $\sigma_X = \sigma$ ($\sigma_X^2 = R_{XX}(0) - R_{XX}(\infty) = \sigma^2$) und $\sigma_Y = \sigma R_2/(R_1+R_2)$ erhält man nach Gl. 7.35 den

Korrelationskoeffizienten $r_{XY}(\tau) = e^{-k|\tau|}$. Im Falle $\tau = 0$ erhalten wir natürlich den Wert 1, da

dann $X(t)$ und $Y(t) = X(t)R_2/(R_1+R_2)$ linear voneinander abhängig sind.

7.2.4 Korrelationsfunktionen zeitdiskreter Signale

Entnimmt man den Realisierungsfunktionen $x_i(t)$ eines Zufallsprozesses Proben im Abstand T,

so entstehen zeitdiskrete Signale $x_i(nT) = x_i(n)$, die als Realisierungen eines zeitdiskreten Zufallsprozesses $X(n)$ angesehen werden können. Selbstverständlich muß ein zeitdiskretes Zufallssignal nicht unbedingt aus einem "abgetasteten" zeitkontinuierlichen entstanden sein. Ein einfacher zeitdiskreter Prozeß entsteht z.B. dadurch, daß jeweils in einem Zeitabstand T mit einem Würfel geworfen wird. Eine Realisierungsfunktion erhält man, wenn $x(n)$ mit den zu den entsprechenden Zeitpunkten nT geworfenen Augenzahlen gleichgesetzt wird. Das dann vorliegende Signal kann Werte von 1 bis 6 annehmen und ist nicht nur zeit- sondern auch wertediskret.

Fast alle bisher besprochenen Begriffe und Erklärungen können sinngemäß auf zeitdiskrete Zufallssignale übertragen werden. Im Falle stationärer und ergodischer zeitdiskreter Zufallsprozesse gelten die Beziehungen

$$E[X] = \lim_{N\to\infty}\frac{1}{2N+1}\sum_{n=-N}^{N}x(n), \quad E[X^2] = \lim_{N\to\infty}\frac{1}{2N+1}\sum_{n=-N}^{N}x^2(n), \tag{7.36}$$

$$R_{XX}(m) = \lim_{N\to\infty}\frac{1}{2N+1}\sum_{n=-N}^{N}x(n)x(n+m), \tag{7.37}$$

$$R_{XY}(m) = \lim_{N\to\infty}\frac{1}{2N+1}\sum_{n=-N}^{N}x(n)y(n+m). \tag{7.38}$$

Diese Beziehungen können auch zur numerischen Berechnung der entsprechenden Funktionen bei kontinuierlichen Zufallssignalen verwendet werden. Dann entspricht das Argument n dem Zeitpunkt $t = nT$ und m dem Wert $\tau = mT$.

7.2.5 Bemerkungen zur Messung von Korrelationsfunktionen

Einrichtungen zur Messung von Korrelationsfunktionen nennt man Korrelatoren. Bild 7.7 zeigt das Funktionsschema eines (analog arbeitenden) Korrelators. Er besteht im wesentlichen aus einem einstellbaren Verzögerungsglied, einem Multiplizierer und einem Mittelwertbildner. Das Verzögerungsglied erzeugt aus $y(t)$ das Signal $y(t-\tau)$, nach der Multiplikation mit $x(t)$ liefert der Mittelwertbildner

$$\frac{1}{T_i}\int_0^{T_i} x(t)y(t-\tau)dt \approx R_{XY}(-\tau) = R_{YX}(\tau).$$

Der Leser kann leicht nachprüfen, daß eine Vertauschung der Eingangssignale am Korrelator zu dem Meßergebnis $R_{YX}(-\tau) = R_{XY}(\tau)$ führt. Hier zeigt sich auch die Zweckmäßigkeit der Einführung von zwei Kreuzkorrelationsfunktionen, die nach Gl. 7.31 ineinander umgerechnet werden können. Legt man an beide Eingänge das gleiche Signal $x(t)$ an, so wird die Autokorrelationsfunktion $R_{XX}(-\tau) = R_{XX}(\tau)$ gemessen. Bei der Einstellung $\tau = 0$ mißt man die mittlere Leistung $E[X^2(t)] = R_{XX}(0)$. Informationen über die erforderliche Meßzeit und die möglichen Meßfehler findet der Leser z.B. in [19].

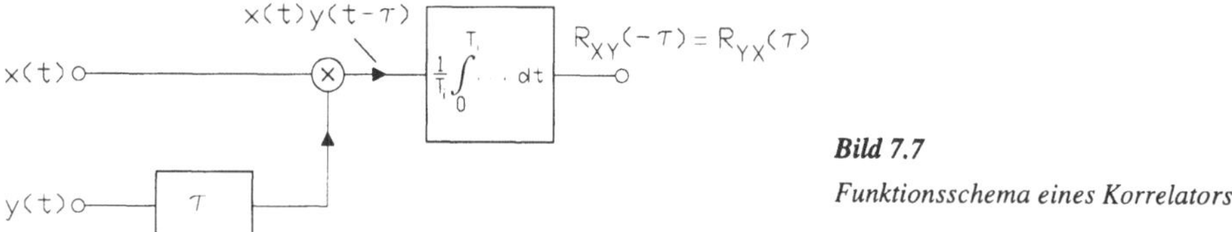

Bild 7.7

Funktionsschema eines Korrelators

Analog arbeitende Korrelatoren werden heute nur noch selten eingesetzt. Digital arbeitende Geräte basieren auf der Auswertung der Gln. 7.37, 7.38. Zeitverzögerungen lassen sich hier leicht durch Schieberegister realisieren. Um den Verlauf der gesamten Korrelationsfunktion zu erhalten, muß die Messung punktweise für jeden τ-Wert durchgeführt werden, wobei jeweils eine unter Umständen große Integrationszeit benötigt wird. Sogenannte Vielkanalkorrelatoren messen gleichzeitig eine größere Zahl (z.B. 64) Punkte der Korrelationsfunktion gleichzeitig.

7.3 Korrelationsfunktionen periodischer Signale

Bei stationären ergodischen Zufallsprozessen kann man Korrelationsfunktionen aus einzelnen Realisierungen als Zeitmittelwerte ermitteln. Bevor man eine Autokorrelationsfunktion $R_{XX}(\tau)$ so berechnet oder mit einem Korrelator mißt, ist zu prüfen, ob $x(t)$ die Realisierungsfunktion eines ergodischen Zufallssignales ist. Nur, wenn dies zutrifft, liefert die Rechnung oder die

Messung den gewünschten Erwartungswert $R_{XX}(\tau) = \mathrm{E}[X(t)X(t+\tau)]$. Nun ist es üblich die Bezeichnung Korrelationsfunktion für Ergebnisse nach Gl. 7.9 auch dann zu verwenden, wenn $x(t)$ ein determiniertes periodisches Signal ist. Vom Standpunkt der Theorie her ist dies zu bedauern, weil dadurch Mißverständnisse über die Aussagekraft der Ergebnisse entstehen können. Andererseits verwendet man in der Praxis auch Korrelatoren zur Messung bei periodischen Signalen. Es ist daher sicher sinnvoll, die Meßergebnisse auch in solchen Fällen Korrelationsfunktionen zu nennen.

Zusammenstellung einiger Ergebnisse

1. Kosinusschwingung

$$x(t) = A\cos(\omega_0 t + \varphi). \tag{7.39}$$

Mit

$$x(t)x(t+\tau) = A^2\cos(\omega_0 t + \varphi)\cos(\omega_0 t + \omega_0\tau + \varphi) = \frac{1}{2}A^2\cos(\omega_0\tau) + \frac{1}{2}A^2\cos(2\omega_0 t + 2\varphi + \omega_0\tau)$$

erhält man nach Gl. 7.9

$$R_{XX}(\tau) = \lim_{T \to \infty}\frac{1}{2T}\int_{-T}^{T} x(t)x(t+\tau)dt = 0,5A^2\cos(\omega_0\tau)\lim_{T \to \infty}\frac{1}{2T}\int_{-T}^{T} dt +$$

$$+0,5A^2\lim_{T \to \infty}\frac{1}{2T}\int_{-T}^{T}\cos(2\omega_0 t + 2\varphi + \omega_0\tau)dt.$$

Der Leser kann leicht nachprüfen, daß das 2. Teilintegral (auf der rechten Gleichungsseite) verschwindet und wir erhalten

$$R_{XX}(\tau) = \frac{A^2}{2}\cos(\omega_0\tau). \tag{7.40}$$

Die Autokorrelationsfunktion hat die gleiche Periode $T_x = 2\pi/\omega_0$ wie das zugehörige Signal $x(t)$ nach Gl. 7.39. Die in $x(t)$ auftretende Phase φ ist aber nicht mehr in $R_{XX}(\tau)$ enthalten. Wir erkennen außerdem, daß $R_{XX}(0) = A^2/2 = X_{eff}^2$ auch hier der mittleren Leistung von $x(t)$ entspricht.

2. $x(t)$ sei eine (beliebige) periodische Funktion mit der Periode $T_x = 2\pi/\omega_0$, die durch folgende Fourier-Reihe dargestellt wird (siehe auch Abschnitt 3.1):

$$x(t) = \sum_{\nu=0}^{\infty} c_\nu\cos(\nu\omega_0 t + \varphi_\nu), \quad (\varphi_0 = 0). \tag{7.41}$$

Berechnet man zunächst auch hier $x(t)x(t+\tau)$ und setzt das Ergebnis in Gl. 7.9 ein, so findet man nach einigen Rechenschritten die Autokorrelationsfunktion

$$R_{XX}(\tau) = c_0^2 + \sum_{v=1}^{\infty} \frac{c_v^2}{2}\cos(v\omega_0\tau). \tag{7.42}$$

Auch hier ist $R_{XX}(\tau)$ eine periodische Funktion mit der gleichen Periode wie $x(t)$. Die Form von $R_{XX}(\tau)$ wird sich jedoch i.a. von der von $x(t)$ unterscheiden, weil die Nullphasenwinkel φ_v nicht in $R_{XX}(\tau)$ auftreten.

Beispiel

Die Autokorrelationsfunktion der links im Bild 7.8 skizzierten Funktion $x(t)$ ist zu berechnen.

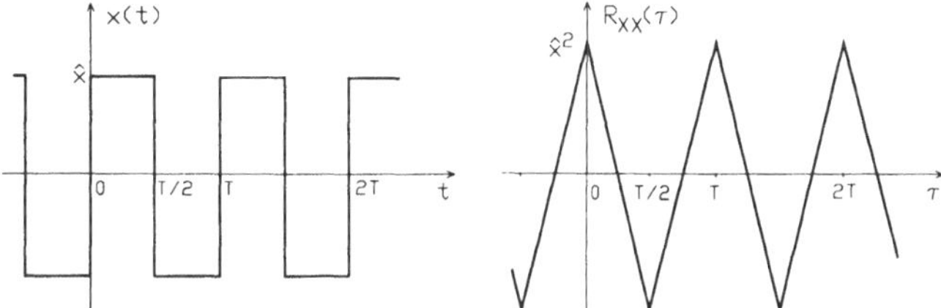

Bild 7.8 *Periodische Funktion $x(t)$ und ihre Autokorrelationsfunktion*

Die Fourier-Reihe von $x(t)$ hat die Form (Berechnung mit den im Abschnitt 3.1 angegebenen Beziehungen und $\omega_0 = 2\pi/T$):

$$x(t) = \frac{4\hat{x}}{\pi}\left(\sin(\omega_0 t) + \frac{1}{3}\sin(3\omega_0 t) + \frac{1}{5}\sin(5\omega_0 t) + \ldots\right).$$

Mit $\sin(x) = \cos(x - \pi/2)$ finden wir die Form gemäß Gl. 7.41

$$x(t) = \frac{4\hat{x}}{\pi}\cos(\omega_0 t - \pi/2) + \frac{4\hat{x}}{3\pi}\cos(3\omega_0 t - \pi/2) + \frac{4\hat{x}}{5\pi}\cos(5\omega_0 t - \pi/2) + \ldots$$

und nach Gl. 7.42 wird

$$R_{XX}(\tau) = \frac{8\hat{x}^2}{\pi^2}\left(\cos(\omega_0\tau) + \frac{1}{9}\cos(3\omega_0\tau) + \frac{1}{25}\cos(5\omega_0\tau) + \ldots\right).$$

Normalerweise ist man gezwungen den Verlauf von $R_{XX}(\tau)$ nun punktweise zu berechnen. Ein Blick in eine Tabelle über Fourier-Reihen zeigt jedoch, daß sich der rechts im Bild 7.8 skizzierte Verlauf ergibt. $R_{XX}(\tau)$ hat die gleiche Periode wie $x(t)$, aber eine völlig andere Form. Der Wert $R_{XX}(0) = \hat{x}^2$ (siehe Bild) entspricht der mittleren Leistung von $x(t)$. Dies kann man im vorliegenden Fall ganz leicht nachprüfen. Aus Bild 7.8 erkennt man, daß $x^2(t) = \hat{x}^2$ ist und damit ist auch der zeitliche Mittelwert dieser quadrierten Funktion $\hat{x}^2$.

7.4 Das Erkennen stark gestörter periodischer Signale

In der Praxis gibt es viele Probleme bei denen ein periodisches (Nutz-) Signal durch ein überlagertes Rauschsignal so stark gestört ist, daß eine unmittelbare Verarbeitung nicht mehr möglich ist. Solche Probleme treten z.B. in der Radartechnik und ebenfalls bei Diagnosemethoden in der Medizin auf. Ausgangspunkt für unsere Überlegungen ist die im Bild 7.9 dargestellte Anordnung. Einem periodischen Signal $x(t)$ mit der Periode T_x wird ein stationäres ergodisches Zufallssignal $n(t)$ überlagert. Wir machen noch die (nicht wesentliche) Einschränkung, daß das Zufallssignal mittelwertfrei sein soll, d.h. $E[N(t)] = 0$. Der Empfänger erhält das Signal $y(t) = x(t) + n(t)$. Wir nehmen an, daß das Störsignal so stark ist, daß ein "optisches" Erkennen des periodischen Signalanteiles unmöglich ist. Im folgenden wird gezeigt, wie mittels spezieller Meßmethoden $x(t)$ ermittelt werden kann. Dabei sind zwei Messungen durchzuführen, bei der 1. wird die Periodendauer T_x ermittelt und bei der 2. schließlich der genaue Verlauf von $x(t)$.

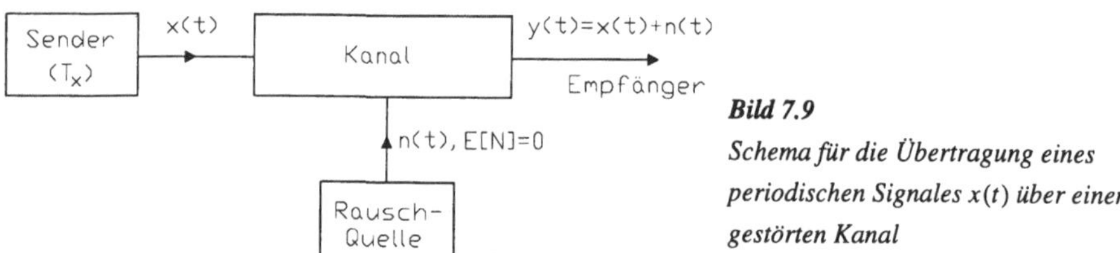

Bild 7.9
Schema für die Übertragung eines periodischen Signales x(t) über einen gestörten Kanal

7.4.1 Die Meßmethode zur Ermittlung der Periode

Das empfangene Signal $y(t)$ wird auf einen Korrelator geschaltet, der (zunächst) die Autokorrelationsfunktion $R_{YY}(\tau)$ ermittelt. Bild 7.10 zeigt die Meßanordnung, wobei der dort angedeutete Schalter in seiner oberen Stellung liegen muß.

Aus $y(t) = x(t) + n(t)$ erhält man zunächst

$$y(t)y(t+\tau) = [x(t)+n(t)]\,[x(t+\tau)n(t+\tau)] = x(t)x(t+\tau) + n(t)n(t+\tau) + x(t)n(t+\tau) + n(t)x(t+\tau)$$

und nach Gl. 7.9

$$R_{YY}(\tau) = \lim_{T \to \infty} \frac{1}{2T} \int_{-T}^{T} y(t)y(t+\tau)dt = \lim_{T \to \infty} \frac{1}{2T} \int_{-T}^{T} x(t)x(t+\tau)dt + \lim_{T \to \infty} \frac{1}{2T} \int_{-T}^{T} n(t)n(t+\tau)dt +$$

$$+ \lim_{T \to \infty} \frac{1}{2T} \int_{-T}^{T} x(t)n(t+\tau)dt + \lim_{T \to \infty} \frac{1}{2T} \int_{-T}^{T} n(t)x(t+\tau)dt.$$

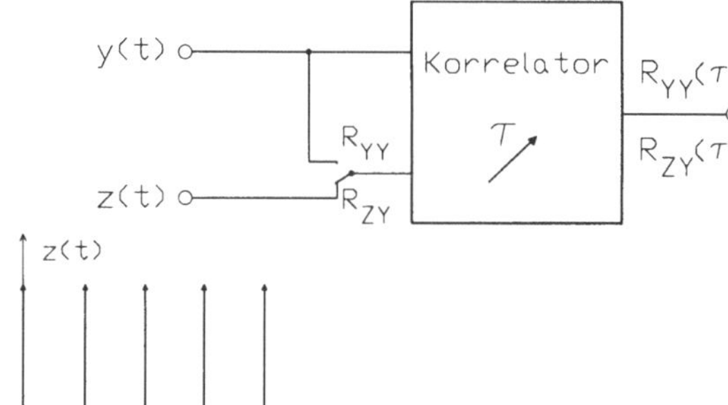

Bild 7.10

Meßanordnung zur Messung von $R_{ZY}(\tau)$ und $R_{YY}(\tau)$

Verwendet man den Begriff der Korrelationsfunktion auch dann, wenn die Signale determinierte periodische Signale sind (siehe Abschnitt 7.3), dann kann $R_{YY}(\tau)$ folgendermaßen dargestellt werden

$$R_{YY}(\tau) = R_{XX}(\tau) + R_{NN}(\tau) + R_{XN}(\tau) + R_{NX}(\tau). \tag{7.43}$$

Die beiden letzten Summanden werden als Kreuzkorrelationsfunktionen zwischen dem Zufallssignal $n(t)$ und dem periodischen Signal $x(t)$ interpretiert. Man kann zeigen, daß diese Kreuzkorrelationsfunktionen verschwinden, so daß

$$R_{YY}(\tau) = R_{XX}(\tau) + R_{NN}(\tau) \tag{7.44}$$

wird.

Den Beweis für diese Aussage skizzieren wir am Beispiel der Funktion $R_{XN}(\tau)$, die von dem Korrelator folgendermaßen ermittelt wird (Abschnitt 7.2.5):

$$R_{XN}(\tau) \approx \frac{1}{T_i} \int_0^{T_i} x(t)n(t+\tau)dt,$$

wobei die Integrationszeit T_i hinreichend groß sein muß. Die Integrationszeit soll $T_i = NT_x$, also ein Vielfaches der Periode von $x(t)$ betragen. Diese Festlegung erscheint zunächst als unrealisierbar, weil die Periodendauer von $x(t)$ noch nicht bekannt ist und erst ermittelt werden soll. Allerdings wird bei großer Integrationsdauer die Bedingung $T_i = NT_x$ beliebig genau erfüllt. Ein Verzicht auf diese Bedingung würde zum gleichen Ergebnis führen, die Beweisführung aber unnötig erschweren.

Wir erhalten

$$R_{XN}(\tau) \approx \frac{1}{NT_x} \int_0^{NT_x} x(t)n(t+\tau)dt =$$

$$= \frac{1}{NT_x}\left\{ \int_0^{T_x} x(t)n(t+\tau)dt + \int_{T_x}^{2T_x} x(t)n(t+\tau)dt + \ldots + \int_{(N-1)T_x}^{NT_x} x(t)n(t+\tau)dt \right\} =$$

$$= \frac{1}{NT_x} \sum_{v=0}^{N-1} \int_{vT_x}^{(v+1)T_x} x(t)n(t+\tau)dt.$$

Bei den Integralen in der Summe substituieren wir $u = t - vT_x$ und finden ($t = u + vT_x$, $du = dt$)

$$\int_{vT_x}^{(v+1)T_x} x(t)n(t+\tau)dt = \int_0^{T_x} x(u+vT_x)n(u+vT_x+\tau)du = \int_0^{T_x} x(u)n(u+vT_x+\tau)du,$$

denn $x(t)$ hat die Periode T_x und damit gilt $x(u+vT_x) = x(u)$. Berücksichtigt man dieses Ergebnis, so erhält man

$$R_{XN}(\tau) \approx \frac{1}{NT_x} \sum_{v=0}^{N-1} \int_0^{T_x} x(u)n(u+\tau+vT_x)du.$$

Vertauschung der Reihenfolge Summation und Integration:

$$R_{XN}(\tau) \approx \frac{1}{T_x} \int_0^{T_x} x(u)\left\{ \frac{1}{N} \sum_{v=0}^{N-1} n(u+\tau+vT_x) \right\}du. \tag{7.45}$$

Wir betrachten die in diesem Integral auftretende Summe

$$S = \frac{1}{N} \sum_{v=0}^{N-1} n(u+\tau+vT_x), \tag{7.46}$$

die folgendermaßen interpretiert werden kann. Von dem Zufallssignal $n(t)$ werden N Proben im Abstand T_x entnommen ($n(u+\tau)$, $n(u+\tau+T_x)$, $n(u+\tau+2T_x)$, ...) und der arithmetische Mittelwert dieser Proben gebildet. Da das Zufallssignal einen verschwindenden Mittelwert hat, werden die Probenwerte positiv und negativ sein und sich im Mittel (bei großem N) kompensieren, so daß $S = 0$ wird. Ein Vergleich mit der im Abschnitt 7.2.4 angegebenen Beziehung 7.36 zeigt, daß die Summe nach Gl. 7.46 im allgemeinen Fall (für $N \to \infty$) den Erwartungswert $E[N(t)]$ des Zufallssignales ergibt. Berücksichtigt man dies, so erhält man aus Gl. 7.45

$$R_{XN}(\tau) \approx E[N(t)]\frac{1}{T_x} \int_0^{T_x} x(u)du = 0. \tag{7.47}$$

Man erkennt hieraus, daß $R_{XN}(\tau)$ auch dann verschwindet, wenn ein mittelwertfreies periodisches Signal $x(t)$ vorliegt und $E[N(t)] \neq 0$ ist.

Wir kommen nun zu der Beziehung 7.44 zurück. Das Störsignal soll die Eigenschaft $E[N(t)] = 0$ aufweisen. Dann wissen wir, daß $R_{NN}(\tau)$ für große Werte von τ verschwindet (siehe Gl. 7.17, $R_{NN}(\infty) = (E[N(t)])^2 = 0$). Aus Gl. 7.44 erhalten wir also bei großen Werten von τ

$$R_{YY}(\tau) \approx R_{XX}(\tau), \quad \tau \text{ groß.} \tag{7.48}$$

Aus der gemessenen Autokorrelationsfunktion $R_{YY}(\tau)$ kann man somit auf das Vorhandensein eines periodischen Signalanteiles $x(t)$ schließen. Für große Werte τ muß dann $R_{YY}(\tau)$ in eine periodische Funktion, namlich in die Autokorrelationstunktion $R_{XX}(\tau)$ des periodischen Signales $x(t)$ übergehen. Bei periodischen Signalen hat die Autokorrelationsfunktion die gleiche Periode T_x wie das (gestörte) Signal $x(t)$. Diese Periode kann aus der gemessenen Autokorrelationsfunktion $R_{YY}(\tau)$ bei großen Werten von τ entnommen werden.

Beispiel

Es soll bekannt sein, daß $x(t) = A \sin(\omega_0 t)$ ist und das Rauschsignal eine Autokorrelationsfunktion $R_{NN}(\tau) = \sigma^2 e^{-0,3\omega_0 |\tau|}$ besitzt. Die mittlere Nutzsignalleistung soll 20% der mittleren Rauschleistung betragen.

Nach Gl. 7.13 hat das Rauschsignal eine mittlere Leistung $E[N^2(t)] = R_{NN}(0) = \sigma^2$. Nach Gl. 7.40 gilt $R_{XX}(\tau) = 0,5A^2 \cos(\omega_0\tau)$, denn $x(t)$ hat die Form nach Gl. 7.39 ($x(t) = A \sin(\omega_0 t)$ $= A \cos(\omega_0 t - \pi/2)$). Die mittlere Nutzsignalleistung beträgt $R_{XX}(0) = 0,5A^2$, diese soll 20% der Rauschsignalleistung sein, also $0,5A^2 = 0,2\sigma^2$. Nach diesen Überlegungen erhalten wir gemäß Gl. 7.44

$$R_{YY}(\tau) = \sigma^2 e^{-0,3\omega_0 |\tau|} + 0,5A^2 \cos(\omega_0\tau) = \sigma^2\left(e^{-0,3\omega_0 |\tau|} + 0,2 \cos(\omega_0\tau)\right). \tag{7.49}$$

Diese (vom Korrelator gemessene) Funktion ist im Bild 7.11 dargestellt. Man erkennt, daß $R_{YY}(\tau)$ etwa ab $\tau = 2\pi/\omega_0$ in eine periodische Funktion (nämlich $R_{XX}(\tau)$) übergeht, aus der die Periode T_x von $x(t)$ entnommen werden kann. Die Messung liefert also trotz starker Störungen die Information, daß ein periodischer Signalanteil vorliegt und sogar dessen Periode.

An dieser Stelle können wir erkennen, daß die Voraussetzung $E[N(t)] = 0$ für die besprochene Meßmethode nicht wesentlich ist. Im Falle eines nichtverschwindenden Mittelwertes gilt $R_{NN}(\infty) = (E[N(t)])^2$. Aus Gl. 7.44 erhält man für große τ-Werte $R_{YY}(\tau) \approx R_{XX}(\tau) + (E[N(t)])^2$. Zu der periodischen Autokorrelationsfunktion von $x(t)$ wird lediglich ein konstanter Wert addiert.

Die besprochene Meßmethode ist in der Praxis auch noch bei viel stärker gestörten Signalen anwendbar, z.B. bei einem Verhältnis von mittlerer Stör- zu mittlerer Nutzleistung im Bereich von 10^5 und höher. Die Messung von $R_{YY}(\tau)$ kann sehr zeitaufwendig sein, für jeden Meßpunkt ist eine hinreichend lange Integrationszeit erforderlich. Der Einsatz eines Vielkanalkorrelators (siehe Abschnitt 7.2.5) führt zu kürzeren Meßzeiten.

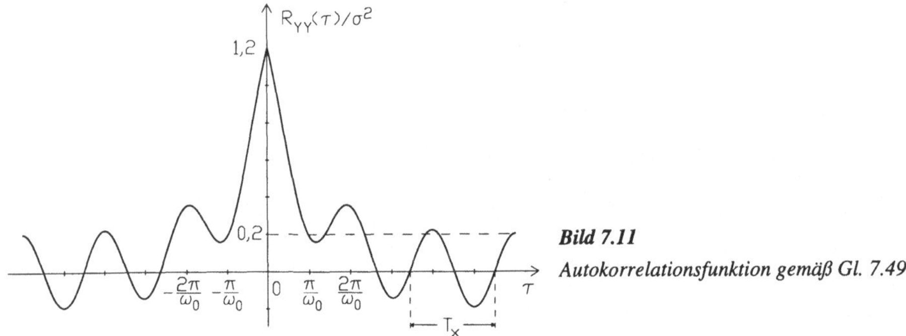

Bild 7.11

Autokorrelationsfunktion gemäß Gl. 7.49

7.4.2 Die Meßmethode zur Ermittlung der Signalform

Es wird vorausgesetzt, daß ein periodischer Signalanteil $x(t)$ im empfangenen Signal entdeckt wurde und seine Periode T_x bekannt ist. Für die nun durchzuführende Messung benötigen wir ein periodisches Hilfssignal $z(t)$ aus schmalen Impulsen mit der gleichen Periode T_x wie das Signal $x(t)$. Zur einfacheren Durchführung der notwendigen Rechenschritte verwenden wir eine aus Dirac-Impulsen bestehende periodische Funktion

$$z(t) = \sum_{\nu = -\infty}^{\infty} \delta(t - \nu T_x), \tag{7.50}$$

die im Bild 7.12 skizziert ist.

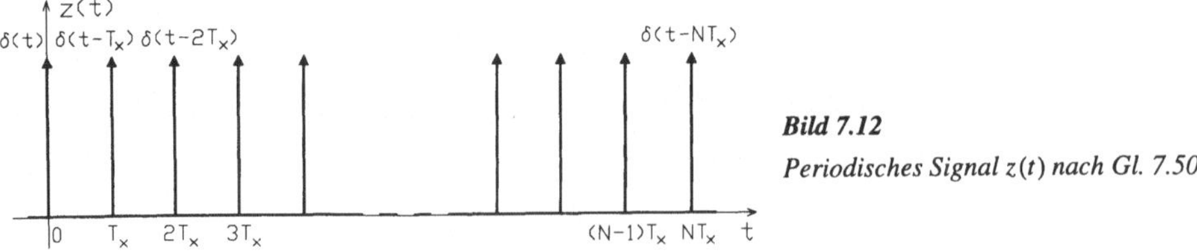

Bild 7.12

Periodisches Signal z(t) nach Gl. 7.50

Die Messung besteht darin, daß die Kreuzkorrelationsfunktion $R_{ZY}(\tau)$ zwischen dem Signal $y(t) = x(t) + n(t)$ und der oben definierten periodischen Impulsfunktion $z(t)$ ermittelt wird. Bei der Meßanordnung nach Bild 7.10 bedeutet dies, daß der Schalter in seiner unteren Stellung liegen muß. Der Korrelator liefert dann das Meßergebnis

$$R_{ZY}(\tau) \approx \frac{1}{T_i} \int_0^{T_i} z(t)\,y(t+\tau)\,dt = \frac{1}{T_i} \int_0^{T_i} z(t)\,[x(t+\tau)+n(t+\tau)]\,dt \cdot$$

Die Integrationszeit soll über N Perioden gehen, mit $z(t)$ nach Gl. 7.50 wird

$$R_{ZY}(\tau) \approx \frac{1}{NT_x} \int_{0-}^{NT_x-} \sum_{\nu=0}^{N-1} \delta(t-\nu T_x)\,[x(t+\tau)+n(t+\tau)]\,dt. \qquad (7.51)$$

Die Integrationsgrenzen in Gl. 7.51 gewährleisten, daß der bei $t=0$ auftretende Dirac-Impuls noch im Integrationsbereich liegt und der bei NT_x auftretende gerade nicht mehr. Bei der Summe brauchen daher nur die ersten N Summanden angegeben werden. Aus Gl. 7.51 erhält man, wenn noch die Reihenfolge Integration und Summation vertauscht wird

$$R_{ZY}(\tau) \approx \frac{1}{NT_x} \sum_{\nu=0}^{N-1} \int_{0-}^{NT_x-} x(t+\tau)\delta(t-\nu T_x)\,dt + \frac{1}{NT_x} \sum_{\nu=0}^{N-1} \int_{0-}^{NT_x-} n(t+\tau)\delta(t-\nu T_x)\,dt. \qquad (7.52)$$

Wir untersuchen zunächst das 2. Integral von Gl. 7.52. Unter Anwendung der Ausblendeigenschaft des Dirac-Impulses (siehe Abschnitt 2.1.3, Gl. 2.8)

$$\int_{-\infty}^{\infty} f(t)\delta(t-t_0)\,dt = f(t_0)$$

erhält man mit $t_0 = \nu T_x$

$$\int_{0-}^{NT_x-} n(t+\tau)\delta(t-\nu T_x)\,dt = \int_{-\infty}^{\infty} n(t+\tau)\delta(t-\nu T_x)\,dt = n(\nu T_x+\tau).$$

Dabei ist zu beachten, daß die Integrationsgrenzen in $-\infty$ und ∞ geändert werden dürfen, da alle Dirac-Impulse $\delta(t-\nu T_x)$ im Integrationsbereich liegen. Ersetzt man das Integral in dem 2. Summanden von Gl. 7.52 durch dieses Ergebnis, so lautet der 2. Summand

$$S_2 = \frac{1}{T_x}\frac{1}{N} \sum_{\nu=0}^{N-1} n(\nu T_x+\tau). \qquad (7.53)$$

Dieser Ausdruck entspricht im wesentlichen dem nach Gl. 7.46 und wir erhalten (für $N \to \infty$)

$$S_2 = \frac{1}{T_x} \mathrm{E}[N(t)] = 0,$$

da voraussetzungsgemäß $\mathrm{E}[N] = 0$ ist.

Der 1. Summand S_1 in Gl. 7.52 unterscheidet sich von dem 2. Summanden S_2 nur dadurch, daß $x(t+\tau)$ an die Stelle von $n(t+\tau)$ tritt. Daher erhalten wir durch eine völlig gleiche Rechnung eine zu Gl. 7.53 analoge Beziehung

$$S_1 = \frac{1}{T_x}\frac{1}{N}\sum_{\nu=0}^{N-1} x(\nu T_x + \tau). \tag{7.54}$$

Die weitere Auswertung unterscheidet sich nun sehr wesentlich. Wegen der Periodizität von $x(t)$ gilt $x(\tau+\nu T_x) = x(\tau)$ und die Summe nach Gl. 7.54 besteht somit genau aus N gleichen Summanden $x(\tau)$, d.h.

$$S_1 = \frac{1}{T_x}\frac{1}{N}N x(\tau) = \frac{1}{T_x}x(\tau).$$

Ergebnis: Die vom Korrelator gemessene Kreuzkorrelationsfunktion lautet

$$R_{ZY}(\tau) = \frac{1}{T_x}x(\tau). \tag{7.55}$$

Die Aufgabe, das Auffinden der von dem Störsignal überlagerten periodischen Funktion $x(t)$, ist somit gelöst. Man findet $x(\tau)$ und damit natürlich auch $x(t)$, wenn man die Kreuzkorrelationsfunktion $R_{ZY}(\tau)$ für hinreichend viele τ-Werte innerhalb einer Periode mißt. Nach Gl. 7.55 wird dann $x(\tau) = T_x R_{ZY}(\tau)$.

Zusammenfassung

1. Aus der gemessenen Autokorrelationsfunktion $R_{YY}(\tau)$ des empfangenen Signales erkennt man, ob ein periodisches Signal vorliegt. Dies sieht man daran, daß $R_{YY}(\tau)$ für große Werte von τ periodisch verläuft. Die Periode entspricht der des periodischen Signalanteiles.

2. Die Kreuzkorrelationsfunktion zwischen dem empfangenen Signal $y(t)$ und einem periodischen Signal $z(t)$ gemäß Bild 7.12 wird gemessen. Das Ergebnis liefert die gesuchte Funktion $x(\tau)$ bzw. $x(t)$.

Beispiel

Ein periodisches Signal, wie links im Bild 7.8 skizziert, wird von einem Zufallssignal mit der Autokorrelationsfunktion

$$R_{NN}(\tau) = \sigma^2 \cos(\pi\tau)e^{-k|\tau|}, \quad k > 0$$

überlagert. Eine Korrelationsfunktion dieser Art ist im Bild 7.5 dargestellt. Wir nehmen an, daß $x(t)$ eine mittlere Leistung von 2 besitzt (d.h. $R_{XX}(0) = \hat{x}^2 = 2$, siehe Bild 7.8). Die mittlere Leistung des Störsignales soll den Wert 12 haben. Für diesen Fall zeigt Bild 7.13 den Verlauf der Autokorrelationsfunktion $R_{YY}(\tau) = R_{XX}(\tau) + R_{NN}(\tau)$.

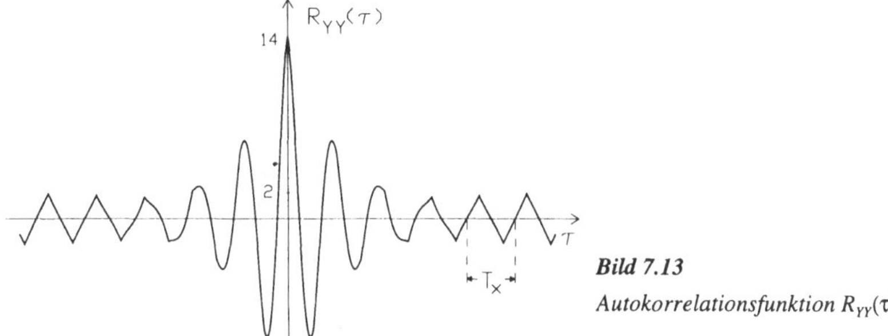

Bild 7.13
Autokorrelationsfunktion $R_{YY}(\tau)$

Für größere Werte von τ geht $R_{YY}(\tau)$ in die periodische Funktion $R_{XX}(\tau)$ über. $R_{XX}(\tau)$ ist übrigens auch rechts im Bild 7.8 dargestellt. Aus $R_{YY}(\tau)$ kann die Periode T_x entnommen werden. Bild 7.14 zeigt das Ergebnis der 2. Messung $R_{ZY}(\tau) = x(\tau)/T_x$.

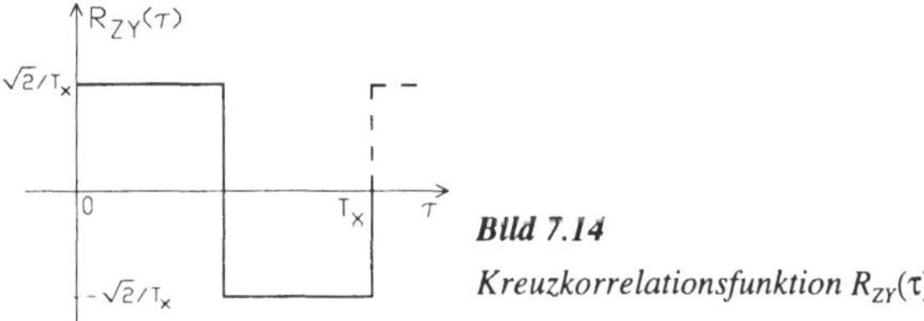

Bild 7.14
Kreuzkorrelationsfunktion $R_{ZY}(\tau)$

7.5 Die Beschreibung von Zufallssignalen im Frequenzbereich

7.5.1 Die spektrale Leistungsdichte

Die Fourier-Transformierte (siehe Abschnitt 3.2, Gl. 3.14)

$$S_{XX}(\omega) = \int_{-\infty}^{\infty} R_{XX}(\tau)e^{-j\omega\tau}d\tau \tag{7.56}$$

der Autokorrelationsfunktion $R_{XX}(\tau)$ heißt **spektrale Leistungsdichte** oder kurz **Leistungsspektrum.** Entsprechend der Rücktransformationsgleichung der Fourier-Transformation (Gl. 3.15) erhält man bei bekannter spektraler Leistungsdichte die Autokorrelationsfunktion

$$R_{XX}(\tau) = \frac{1}{2\pi} \int_{-\infty}^{\infty} S_{XX}(\omega)e^{j\omega\tau}d\omega. \tag{7.57}$$

Diese beiden Beziehungen 7.56, 7.57 sind auch unter der Bezeichnung "Wiener--Chintschin-Theorem" bekannt.

Aus der Eigenschaft $R_{XX}(\tau) = R_{XX}(-\tau)$ folgt, daß $S_{XX}(\omega) = S_{XX}(-\omega)$ eine reelle und ebenfalls gerade Funktion ist. Zur Begründung für diese Aussage wird daran erinnert, daß gerade Zeitfunktionen reelle (und ebenfalls gerade) Fourier-Transformierte besitzen (siehe Abschnitt 3.3.3, Gl. 3.39). Gl. 7.57 ergibt für $\tau = 0$ die mittlere Signalleistung

$$R_{XX}(0) = E[X^2] = \frac{1}{2\pi} \int_{-\infty}^{\infty} S_{XX}(\omega) d\omega \tag{7.58}$$

und diese Beziehung ist sicher ein Grund für den Namen "spektrale Leistungsdichte". Ersetzt man in Gl. 7.58 ω durch die Frequenz f, so wird (mit $d\omega = 2\pi df$)

$$E[X^2] = \int_{-\infty}^{\infty} S_{XX}(f) df. \tag{7.59}$$

Trägt man also die spektrale Leistungsdichte über der Frequenz auf, so entspricht die Fläche unter $S_{XX}(f)$ der mittleren Signalleistung. Beachtet man noch die Eigenschaft $S_{XX}(f) = S_{XX}(-f)$, so gilt auch

$$E[X^2] = 2 \int_{0}^{\infty} S_{XX}(f) df. \tag{7.60}$$

Hinweis:
Gl. 7.60 ist mit Vorsicht anzuwenden, denn sie ist nur bei mittelwertfreien Signalen gültig. Bei nicht mittelwertfreien Signalen gilt $R_{XX}(\infty) = (E[X])^2 \neq 0$ und wir können schreiben $R_{XX}(\tau) = \tilde{R}_{XX}(\tau) + (E[X])^2$, wobei $\tilde{R}_{XX}(\infty) = 0$ ist. Die Fourier-Transformation von $R_{XX}(\tau)$ liefert $S_{XX}(\omega) = \tilde{S}_{XX}(\omega) + (E[X])^2 2\pi\delta(\omega)$ (Korrespondenz: $1 \; \text{O}\!\!-\!\! 2\pi\delta(\omega)$). Dies bedeutet, daß bei nicht mittelwertfreien Signalen in $S_{XX}(f)$ ein Dirac-Impuls bei $f = 0$ auftritt, der bei der Gl. 7.60 keine Berücksichtigung findet.

Beispiel
Gesucht wird die spektrale Leistungsdichte eines Zufallssignales mit der (links im Bild 7.15 skizzierten) Autokorrelationsfunktion

$$R_{XX}(\tau) = \sigma^2 e^{-k|\tau|} = \begin{cases} \sigma^2 e^{k\tau} \text{ für } \tau < 0 \\ \sigma^2 e^{-k\tau} \text{ für } \tau > 0 \end{cases}, \quad k > 0. \tag{7.61}$$

Nach Gl. 7.56 wird unter Berücksichtigung der in Gl. 7.61 angegebenen Fallunterscheidung für den Bereich $\tau < 0$ und $\tau > 0$

$$S_{XX}(\omega) = \int_{-\infty}^{\infty} R_{XX}(\tau)e^{-j\omega\tau}d\tau = \int_{-\infty}^{0} \sigma^2 e^{k\tau}e^{-j\omega\tau}d\tau + \int_{0}^{\infty} \sigma^2 e^{-k\tau}e^{-j\omega\tau}d\tau =$$

$$= \int_{-\infty}^{0} \sigma^2 e^{\tau(k-j\omega)}d\tau + \int_{0}^{\infty} \sigma^2 e^{-\tau(k+j\omega)}d\tau = \frac{\sigma^2}{k-j\omega} + \frac{\sigma^2}{k+j\omega} = \frac{2k\sigma^2}{k^2+\omega^2}.$$

Damit erhalten wir die rechts im Bild 7.15 skizzierte spektrale Leistungsdichte

$$S_{XX}(\omega) = \frac{2k\sigma^2}{k^2+\omega^2}. \tag{7.62}$$

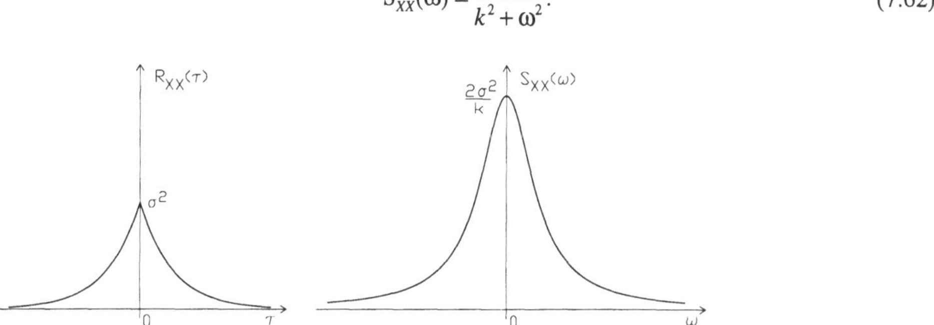

Bild 7.15 *$R_{XX}(\tau)$ nach Gl. 7.61 und die zugehörende spektrale Leistungsdichte nach Gl. 7.62*

Nach Gl. 7.58 könnten wir die mittlere Leistung des Zufallssignales als Fläche unter der spektralen Leistungsdichte ermitteln:

$$E[X^2] = \frac{1}{2\pi} \int_{-\infty}^{\infty} \frac{2k\sigma^2}{k^2+\omega^2} d\omega.$$

Selbstverständlich würden wir diesen Weg zur Ermittlung der mittleren Leistung nicht benutzen, es gilt doch $E[X^2] = R_{XX}(0) = \sigma^2$ (siehe Gl. 7.61).

7.5.2 Die spektrale Leistungsdichte als Zeitmittelwert

Das Formelzeichen "X" wird in diesem Abschnitt in zwei Bedeutungen verwendet. $X(t)$ bedeutet ein Zufallsprozeß, $X(j\omega)$ bedeutet die Fourier-Transformierte eines Signales $x(t)$. Verwechslungen werden durch die unterschiedlichen Argumente ausgeschlossen.

Vielleicht hat sich der Leser schon die Frage gestellt, warum die Fourier-Transformierte der Autokorrelationsfunktion eines Zufallssignales berechnet wurde und nicht die Fourier-Transformierte (das Spektrum) des Zufallssignales selbst. Diese Aufgabe könnte so angepackt werden, daß zunächst die Fourier-Transformierten $X_i(j\omega)$ der Realisierungsfunktionen $x_i(t)$ des

Zufallsprozesses $X(t)$ berechnet würden. Diese Spektralfunktionen wären dann die Realisierungen des Spektrums von $X(t)$. Der Grund dafür, daß dieser Weg nicht beschritten wird, ist der, daß ein solches Spektrum überhaupt nicht existiert.

Aus dem Abschnitt 3.3.1 ist bekannt, daß absolut integrierbare Funktionen, d.h.

$$\int_{-\infty}^{\infty} |x(t)|\, dt < \infty,$$

stets Fourier-Transformierte besitzen. Es gibt aber auch Funktionen, die nicht absolut integrierbar sind und für die dennoch Fourier-Transformierte existieren. Ein Beispiel hierzu ist die Funktion $x(t) = \operatorname{sgn} t$ mit dem Spektrum $X(j\omega) = 2/(j\omega)$ (siehe Abschnitt 3.4.2). Stationäre Zufallssignale sind im Bereich von $t = -\infty$ bis $t = \infty$ definiert und haben im gesamten Definitionsbereich eine konstante Streuung. Daraus folgt, daß die Realisierungsfunktionen $x_i(t)$ des Zufallsprozesses nicht absolut integrierbar sein können und dies deutet schon auf eine mögliche Nichtexistenz der Spektren $X_i(j\omega)$ hin.

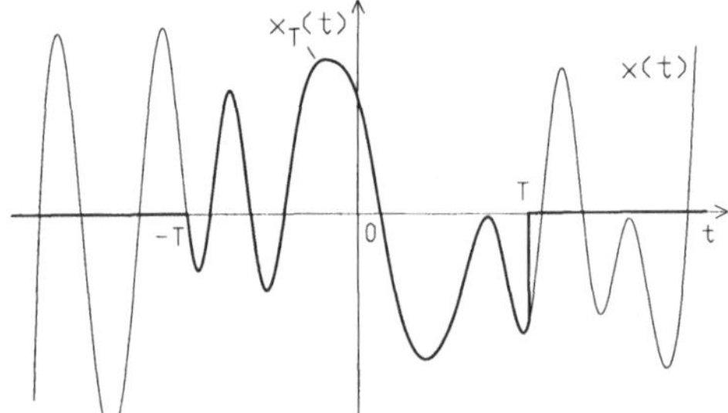

Bild 7.16

Definition des Signales $x_T(t)$ gemäß Gl. 7.63

Für die weiteren Überlegungen gehen wir von einer absolut integrierbaren Funktion

$$x_T(t) = \begin{cases} x(t) \text{ für } |t| < T \\ 0 \text{ für } |t| > T \end{cases} \tag{7.63}$$

aus. Dabei soll $x(t)$ eine zufällige Funktion (genauer die Realisierung eines Zufallsprozesses) sein. Dieser Zusammenhang ist im Bild 7.16 dargestellt. $x_T(t)$ stimmt in dem zu $t = 0$ symmetrischen Bereich der Breite $2T$ mit dem Zufallssignal $x(t)$ überein und für $T \to \infty$ wird $x_T(t) = x(t)$. Da $x_T(t)$ absolut integrierbar ist, existiert das Spektrum

$$X_T(j\omega) = \int_{-\infty}^{\infty} x_T(t) e^{-j\omega t}\, dt = \int_{-T}^{T} x(t) e^{-j\omega t}\, dt. \tag{7.64}$$

Die rechte Seite von Gl. 7.64 berücksichtigt die Definition von $x_T(t)$ nach Gl. 7.63. Die mittlere Leistung $E[X^2]$ kann einmal als Zeitmittelwert (Gl. 7.10) berechnet werden, aber auch als Fläche unter der spektralen Leistungsdichte (Gl. 7.58):

$$E[X^2] = \frac{1}{2\pi} \int_{-\infty}^{\infty} S_{XX}(\omega)d\omega = \lim_{T \to \infty} \frac{1}{2T} \int_{-T}^{T} x^2(t)dt = \lim_{T \to \infty} \frac{1}{2T} \int_{-\infty}^{\infty} x_T^2(t)dt. \tag{7.65}$$

Bei dem Ausdruck ganz rechts in Gl. 7.65 ist wiederum der Zusammenhang von $x(t)$ und $x_T(t)$ nach Gl. 7.63 berücksichtigt.

Für die weitere Auswertung greifen wir auf das Parseval'sche Theorem (Abschnitt 3.3.3, Gl. 3.38) zurück:

$$\int_{-\infty}^{\infty} f^2(t)dt = \frac{1}{2\pi} \int_{-\infty}^{\infty} |F(j\omega)|^2 \, d\omega.$$

Darin ist $F(j\omega)$ das Spektrum von $f(t)$. Mit $f(t) = x_T(t)$ und $F(j\omega) = X_T(j\omega)$ erhält man

$$\int_{-\infty}^{\infty} x_T^2(t)dt = \frac{1}{2\pi} \int_{-\infty}^{\infty} |X_T(j\omega)|^2 \, d\omega.$$

Setzt man dieses Ergebnis in Gl. 7.65 (ganz rechts) ein, so ergibt sich

$$E[X^2] = \frac{1}{2\pi} \int_{-\infty}^{\infty} S_{XX}(\omega)d\omega = \lim_{T \to \infty} \frac{1}{2T} \left\{ \frac{1}{2\pi} \int_{-\infty}^{\infty} |X_T(j\omega)|^2 \, d\omega \right\}$$

bzw.

$$\int_{-\infty}^{\infty} S_{XX}(\omega)d\omega = \lim_{T \to \infty} \frac{1}{2T} \int_{-\infty}^{\infty} |X_T(j\omega)|^2 \, d\omega. \tag{7.66}$$

Bei einigen Ableitungen haben wir bisher die Reihenfolgen von Integrationen und Grenzwertbildungen miteinander vertauscht und dort stillschweigend (mit Recht!) angenommen, daß dies statthaft sei. Mit Gl. 7.66 liegt jedoch eine Beziehung vor, bei der dies nicht erlaubt ist. Wir ignorieren diesen Umstand zunächst und schreiben

$$\int_{-\infty}^{\infty} S_{XX}(\omega)d\omega \stackrel{?}{=} \int_{-\infty}^{\infty} \left\{ \lim_{T \to \infty} \frac{1}{2T} |X_T(j\omega)|^2 \right\} d\omega, \tag{7.67}$$

wobei das Fragezeichen auf die genannte Problematik hinweisen soll. Es würde sich dann anbieten, die spektrale Leistungsdichte durch die Beziehung

$$S_{XX}(\omega) \stackrel{?}{=} \lim_{T \to \infty} \frac{1}{2T} |X_T(j\omega)|^2 \tag{7.68}$$

zu erklären. Dabei ist zu bemerken, daß Gl. 7.68 nicht zwangsläufig aus Gl. 7.67 folgt. Die Tatsache, daß die Flächen unter zwei Funktionen gleich groß sind, führt nicht zu dem Schluß, daß die beiden Funktionen identisch sein müssen. Wie schon erwähnt, ist der Übergang von Gl. 7.66 in Gl. 7.67 nicht korrekt und daher kann $S_{XX}(\omega)$ auch nicht durch Gl. 7.68 erklärt werden.

Genauere Untersuchungen (siehe z.B.[19]) führen zu folgendem Ergebnis. Zunächst berechnet man für N Realisierungsfunktionen $x_i(t)$ des Zufallsprozesses $X(t)$ die zugehörenden Spektren $X_{iT}(j\omega)$ gemäß Gl. 7.64. Es zeigt sich, daß sich die Grenzwerte

$$\lim_{T \to \infty} \frac{1}{2T} |X_{1T}(j\omega)|^2, \quad \lim_{T \to \infty} \frac{1}{2T} |X_{2T}(j\omega)|^2, \quad \lim_{T \to \infty} \frac{1}{2T} |X_{3T}(j\omega)|^2 \dots$$

i.a. voneinander unterscheiden, sie konvergieren nicht gegen den (für feste ω-Werte) konstanten Wert $S_{XX}(\omega)$. Bildet man aber den Mittelwert dieser Grenzwerte, so erhält man die spektrale Leistungsdichte

$$S_{XX}(\omega) = \lim_{N \to \infty} \frac{1}{N} \sum_{i=1}^{N} \lim_{T \to \infty} \frac{1}{2T} |X_{iT}(j\omega)|^2 . \tag{7.69}$$

Für praktische Anwendungen ist die Erklärung der spektralen Leistungsdichte nach Gl. 7.69 weniger bedeutend, eine auf dieser Gleichung basierende Meßmethode zur Messung der spektralen Leistungsdichte wäre viel zu aufwendig. Hingegen können aus dem Ergebnis nach Gl. 7.69 wichtige Schlüsse gezogen werden. Da $S_{XX}(\omega)$ als Mittelwert von Größen entsteht, die nicht negativ sein können, folgt die wichtige Eigenschaft $S_{XX}(\omega) \geq 0$.

Die eingangs aufgestellte Behauptung, daß (stationäre) Zufallssignale keine Fourier-Transformierte besitzen, ist jetzt auch erklärbar. Dazu betrachten wir einen Summanden der Summe von Gl. 7.69. Für $T \to \infty$ gilt $x_T(t) = x(t)$ (siehe Bild 7.16) und nach Gl. 7.64 würde man formal aus $X_T(j\omega)$ für $T \to \infty$ das Spektrum $X(j\omega)$ der Realisierungsfunktion $x(t)$ erhalten. Damit die Summanden in Gl. 7.69 nicht verschwinden, muß jedoch $|X_T(j\omega)|^2$ für $T \to \infty$ (wegen der Division durch $2T$) unendlich groß werden und dies bedeutet, daß das Spektrum $X(j\omega)$ nicht existiert. Wenn man oft trotzdem von dem Spektrum eines Zufallssignales spricht, dann versteht man darunter die spektrale Leistungsdichte, also die Fourier-Transformierte der Autokorrelationsfunktion. Eine Reihe von Folgerungen, die sich aus den (existierenden) Spektren bei determinierten Funktionen ergeben, können aber auch auf Zufallssignale übertragen werden. Nehmen wir z.B. an, daß die aus den Realisierungsfunktionen $x_i(t)$ gebildeten Funktionen $x_{iT}(t)$ (siehe Bild 7.16) alle die Eigenschaft haben, daß $X_{iT}(j\omega) = 0$ für $|\omega| > \omega_g$ gilt, dann überträgt sich diese Eigenschaft (nach Gl. 7.69) auch auf die spektrale Leistungsdichte. Ein Zufallssignal ist also im Falle $S_{XX}(\omega) = 0$ für $|\omega| > \omega_g$ bandbegrenzt im ganz gewöhnlichen Sinne.

Hinweis:
Die Aussage, daß die Signale $x_{iT}(t)$ bandbegrenzt sind, sollte so verstanden werden, daß die zugehörenden Fourier-Transformierten oberhalb einer Grenzfrequenz hinreichend "klein" sind. Grund: zeitbegrenzte Signale haben stets ein "unbegrenztes" Spektrum und umgekehrt (siehe hierzu auch Abschnitt 3.4.4).

7.5.3 Zusammenstellung von Eigenschaften der spektralen Leistungsdichte

In den Abschnitten 7.5.1 und 7.5.2 wurde eine Reihe von Ergebnissen abgeleitet. Diese sollen hier nochmals zusammengestellt und teilweise kommentiert werden.

1. Die spektrale Leistungsdichte ist die Fourier-Transformierte der Autokorrelationsfunktion:

$$S_{XX}(\omega) = \int_{-\infty}^{\infty} R_{XX}(\tau)e^{-j\omega\tau}d\tau \quad , \quad R_{XX}(\tau) = \frac{1}{2\pi}\int_{-\infty}^{\infty} S_{XX}(\omega)e^{j\omega\tau}d\omega. \tag{7.70}$$

Dieses Gleichungspaar ist auch unter dem Namen "Wiener-Chintschin-Theorem" bekannt.

2. Aus $R_{XX}(\tau) = R_{XX}(-\tau)$ folgt, daß $S_{XX}(\omega)$ eine reelle Funktion ist und weiterhin gilt

$$S_{XX}(\omega) = S_{XX}(-\omega). \tag{7.71}$$

3. Die spektrale Leistungsdichte kann keine negativen Werte annehmen, d.h.

$$S_{XX}(\omega) \geq 0. \tag{7.72}$$

Diese Aussage wurde im Abschnitt 7.5.2 begründet. Gl. 7.72 kann zur Prüfung benutzt werden, ob eine (gerade) Funktion $f(\tau)$ die Autokorrelationsfunktion eines Zufallsprozesses sein kann. Zu diesem Zweck berechnet man die Fourier-Transformierte von $f(\tau)$. Falls diese keine negativen Werte annimmt, erfüllt $f(\tau)$ alle an eine Autokorrelationsfunktion zu stellenden Bedingungen.

Beispiel

Es soll untersucht werden, ob die links im Bild 3.11 (Abschnitt 3.4.4) skizzierte Funktion $f(t)$ bzw. $f(\tau)$ die Autokorrelationsfunktion eines Zufallsprozesses sein kann. Aus dem rechts im Bild 3.11 skizzierten Spektrum erkennt man, daß $F(j\omega)$ auch negative Werte annimmt. Daher kann eine Funktion, wie links im Bild 3.11 skizziert, keine Autokorrelationsfunktion sein.

4. Die mittlere Leistung eines Zufallssignales entspricht der Fläche unter der über der Frequenz f aufgetragenen spektralen Leistungsdichte:

$$P = E[X^2] = \frac{1}{2\pi}\int_{-\infty}^{\infty} S_{XX}(\omega)d\omega = \int_{-\infty}^{\infty} S_{XX}(f)df. \tag{7.73}$$

Bei mittelwertfreien Signalen gilt auch (vgl. hierzu den Hinweis im Abschnitt 7.5.1)

$$P = 2\int_{0}^{\infty} S_{XX}(f)df. \tag{7.74}$$

Leitet man ein Zufallssignal durch einen Bandpaß, der nur den Frequenzbereich von f_1 bis f_2 durchläßt, so hat das (zufällige) Ausgangssignal nur Spektralanteile in diesem Bereich Δf von f_1 bis f_2 und seine mittlere Leistung beträgt

$$P_{\Delta f} = 2 \int_{f_1}^{f_2} S_{XX}(f)\,df. \tag{7.75}$$

Eine Begründung für diese Aussage ergibt sich aus den Ausführungen am Ende des Abschnittes 7.5.2 und ebenfalls aus den späteren Erklärungen im Abschnitt 8.2.

Die Beziehung 7.75 ist Grundlage für eine Meßmethode zur Messung von $S_{XX}(f)$. Ein durchstimmbarer schmalbandiger Bandpaß wird vor ein Meßgerät geschaltet. Nach Gl. 7.75 beträgt die von dem Meßgerät gemessenen mittlere Leistung

$$P_{\Delta f} \approx 2 S_{XX}(f)\Delta f,$$

das Meßergebnis ist proportional zur spektralen Leistungsdichte bei der am Bandpaß eingestellten Mittenfrequenz. Ein weiterer Weg zur Messung von $S_{XX}(f)$ besteht natürlich darin, daß zunächst $R_{XX}(\tau)$ mit einem Korrelator gemessen wird und dann (ggf. meßtechnisch) eine Fourier-Transformation erfolgt.

5. Ist $X(t)$ ein Zufallssignal mit der spektralen Leistungsdichte $S_{XX}(\omega)$, dann hat der abgeleitete Zufallsprozeß $X'(t)$ die spektrale Leistungsdichte

$$S_{X'X'}(\omega) = \omega^2 S_{XX}(\omega). \tag{7.76}$$

Diese Aussage folgt aus Gl. 7.22 (Abschnitt 7.2.1) und der Eigenschaft der Fourier-Transformation nach Gl. 3.33 (Abschnitt 3.3.3).

7.5.4 Weißes Rauschen

Zur Einführung gehen wir von einem Zufallssignal mit der rechts im Bild 7.17 skizzierten spektralen Leistungsdichte aus. Das Signal hat eine konstante Leistungsdichte im Bereich von $-\omega_g$ bis ω_g, außerhalb dieses Bereiches ist $S_{XX}(\omega) = 0$. Ein Zufallssignal mit einer solchen spektralen Leistungsdichte nennt man **bandbegrenztes weißes Rauschen**.

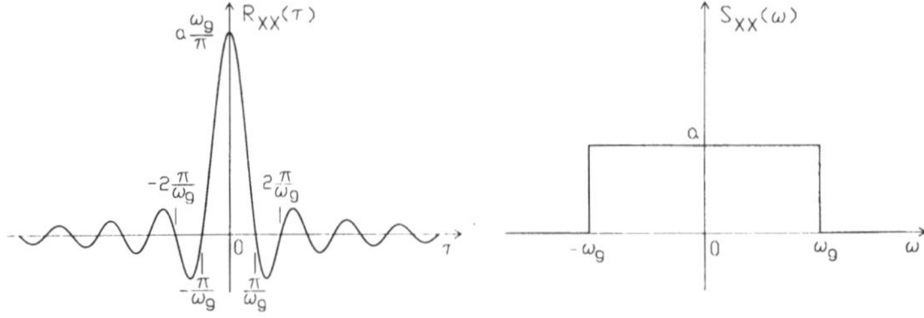

Bild 7.17 Autokorrelationsfunktion und spektrale Leistungsdichte bei bandbegrenztem weißem Rauschen

Die Autokorrelationsfunktion erhält man durch Fourier-Rücktransformation

$$R_{XX}(\tau) = \frac{1}{2\pi} \int_{-\infty}^{\infty} S_{XX}(\omega) e^{j\omega\tau} d\omega = \frac{a}{2\pi} \int_{-\omega_g}^{\omega_g} e^{j\omega\tau} d\omega = \frac{a}{2\pi} \frac{1}{j\tau} \left(e^{j\omega_g\tau} - e^{-j\omega_g\tau} \right).$$

Mit $e^{j\omega_g\tau} - e^{-j\omega_g\tau} = 2j \sin(\omega_g\tau)$ folgt

$$R_{XX}(\tau) = \frac{a \sin(\omega_g\tau)}{\pi\tau}, \, a > 0. \tag{7.77}$$

Diese Funktion ist links im Bild 7.17 skizziert. Der Wert $R_{XX}(0) = a\omega_g/\pi$ (Anwendung der Regel von l'Hospital) kann mit Hilfe von Gl. 7.73 leicht nachkontrolliert werden. $E[X^2] = R_{XX}(0)$ ist nämlich auch die durch 2π dividierte Fläche unter $S_{XX}(\omega)$.

Weißes Rauschen kann als Grenzfall von bandbegrenztem weißen Rauschen mit $\omega_g \to \infty$ angesehen werden. Damit erhält man die im Bild 7.18 skizzierte spektrale Leistungsdichte und Autokorrelationsfunktion von weißem Rauschen.

$$R_{XX}(\tau) = a\delta(\tau), \quad S_{XX}(\omega) = a, \quad a > 0. \tag{7.78}$$

Während der Übergang der rechts im Bild 7.17 skizzierten Funktion $S_{XX}(\omega)$ bei bandbegrenztem weißen Rauschen in $S_{XX}(\omega)$ nach Bild 7.18 unmittelbar einleuchtet, gilt dies beim Übergang von $R_{XX}(\tau)$ nach Gl. 7.77 in $R_{XX}(\tau) = a\delta(\tau)$ nicht. Wie können hier aber zur Erklärung auf die im Abschnitt 3.4.1 abgeleitete Beziehung 3.48 hinweisen. Im übrigen gewinnt man natürlich auch unabhängig davon $R_{XX}(\tau) = a\delta(\tau)$ durch Fourier-Rücktransformation von $S_{XX}(\omega) = a$.

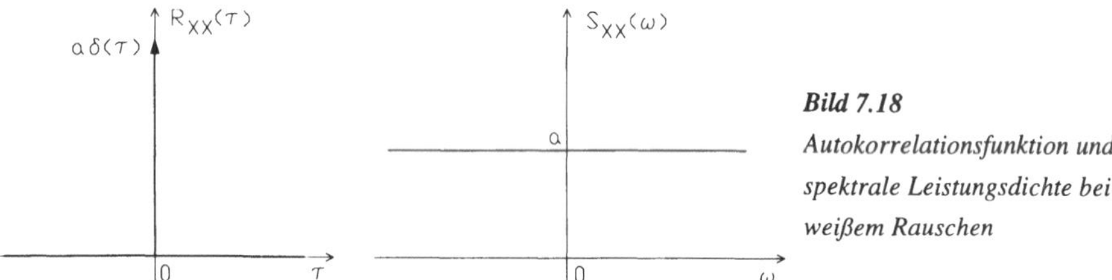

Bild 7.18
Autokorrelationsfunktion und spektrale Leistungsdichte bei weißem Rauschen

Zunächst stellen wir fest, daß es sich bei weißem Rauschen um ein mittelwertfreies Zufallssignal handelt, denn es ist $R_{XX}(\infty) = (E[X])^2 = 0$, es gilt sogar $R_{XX}(\tau) = 0$ für alle Werte $\tau \neq 0$. Gedanklich schwieriger wird es bei der Streuung, die (wegen $E[X] = 0$) mit der mittleren Leistung übereinstimmt. Diese entspricht bis auf den Faktor $1/(2\pi)$ der Fläche unter $S_{XX}(\omega) = a$ und ist unendlich groß.

Wenn ein mittelwertfreies und normalverteiltes Signal vorliegt, dann hat die 1. Wahrscheinlichkeitsdichte die Form

$$p(x) = \frac{1}{\sqrt{2\pi}\,\sigma}\, e^{-x^2/(2\sigma^2)}.$$

Bei "normalverteiltem weißem Rauschen" verliert diese Beziehung wegen der unendlich großen Streuung ihren Sinn. Aus diesem Grunde ist es sinnvoll, den Begriff weißes Rauschen stets als Grenzfall von bandbegrenztem weißen Rauschen aufzufassen. Ignoriert man diese gedanklichen Probleme, so stellt man fest, daß bei weißem Rauschen der Korrelationskoeffizient (Gl. 7.20)

$$r_{XX}(\tau) = \frac{R_{XX}(\tau)}{R_{XX}(0)}$$

zwischen Zufallsgrößen $X(t)$ und $X(t+\tau)$ für alle Werte von $\tau \neq 0$ verschwindet. Bei weißem Rauschen sind demnach beliebig dicht nebeneinanderliegende Signalwerte voneinander unabhängig. Weißes Rauschen ist ein "besonders regelloser" Zufallsprozeß.

In vielen Fällen ist es bedeutend einfacher mit weißem Rauschen zu rechnen, statt mit dem gedanklich einfacheren bandbegrenzten weißen Rauschen. Im Abschnitt 8.2.3 kommen wir nochmals auf dieses Problem zurück und zeigen die Zulässigkeit einer solchen Vorgehensweise.

Abschließend soll noch mitgeteilt werden, daß sich der Begriff weißes Rauschen an die in der Optik bekannte Bezeichnung weißes Licht anlehnt. Wenig informativ ist der Name "farbiges Rauschen", der nur aussagt, daß es sich nicht um weißes Rauschen handelt. Die Bezeichnung "rosa Rauschen" ist für spektrale Leistungsdichten üblich, die sich bei niedrigen Frequenzen wie $1/f$ verhalten. Solche Leistungsdichten spielen bei Rauscheffekten von Halbleitern eine Rolle.

7.5.5 Beispiele und Anwendungen

1. Gesucht wird die spektrale Leistungsdichte eines Zufallssignales mit der Autokorrelationsfunktion (siehe auch Beispiel 2 im Abschnitt 7.2.2)

$$R_{XX}(\tau) = \sigma^2 e^{-k\,|\tau|}\cos(\omega_0\tau), \quad k > 0. \tag{7.79}$$

Durch Auswertung der Gl. 7.70 oder mit Hilfe der Korrespondenztabelle im Anhang C.1 erhält man

$$S_{XX}(\omega) = 2k\sigma^2 \frac{\omega^2 + k^2 + \omega_0^2}{(\omega^2 - \omega_0^2)^2 + k^2(2\omega^2 + 2\omega_0^2 + k^2)}. \tag{7.80}$$

$R_{XX}(\tau)$ und $S_{XX}(\omega)$ sind (für $\sigma^2 = 0,04$, $k = 1$, $\omega_0 = \pi$) im Bild 7.19 skizziert.

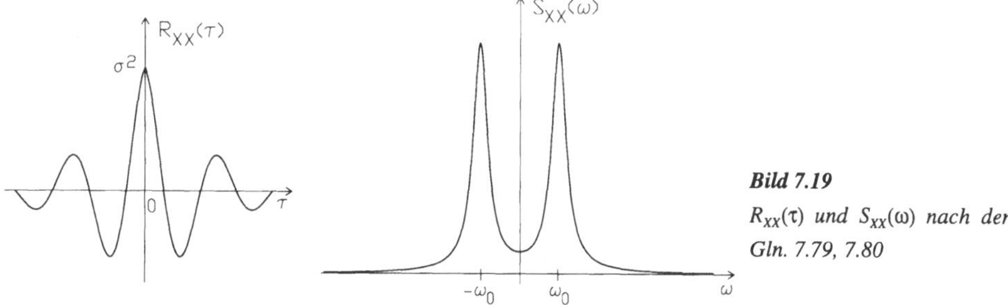

Bild 7.19
$R_{xx}(\tau)$ und $S_{xx}(\omega)$ nach den
Gln. 7.79, 7.80

2. Die spektrale Leistungsdichte des Zufallssignales mit der links im Bild 7.20 skizzierten Autokorrelationsfunktion

$$R_{xx}(\tau) = \begin{cases} 1 - |\tau|/T \text{ für } |\tau| < T \\ 0 \text{ für } |\tau| > T \end{cases} \tag{7.81}$$

soll ermittelt werden. Aus der Korrespondenztabelle im Anhang C.1 entnehmen wir die rechts im Bild 7.20 skizzierte spektrale Leistungsdichte

$$S_{xx}(\omega) = \frac{4\sin^2(\omega T/2)}{T\omega^2}. \tag{7.82}$$

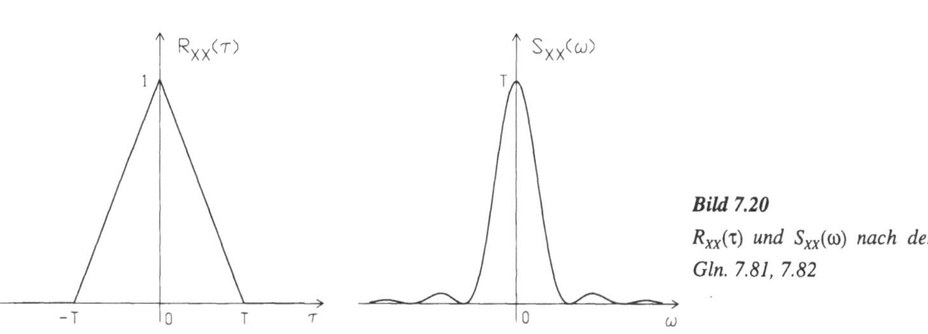

Bild 7.20
$R_{xx}(\tau)$ und $S_{xx}(\omega)$ nach den
Gln. 7.81, 7.82

3. Thermisches Rauschen

Bei den einleitenden Erklärungen im Abschnitt 7.1.2.1 wurde ausgeführt, daß "thermische Bewegungen" der freien Elektronen zu Rauschspannungen an Widerständen führen. Genauere Untersuchungen (siehe z.B. [2]) zeigen, daß ein "rauschender" Widerstand durch eine Ersatzschaltung mit einem "nichtrauschendem" Widerstand und einer Spannungs- bzw. einer Stromquelle beschrieben werden kann, so wie das im Bild 7.21 dargestellt ist. Bei der Rauschspannung bzw. dem Rauschstrom handelt es sich um normalverteiltes weißes Rauschen mit den spektralen Leistungsdichten

$$S_{UU}(\omega) = 2kTR, \quad S_{II}(\omega) = 2kT/R. \tag{7.83}$$

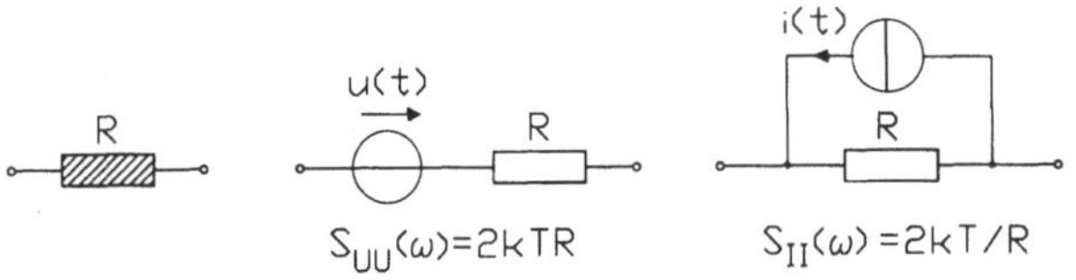

Bild 7.21

Ersatzschaltungen für einen "rauschenden" Widerstand

R

u(t) — R — $S_{UU}(\omega) = 2kTR$

i(t) — R — $S_{II}(\omega) = 2kT/R$

Dabei ist R der Widerstandswert, T die absolute Temperatur und $k = 1,3803\ 10^{-23}$ J/K die Boltzmann'sche Konstante. Die beiden Schaltungen von Bild 7.21 können natürlich ineinander umgerechnet werden. Bei der Schaltung ganz rechts im Bild tritt eine Klemmenspannung $u(t) = Ri(t)$ auf. Damit wird $u(t)u(t+\tau) = R^2 i(t)i(t+\tau)$ und (unter Beachtung von Gl. 7.9) $R_{UU}(\tau) = R^2 R_{II}(\tau)$. Die Fourier-Transformation führt schließlich auf die Beziehung

$$S_{UU}(\omega) = R^2 S_{II}(\omega) = R^2 2kT/R = 2kTR.$$

Zahlenwertbeispiel:

Gegeben sei ein Widerstand $R = 10^8$ Ohm bei $T = 300$ K. Wir denken uns eine Meßanordnung mit der die an dem Widerstand auftretende Rauschspannung gemessen wird. Das Meßgerät soll Effektivwerte von Signalen bis zu 1 MHz messen können. Die mittlere Leistung der gemessenen Rauschspannung beträgt nach Gl. 7.74

$$P = \mathrm{E}[U^2] = 2\int_0^{f_g} S_{UU}(f)df = 4f_g kTR = 1,66\ 10^{-6}\ \mathrm{V}^2.$$

Das Meßgerät zeigt die Wurzel aus diesem Wert, also $U_{eff} = 1,3$ mV an.

Mit den im Bild 7.21 angegebenen "Rausch-Ersatzschaltungen" können auch (beliebige) Zusammenschaltungen von Widerständen behandelt werden. Die Vorgehensweise soll bei der Schaltung links oben im Bild 7.22 demonstriert werden. Die drei Widerstände sollen dabei unterschiedliche Temperaturen aufweisen können.

Ersetzt man die drei "rauschenden" Widerstände durch ihre Rausch-Ersatzschaltungen gemäß Bild 7.21, so erhält man die oben rechts im Bild 7.22 angegebene Schaltung. Dabei ist zu beachten, daß bei parallelgeschalteten Widerständen die Strom-Ersatzquelle (rechts im Bild 7.21) verwendet wird und bei Widerständen in Reihe die Spannungs-Ersatzquelle (Mitte von Bild 7.21). Die so gewonnene Schaltung kann in die in der Bildmitte umgewandelt werden. Dabei gilt $i_{1,2}(t) = i_1(t) + i_2(t)$ und die spektralen Leistungsdichten werden addiert. Die beiden parallelgeschalteten Widerstände werden durch einen "rauschenden" Widerstand der Größe $R_1 R_2/(R_1 + R_2)$ mit der spektralen Leisungsdichte $2k(T_1/R_1 + T_2/R_2)$ ersetzt.

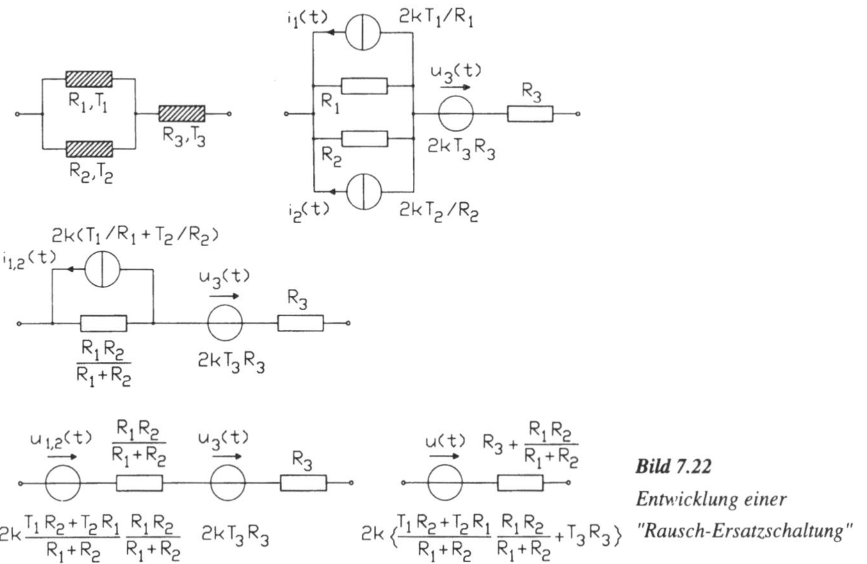

Bild 7.22
Entwicklung einer
"Rausch-Ersatzschaltung"

Im nächsten Schritt wird die Stromquelle mit dem Strom $i_{1,2}(t)$ in eine äquivalente Spannungsquelle umgewandelt, so wie dies im Bild 7.21 dargestellt ist. Dabei entsteht eine Spannungsquelle $u_{1,2}(t)$ mit einer spektralen Leistungsdichte (Beziehung: $S_{UU}(\omega) = R^2 S_{II}(\omega)$)

$$S_{U_{1,2}U_{1,2}} = 2k\,\frac{T_1R_2 + T_2R_1}{R_1 + R_2}\,\frac{R_1R_2}{R_1 + R_2}.$$

Diese Beziehung kann so interpretiert werden, daß ein Widerstand $R_1R_2/(R_1 + R_2)$ mit der (mittleren) Temperatur $T = (T_1R_2 + T_2R_1)/(R_1 + R_2)$ vorliegt.

Die dabei entstehende (links unten skizzierte) Schaltung kann schließlich in die Ersatzschaltung rechts unten im Bild 7.22 umgewandelt werden. Dabei werden die Widerstände und die spektralen Leistungsdichten der Spannungsquellen addiert.

Ergebnis: Die Zusammenschaltung der Widerstände R_1, R_2 und R_3 mit den Temperaturen T_1, T_2 und T_3 wie links oben im Bild 7.22 dargestellt, verhält sich (bezüglich der Ausgangsklemmen) so wie ein Widerstand

$$R_{ges} = R_3 + \frac{R_1R_2}{R_1 + R_2}$$

mit der spektralen Leistungsdichte

$$S_{UU}(\omega) = 2k \left\{ \frac{T_1 R_2 + T_2 R_1}{R_1 + R_2} \frac{R_1 R_2}{R_1 + R_2} + T_3 R_3 \right\}.$$

Besonders einfach werden die Verhältnisse bei gleichen Temperaturen $T_1 = T_2 = T_3 = T$, dann wird

$$S_{UU}(\omega) = 2kT \left\{ \frac{R_1 R_2}{R_1 + R_2} + R_3 \right\} = 2kT R_{ges}.$$

Hinweis:
Bei der Rechnung wurden die spektralen Leistungsdichten der einzelnen (voneinander unabhängigen) Rauschquellen addiert. Zum Beweis der Zulässigkeit dieser Vorgehensweise betrachten wir die Summe $Z(t) = X(t) + Y(t)$ zweier unabhängiger und mittelwertfreier Zufallssignale. Wir berechnen zunächst

$$Z(t)Z(t + \tau) = [X(t) + Y(t)][X(t + \tau) + Y(t + \tau)] = X(t)X(t + \tau) + Y(t)Y(t + \tau) +$$

$$+ X(t)Y(t + \tau) + Y(t)X(t + \tau).$$

Mittelwertbildung (mit $E[Z(t)Z(t + \tau)] = R_{ZZ}(\tau)$ usw.):

$$R_{ZZ}(\tau) = R_{XX}(\tau) + R_{YY}(\tau) + R_{XY}(\tau) + R_{YX}(\tau).$$

Wegen der Unabhängigkeit von $X(t)$ und $Y(t)$ gilt

$$r_{XY}(\tau) = \frac{R_{XY}(\tau) - E[X]E[Y]}{\sigma_X \sigma_Y} = 0.$$

Daraus folgt $R_{XY}(\tau) = 0$ (und ebenso auch $R_{YX}(\tau) = 0$), wenn mindestens eines der beiden Signale $X(t)$ oder $Y(t)$ mittelwertfrei ist. Das Summensignal $Z(t)$ hat die Autokorrelationsfunktion

$$R_{ZZ}(\tau) = R_{XX}(\tau) + R_{YY}(\tau)$$

und damit können auch die mittleren Leistungen und die spektralen Leistungsdichten addiert werden.

Weitere Beispiele findet der Leser in der Aufgabensammlung [16].

7.5.6 Das Kreuzleistungsspektrum

Als Kreuzleistungsdichte oder auch Kreuzleistungsspektrum bezeichnet man die Fourier-Transformierte der Kreuzkorrelationsfunktion. Es gelten die Gleichungspaare

$$S_{XY}(\omega) = \int_{-\infty}^{\infty} R_{XY}(\tau)e^{-j\omega\tau}d\tau, \quad R_{XY}(\tau) = \frac{1}{2\pi}\int_{-\infty}^{\infty} S_{XY}(\omega)e^{j\omega\tau}d\omega, \tag{7.84}$$

$$S_{YX}(\omega) = \int_{-\infty}^{\infty} R_{YX}(\tau)e^{-j\omega\tau}d\tau, \quad R_{YX}(\tau) = \frac{1}{2\pi}\int_{-\infty}^{\infty} S_{YX}(\omega)e^{j\omega\tau}d\omega. \tag{7.85}$$

Aus der Eigenschaft $R_{XY}(-\tau) = R_{YX}(\tau)$ (siehe Abschnitt 7.2.3, Gl. 7.31) folgt bei den Kreuzleistungsspektren der Zusammenhang

$$S_{YX}(\omega) = S_{XY}(-\omega) = S_{XY}{}^{*}(\omega). \tag{7.86}$$

Beweis: Aus Gl. 7.84 findet man für negative ω-Werte

$$S_{XY}(-\omega) = \int_{-\infty}^{\infty} R_{XY}(\tau)e^{j\omega\tau}d\tau = S_{XY}{}^{*}(\omega).$$

Die Substitution $u = -\tau$ führt zu

$$S_{XY}(-\omega) = -\int_{\infty}^{-\infty} R_{XY}(-u)e^{-j\omega u}du = \int_{-\infty}^{\infty} R_{XY}(-u)e^{-j\omega u}du.$$

Ersetzt man in dem rechten Integral die Integrationsvariable u wieder durch τ und berücksichtigt man die Beziehung $R_{XY}(-\tau) = R_{YX}(\tau)$, so erhält man

$$S_{XY}(-\omega) = \int_{-\infty}^{\infty} R_{YX}(\tau)e^{-j\omega\tau}d\tau = S_{YX}(\omega).$$

Probleme, bei denen Kreuzleistungsspektren eine Rolle spielen, werden wir im Abschnitt 8.3 kennen lernen.

7.5.7 Bemerkungen zur Beschreibung zeitdiskreter Signale im Frequenzbereich

Im Abschnitt 7.2.4 wurden Korrelationsfunktionen $R_{XX}(m)$, $R_{YY}(m)$ für zeitdiskrete Signale eingeführt (Gln. 7.37, 7.38). Diese Korrelationsfunktionen sind ebenfalls zeitdiskret.

Einem zeitdiskreten stationären ergodischen Zufallssignal mit einer Autokorrelationsfunktion $R_{XX}(m)$ wird die spektrale Leistungsdichte

$$S_{XX}(\omega) = \sum_{m=-\infty}^{\infty} R_{XX}(m)e^{-jm\omega T} \qquad (7.87)$$

zugeordnet. Dabei ist T ein im Grunde willkürlicher Parameter. Wenn das zeitdiskrete Signal durch Abtastung aus einem analogen Signal entstanden ist, setzt man T sinnvollerweise mit der Abtastzeit gleich. Ansonsten kann $T = 1$ gesetzt werden.

Wie man erkennt, ist $S_{XX}(\omega)$ gemäß Gl. 7.87 eine periodische Funktion mit der Periode $2\pi/T$. Vergleicht man die Form von $S_{XX}(\omega)$ mit Gl. 3.7 (Abschnitt 3.1) oder besser noch mit Gl. 3.101 (Abschnitt 3.6), so stellt man fest, daß $S_{XX}(\omega)$ in Form einer Fourier-Reihe vorliegt, in der $R_{XX}(m)$ die Fourier-Koeffizienten sind. Damit gilt entsprechend Gl. 3.102 (bei Berücksichtigung des negativen Vorzeichens im Exponent und mit $\omega_g = \pi/T$) die Rücktransformationsbeziehung

$$R_{XX}(m) = \frac{T}{2\pi} \int_{-\pi/T}^{\pi/T} S_{XX}(\omega)e^{jm\omega T} d\omega. \qquad (7.88)$$

Aus Gl. 7.88 erhält man die mittlere Signalleistung

$$E[X^2] = R_{XX}(0) = \frac{T}{2\pi} \int_{-\pi/T}^{\pi/T} S_{XX}(\omega)d\omega. \qquad (7.89)$$

Im Falle

$$R_{XX}(m) = a\,\delta(m), \quad S_{XX}(\omega) = a, \quad a > 0 \qquad (7.90)$$

spricht man von weißem Rauschen. Der Einheitsimpuls $\delta(m)$ ist übrigens im Bild 6.2 (Abschnitt 6.1.2) dargestellt.

Entsprechend der Definition nach Gl. 7.87 kann auch eine Kreuzleistungsdichte

$$S_{XY}(\omega) = \sum_{m=-\infty}^{\infty} R_{XY}(m)e^{-jm\omega T} \qquad (7.91)$$

definiert werden und es gilt

$$R_{XY}(m) = \frac{T}{2\pi} \int_{-\pi/T}^{\pi/T} S_{XY}(\omega)e^{jm\omega T} d\omega. \qquad (7.92)$$

Beispiel

Die Autokorrelationsfunktion eines zeitdiskreten Signales sei

$$R_{XX}(m) = \sigma^2 e^{-k\,|m|\,T} = \begin{cases} \sigma^2 e^{kmT} & \text{für } m < 0 \\ \sigma^2 e^{-kmT} & \text{für } m > 0 \end{cases}, \quad k > 0. \tag{7.93}$$

Nach Gl. 7.87 wird

$$S_{XX}(\omega) = \sum_{m=-\infty}^{\infty} \sigma^2 e^{-k\,|m|\,T} e^{-jm\omega T}.$$

Diese Summe wird in Teilsummen mit negativen und nicht negativen Laufindizes zerlegt, wobei die Darstellung von $R_{XX}(m)$ rechts in Gl. 7.93 beachtet wird. Man erhält

$$S_{XX}(\omega) = \sigma^2 \sum_{m=-\infty}^{-1} e^{mT(k-j\omega)} + \sigma^2 \sum_{m=0}^{\infty} e^{-mT(k+j\omega)}.$$

Die Auswertung dieser Summen (geometrische Reihen!) führt schließlich zu dem Ergebnis (siehe z.B. [14])

$$S_{XX}(\omega) = \frac{\sigma^2(e^{2kT} - 1)}{e^{2kT} - 2e^{kT}\cos(\omega T) + 1}. \tag{7.94}$$

Für kleine Abtastwerte T erhält man mit den Näherungen $e^x \approx 1 + x$, $\cos(x) \approx 1 - x^2/2$ zunächst den Ausdruck

$$S_{XX}(\omega) \approx \frac{\sigma^2 2kT}{e^{2kT} - 2e^{kT}(1 - 0,5\omega^2 T^2) + 1} = \frac{\sigma^2 2kT}{(e^{kT} - 1)^2 + \omega^2 T^2},$$

und hieraus wiederum mit der Näherung $e^x \approx 1 + x$ bei Berücksichtigung von Summanden bis zur 2. Potenz

$$S_{XX}(\omega) = \frac{1}{T}\frac{2k\sigma^2}{k^2 + \omega^2}. \tag{7.95}$$

Dieser Ausdruck stimmt bis auf den Faktor $1/T$ mit der spektralen Leistungsdichte gemäß Gl. 7.62 (Abschnitt 7.5.1) überein. Dies ist auch plausibel, weil die Werte von $R_{XX}(mT)$ nach Gl. 7.93 den Werten von $R_{XX}(\tau) = \sigma^2 e^{-k\,|\tau|}$ an den Stellen $\tau = mT$ entsprechen.

8 Lineare Systeme mit zufälligen Eingangs-signalen

Der in diesem Abschnitt behandelte Stoff baut stark auf die im Abschnitt 7 abgeleiteten Ergebnisse auf. Nach einigen Vorbemerkungen im Abschnitt 8.1 befaßt sich der Abschnitt 8.2 mit Systemreaktionen auf stationäre Zufallssignale. Zur Berechnung werden Methoden im Zeit- und im Frequenzbereich angewandt. Der Abschnitt 8.3 behandelt den Zusammenhang zwischen zufälligen Ein- und Ausgangssignalen von Systemen. Weiterhin wird in diesem Abschnitt eine Meßmethode zur Messung der Impulsantwort von Systemen besprochen, die sich als besonders unempfindlich gegenüber Störungen erweist. Im Abschnitt 8.4 werden wesentliche Ergebnisse für kontinuierliche Systeme zusammengefaßt. Mit Reaktionen zeitdiskreter Systeme auf Zufallssignale befaßt sich der Abschnitt 8.5. Schließlich behandelt der Abschnitt 8.6 den Entwurf optimaler Suchfilter.

8.1 Vorbemerkungen und Voraussetzungen

Vorausgesetzt werden lineare und zeitinvariante Systeme deren Eingangssignale stationäre ergodische Zufallssignale sein sollen. Dies bedeutet, daß die Eingangssignale schon von "$t = -\infty$ an" am Systemeingang anliegen. Daraus folgt, daß die Systemreaktionen im eingeschwungenen Zustand auftreten und ebenfalls stationäre Zufallssignale sind (siehe z.B. [14]).

Der Zusammenhang zwischen den Realisierungsfunktionen der zufälligen Ein- und Ausgangssignale wird durch das Faltungsintegral (siehe Abschnitt 2.3.1, Gln. 2.25, 2.26) beschrieben:

$$y(t) = \int_{-\infty}^{\infty} x(\tau)g(t-\tau)d\tau = \int_{-\infty}^{\infty} x(t-\tau)g(\tau)d\tau. \tag{8.1}$$

In gleicher Weise kann aber auch die Schreibweise

$$Y(t) = \int_{-\infty}^{\infty} X(\tau)g(t-\tau)d\tau = \int_{-\infty}^{\infty} X(t-\tau)g(\tau)d\tau \tag{8.2}$$

für den Zusammenhang der Zufallsprozesse $X(t)$ und $Y(t)$ verwendet werden.

Von besonderer Bedeutung sind normalverteilte Eingangssignale, die ja bis auf das Vorzeichen ihres Mittelwertes durch ihre Autokorrelationsfunktion $R_{XX}(\tau)$ vollständig beschrieben werden (siehe Abschnitt 7.2.1).

Normalverteilte Eingangssignale führen bei linearen Systemen zu ebenfalls normalverteilten Ausgangssignalen, so daß auch das Ausgangssignal $Y(t)$ durch seine Autokorrelationsfunktion $R_{YY}(\tau)$ vollständig beschrieben wird. Zum Beweis dieser Aussage approximieren wir das Faltungsintegral nach Gl. 8.2 (linke Form) durch eine Summe und erhalten

$$Y(t) \approx \sum_{\nu} X(\nu\Delta\tau)g(t - \nu\Delta\tau)\Delta\tau.$$

Offenbar kann $Y(t)$ mit beliebig guter Näherung als gewichtete Summe von normalverteilten Zufallsgrößen $X(\nu\Delta\tau)$ interpretiert werden. Die Summe von normalverteilten Zufallsgrößen ist aber normalverteilt (Abschnitt A.5). Bei nicht normalverteilten Eingangssignalen sind die Verhältnisse viel komplizierter. Häufig begnügt man sich hier mit der Autokorrelationsfunktion $R_{YY}(\tau)$ zur näherungsweisen Charakterisierung des Zufallsprozesses.

8.2 Systemreaktionen bei zufälligen Eingangssignalen

8.2.1 Mittelwert und Autokorrelationsfunktion

Nach Gl. 7.8 berechnet sich der Erwartungswert des ergodischen Ausgangssignales $Y(t)$ eines Systems zu

$$E[Y(t)] = \lim_{T \to \infty} \frac{1}{2T} \int_{-T}^{T} y(t)dt.$$

Mit $y(t)$ nach Gl. 8.1 (rechte Form) erhält am

$$E[Y] = \lim_{T \to \infty} \frac{1}{2T} \int_{t=-T}^{T} \int_{\tau=-\infty}^{\infty} x(t - \tau)g(\tau)d\tau dt.$$

Eine (erlaubte) Vertauschung der Reihenfolge Integration und Grenzwertbildung führt zu

$$E[Y] = \int_{-\infty}^{\infty} g(\tau)\left\{\lim_{T \to \infty} \frac{1}{2T} \int_{-T}^{T} x(t - \tau)dt\right\}d\tau.$$

Das durch Klammern abgegrenzte Integral entspricht offenbar dem Erwartungswert $E[X(t)]$. Dies kann man auch formal leicht nachweisen, wenn dort die Substitution $u = t - \tau$ durchgeführt wird. Als Ergebnis erhalten wir

$$E[Y] = E[X] \int_{-\infty}^{\infty} g(\tau)d\tau. \tag{8.3}$$

Wir erkennen, daß ein mittelwertfreies Eingangssignal ein mittelwertfreies Ausgangssignal zur Folge hat.

Zur Ermittlung der Autokorrelationsfunktion $R_{YY}(\tau)$ stellen wir zunächst $y(t)$ und $y(t+\tau)$ mit Hilfe von Gl. 8.1 folgendermaßen dar:

$$y(t) = \int_{-\infty}^{\infty} x(t-u)g(u)du, \quad y(t+\tau) = \int_{-\infty}^{\infty} x(t+\tau-v)g(v)dv.$$

Die Umbenennung der Integrationsvariable τ in u bzw. v wurde deshalb vorgenommen, weil τ als Argument in der Autokorrelationsfunktion auftritt. Aus diesen beiden Gleichungen erhalten wir das Produkt

$$y(t)y(t+\tau) = \int_{-\infty}^{\infty} \int_{-\infty}^{\infty} x(t-u)x(t+\tau-v)g(u)g(v)du\,dv.$$

Diesen Ausdruck setzen wir in die Definitionsgleichung für die Autokorrelationsfunktion

$$R_{YY}(\tau) = \lim_{T \to \infty} \frac{1}{2T} \int_{-T}^{T} y(t)y(t+\tau)dt$$

ein und erhalten zunächst

$$R_{YY}(\tau) = \lim_{T \to \infty} \frac{1}{2T} \int_{t=-T}^{T} \int_{-\infty}^{\infty} \int_{-\infty}^{\infty} g(u)g(v)x(t-u)x(t+\tau-v)du\,dv\,dt.$$

Eine Vertauschung der Reihenfolge Integration und Grenzwertbildung ergibt

$$R_{YY}(\tau) = \int_{-\infty}^{\infty} \int_{-\infty}^{\infty} g(u)g(v)\left\{ \lim_{T \to \infty} \frac{1}{2T} \int_{-T}^{T} x(t-u)x(t+\tau-v)dt \right\}du\,dv. \tag{8.4}$$

Wir untersuchen das "innere" Integral. Die Substitution $w = t-u$ $(t = u+w, dt = dw)$ führt dort zu dem Ausdruck

$$I = \lim_{T \to \infty} \frac{1}{2T} \int_{-T}^{T} x(w)x[w+(\tau+u-v)]dw = R_{XX}(\tau+u-v).$$

Die Transformation der Integrationsgrenzen von $t = -T$ bzw. $t = T$ in $w = -T-u$ bzw. $w = T-u$ kann unterbleiben, da der Grenzwert $T \to \infty$ berechnet wird. Die Aussage $I = R_{XX}(\tau+u-v)$ ist sofort einleuchtend, wenn die Definitionsgleichung 7.9 für $R_{XX}(\tau)$ betrachtet wird. Dort ist lediglich τ durch $\tau+u-v$ zu ersetzen und die Integrationsvariable t in w umzubenennen. Setzt man das soeben ermittelte Ergebnis in Gl. 8.4 ein, so erhalten wir

$$R_{YY}(\tau) = \int_{-\infty}^{\infty} \int_{-\infty}^{\infty} R_{XX}(\tau + u - v)g(u)g(v)du\,dv. \tag{8.5}$$

Die Gln. 8.3 und 8.5 gestatten die Berechnung der Kenngrößen des Ausgangssignales $E[Y]$ und $R_{YY}(\tau)$, wenn die entsprechenden Kenngrößen des Eingangssignales vorliegen. Bei normalverteiltem Eingangssignal ist auch die Systemreaktion normalverteilt. Aus $E[Y]$ und $R_{YY}(\tau)$ können alle n-dimensionalen Wahrscheinlichkeitsdichten der Systemreaktion ermittelt werden (siehe hierzu Abschnitt 7.1.1).

Die Berechnung der Autokorrelationsfunktion nach Gl. 8.5 ist oft mühsam, meist ist es sinnvoller, die im folgenden Abschnitt besprochene Berechnungsmethode anzuwenden.

8.2.2 Die spektrale Leistungsdichte der Systemreaktion

Die spektrale Leistungsdichte $S_{YY}(\omega)$ ist die Fourier-Transformierte von $R_{YY}(\tau)$:

$$S_{YY}(\omega) = \int_{-\infty}^{\infty} R_{YY}(\tau)e^{-j\omega\tau}d\tau.$$

Setzen wir für $R_{YY}(\tau)$ den Ausdruck nach Gl. 8.5 ein, so erhalten wir

$$S_{YY}(\omega) = \int_{\tau=-\infty}^{\infty} \int_{-\infty}^{\infty} \int_{-\infty}^{\infty} R_{XX}(\tau + u - v)g(u)g(v)e^{-j\omega\tau}du\,dv\,d\tau.$$

Eine Vertauschung der Reihenfolge der Integrationen ergibt

$$S_{YY}(\omega) = \int_{-\infty}^{\infty} g(u)e^{j\omega u}\int_{-\infty}^{\infty} g(v)e^{-j\omega v}\left\{\int_{\tau=-\infty}^{\infty} R_{XX}(\tau + u - v)e^{-j\omega(\tau+u-v)}d\tau\right\}dv\,du. \tag{8.6}$$

Bei diesem Rechenschritt wurden $g(u)$ mit $e^{j\omega u}$ und $g(v)$ mit $e^{-j\omega v}$ multipliziert. Diese zusätzlichen Faktoren kürzen sich gegen die ebenfalls zusätzlichen Faktoren $e^{-j\omega u}$ und $e^{j\omega v}$ im letzten Term von Gl. 8.6.

Zunächst wird das durch Klammern abgegrenzte Integral untersucht. Dort substituieren wir $w = \tau + u - v$ und erhalten (siehe Gl. 7.70 mit Umbenennung der Integrationsvariablen τ in w):

$$I = \int_{-\infty}^{\infty} R_{XX}(\tau + u - v)e^{-j\omega(\tau+u-v)}d\tau = \int_{-\infty}^{\infty} R_{XX}(w)e^{-j\omega w}dw = S_{XX}(\omega).$$

Mit diesem Ergebnis folgt aus Gl. 8.6

$$S_{YY}(\omega) = S_{XX}(\omega) \int_{-\infty}^{\infty} g(u)e^{j\omega u} \left\{ \int_{-\infty}^{\infty} g(v)e^{-j\omega v} dv \right\} du.$$

Das hier durch Klammern abgegrenzte Integral stimmt mit der Übertragungsfunktion

$$G(j\omega) = \int_{-\infty}^{\infty} g(t)e^{-j\omega t} dt \tag{8.7}$$

des Systems überein und wir erhalten

$$S_{YY}(\omega) = S_{XX}(\omega)G(j\omega) \int_{-\infty}^{\infty} g(u)e^{j\omega u} du.$$

Das nun noch vorhandene Integral unterscheidet sich von dem früheren (außer in der Bezeichnung der Integrationsvariablen) nur durch das Vorzeichen von $j\omega$. Wir erhalten also

$$S_{YY}(\omega) = S_{XX}(\omega)G(j\omega)G(-j\omega).$$

Wird noch berücksichtigt, daß $G(-j\omega) = G^*(j\omega)$ ist (siehe Gl. 8.7), so wird

$$S_{YY}(\omega) = S_{XX}(\omega)G(j\omega)G^*(j\omega) = S_{XX}(\omega) \mid G(j\omega) \mid^2 . \tag{8.8}$$

Diese Beziehung verknüpft auf einfache Weise die spektralen Leistungsdichten der Ein- und Ausgangssignale und tritt in gewisser Weise an die Stelle der für determinierte Signale geltenden Beziehung $Y(j\omega) = X(j\omega)G(j\omega)$. Gl. 8.8 liefert einen weiteren, oft bequemeren Weg zur Ermittlung der Autokorrelationsfunktion $R_{YY}(\tau)$. Zunächst ermittelt man aus $R_{XX}(\tau)$ (möglichst mit Hilfe einer Tabelle) die spektrale Leistungsdichte $S_{XX}(\omega)$ des Eingangssignales. Nach einer Multiplikation mit $\mid G(j\omega) \mid^2$ führt man die Fourier-Rücktransformation von $S_{YY}(\omega)$ durch und erhält $R_{YY}(\tau)$. Diese Zusammenhänge sind nochmals im Bild 8.1 zusammengestellt.

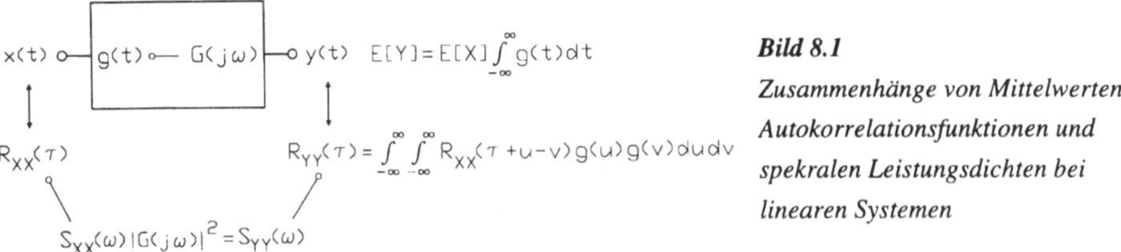

Bild 8.1

Zusammenhänge von Mittelwerten, Autokorrelationsfunktionen und spektralen Leistungsdichten bei linearen Systemen

Aus Gl. 8.8 erkennt man, daß $S_{YY}(\omega)$ und damit auch $R_{YY}(\tau)$ nur vom Betrag der Übertragungsfunktion abhängt. Der Phasenverlauf des Systems spielt also keine Rolle.

8.2.3 Beispiele

1. RC-Tiefpaß mit weißem Rauschen als Eingangssignal

Bei dem Eingangssignal der Schaltung im Bild 8.2 handelt es sich um weißes Rauschen mit der Autokorrelationsfunktion $R_{XX}(\tau) = a\,\delta(\tau)$, $a > 0$. Zu ermitteln ist die Autokorrelationsfunktion der Systemreaktion.

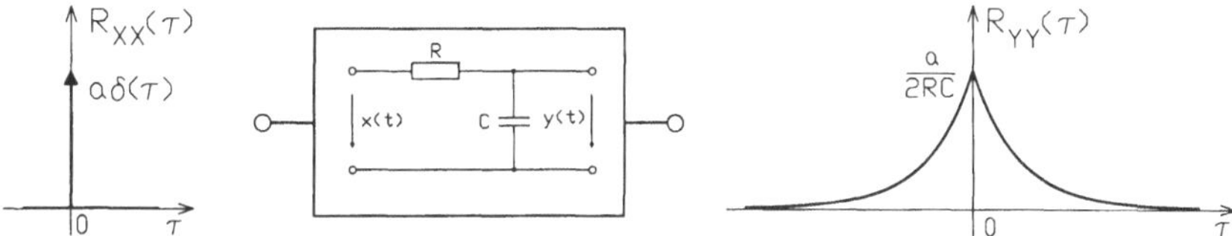

Bild 8.2 *RC-Netzwerk mit weißem Rauschen als Eingangssignal*

Aus der Korrespondenz $\delta(\tau)\;O\!\!-\!\!1$ folgt $S_{XX}(\omega) = a$ und mit der Übertragungsfunktion $G(j\omega) = 1/(1 + j\omega RC)$ erhalten wir nach Gl. 8.8

$$S_{YY}(\omega) = S_{XX}(\omega)\,|\,G(j\omega)\,|^2 = \frac{a}{1 + \omega^2 R^2 C^2}.$$

Zur Rücktransformation benützen wir die Korrespondenz (Tabelle C.1 oder Gln. 7.61, 7.62):

$$\sigma^2 \frac{2k}{k^2 + \omega^2} \;-\!\!O\; \sigma^2 e^{-k\,|\tau|}.$$

Zu diesem Zweck formen wir $S_{YY}(\omega)$ folgendermaßen um

$$S_{YY}(\omega) = \frac{a}{1 + \omega^2 R^2 C^2} = \frac{a}{2RC}\,\frac{2/(RC)}{1/(R^2 C^2) + \omega^2} = \sigma^2 \frac{2k}{k^2 + \omega^2}.$$

Dies bedeutet $k = 1/(RC)$, $\sigma^2 = a/(2RC)$ und

$$R_{YY}(\tau) = \frac{a}{2RC}\,e^{-|\tau|/(RC)}. \tag{8.9}$$

Diese Autokorrelationsfunktion ist rechts im Bild 8.2 skizziert.

Wir wollen bei diesem Beispiel noch auf zwei Probleme eingehen. Zunächst zu der hier etwas schwierigeren Frage nach den Dimensionen. Im vorliegenden Fall ist das zufällige Eingangssignal eine Spannung, daher hat $R_{XX}(\tau) = a\,\delta(\tau)$ die Dimension V^2 (siehe z.B. Gl. 7.9). Es wäre nun nicht korrekt, der Konstanten a diese Dimension zuzuorden, denn aus der Beziehung

$$\int_{-\infty}^{\infty} \delta(\tau)\,d\tau = 1$$

folgt, daß $\delta(\tau)$ nicht dimensionslos ist, sondern die Dimension s^{-1} aufweisen muß. Eine entsprechende Überlegung wurde übrigens beim 1. Beispiel im Abschnitt 3.5.1 durchgeführt. Damit hat die Konstante a die Dimension V^2s, zusammen mit der Dimension s^{-1} des Dirac-Impulses führt dies zur Dimension V^2 von $R_{XX}(\tau)$. Die spektrale Leistungsdichte $S_{XX}(\omega)$ hat die Dimension V^2s (siehe auch Gl. 7.70). Da im vorliegenden Fall $G(j\omega)$ dimensionslos ist, hat $S_{YY}(\omega)$ ebenfalls die Dimension V^2s und $R_{YY}(\tau)$ wieder die Dimension V^2 (siehe Gl. 8.9).

Die 2. Frage bezieht sich darauf, inwieweit die Rechnung mit weißem Rauschen als Eingangssignal zu physikalisch sinnvollen Ergebnissen führt. Wir ändern zu diesem Zweck die Aufgabenstellung und nehmen an, daß das Eingangssignal bandbegrenztes weißes Rauschen sein soll mit einer Grenzfrequenz $\omega_g = 3/(RC)$. Die Autokorrelationsfunktion hat dann eine Form gemäß Gl. 7.77 (Darstellung links im Bild 7.17). Im Bild 8.3 ist die nun vorliegende spektrale Leistungsdichte (mit $\omega_g = 3/(RC)$ und $a = 1$) zusammen mit $|G(j\omega)|^2 = 1/(1 + \omega^2 R^2 C^2)$ aufgetragen. Das Produkt beider Funktionen ergibt $S_{YY}(\omega)$ und wir erkennen, daß das Ergebnis bei weißem Rauschen als Eingangssignal ($S_{XX}(\omega) = a$) kaum anders wäre. Unterschiede ergeben sich nur im Bereich $|\omega| > 3/(RC)$, in diesem Bereich ist jedoch $|G(j\omega)|^2 < 0,1$. Eine bessere Übereinstimmung zu dem Ergebnis bei weißem Rauschen kann durch eine Erhöhung der Grenzfrequenz ω_g auf z.B. $4/(RC)$ erreicht werden. Physikalisch kann dies auch so erklärt werden, daß das hier vorliegende tiefpaßartige System die hohen Frequenzanteile des Eingangssignales sowieso herausfiltert. Es spielt dann keine Rolle, wenn diese hohen Frequenzanteile bei dem Eingangssignal erst gar nicht vorhanden sind. Offenbar kann man den Vorteil des einfacheren Rechnens mit weißem Rauschen bei allen Systemen anwenden, bei denen $|G(j\omega)|$ für große Frequenzen verschwindet.

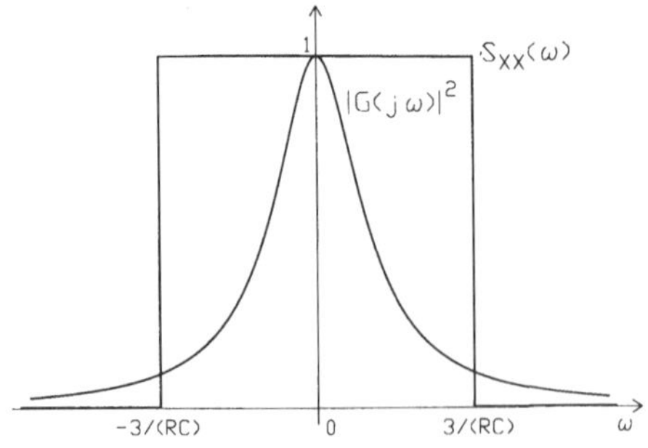

Bild 8.3
Bandbegrenztes weißes Rauschen als Eingangssignal bei dem Netzwerk nach Bild 8.2

2. Idealer Tiefpaß mit weißem Rauschen als Eingangssignal

Gegeben ist ein idealer Tiefpaß dessen Einganssignal weißes Rauschen ist, d.h. $R_{XX}(\tau) = a\,\delta(\tau)$ bzw. $S_{XX}(\omega) = a$. Gesucht wird die Autokorrelationsfunktion des Ausgangssignales.

Das Ergebnis ist im Bild 8.4 zusammengestellt. In der Bildmitte sind Betrag und Phase der Übertragungsfunktion des Tiefpasses skizziert (siehe dazu Abschnitt 4.3). Der Phasenverlauf ist für das Ergebnis ohne Bedeutung, da nach Gl. 8.8 $S_{XX}(\omega)$ und $S_{YY}(\omega)$ nur durch den Betrag der Übertragungsfunktion verknüpft sind.

Aus der oben rechts im Bild dargestellten spektralen Leistungsdichte erhält man durch Fourier-Rücktransformation die Autokorrelationsfunktion

$$R_{YY}(\tau) = \frac{a \sin \omega_g \tau}{\pi \tau},$$

die rechts unten im Bild 8.4 skizziert ist. Die Ermittlung von $R_{YY}(\tau)$ erfolgt übrigens in völlig gleicher Weise wie die Berechnung der Autokorrelationsfunktion bei bandbegrenztem weißen Rauschen im Abschnitt 7.5.4.

Die mittlere Leistung des Ausgangssignales hat den Wert $E[Y^2] = R_{YY}(0) = a\omega_g/\pi$, dies entspricht der durch 2π dividierten Fläche unter $S_{YY}(\omega)$.

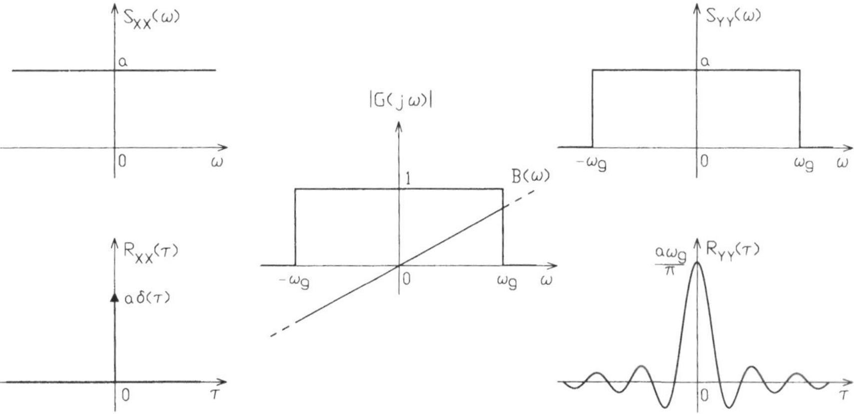

Bild 8.4 *Idealer Tiefpaß mit weißem Rauschen als Eingangssignal*

3. Formfilter

Es soll untersucht werden, ob die im Bild 8.5 angegebene Schaltung so dimensioniert werden kann, daß aus weißem Rauschen am Eingang $(S_{XX}(\omega) = a)$ ein Ausgangssignal mit der spektralen Leistungsdichte

$$S_{YY}(\omega) = \frac{a}{1 + \omega^4}$$

erzeugt werden kann.

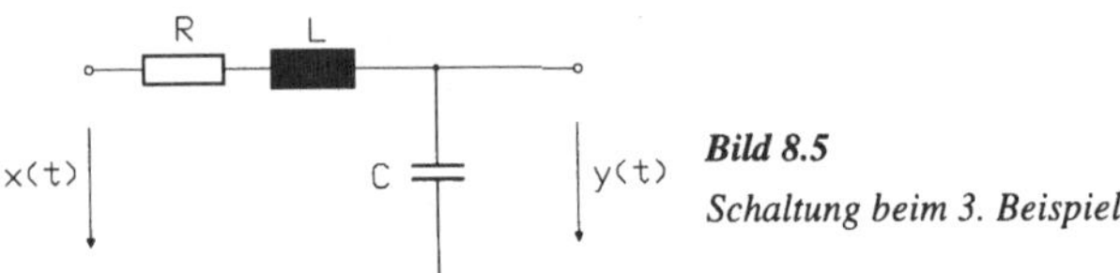

Bild 8.5
Schaltung beim 3. Beispiel

Mit Hilfe der komplexen Rechnung erhält man die Übertragungsfunktion

$$G(j\omega) = \frac{1/(j\omega C)}{R + j\omega L + 1/(j\omega C)} = \frac{1}{(1 - \omega^2 LC) + j\omega RC}.$$

Nach Gl. 8.8 folgt

$$S_{YY}(\omega) = S_{XX}(\omega)\,|\,G(j\omega)\,|^2 = \frac{a}{(1 - \omega^2 LC)^2 + \omega^2 R^2 C^2}.$$

Der Nenner wird ausmultipliziert

$$(1 - \omega^2 LC)^2 + \omega^2 R^2 C^2 = 1 + \omega^2 (R^2 C^2 - 2RC) + \omega^4 L^2 C^2.$$

Die verlangte Form des Nenners $1 + \omega^4$ wird durch die Dimensionierung $LC = 1, R^2 C^2 - 2LC = 0$ bzw. $RC = \sqrt{2}$ erreicht.

Filter, die nach Forderungen dieser Art entworfen werden, nennt man **Formfilter**. Formfilter spielen im Zusammenhang mit dem Betrieb von Rauschgeneratoren eine Rolle. Rauschgeneratoren liefern i.a. (bandbegrenztes) weißes Rauschen. Durch zwischengeschaltete Formfilter kann man aus weißen Rauschen ein Signal mit der gewünschten spektralen Leistungsdichte erzeugen.

4. Der Einfluß "rauschender" Widerstände

Bild 8.6 zeigt ganz links eine RC-Schaltung bei der der Einfluß des Widerstandsrauschens auf das Ausgangssignal untersucht werden soll.

In der Bildmitte ist der rauschende Widerstand durch seine Ersatzschaltung dargestellt (Bild 7.21, Abschnitt 7.5.5) und außerdem die Spannungsquelle für das "Nutzsignal" $x(t)$. Die Systemreaktion auf $x(t)$ wird hier mit $y(t)$ bezeichnet, die Ausgangsrauschspannung, also die Reaktion auf $u(t)$, mit $\bar{u}(t)$. Zur Berechnung von $\bar{u}(t)$ wird $x(t) = 0$ gesetzt (Überlagerungssatz!). Damit zeigt der rechte Bildteil 8.6 die Schaltung zur Ermittlung des Rauscheinflusses auf den Systemausgang. Bei der Eingangsspannung handelt es sich um weißes Rauschen mit der spektralen Leistungsdichte $S_{UU}(\omega) = 2kRT$ (siehe hierzu das 3. Beispiel vom Abschnitt 7.5.5).

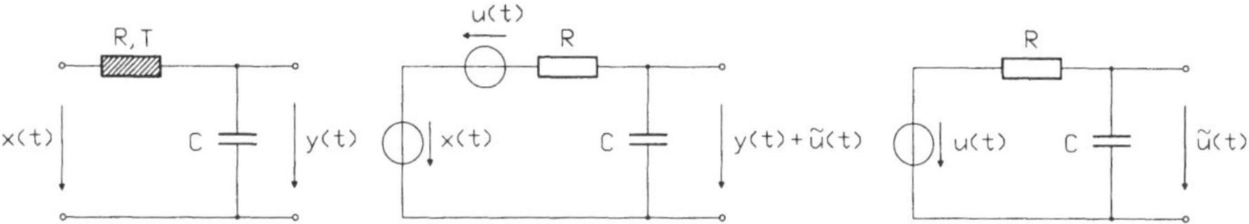

Bild 8.6 *Darstellung zur Ermittlung des Einflusses von Widerstandsrauschen*

Mit der Übertragungsfunktion

$$G(j\omega) = \frac{1/(RC)}{1/(RC) + j\omega}$$

folgt nach Gl. 8.8

$$S_{\tilde{U}\tilde{U}}(\omega) = S_{UU}(\omega) \,|\, G(j\omega)|^2 = 2kRT \frac{\frac{1}{R^2C^2}}{\frac{1}{R^2C^2} + \omega^2}$$

und wir erhalten gemäß Gl. 7.58 die mittlere Signalleistung

$$E[\tilde{U}^2] = \frac{1}{2\pi} \int_{-\infty}^{\infty} S_{\tilde{U}\tilde{U}}(\omega)d\omega = 2kRT \frac{1}{R^2C^2} \frac{1}{2\pi} \int_{-\infty}^{\infty} \frac{1}{\frac{1}{R^2C^2} + \omega^2} d\omega =$$

$$= \frac{2kT}{RC^2} \left[\frac{RC}{2\pi} \arctan(RC\omega) \right]_{-\infty}^{\infty} = \frac{kT}{C}.$$

Ein Effektivwertmeßgerät würde eine Rauschspannung

$$\tilde{U}_{\mathit{eff}} = \sqrt{\frac{kT}{C}}$$

anzeigen (Dimensionskontrolle von $\tilde{U}_{\mathit{eff}}$ durch den Leser, Bolzmannsche Konstante $k = 1{,}3803 \cdot 10^{-23}$ Ws/K).

Der Leser ist vielleicht überrascht, daß die gemessene Rauschspannung $\tilde{U}_{\mathit{eff}}$ nicht von dem Wert des Widerstandes in der Schaltung abhängt. Der Grund liegt darin, daß die RC-Schaltung ein Tiefpaßverhalten mit einer Grenzkreisfrequenz $\omega_g = 1/(RC)$ aufweist. Große Werte von R erhöhen zwar die Eingangsrauschspannung $u(t)$, gleichzeitig wird aber die Grenzfrequenz in gleichem Maße kleiner, so daß die Fläche unter der spektralen Leistungsdichte konstant bleibt.

Weitere Beispiele findet der Leser in der Aufgabensammlung [16].

8.3 Die Beziehungen zwischen den Ein- und Ausgangssignalen

8.3.1 Die Kreuzkorrelationsfunktion und die Kreuzleistungsdichte

Eine Meßanordnung zur Messung der uns hier interessierenden Kreuzkorrelationsfunktion ist im Bild 8.7 dargestellt.

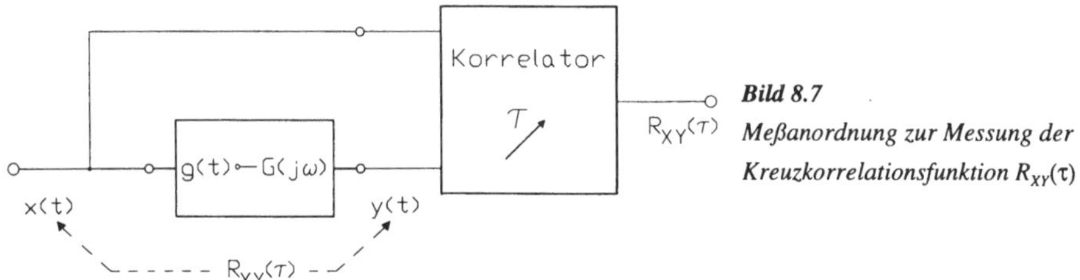

Bild 8.7
Meßanordnung zur Messung der Kreuzkorrelationsfunktion $R_{XY}(\tau)$

Nach Gl. 7.28 (Abschnitt 7.2.3) gilt

$$R_{XY}(\tau) = \lim_{T \to \infty} \frac{1}{2T} \int_{-T}^{T} x(t)y(t+\tau)dt.$$

Die Systemreaktion $y(t)$ kann mit dem Faltungsintegral ermittelt werden. Nach Gl. 8.1 erhält man

$$y(t+\tau) = \int_{-\infty}^{\infty} x(t+\tau-u)g(u)du,$$

dabei wurde die Integrationsvariable τ durch u ersetzt, weil τ als Argument bei den Korrelationsfunktionen verwendet wird. Die Multiplikation von $y(t+\tau)$ mit $x(t)$ ergibt

$$x(t)y(t+\tau) = \int_{-\infty}^{\infty} x(t)x(t+\tau-u)g(u)du$$

und dieser Ausdruck in die Gleichung für $R_{XY}(\tau)$ eingesetzt:

$$R_{XY}(\tau) = \lim_{T \to \infty} \frac{1}{2T} \int_{-T}^{T} \int_{-\infty}^{\infty} x(t)x(t+\tau-u)g(u)du\,dt.$$

Eine Vertauschung der Integrationsreihenfolge führt zu

$$R_{XY}(\tau) = \int_{-\infty}^{\infty} g(u)\left\{ \lim_{T \to \infty} \frac{1}{2T} \int_{-T}^{T} x(t)x(t+\tau-u)dt \right\}du.$$

Das "innere" Integral ergibt offenbar $R_{XX}(\tau - u)$ (vgl. Gl. 7.9) und wir erhalten

$$R_{XY}(\tau) = \int_{-\infty}^{\infty} R_{XX}(\tau - u)g(u)du. \qquad (8.10)$$

Dieses Ergebnis läßt folgende interessante Interpretation zu. Wählt man als (nichtzufälliges) Eingangssignal für ein System eine Funktion $x(t) = R_{XX}(t)$, also eine Zeitfunktion, die in ihrem Verlauf mit der Autokorrelationsfunktion eines zufälligen Eingangssignales übereinstimmt, so wird nach Gl. 8.1

$$y(t) = \int_{-\infty}^{\infty} R_{XX}(t - \tau)g(\tau)d\tau = R_{XY}(t). \qquad (8.11)$$

Das Integral nach Gl. 8.11 stimmt bis auf die andere Integrationsvariable (τ statt u) und dem anderen Zeitparameter (t statt τ) mit dem Integral nach Gl. 8.10 überein. Dies bedeutet, daß $y(t) = R_{XY}(t)$ ist. Ein System reagiert also auf das Eingangssignal "Autokorrelationsfunktion" $R_{XX}(t)$ mit dem Ausgangssignal "Kreuzkorrelationsfunktion" $R_{XY}(t)$.

Gl. 8.10 (oder 8.11) kann im Sinne der Kurzschreibweise für die Faltung (siehe Abschnitt 2.3.1, Gl. 2.27) auch in der Form

$$R_{XY}(\tau) = R_{XX}(\tau)*g(\tau) \qquad (8.12)$$

angegeben werden.

Wir wollen nun die Fourier-Transformierte von $R_{XY}(\tau)$, also das Kreuzleistungsspektrum $S_{XY}(\omega)$, berechnen. Dazu setzen wir $R_{XY}(\tau)$ nach Gl. 8.10 in die Definitionsgleichung

$$S_{XY}(\omega) = \int_{-\infty}^{\infty} R_{XY}(\tau)e^{-j\omega\tau}d\tau$$

ein und erhalten

$$S_{XY}(\omega) = \int_{\tau=-\infty}^{\infty} \int_{u=-\infty}^{\infty} R_{XX}(\tau - u)g(u)e^{-j\omega\tau}du\,d\tau.$$

Eine Vertauschung der Integrationsreihenfolge und die gleichzeitige Erweiterung mit den Faktoren $e^{-j\omega u}$ und $e^{j\omega u}$ ergibt

$$S_{XY}(\omega) = \int_{u=-\infty}^{\infty} g(u)\left\{\int_{\tau=-\infty}^{\infty} R_{XX}(\tau - u)e^{-j\omega(\tau-u)}d\tau\right\}e^{-j\omega u}du.$$

Im "inneren" Integral wird die Substitution $v = \tau - u$ vorgenommen:

$$I = \int_{-\infty}^{\infty} R_{XX}(\tau - u)e^{-j\omega(\tau - u)}d\tau = \int_{-\infty}^{\infty} R_{XX}(v)e^{-j\omega v}dv = S_{XX}(\omega).$$

Mit diesem Ergebnis und bei Beachtung von Gl. 8.7 wird

$$S_{XY}(\omega) = S_{XX}(\omega) \int_{-\infty}^{\infty} g(u)e^{-j\omega u}du = S_{XX}(\omega)G(j\omega).$$

Ergebnis:

$$S_{XY}(\omega) = S_{XX}(\omega)G(j\omega). \tag{8.13}$$

Gl. 8.13 hätten wir auch direkt angeben können. Aus Gl. 3.36 im Abschnitt 3.3.3 ist bekannt, daß einer Faltung im Zeitbereich (Gl. 8.12) eine Multiplikation im Frequenzbereich entspricht.

Die in diesem Abschnitt abgeleiteten Zusammenhänge sind im Bild 8.8 nochmals zusammengestellt.

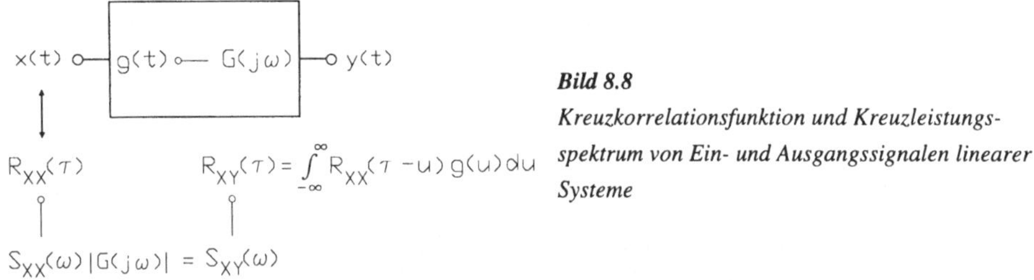

Bild 8.8
Kreuzkorrelationsfunktion und Kreuzleistungsspektrum von Ein- und Ausgangssignalen linearer Systeme

Beispiel

Gesucht wird die Kreuzkorrelationsfunktion $R_{XY}(\tau)$ zwischen dem Ein- und Ausgangssignal eines linearen Systems, wenn es sich bei dem Eingangssignal um weißes Rauschen handelt, d.h. $R_{XX}(\tau) = a\,\delta(\tau)$.

Wir erhalten nach Gl. 8.10 (unter Beachtung der Ausblendeigenschaft des Dirac-Impulses, Gl. 2.8 im Abschnitt 2.1.3):

$$R_{XY}(\tau) = \int_{-\infty}^{\infty} a\,\delta(\tau - u)g(u)du = a\,g(\tau). \tag{8.14}$$

Die Kreuzkorrelationsfunktion stimmt bis auf den Faktor a mit der Impulsantwort des Systems überein.

Ein anderer Lösungsweg führt über Gl. 8.13. Mit $S_{XX}(\omega) = a$ erhalten wir

$$S_{XY}(\omega) = a\,G(j\omega). \tag{8.15}$$

Die Kreuzleistungsdichte entspricht bis auf einen Faktor der Übertragungsfunktion des Systems, die Rücktransformation führt zu der Lösung nach Gl. 8.14. Im kommenden Abschnitt wird eine auf diesen Ergebnissen basierende Meßmethode zur Messung der Impulsantwort bzw. Übertragungsfunktion von Systemen besprochen.

8.3.2 Eine Meßmethode zur Messung der Impulsantwort eines Systems

Die Meßmethode erklärt sich aus Bild 8.9. Gemessen wird die Kreuzkorrelationsfunktion zwischen dem Ein- und Ausgangssignal des Systems. Wie im Beispiel des Abschnittes 8.3.1 abgeleitet wurde, entspricht die gemessene Kreuzkorrelationsfunktion bis auf einen Faktor der Impulsantwort des Systems (Gl. 8.14)

$$R_{XY}(\tau) = a\,g(\tau).$$

Dabei ist vorausgesetzt, daß am Systemeingang weißes Rauschen mit der spektralen Leistungsdichte $S_{XX}(\omega) = a$ anliegt.

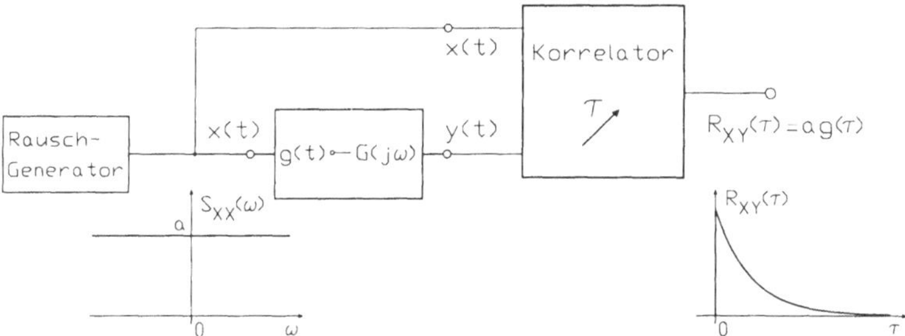

Bild 8.9 *Meßanordnung zur Messung der Impulsantwort von Systemen*

Diese Meßmethode kann prinzipiell beibehalten werden, wenn das Eingangssignal kein weißes Rauschen ist. In diesem Fall ermittelt man (ggf. meßtechnisch) die Fourier-Transformierte $S_{XY}(\omega)$ der gemessenen Kreuzkorrelationsfunktion. Nach Gl. 8.13 ist $S_{XY}(\omega) = S_{XX}(\omega)G(j\omega)$ und man erhält die Übertragungsfunktion $G(j\omega) = S_{XY}(\omega)/S_{XX}(\omega)$. Falls erforderlich, wird anschließend die Impulsantwort durch Fourier-Rücktransformation ermittelt.

Das beschriebene Meßverfahren ist zeitaufwendig, da der Korrelator für jeden Meßpunkt eine relativ große Integrationszeit benötigt. Diesem Nachteil stehen erhebliche Vorteile gegenüber, wenn die Meßergebnisse am Systemausgang durch "nicht abschaltbare" Störquellen verfälscht werden. Im Bild 8.10 ist eine mögliche Einwirkung eines Störsignales auf den Systemausgang dargestellt. Dabei gibt es einen eigenen "Störeingang" für das Störsignal $n(t)$. Die im Bild angedeutete Impulsantwort $g_n(t)$ ist die Systemreaktion, wenn an den Störeingang ein Dirac-Impuls angelegt wird. Wir setzen nun voraus, daß $x(t)$ ein mittelwertfreies ergodisches Zufallssignal (z.B. weißes Rauschen) sein soll und außerdem unabhängig von dem ebenfalls ergodischen Störsignal $n(t)$. Die Systemreaktion besteht aus zwei Anteilen, es gilt (Gl. 8.1)

$$y(t) = \int_{-\infty}^{\infty} x(t-u)g(u)du + \int_{-\infty}^{\infty} n(t-u)g_n(u)du. \tag{8.16}$$

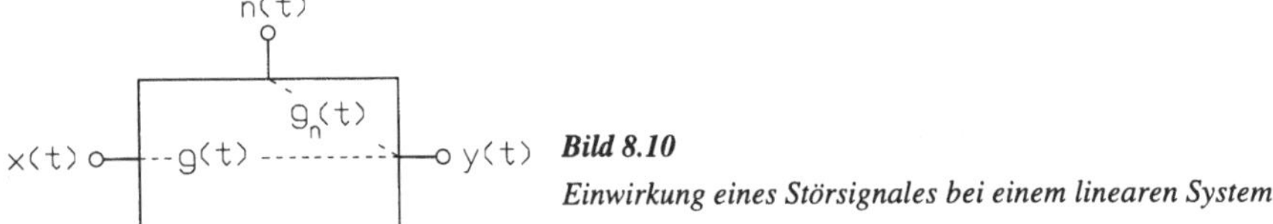

Bild 8.10
Einwirkung eines Störsignales bei einem linearen System

So wie bei der Vorgehensweise im Abschnitt 8.3.1 bestimmen wir zunächst

$$x(t)y(t+\tau) = \int_{-\infty}^{\infty} x(t)x(t+\tau-u)g(u)du + \int_{-\infty}^{\infty} x(t)n(t+\tau-u)g_n(u)du.$$

Diesen Ausdruck setzen wir in die Beziehung

$$R_{XY}(\tau) = \lim_{T\to\infty} \frac{1}{2T} \int_{-T}^{T} x(t)y(t+\tau)dt$$

ein und erhalten

$$R_{XY}(\tau) = \lim_{T\to\infty} \frac{1}{2T} \int_{-T}^{T} \int_{-\infty}^{\infty} x(t)x(t+\tau-u)g(u)du\,dt + \lim_{T\to\infty} \frac{1}{2T} \int_{-T}^{T} \int_{-\infty}^{\infty} x(t)n(t+\tau-u)g_n(u)du\,dt.$$

Vertauschung der Integrationsreihenfolgen:

$$R_{XY}(\tau) = \int_{-\infty}^{\infty} g(u)\left\{ \lim_{T\to\infty} \frac{1}{2T} \int_{-T}^{T} x(t)x(t+\tau-u)dt \right\}du +$$

$$+ \int_{-\infty}^{\infty} g_n(u)\left\{ \lim_{T\to\infty} \frac{1}{2T} \int_{-T}^{T} x(t)n(t+\tau-u)dt \right\}du.$$

Die "inneren" Integrale entsprechen den Funktionen $R_{XX}(\tau-u)$ bzw. $R_{XN}(\tau-u)$ und somit erhalten wir

$$R_{XY}(\tau) = \int_{-\infty}^{\infty} R_{XX}(\tau-u)g(u)du + \int_{-\infty}^{\infty} R_{XN}(\tau-u)g_n(u)du. \tag{8.17}$$

Gl. 8.17 unterscheidet sich von der früher abgeleiteten Beziehung 8.10 durch einen weiteren Summanden, der durch die auf den Systemausgang wirkenden Störungen entsteht. Voraussetzungsgemäß sollen die Zufallssignale $x(t)$ und $n(t)$ unabhängig voneinander sein. Dies bedeutet, daß der Korrelationskoeffizient zwischen den Zufallsgrößen $X(t)$ und $N(t+\tau)$ verschwindet. Nach Gl. 7.35 (bzw. nach Gl. 7.34 mit der Bedingung $E[X] = 0$) folgt daraus auch $R_{XN}(\tau) = 0$, das 2. Integral in Gl. 8.17 verschwindet also.

Als Ergebnis haben wir gefunden, daß sich Störungen auf die Messung von $R_{XY}(\tau)$ und somit auf die Bestimmung der Impulsantwort nicht auswirken. Mit und ohne Störungen gilt

$$R_{XY}(\tau) = \int_{-\infty}^{\infty} R_{XX}(\tau - u)g(u)du.$$

Es ist leicht einzusehen, daß dieses Ergebnis auch dann noch erhalten bleibt, wenn verschiedene Störsignale von verschiedenen "Störeingängen" auf den Systemausgang einwirken.

8.4 Zusammenstellung von Ergebnissen

Im Bild 8.11 sind die wichtigsten Beziehungen über den Zusammenhang von Ein- und Ausgangssignalen bei linearen Systemen nochmals zusammengestellt. Das System wird durch seine Impulsantwort $g(t)$ bzw. seine Übertragungsfunktion $G(j\omega)$ beschrieben. Mit dem Faltungsintegral können Systemreaktionen bei vorliegenden Eingangssignalen berechnet werden.

Bei determinierten Signalen (oberer Bildteil) ist häufig ebenfalls eine Berechnung im Frequenzbereich mit der Fourier- oder der Laplace-Transformation durchführbar. Wie schon früher erklärt (siehe Abschnitt 5.4.1), ist dieser Weg nicht immer möglich. So gibt es z.B. (Eingangs-) Signale, die keine Fourier-Transformierte $X(j\omega)$ besitzen. Die Berechnung mit Hilfe der Laplace-Transformation ist nur bei kausalen Systemen und ebenfalls kausalen Eingangssignalen (d.h. $x(t) = 0$ für $t < 0$) durchführbar.

Im unteren Bildteil sind die in diesem Abschnitt abgeleiteten Beziehungen für stationäre Zufallsprozesse im eingeschwungenen Zustand zusammengestellt. Die Zufallssignale werden durch ihre Autokorrelationsfunktionen oder im Frequenzbereich durch ihre Leistungsspektren beschrieben. Die Berechnung von $R_{YY}(\tau)$ kann im Zeitbereich durch das im Bild angegebene Doppelintegral erfolgen. Die Berechnung ist ebenfalls durch Anwendung der sehr einfachen Beziehung $S_{YY}(\omega) = S_{XX}(\omega) \, |\, G(j\omega)\,|^2$ im Frequenzbereich durchführbar. Die Kreuzkorrelationsfunktion $R_{XY}(\tau)$ beschreibt den (durch das System hergestellten) Zusammenhang zwischen dem Ein- und Ausgangssignal des Systems. Bei weißem Rauschen am Systemeingang entspricht $R_{XY}(\tau)$ bis auf einen Faktor der Impulsantwort des Systems. $S_{XY}(\omega)$ entspricht in diesem Fall der Übertragungsfunktion.

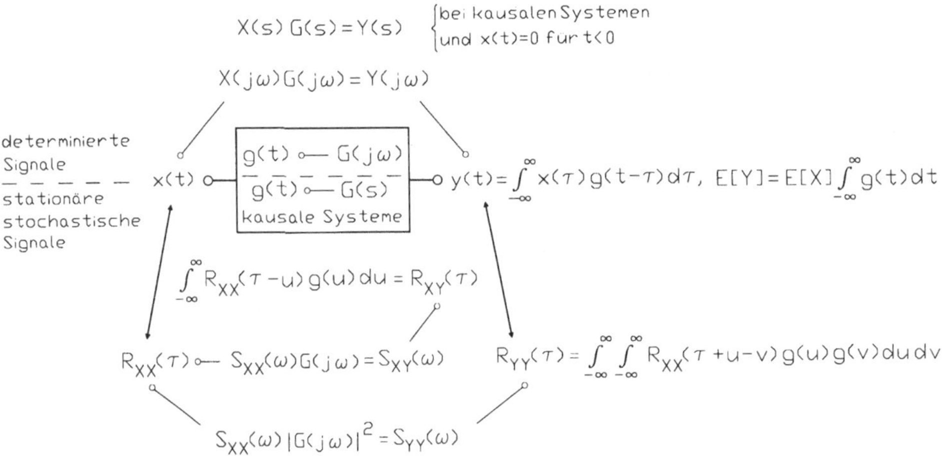

Bild 8.11 *Zusammenstellung von Beziehungen bei linearen Systemen*

Normalverteilte Eingangssignale haben normalverteilte Ausgangssignale zur Folge. Sie werden vollständig (bis auf das Vorzeichen der Mittelwerte) durch ihre Autokorrelationsfunktionen beschrieben.

8.5 Bemerkungen zu zeitdiskreten Systemen

Viele der für zeitkontinuierliche Systeme abgeleiteten Ergebnisse gelten sinngemäß auch bei zeitdiskreten Systemen. An die Stelle des Faltungsintegrales tritt die Faltungssumme (siehe Abschnitt 6.2)

$$y(n) = \sum_{\nu=-\infty}^{\infty} x(n-\nu)g(\nu).$$

Mit Hilfe dieser Beziehung erhält man durch eine weitgehend ähnliche Vorgehensweise wie bei zeitkontinuierlichen Systemen

$$E[Y] = E[X] \sum_{\nu=-\infty}^{\infty} g(\nu), \tag{8.18}$$

$$R_{YY}(m) = \sum_{\mu=-\infty}^{\infty} \sum_{\nu=-\infty}^{\infty} R_{XX}(m+\mu-\nu)g(\mu)g(\nu), \tag{8.19}$$

$$R_{XY}(m) \sum_{\nu=-\infty}^{\infty} R_{XX}(m-\nu)g(\nu). \tag{8.20}$$

$E[X]$ und $R_{XX}(m)$ sind durch die im Abschnitt 7.2.4 angegebenen Gln. 7.36, 7.37 erklärt.

Setzt man $R_{YY}(m)$ nach Gl. 8.19 in die Beziehung

$$S_{YY}(\omega) = \sum_{m=-\infty}^{\infty} R_{YY}(m)e^{-j\omega mT}$$

(siehe Abschnitt 7.5.7, Gl. 7.87) ein, so erhält man

$$S_{YY}(\omega) = \sum_{m=-\infty}^{\infty} \sum_{\mu=-\infty}^{\infty} \sum_{\nu=-\infty}^{\infty} R_{YY}(m+\mu-y)g(\mu)g(\nu)e^{-j\omega mT} =$$

$$= \sum_{\mu=-\infty}^{\infty} g(\mu)e^{j\omega\mu T} \sum_{\nu=-\infty}^{\infty} g(\nu)e^{-j\omega\nu T}\left\{\sum_{m=-\infty}^{\infty} R_{YY}(m+\mu-\nu)e^{-j\omega(m+\mu-\nu)T}\right\}.$$

In der 2. Gleichungszeile wurde die Reihenfolge der Summationen vertauscht. Außerdem wurden noch zwei zusätzliche Faktoren $e^{j\mu\omega T}$ und $e^{-j\nu\omega T}$ eingefügt, die sich gegen entsprechende reziproke Faktoren in der letzten Teilsumme wieder wegkürzen. In der letzten Teilsumme substituieren wir $n = m+\mu-\nu$ und erhalten (siehe Gl. 7.87)

$$\sum_{m=-\infty}^{\infty} R_{XX}(m+\mu-\nu)e^{-j\omega(m+\mu-\nu)T} = \sum_{n=-\infty}^{\infty} R_{XX}(n)e^{-j\omega nT} = S_{XX}(\omega).$$

Mit der Übertragungsfunktion des zeitdiskreten Systems (siehe Gl. 6.26, Abschnitt 6.3)

$$G(j\omega) = \sum_{n=-\infty}^{\infty} g(n)e^{-jn\omega T}$$

wird

$$\sum_{\mu=-\infty}^{\infty} g(\mu)e^{j\mu\omega T} = G^*(j\omega), \qquad \sum_{\nu=-\infty}^{\infty} g(\nu)e^{-j\nu\omega T} = G(j\omega).$$

Wir erhalten damit schließlich

$$S_{YY}(\omega) = |G(j\omega)|^2 S_{XX}(\omega), \tag{8.21}$$

also eine formal gleiche Beziehung wie bei zeitkontinuierlichen Systemen.

Gemäß Gl. 7.89 wird die mittlere Leistung des Ausgangssignales

$$E[Y^2] = \frac{T}{2\pi} \int_{-\pi/T}^{\pi/T} |G(j\omega)|^2 S_{XX}(\omega)\,d\omega. \tag{8.22}$$

Schließlich können wir $R_{XY}(m)$ nach Gl. 8.20 in die Beziehung (Gl. 7.91)

$$S_{XY}(\omega) = \sum_{m=-\infty}^{\infty} R_{XY}(m)e^{-jm\omega T}$$

einsetzen und erhalten

$$S_{XY}(\omega) = \sum_{m=-\infty}^{\infty} \sum_{v=-\infty}^{\infty} R_{XX}(m-v)g(v)e^{-jm\omega T} = \sum_{v=-\infty}^{\infty} g(v)e^{-jv\omega T}\left\{ \sum_{m=-\infty}^{\infty} R_{XX}(m-v)e^{-j\omega(m-v)T} \right\}.$$

Dabei wurde wieder die Summationsreihenfolge vertauscht und zusätzlich der Faktor $e^{-jv\omega T}$ eingeführt, der sich gegen den reziproken Faktor in der letzten Teilsumme wegkürzt. Die zweite Summe ergibt $S_{XX}(\omega)$ (Substitution $n = m - v$) und die verbleibende erste Summe die Übertragungsfunktion. Als Ergebnis erhalten wir auch hier eine formal gleiche Beziehung wie bei kontinuierlichen Systemen

$$S_{XY}(\omega) = G(j\omega)S_{XX}(\omega). \tag{8.23}$$

Beispiel

Das Eingangssignal für ein digitales System mit der Übertragungsfunktion

$$G(j\omega) = \frac{c_0}{d_0 + e^{j\omega T}}, \; |d_0| < 1$$

(Schaltung nach Bild 6.12, Abschnitt 6.5.1) sei weißes Rauschen mit der spektralen Leistungsdichte $S_{XX}(\omega) = a$. Gesucht wird die mittlere Leistung $E[Y^2]$ des Ausgangssignales dieses Systems. Aufgabenstellungen dieser Art treten bei der Untersuchung von Quantisierungsfehlern bei digitalen Filtern auf (siehe z. B. [15]).

Nach Gl. 8.21 wird

$$S_{YY}(\omega) = a \left| \frac{c_0}{d_0 + e^{j\omega T}} \right|^2 = \frac{ac_0^2}{1 + d_0^2 + 2d_0\cos(\omega T)}.$$

Dann wird nach Gl. 8.22 (unter Verwendung einer Integraltabelle)

$$E[Y^2] = \frac{T}{2\pi} \int_{-\pi/T}^{\pi/T} \frac{ac_0^2}{1 + d_0^2 + 2d_0\cos(\omega T)}\,d\omega = \frac{ac_0^2}{1 - d_0^2}, \; a > 0.$$

8.6 Optimale Suchfilter

8.6.1 Die Aufgabenstellung und Lösung bei weißem Rauschen

Es gibt eine Vielzahl von Problemen, bei denen es wichtig ist, das Eintreffen impulsförmiger (nicht periodischer!) Signale auf einem gestörten Kanal mit großer Sicherheit zu erkennen. Bei Problemen dieser Art können optimale Suchfilter zum Einsatz kommen.

Wir gehen von der Annahme aus, daß ein Impuls $x(t)$, dessen Form bekannt sein soll, auf dem Übertragungskanal von einem Störsignal $n(t)$ überlagert wird. Am Kanalausgang wird die Summe $x(t) + n(t)$ empfangen. An den Impuls stellen wir die Forderung, daß seine **Energie** endlich groß sein soll, d.h.

$$W = \int_{-\infty}^{\infty} x^2(t)dt < \infty. \tag{8.24}$$

Das Störsignal soll ein mittelwertfreies stationäres Zufallssignal sein. Wir setzen vorerst voraus, daß es sich um weißes Rauschen mit der Autokorrelationsfunktion bzw. spektralen Leistungsdichte

$$R_{NN}(\tau) = a\,\delta(\tau), \quad S_{NN}(\omega) = a, \quad a > 0 \tag{8.25}$$

handelt.

Das empfangene Signal $x(t) + n(t)$ ist das Eingangssignal für das zu entwerfende optimale Suchfilter, wie im Bild 8.12 dargestellt. $y(t)$ soll die Systemreaktion auf $x(t)$ sein, das Störsignal am Systemausgang ist $\tilde{n}(t)$. Das Filter im Bild 8.12 hat nur dann einen Sinn, wenn der "gestörte" Impuls $y(t)$ besser als der Impuls $x(t)$ am Systemeingang erkannt werden kann. Das optimale Suchfilter soll $y(t)$ "maximal aus dem Rauschen hervorheben".

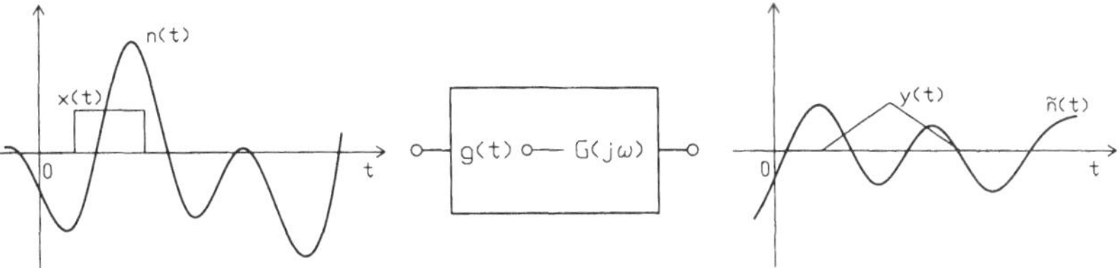

Bild 8.12 Optimales Suchfilter mit Ein- und Ausgangssignalen

Nicht sinnvoll wäre es, eine Optimierungsbedingung zu formulieren nach der $y(t)$ an einem Zeitpunkt t_0 besonders groß gegenüber dem zufälligen Wert des Rauschsignales $\tilde{n}(t_0)$ sein soll. Als sinnvoll erweist sich hingegen die Wahl des folgenden Kriteriums

$$\eta = \frac{y^2(t_0)}{W \, \mathrm{E}[\tilde{N}^2]} = \max.$$

$$(8.26)$$

Dies bedeutet, daß das Verhältnis des (bei t_0) quadrierten Ausgangsimpulses, bezogen auf die mittlere Leistung des Störsignales, besonders groß sein soll. Die Größe W im Nenner von Gl. 8.26 ist die Energie des Eingangsimpulses nach Gl. 8.24. Auf den "Optimierungseffekt" hat diese Größe W keinen Einfluß, wohl aber auf die anschließend durchzuführenden mathematischen Operationen.

Ist $G(j\omega)$ die (noch unbekannte) Übertragungsfunktion des optimalen Suchfilters, so erhält man gemäß Gl. 8.8 mit $S_{NN}(\omega)$ nach Gl. 8.25

$$S_{\tilde{N}\tilde{N}}(\omega) = a \, | \, G(j\omega) \, |^2$$

und damit wird (siehe Gl. 7.73)

$$\mathrm{E}[\tilde{N}^2] = a \, \frac{1}{2\pi} \int_{-\infty}^{\infty} | \, G(j\omega) \, |^2 \, d\omega.$$

$$(8.27)$$

Zur Berechnung von $y(t_0)$ benutzen wir die Beziehung $Y(j\omega) = X(j\omega)G(j\omega)$. Dabei ist $X(j\omega)$ das Spektrum des Eingangsimpulses

$$X(j\omega) = \int_{-\infty}^{\infty} x(t)e^{-j\omega t}dt.$$

$$(8.28)$$

Die Fourier-Rücktransformation von $Y(j\omega)$ liefert (für $t = t_0$)

$$y(t_0) = \frac{1}{2\pi} \int_{-\infty}^{\infty} Y(j\omega)e^{j\omega t_0}d\omega = \frac{1}{2\pi} \int_{-\infty}^{\infty} X(j\omega)G(j\omega)e^{j\omega t_0}d\omega.$$

$$(8.29)$$

Schließlich erhalten wir für die Energie W des Impulses $x(t)$ mit Hilfe des Parseval'schen Theorems (siehe Abschnitt 3.3.3, Gl. 3.38)

$$W = \int_{-\infty}^{\infty} x^2(t)dt = \frac{1}{2\pi} \int_{-\infty}^{\infty} | \, X(j\omega) \, |^2 \, d\omega.$$

$$(8.30)$$

Setzt man die Beziehungen 8.27, 8.29 und 8.30 in Gl. 8.26 ein, so wird

$$\tilde{\eta} = \eta a = \frac{\left| \int_{-\infty}^{\infty} G(j\omega)X(j\omega)e^{j\omega t_0}d\omega \right|^2}{\int_{-\infty}^{\infty} | \, X(j\omega) \, |^2 \, d\omega \int_{-\infty}^{\infty} | \, G(j\omega) \, |^2 \, d\omega} = \max.$$

$$(8.31)$$

In diesem Ausdruck ist $G(j\omega)$ die einzige nicht bekannte Funktion, sie ist so zu wählen, daß $\tilde{\eta} = a\eta$ maximal wird.

Im vorliegenden Fall kann diese Aufgabe mit Hilfe einer Ungleichung von Cauchy-Schwarz (siehe z.B. [5]) gelöst werden:

$$\frac{\left| \int_{-\infty}^{\infty} g(x)f(x)dx \right|^2}{\int_{-\infty}^{\infty} |f(x)|^2\, dx \int_{-\infty}^{\infty} |g(x)|^2\, dx} \leq 1. \tag{8.32}$$

Das Gleichheitszeichen tritt im Falle $g(x) = Kf^*(x)$ auf.

Ersetzt man $g(x)$ durch $G(j\omega)$ und $f(x)$ durch $X(j\omega)e^{j\omega t_0}$ ($|X(j\omega)e^{j\omega t_0}| = |X(j\omega)|$!), dann entspricht die Form von Gl. 8.31 exakt der von Gl. 8.32. Der mögliche Maximalwert beträgt $\tilde{\eta} = a\eta = 1$, er tritt bei $g(x) = Kf^*(x)$ auf, also im Falle

$$G(j\omega) = K X^*(j\omega)e^{-j\omega t_0}. \tag{8.33}$$

Als wichtiges Ergebnis haben wir gefunden, daß die Übertragungsfunktion des optimalen Suchfilters der mit $e^{-j\omega t_0}$ multiplizierten konjugiert komplexen Fourier-Transformierten von $x(t)$ entspricht. Dabei ist noch die Multiplikation mit einer Konstanten zulässig.

Bemerkung:
Die in der Gl. 8.33 auftretende Konstante ist auf das Optimierungsergebnis ohne Einfluß. Eine Multiplikation der Übertragungsfunktion mit K führt zu einer Multiplikation der Systemreaktion mit dem gleichen Faktor. Damit wird sowohl das Nutzsignal, wie auch das Rauschsignal in gleicher Weise verändert. Der Quotient (Gl. 8.26) ändert sich nicht.

Im Optimalfall ($\tilde{\eta} = a\eta = 1$) erhält man aus Gl. 8.26

$$\eta_{\max} = \frac{1}{a} = \frac{y^2(t_0)}{W\, E[\tilde{N}^2]} \quad \text{bzw.} \quad \frac{y^2(t_0)}{E[\tilde{N}^2]} = \frac{W}{a}. \tag{8.34}$$

Dies bedeutet, das der optimale "Signal-Rauschabstand" nur von der Energie W des Eingangsimpulses, nicht aber von seiner Form abhängt.

Wir wollen nun noch die Impulsantwort des optimalen Suchfilters berechnen und müssen zu diesem Zweck die Fourier-Rücktransformierte von $G(j\omega)$ nach Gl. 8.33 ermitteln. Ersetzt man in Gl. 8.28 $j\omega$ durch $-j\omega$, so erhält man zunächst

$$X(-j\omega) = \int_{-\infty}^{\infty} x(t)e^{j\omega t}dt = X^*(j\omega).$$

Wir substituieren t durch $-t$ und finden

$$X^*(j\omega) = \int_{-\infty}^{\infty} x(-t)e^{-j\omega t}dt. \tag{8.35}$$

Vergleicht man dieses Integral mit Gl. 8.28, so erkennt man, daß $X^*(j\omega)$ als Fourier-Transformierte von $x(-t)$ aufgefaßt werden kann, also

$$x(-t)\ \text{O---}\ X^*(j\omega).$$

Die Multiplikation einer Fourier-Transformierten mit $e^{-j\omega t_0}$ bedeutet im Zeitbereich eine Zeitverschiebung (siehe Abschnitt 3.3.3, Gl. 3.31), d.h.

$$F(j\omega)e^{-j\omega t_0}\ \text{---O}\ f(t - t_0).$$

Mit diesen beiden Ergebnissen können wir die Rücktransformation von $G(j\omega)$ nach Gl. 8.33 durchführen und finden

$$K X^*(j\omega)e^{-j\omega t_0}\ \text{---O}\ Kx[-(t - t_0)] = Kx(t_0 - t),$$

also wird

$$g(t) = Kx(t_0 - t). \tag{8.36}$$

Gl. 8.36 ermöglicht das Auffinden der Impulsantwort des optimalen Suchfilters auf ganz besonders einfache Weise. Im Abschnitt 2.3.3 wurde gezeigt, wie bei gegebener Impulsantwort die über τ aufgetragene Funktion $g(t - \tau)$ entsteht, wobei t ein Parameter ist. Das gleiche Problem liegt hier vor, gesucht wird bei bekanntem Signal $x(t)$ die über t aufgetragene Funktion $x(t_0 - t)$, wobei hier t_0 der Parameter ist. Man findet demnach $x(t_0 - t)$ und damit die Impulsantwort nach Gl. 8.36 dadurch, daß $x(t)$ "umgeklappt" und dann um t_0 verschoben wird. Im Bild 8.13 ist dies für ein spezielles Signal $x(t)$ (und $K = 1$) dargestellt. Man erkennt, daß kausale Systeme ($g(t) = 0$ für $t < 0$) einen Wert von t_0 erfordern, der mindestens so groß wie die Impulsbreite ist.

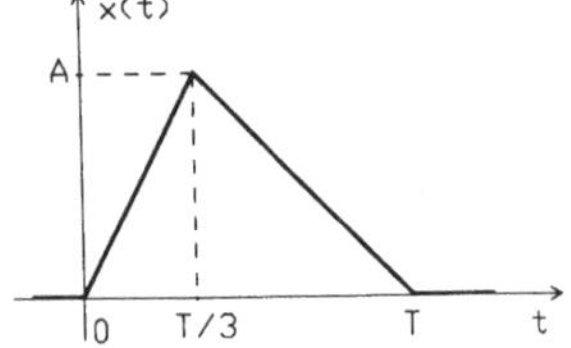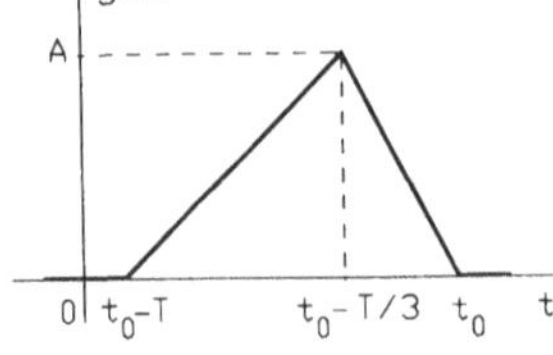

Bild 8.13
Konstruktion der Impulsantwort eines optimalen Suchfilters

Zum Abschluß berechnen wir noch den Ausgangsimpuls $y(t)$ des optimalen Suchfilters. Mit $g(t)$ nach Gl. 8.36 wird

$$y(t) = \int_{-\infty}^{\infty} x(t-\tau)g(\tau)d\tau = K \int_{-\infty}^{\infty} x(t-\tau)x(t_0-\tau)d\tau.$$

Substitution $u = t - \tau$:

$$y(t) = K \int_{-\infty}^{\infty} x(u)x[u + (t_0 - t)]du. \tag{8.37}$$

Bei t_0 erreicht $y(t)$ seinen Maximalwert

$$y(t_0) = K \int_{-\infty}^{\infty} x^2(u)du = KW, \tag{8.38}$$

er ist also proportional zur Energie W des Eingangsimpulses $x(t)$.

In der Literatur wird manchmal auch für Signale $x(t)$ mit endlicher Energie eine Korrelationsfunktion

$$R_{xx}(\tau) = \int_{-\infty}^{\infty} x(t)x(t+\tau)dt$$

definiert. Mit dieser Definition hat der Ausgangsimpuls nach Gl. 8.37 eine Form

$$y(t) = KR_{xx}(t_0 - t).$$

Dies ist auch der Grund dafür, daß optimale Suchfilter bisweilen als Korrelationsfilter bezeichnet werden.

8.6.2 Ein Entwurfsbeispiel

Das normalverteilte Störsignal soll eine spektrale Leistungsdichte $S_{NN}(\omega) = a$ besitzen, bei dem Eingangsimpuls $x(t)$ handelt es sich um den links im Bild 8.14 skizzierten Rechteckimpuls der Höhe A und Breite T. Impulsbreite und Impulshöhe sollen so festgelegt werden, daß das Eintreffen des Impulses (am Ausgang des optimalen Suchfilters) mit einer Wahrscheinlichkeit von mindestens 0,997 erkannt wird.

Die Impulsantwort des optimalen Suchfilters ist links im Bild 8.15 für den Fall $t_0 = T$ dargestellt (Konstruktion von g(t) gemäß Bild 8.13). Die Berechnung der Systemreaktion $y(t)$ kann im vorliegenden Fall besonders einfach erfolgen. Offenbar ist

$$x(t) = A s(t) - A s(t - T)$$

und damit

$$y(t) = A h(t) - A h(t - T). \tag{8.39}$$

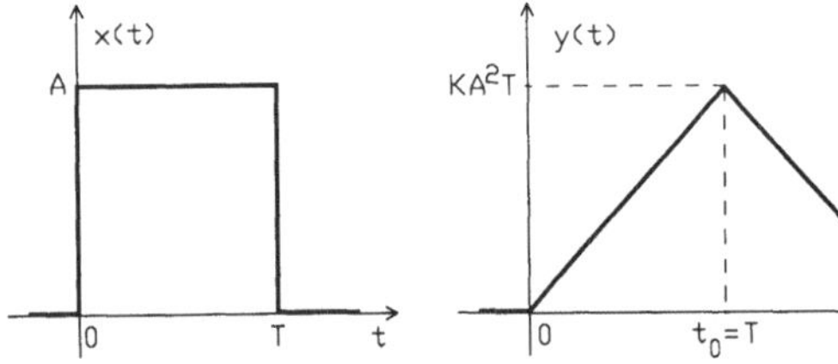

Bild 8.14

Ein- und Ausgangssignal eines optimalen Suchfilters

Die Sprungantwort $h(t)$ ist rechts im Bild 8.15 skizziert. Zur Kontrolle kann die Ableitung $g(t) = h'(t)$ gebildet werden. Mit der rechts im Bild 8.15 skizzierten Sprungantwort erhält man nach Gl. 8.39 den rechts im Bild 8.14 dargestellten Ausgangsimpuls $y(t)$ des optimalen Suchfilters.

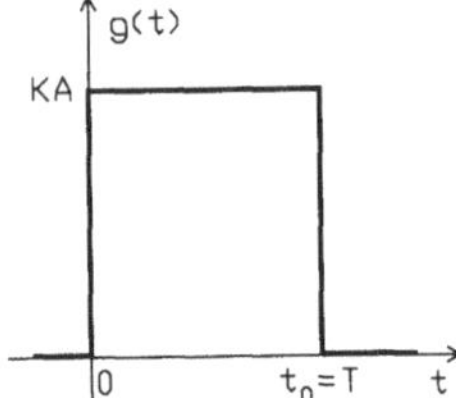

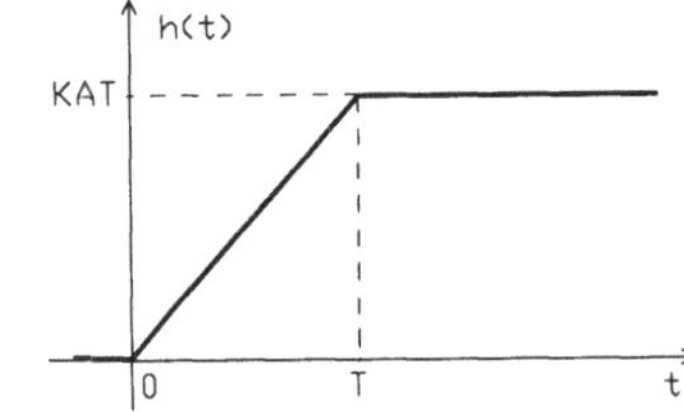

Bild 8.15

Impuls- und Sprungantwort des optimalen Suchfilters

Der Maximalwert des Ausgangsimpulses beträgt

$$y(t_0) = y(T) = KA^2T = KW, \tag{8.40}$$

wobei

$$W = \int_{-\infty}^{\infty} x^2(t)\,dt = A^2 T$$

die Energie des Eingangsimpulses ist (siehe Gl. 8.24). Hätten wir einen größeren Wert für t_0 gewählt, so wäre der Maximalwert $y(t_0)$ entsprechend später aufgetreten.

Zur Ermittlung der erforderlichen Signalenergie, d.h. der Impulshöhe und Impulsbreite berechnen wir zunächst die mittlere Leistung $E[\tilde{N}^2(t)]$ am Systemausgang. Nach Gl. 8.34 wird (unter Beachtung von Gl. 8.40)

$$E[\tilde{N}^2(t)] = \sigma_{\tilde{N}}^2 = \frac{a\, y^2(t_0)}{W} = a K^2 W. \tag{8.41}$$

Mittlere Leistung und Streuung sind hier identisch, weil ein mittelwertfreies Ausgangssignal $\tilde{N}(t)$ vorliegt.

Die Werte des normalverteilten Störsignales liegen mit einer Wahrscheinlichkeit von 0,997 im 3σ–Bereich (siehe Abschnitt A.4.1):

$$3\sqrt{aK^2W} < \tilde{N}(t) < 3\sqrt{aK^2W}.$$

Die Entscheidung, ob ein Impuls eingetroffen ist, wird folgendermaßen getroffen. Tritt ein Ausgangssignalwert auf, der kleiner als $3\sigma_{\tilde{N}}$ ist, wird angenommen, daß ist kein Impuls $y(t)$ vorliegt. Ist das Ausgangssignal größer als $3\sigma_{\tilde{N}}$, wird angenommen, daß ein Impuls $y(t)$ eingetroffen ist. Die Bedingung für das Erkennen eines Impulses lautet also

$$y(t_0) + \tilde{n}(t_0) > 3\sigma_{\tilde{N}}.$$

Das Rauschsignal liegt mit einer Wahrscheinlichkeit von 99,7% im Bereich von $-3\sigma_{\tilde{N}}$ bis $3\sigma_{\tilde{N}}$. Der ungünstigste Fall ist der, daß gerade zum Zeitpunkt des Eintreffens des Impulses $y(t_0)$ das Rauschsignal den Wert $\tilde{n}(t_0) = -3\sigma_{\tilde{N}}$ hat. Die oben genannte Bedingung führt in diesem ungünstigsten Fall zu $y(t_0) + \tilde{n}(t_0) = y(t_0) - 3\sigma_{\tilde{N}} > 3\sigma_{\tilde{N}}$, also zu der Forderung $y(t_0) > 6\sigma_{\tilde{N}}$ oder $y^2(t_0) > 36\sigma_{\tilde{N}}^2$. Mit den oben angegebenen Werten (Gln. 8.38, 8.41) folgt schließlich

$$W > 36a, \tag{8.42}$$

wobei W die Energie des Eingangsimpulses und a die "Höhe" der (konstanten) spektralen Leistungsdichte des Störsignales $n(t)$ ist.

Bei dem vorliegenden Impuls (links im Bild 8.14) ist $W = A^2 T$ und dies führt zu der Forderung

$$A^2 T > 36a.$$

Diese Bedingung kann einmal dadurch erreicht werden, daß die Amplitude A des Impulses $x(t)$ erhöht wird, zum anderen aber auch durch eine Verlängerung der Impulsdauer T.

Hinweis:

Der Leser kann leicht nachvollziehen, daß die Bedingung 8.42 unabhängig von der "Impulsform" ist. Vorausgesetzt wurde nur, daß normalverteiltes weißes Rauschen mit $S_{NN}(\omega) = a$ vorliegt und der Impuls $x(t)$ mit der Energie W mit einer Wahrscheinlichkeit von 99,7% (3σ–Bereich) erkannt werden soll.

Es bleibt noch die Frage nach einer Schaltung für das optimalen Suchfilter mit $g(t)$ gemäß Bild 8.15. Es zeigt sich, daß diese Aufgabe durch analoge Schaltungen nur approximativ gelöst werden kann. Hingegen existieren für digitale Systeme einfache Synthesemethoden zur Realisierung von Systemen mit vorgeschriebenen Impulsantworten endlicher Dauer (siehe z.B. [15]).

Wir wollen zum Abschluß noch kurz untersuchen, welche Verhältnisse sich ergeben, wenn anstatt des optimalen Suchfilters mit $g(t)$ nach Bild 8.15 die links im Bild 8.16 skizzierte einfache RC-Schaltung verwendet wird.

Mit der Übertragungsfunktion dieser Schaltung

$$G(j\omega) = \frac{1/(RC)}{1/(RC) + j\omega}$$

erhält man (nach Gl. 3.82) die Sprungantwort $h(t) = s(t)(1 - e^{-t/(RC)})$. Nach Gl. 8.39 findet man schließlich die rechts im Bild 8.16 skizzierte Systemreaktion auf den Eingangsimpuls $x(t)$ gemäß Bild 8.14.

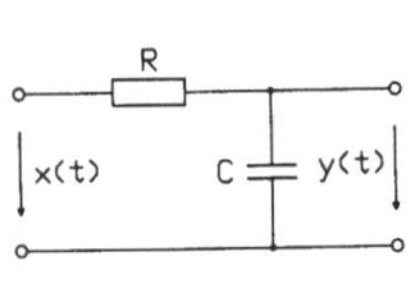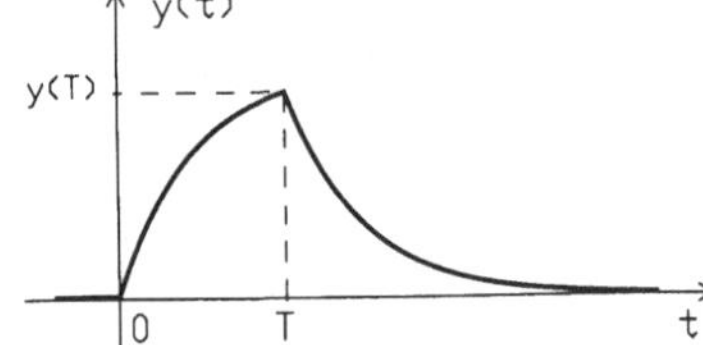

Bild 8.16
RC-Schaltung mit der Reaktion $y(t)$ auf den Rechteckimpuls $x(t)$ nach Bild 8.14

Diese erreicht einen Maximalwert $y(T) = A(1 - e^{-T/(RC)})$, wobei A und T die Höhe und Dauer des Eingangsimpulses $x(t)$ sind.

Im 1. Beispiel des Abschnittes 8.2.3 wurde die Autokorrelationsfunktion des Ausgangssignales der RC-Schaltung bei weißem Rauschen am Eingang berechnet. Von dort übernehmen wir (Gl. 8.9)

$$R_{\tilde{N}\tilde{N}}(\tau) = \frac{a}{2RC} e^{-|\tau|/(RC)}$$

und erhalten die mittlere Rauschleistung $E[\tilde{N}^2(t)] = R_{\tilde{N}\tilde{N}}(0) = a/(2RC)$ am Ausgang der RC-Schaltung. Wir bilden den Quotienten

$$\eta_{RC} = \frac{y^2(T)}{W\,E[\tilde{N}^2(t)]} = \frac{1}{aW} 2RCA^2(1 - e^{-T/(RC)})^2.$$

In dieser Gleichung ist $W = A^2T$ die Energie des Eingangsimpulses $x(t)$. Beim optimalen Suchfilter wird nach Gl. 8.34 der Wert

$$\eta_{opt} = \frac{y^2(t_0)}{W\,E[\tilde{N}^2(t)]} = \frac{1}{a}$$

erreicht. Als Quotienten der beiden "Gütemaße" erhalten wir mit $W = A^2 T$

$$\frac{\eta_{RC}}{\eta_{opt}} = \frac{2RC}{T}(1 - e^{-T/(RC)})^2,$$

dieser Ausdruck erreicht bei $T \approx 1,25RC$ seinen Maximalwert

$$\frac{\eta_{RC}}{\eta_{opt}} \approx 0,815.$$

Im vorliegenden Fall erhält man also durch eine RC-Schaltung mit einer Zeitkonstanten $RC = 0,8T$ über 80% des durch ein optimales Suchfilter erreichbaren Signal-Rauschabstandes.

8.6.3 Hinweise zur Lösung im allgemeinen Fall

Im Abschnitt 8.6.1 wurde vorausgesetzt, daß das den Impuls $x(t)$ überlagernde Rauschsignal weißes Rauschen ist. Wir skizzieren hier nun die Lösung im allgemeinen Fall.

Der Impuls $x(t)$ soll nun von einem Rauschsignal $r(t)$ mit einer Autokorrelationsfunktion $R_{RR}(\tau)$ überlagert sein. Wir fassen dieses Rauschsignal als Ausgangssignal eines Formfilters auf, an dessen Eingang weißes Rauschen $n(t)$ mit der spektralen Leistungsdichte $S_{NN}(\omega) = a$ liegt. Der Begriff des Formfilters wurde im 3. Beispiel vom Abschnitt 8.2.3 eingeführt. Dieses Formfilter mit der Übertragungsfunktion $G_F(j\omega)$ denken wir uns vor unser gesuchtes optimales Suchfilter geschaltet (Bild 8.17). Das weiße Rauschen am Eingang des Gesamtsystems (Bild 8.17) führt zu dem Rauschsignal $r(t)$ mit der von uns gewünschten Autokorrelationsfunktion $R_{RR}(\tau)$. Die (gedachte) Vorschaltung des Formfilters vor das zu entwerfende optimale Suchfilter verlangt einen Impuls $\tilde{x}(t)$ am Eingang des Gesamtsystems. Die Reaktion des Formfilters auf $\tilde{x}(t)$ muß mit dem gegebenen Impuls $x(t)$ übereinstimmen.

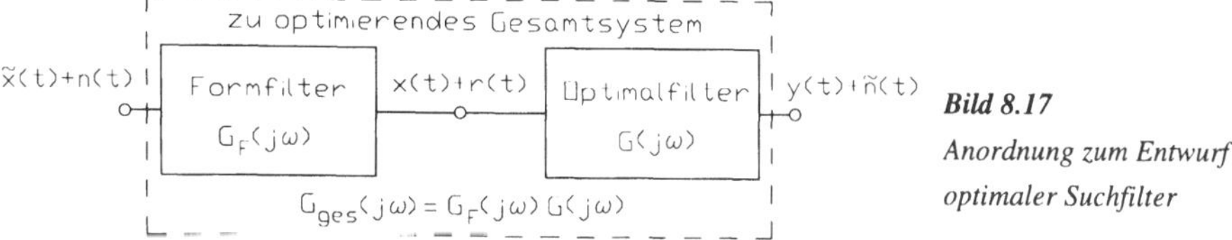

Bild 8.17
Anordnung zum Entwurf optimaler Suchfilter

Insgesamt liegt damit ein Gesamtsystem vor, bei dem ein Signal $\tilde{x}(t)$ von weißem Rauschen überlagert wird. Die Optimierung des Gesamtsystems erfolgt nach der im Abschnitt 8.6.1 beschriebenen Methode. Nach Gl. 8.33 wird

$$G_{ges}(j\omega) = K\tilde{X}^*(j\omega)e^{-j\omega t_0} = G_F(j\omega)G(j\omega). \tag{8.43}$$

Dabei ist $\tilde{X}(j\omega)$ die Fourier-Transformierte von $\tilde{x}(t)$ und $G(j\omega)$ die gesuchte Übertragungsfunktion des optimalen Suchfilters.

Nach Gl. 8.8 erhalten wir den Zusammenhang zwischen den spektralen Leistungsdichten $S_{NN}(\omega) = a$ von $n(t)$ und $S_{RR}(\omega)$ von $r(t)$:

$$S_{RR}(\omega) = a\,|\,G_F(j\omega)|^{\,2} = a\,G_F(j\omega)G_F^*(j\omega). \tag{8.44}$$

Mit der Beziehung $Y(j\omega) = X(j\omega)G(j\omega)$ können wir das Spektrum von $\tilde{x}(t)$ ermitteln. Es gilt

$$X(j\omega) = \tilde{X}(j\omega)G_F(j\omega). \tag{8.45}$$

Dabei ist $\tilde{X}(j\omega)$ die Fourier-Transformierte von $\tilde{x}(t)$ ($x(t)$ ist das Ausgangssignal, $\tilde{x}(t)$ das Eingangssignal des Formfilters). Aus Gl. 8.45 folgt

$$\tilde{X}^*(j\omega) = \frac{X^*(j\omega)}{G^*_F(j\omega)}$$

und wir erhalten aus Gl. 8.43

$$G(j\omega) = \frac{G_{ges}(j\omega)}{G_F(j\omega)} = \frac{K\tilde{X}^*(j\omega)e^{-j\omega t_0}}{G_F(j\omega)} = K\,\frac{X^*(j\omega)e^{-j\omega t_0}}{G_F(j\omega)G^*_F(j\omega)}.$$

Unter Berücksichtigung von Gl. 8.44 erhalten wir schließlich die Übertragungsfunktion des optimalen Suchfilters

$$G(j\omega) = Ka\,\frac{X^*(j\omega)e^{-j\omega t_0}}{S_{RR}(\omega)}. \tag{8.46}$$

Ist das Störsignal $r(t)$ weißes Rauschen, so wird $S_{RR}(\omega) = a$ und wir finden unser früheres Ergebnis nach Gl. 8.33.

Anhang A: Grundbegriffe der Wahrscheinlichkeitsrechnung

In diesem Anhang werden die zum Verständnis des Stoffes in den Abschnitten 7 und 8 notwendigen Ergebnisse aus der Wahrscheinlichkeitsrechnung zusammengestellt. Auf Beweise wird fast völlig verzichtet. Leser, die sich genauer informieren wollen, werden auf die einschlägige Literatur (z.B. [3], [18]) oder auch auf [14] verwiesen.

A.1 Grundbegriffe

Zur Erklärung verwenden wir als Modell das Werfen mit einem (gleichmäßigen) Würfel. Die Durchführung eines Wurfes nennt man ein **Zufallsexperiment**, als Ergebnis treten die **Zufallsereignisse** (hier $x_1 = 1, x_2 = 2, \ldots, x_6 = 6$) auf. Neben diesen **Elementarereignissen** (den Augenzahlen) gibt es noch zusammengesetzte Ereignisse, z.B. das Ereignis "gerade Augenzahl". Dieses liegt dann vor, wenn eines der Elementarereignisse 2, 4 oder 6 aufgetreten ist.

Werden N Zufallsexperimente durchgeführt, und liefern N_i davon das Zufallsereignis x_i, so ist $h_N(x_i)$ die **relative Häufigkeit** von x_i. Als **Wahrscheinlichkeit** kann der Grenzwert

$$P(x_i) = \lim_{N \to \infty} h_N(x_i) = \lim_{N \to \infty} \frac{N_i}{N} \qquad (A.1)$$

angesehen werden. Beim gleichmäßigen Würfel erwartet man, daß eine bestimmte Augenzahl in etwa 1/6 der N Experimente auftritt und die relative Häufigkeit gegen die Wahrscheinlichkeit $P(x_i) = 1/6$ konvergiert. Vom mathematischen Standpunkt ist diese Definition der Wahrscheinlichkeit unbefriedigend, die moderne Wahrscheinlichkeitsrechnung besitzt einen axiomatischen Aufbau.

Aus Gl. A.1 erkennt man, daß die Wahrscheinlichkeiten stets im Bereich $0 \leq P(x_i) \leq 1$ liegen. Im Falle $P(x_i) = 0$ spricht man von dem (praktisch) unmöglichen, im Falle $P(x_i) = 1$ von dem (praktisch) sicheren Ereignis.

Sind x_i und x_j zwei sich gegenseitig ausschließende Ereignisse, so gilt das Additionsgesetz

$$P(x_i \text{ oder } x_j) = P(x_i) + P(x_j). \qquad (A.2)$$

Beispielsweise gilt beim Würfel $P(2 \text{ oder } 5) = P(2) + P(5) = 1/6 + 1/6 = 1/3$. Gl. A.2 läßt sich auf mehr als zwei sich ausschließende Ereignisse erweitern. Gibt es bei einem Zufallsexperiment genau n Elementarereignisse, so ist "x_1 oder x_2 oder ... oder x_n" das sichere Ereignis und nach dem Additionsgesetz wird

$$P(x_1 \text{ oder } x_2 \ldots \text{ oder } x_n) = P(x_1) + P(x_2) + \ldots + P(x_n) = 1.$$

Man erhält die Beziehung

$$\sum_{i=1}^{n} P(x_i) = 1. \tag{A.3}$$

Beim Würfeln mit zwei (unterscheidbaren) Würfeln bedeutet $P(x_i, y_j)$ die Wahrscheinlichkeit, daß der 1. Würfel das Zufallsereignis x_i liefert und der 2. gleichzeitig y_j. Sind die Zufallsereignisse voneinander unabhängig, so gilt das Multiplikationsgesetz

$$P(x_i, y_j) = P(x_i) \cdot P(y_j). \tag{A.4}$$

Beim Würfeln mit zwei Würfeln gilt z.B. $P(1,3) = P(1) \cdot P(3) = 1/6 \cdot 1/6 = 1/36$. Dies ist plausibel, weil es insgesamt 36 verschiedene und gleichwahrscheinliche Würfelergebnisse gibt. Gl. A.4 ist auf mehr als zwei unabhängige Zufallsereignisse erweiterbar.

Treten Zufallsereignisse nicht unabhängig voneinander auf, so gilt die Beziehung

$$P(x_i, y_j) = P(y_j \mid x_i)P(x_i) = P(x_i \mid y_j)P(y_j). \tag{A.5}$$

$P(y_j \mid x_i)$ ist eine bedingte Wahrscheinlichkeit und bedeutet die Wahrscheinlichkeit für das Auftreten von y_j, wenn bekannt ist, daß x_i schon aufgetreten ist.

Für die weiteren Ausführungen benötigen wir den Begriff der **Zufallsvariablen** oder **Zufallsgröße**. Die Elementarereignisse von Zufallsexperimenten können sehr unterschiedlicher Art sein, beispielsweise verschiedene Farben oder verschiedene Formen. Ordnet man diesen Elementarereignissen Zahlen X zu, so spricht man von einer (eindimensionalen) Zufallsgröße X. Beispiel Wurf mit einer Münze: $X = 0$ entspricht Wappen, $X = 1$ entspricht Zahl, Wurf mit einem Würfel: X entspricht der Augenzahl.

Eine zwei- (oder mehr-) dimensionale Zufallsgröße erhält man, wenn jedem Elementarereignis zwei (allg. n) Zahlen X, Y zugeordnet werden. Beispiel Wurf mit zwei Würfeln: X entspricht der Augenzahl des 1., Y der des 2. Würfels.

Eine diskrete Zufallsgröße kann nur endlich viele Werte annehmen, eine stetige Zufallsgröße hingegen (überabzählbar) unendlich viele. Ein Beispiel für eine stetige Zufallsgröße X ist die Körpergröße von Menschen, die ja (innerhalb gewisser Grenzen) jeden beliebigen Wert aufweisen kann.

A.2 Verteilungs- und Dichtefunktionen

A.2.1 Verteilungsfunktionen

Die Funktion

$$F(x) = P(X \leq x) \tag{A.6}$$

heißt Verteilungsfunktion der Zufallsgröße X. Links im Bild A.1 ist die Verteilungsfunktion einer diskreten Zufallsgröße dargestellt, rechts die einer stetigen Zufallsgröße. Bei der Verteilungsfunktion links im Bild A.1 handelt es sich um die eines gleichmäßigen Würfels. Z.B. ist $F(4,5) = P(X \leq 4,5) = 4/6$ die Wahrscheinlichkeit dafür, daß eine Augenzahl $X \leq 4,5$ geworfen wurde. An den Unstetigkeitsstellen nimmt $F(x)$ den rechtsseitigen Wert an (durch Punkte markiert). Verteilungsfunktionen sind stets monoton ansteigende Funktionen mit $F(-\infty) = 0$ und $F(\infty) = 1$. Weiterhin gilt

$$P(a < X \leq b) = F(b) - F(a). \tag{A.7}$$

Wenn wir annehmen, daß die Werte von Widerständen mit dem Nennwert m in einem (Toleranz-) Bereich von $m - \varepsilon$ bis $m + \varepsilon$ auftreten können, so könnte die rechts im Bild A.1 skizzierte Funktion die zugehörende Verteilungsfunktion sein. Mit Hilfe von Gl. A.7 kann man ermitteln, mit welcher Wahrscheinlichkeit Widerstandswerte X in einem vorgegebenen Intervall $a < X \leq b$ liegen. Zumindest theoretisch kann X unendlich viele Werte annehmen, nämlich alle Zahlen aus dem Bereich von $m - \varepsilon$ bis $m + \varepsilon$. Dies bedeutet, daß die Wahrscheinlichkeit für das Auftreten eines bestimmten Wertes von X den Wert Null haben muß.

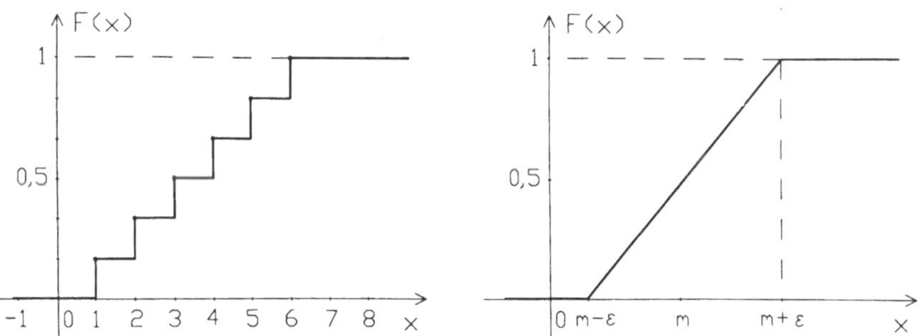

Bild A.1 *Verteilungsfunktion einer diskreten und einer stetigen Zufallsgröße*

Eine zweidimensionale Verteilungsfunktion ist definiert durch

$$F(x, y) = P(X \leq x, Y \leq y). \tag{A 8}$$

Es gilt $F(-\infty, -\infty) = 0$, $F(\infty, \infty) = 1$ und

$$F(x, \infty) = P(X \le x, Y \le \infty) = P(X \le x) = F(x). \tag{A.9}$$

und entsprechend $F(\infty, y) = F(y)$. Gl. A.8 ist sinngemäß auf n-dimensionale Verteilungs-funktionen erweiterbar.

A.2.2 Dichtefunktionen

Die Funktionen

$$p(x) = \frac{d\,F(x)}{dx}, \quad p(x, y) = \frac{d^2 F(x, y)}{dx\,dy} \tag{A.10}$$

nennt man die Dichtefunktionen der ein- bzw. zweidimensionalen Zufallsgrössen. Bild A.2 zeigt die zu den Verteilungsfunktionen nach Bild A.1 gehörenden Dichtefunktionen. Bei der Dichtefunktion der diskreten Zufallsgröße treten infolge der Unstetigkeiten bei $F(x)$ Dirac-Impulse auf. Eine Zufallsgröße mit der Dichtefunktion rechts im Bild A.2 heißt gleichverteilt.

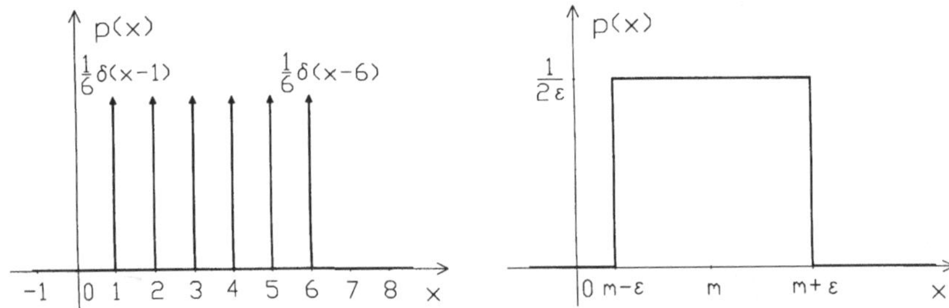

Bild A.2 *Wahrscheinlichkeitsdichtefunktion einer diskreten und einer stetigen Zufallsgröße*

Da die Verteilungsfunktionen (in allen Variablen) monoton ansteigt, gilt

$$p(x) \ge 0, \quad p(x, y) \ge 0. \tag{A.11}$$

Weiterhin gelten folgende Beziehungen

$$P(a < X \le b) = \int_a^b p(x)dx, \quad P(a < X \le b, c < Y \le d) = \int_a^b \int_c^d p(x, y)dx\,dy, \tag{A.12}$$

$$\int_{-\infty}^{\infty} p(x)dx = 1, \quad \int_{-\infty}^{\infty} \int_{-\infty}^{\infty} p(x, y)dx\,dy = 1, \tag{A.13}$$

$$F(x) = \int_{-\infty}^{x} p(u)du, \quad F(x, y) = \int_{-\infty}^{x} \int_{-\infty}^{y} p(u, v)du\,dv. \tag{A.14}$$

Alle Beziehungen sind sinngemäß auch auf mehr als zwei Variable erweiterbar.

A.3 Kenngrößen von Zufallsvariablen

A.3.1 Erwartungswert und Streuung

Als Erwartungs- oder Mittelwert einer Zufallsgröße bezeichnet man den Ausdruck

$$E[X] = \int_{-\infty}^{\infty} x\, p(x)\, dx. \tag{A.15}$$

Die Streuung ist definiert durch

$$\sigma^2 = \int_{-\infty}^{\infty} (x - E[X])^2 p(x)\, dx. \tag{A.16}$$

Zur Berechnung der Streuung verwendet man oft die Beziehung

$$\sigma^2 = E[X^2] - (E[X])^2 \tag{A.17}$$

mit dem 2. Moment

$$E[X^2] = \int_{-\infty}^{\infty} x^2 p(x)\, dx. \tag{A.18}$$

Im Falle diskreter Zufallsgrößen kann der Mittelwert und die Streuung auch durch die Beziehungen

$$E[X] = \sum_{i=1}^{n} x_i P(x_i), \quad \sigma^2 = \sum_{i=1}^{n} (x_i - E[X])^2 P(x_i) \tag{A.19}$$

ermittelt werden.

Die Berechnung von $E[X]$ und σ^2 nach den Gln. A.15, A.16 für die Gleichverteilung ($p(x)$ rechts im Bild A.2) führt zu den Ergebnissen

$$E[X] = m, \quad \sigma^2 = \frac{1}{3}\varepsilon^2. \tag{A.20}$$

Die (positive) Wurzel aus der Streuung nennt man **Standardabweichung**. Die Standardabweichung ist ein Maß für die mittlere Abweichung der Zufallsgröße von ihrem Mittelwert. Im Falle der Gleichverteilung (σ^2 nach Gl. A.20) wird $\sigma = 0,58\varepsilon$. Aus Bild A.2 erkennt man, daß bei der Gleichverteilung die mittlere Abweichung vom Mittelwert eigentlich $0,5\varepsilon$ beträgt. Der etwas größere Wert von σ ist dadurch begründet, daß in Gl. A.16 der Abstand vom Mittelwert $(x - E[X])$ quadriert wird.

In praktischen Fällen ermittelt man den Erwartungswert und die Streuung oft näherungsweise aus Versuchsergebnissen, dann wird bei N Zufallsexperimenten

$$E[X] \approx \frac{1}{N} \sum_{i=1}^{N} x^{(i)}, \quad \sigma^2 \approx \frac{1}{N} \sum_{i=1}^{N} (x^{(i)} - E[X])^2 . \qquad (A.21)$$

$x^{(i)}$ sind dabei die Ergebnisse der einzelnen Versuche. Dies bedeutet, daß $E[X]$ (für große Werte von N) mit dem arithmetischen Mittel der auftretenden Werte $x^{(i)}$ übereinstimmt. σ^2 entspricht (bei großen Werten N) dem arithmetischen Mittel der quadrierten Abweichungen $x^{(i)}$ von ihrem Mittelwert.

A.3.2 Der Korrelationskoeffizient

Wir gehen von einer zweidimensionalen Zufallsgröße mit der Dichtefunktion $p(x,y)$ aus. $E[X]$, σ_X^2, $E[Y]$, σ_Y^2 sind die Erwartungswerte und Streuungen der beiden Zufallsgrößen und

$$E[XY] = \int_{-\infty}^{\infty} \int_{-\infty}^{\infty} x\,y\,p(x,y)\,dx\,dy \qquad (A.22)$$

ist der Erwartungswert des Produktes der beiden Zufallsgrößen X und Y.

Sind X und Y voneinander unabhängig, so ist die zweidimensionale Dichte das Produkt der beiden eindimensionalen

$$p(x,y) = p_X(x) \cdot p_Y(y) \qquad (A.23)$$

und in diesem Fall erhält man aus Gl. A.22

$$E[XY] = E[X] \cdot E[Y]. \qquad (A.24)$$

Der Korrelationskoeffizient zwischen den Zufallsgrößen X und Y ist jetzt folgendermaßen definiert

$$r_{XY} = \frac{E[XY] - E[X]E[Y]}{\sigma_X \sigma_Y} = \frac{E[(X - E[X])(Y - E[Y])]}{\sigma_X \sigma_Y} . \qquad (A.25)$$

Bei unabhängigen Zufallsvariablen gilt Gl. A.24 und wir erhalten $r_{XY} = 0$. Der umgekehrte Schluß ist übrigens nicht immer richtig. Unkorrelierte Zufallsgrößen (d.h. $r_{XY} = 0$) müssen nicht notwendig auch unabhängig sein.

Man kann zeigen, daß der Korrelationskoeffizient im Bereich

$$-1 \leq r_{XY} \leq 1$$

liegt. Die Werte ± 1 treten bei linearer Abhängigkeit $Y = aX + b$ zwischen X und Y auf. Im Fall $a > 0$ wird $r_{XY} = 1$, bei $a < 0$ wird $r_{XY} = -1$.

Der Korrelationskoeffizient ist eine wichtige Kenngröße, die Auskunft über den Grad der Abhängigkeit zweier Zufallsgrößen gibt. Ein positiver Korrelationskoeffizient liegt vor, wenn große Werte von X "häufig" zu großen Werten von Y führen bzw. umgekehrt. r_{XY} wird negativ, wenn große Werte von X "häufig" kleine Werte von Y zur Folge haben.

A.4 Die Normalverteilung

A.4.1 Die eindimensionale Normalverteilung

Sind $m = \mathrm{E}[X]$ und σ^2 der Mittelwert und die Streuung einer Zufallsgröße, so gilt bei der Normalverteilung

$$p(x) = \frac{1}{\sqrt{2\pi}\,\sigma} e^{-(x-m)^2/(2\sigma^2)}. \tag{A.26}$$

Diese Dichtefunktion ist links im Bild A.3 skizziert, im rechten Bildteil ist die Verteilungsfunktion F(x) dargestellt.

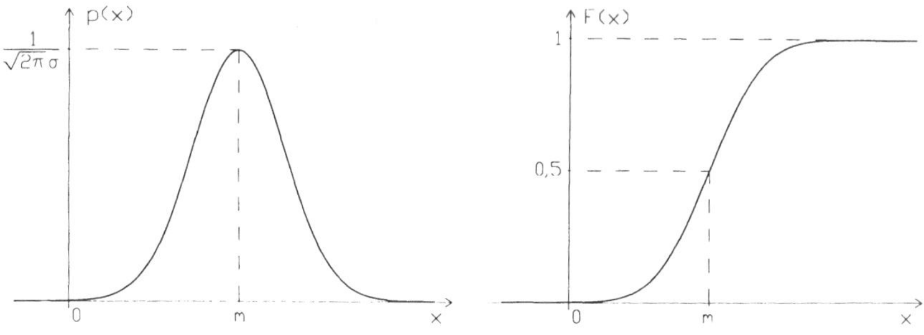

Bild A.3 Dichte- und Verteilungsfunktion bei der Normalverteilung

Ein geschlossener mathematischer Ausdruck für $F(x)$ kann bei der Normalverteilung nicht angegeben werden. Zur Berechnung verwendet man die (tabellierte) Funktion

$$\Phi(x) = \frac{1}{\sqrt{2\pi}} \int_{-\infty}^{x} e^{-t^2/2} dt = 1 - \Phi(-x). \qquad (A.27)$$

Mit Hilfe von $\Phi(x)$ erhält man

$$F(x) = \Phi[(x - m)/\sigma]. \qquad (A.28)$$

Nach Gl. A.7 kann die Wahrscheinlichkeit ermittelt werden, mit der eine Zufallsgröße im Bereich $m - k\sigma < X < m + k\sigma$ liegt. Wir erhalten unter Berücksichtigung der Gln. A.27, A.28

$$P(m - k\sigma < X < m + k\sigma) = F(m + k\sigma) - F(m - k\sigma) = \Phi(k) - \Phi(-k) = 2\Phi(k) - 1.$$

Spezielle Werte:

$P(m - \sigma < X < m + \sigma) = 0,6826:$ "σ-Bereich",

$P(m - 2\sigma < X < m + 2\sigma) = 0,9544:$ "2σ-Bereich",

$P(m - 3\sigma < X < m + 3\sigma) = 0,9972:$ "3σ-Bereich",

$P(m - 4\sigma < X < m + 4\sigma) = 0,9999:$ "4σ-Bereich".

Obschon die Dichtefunktion der Normalverteilung (Gl. A.26) für keinen Wert von x verschwindet, liegt doch fast die gesamte Fläche im 4σ-Bereich. Werte außerhalb dieses Bereiches sind sehr unwahrscheinlich.

A.4.2 Die zwei- und die n-dimensionale Normalverteilung

X_1, X_2 sind zwei normalverteilte Zufallsgrößen mit den Erwartungswerten $m_1 = E[X_1]$, $m_2 = E[X_2]$, den Streuungen σ_1^2 und σ_2^2 und dem Korrelationskoeffizienten $r = r_{12}$. Dann lautet die Dichte der zweidimensionalen Normalverteilung

$$p(x_1, x_2) = \frac{1}{2\pi\sigma_1\sigma_2\sqrt{1 - r^2}} \exp\left\{ \frac{-1}{1 - r^2} \left[\frac{(x_1 - m_1)^2}{2\sigma_1^2} + \frac{(x_2 - m_2)^2}{2\sigma_2^2} - r \frac{(x_1 - m_1)(x_2 - m_2)}{\sigma_1\sigma_2} \right] \right\}. \qquad (A.29)$$

Bei unkorrelierten Zufallsgrößen, d.h. $r = r_{12} = 0$ erhält man aus Gl. A.29

$$p(x_1, x_2) = p(x_1)p(x_2),$$

dies bedeutet, daß unkorrelierte normalverteilte Zufallsgrößen auch unabhängig voneinander sind.

Im n-dimensionalen Fall hat die Dichtefunktion die Form

$$p(x_1, \ldots, x_n) = \frac{1}{(2\pi)^{n/2}\sqrt{det\,\mathbf{M}}} \exp\left\{ \frac{-1}{2\,det\,\mathbf{M}} \sum_{i=1}^{n} \sum_{j=1}^{n} det_{ij}\,\mathbf{M}\,(x_i - m_i)(x_j - m_j) \right\}. \qquad \text{(A.30)}$$

Dabei ist

$$\mathbf{M} = \begin{pmatrix} \sigma_1^2 & \sigma_1\sigma_2 r_{12} & \sigma_1\sigma_3 r_{13} & \ldots & \sigma_1\sigma_n r_{1n} \\ \sigma_2\sigma_1 r_{12} & \sigma_2^2 & \sigma_2\sigma_3 r_{23} & \ldots & \sigma_2\sigma_n r_{2n} \\ & & & & \\ \sigma_n\sigma_1 r_{1n} & \sigma_n\sigma_2 r_{2n} & \sigma_n\sigma_3 r_{3n} & \ldots & \sigma_n^2 \end{pmatrix} \qquad \text{(A.31)}$$

eine symmetrische Matrix $(r_{ij} = r_{ji})$, die die Streuungen der n Zufallsgrößen enthält und alle $\binom{n}{2}$

Korrelationskoeffizienten zwischen jeweils zwei Zufallsgrößen. Im Falle unkorrelierter Zufallsgrößen geht Gl. A.30 in das Produkt der n eindimensionalen Dichtefunktionen über.

A.5 Summen von Zufallsgrößen

Häufig treten Zufallsgrößen auf, die durch eine Funktion aus einer anderen Zufallsgröße berechnet werden. Dies wird durch die Schreibweise $Y = g(X)$ ausgedrückt. Der Erwartungswert von Y kann mit der Beziehung

$$E[Y] = \int_{-\infty}^{\infty} g(x)p(x)dx \qquad \text{(A.32)}$$

berechnet werden. Zur Berechnung von $E[Y]$ ist es also nicht nötig, erst $p(y)$ zu ermitteln.

Ist $Z = g(X_1, X_2, \ldots, X_n)$ eine Funktion von n Zufallsgrößen, so wird z.B. im Fall $n = 2$

$$E[Z] = \int_{-\infty}^{\infty} \int_{-\infty}^{\infty} g(x_1, x_2)p(x_1, x_2)dx_1 dx_2. \qquad \text{(A.33)}$$

Mit $X_1 = X$, $X_2 = Y$ und $Z = g(X, Y) = XY$ liefert Gl. A.33 den Erwartungswert $E[XY]$ nach Gl. A.22.

Der Erwartungswert der Summe $Z = k_1 X_1 + k_2 X_2$ ergibt sich mit Gl. A.33 zu

$$E[Z] = E[k_1 X_1 + k_2 X_2] = k_1 E[X_1] + k_2 E[X_2]. \qquad \text{(A.34)}$$

Mit $Z^2 = (k_1 X_1 + k_2 X_2)^2$ erhält man aus Gl. A.33

$$E[Z^2] = k_1^2 E[X_1^2] + k_2^2 E[X_2^2] + 2k_1 k_2 E[X_1 X_2]$$

und daraus (unter Beachtung der Beziehungen A.17, A.25)

$$\sigma_Z^2 = k_1^2 \sigma_1^2 + k_2^2 \sigma_2^2 + 2k_1 k_2 r_{12} \sigma_1 \sigma_2. \tag{A.35}$$

Im Falle unabhängiger Zufallsgrößen vereinfacht sich Gl. A.35 zu

$$\sigma_Z^2 = k_1^2 \sigma_1^2 + k_2^2 \sigma_2^2. \tag{A.36}$$

Die Beziehungen A.34, A.35 und A.36 können auf Summen mit beliebig vielen Summanden erweitert werden. Die Erwartungswerte, und bei unabhängigen Zufallsgrößen auch die Streuungen, können (unter Berücksichtigung der Gewichtsfaktoren) addiert werden. Im Falle abhängiger Zufallsgrößen treten bei der Streuung zusätzliche Summanden mit den Korrelationskoeffizienten auf.

Man kann zeigen, daß eine Summe von normalverteilten Zufallsgrößen wieder normalverteilt ist. Der zentrale Grenzwertsatz macht darüber hinaus die sehr wichtige Aussage, daß die Summe von n unabhängigen, beliebig verteilten Zuffallsgrößen für $n \to \infty$ normalverteilt ist.

Anhang B: Das Programm SIGNAL

B.1 Allgemeine Hinweise

B.1.1 Vorbemerkungen

Das Programm **SIGNAL** ist als Ergänzung zu diesem Buch erhältlich. Es ist als "Lernprogramm" konzipiert und soll den Leser bei der Durcharbeitung des Buches unterstützen. Durch die Aufrufmöglichkeiten von Hilfetexten erhält der Benutzer Hinweise zur Bedienung des Programmes und auf theoretische Hintergründe.

Das Programm wurde während eines längeren Zeitraumes im Rahmen von Studien- und Diplomarbeiten erstellt. Bei Aufruf des Programmes werden alle an der Programmerstellung beteiligten Studentinnen und Studenten genannt.

Das Programm wird (nach der Installation) durch die Eingabe von "SIGNAL" gestartet und führt zu dem im Bild B.1 dargestellten Hauptmenue.

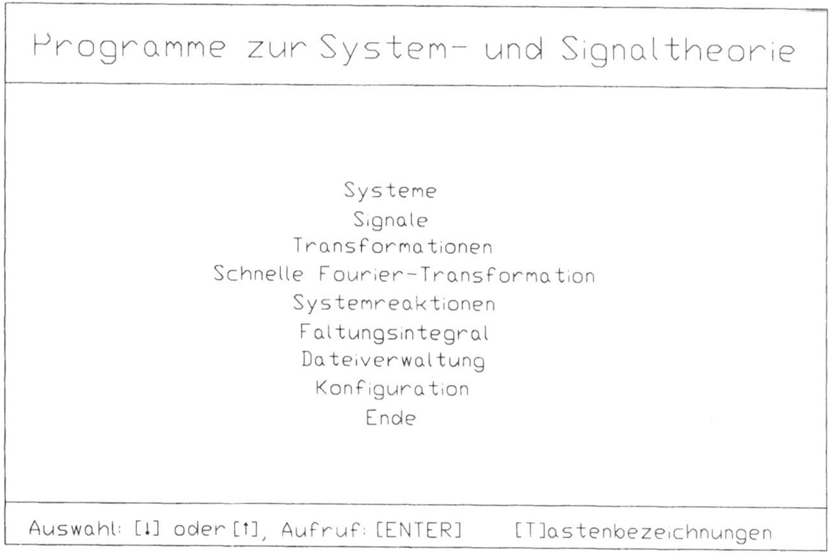

Bild B.1 Haupmenue des Programmes SIGNAL

Durch die Cursortasten ⊡ und ⊡ wird eines der Teilprogramme markiert und dann mit ⊡ (ENTER) gestartet. Die weiteren Schritte erfolgen durch den Anwender interaktiv über Auswahl-Menues. Mit der Taste Ⓔ (Eingabe löschen) kann die Bearbeitung abgebrochen und zum aufrufenden Menue zurückgekehrt werden. Die einzelnen Teilprogramme werden im Abschnitt B.2 kurz beschrieben.

Der Ausdruck von Ergebnissen kann durch die Taste ⌈Druck⌉ erfolgen. Diese Methode ist allerdings nur bei Bildschirmen im "Textmodus" uneingeschränkt anwendbar. Bildschirme im "Graphikmodus", also solche mit der Darstellung von Kurvenverläufen, können auf diese Weise nur ausgedruckt werden, wenn zuvor das DOS-Betriebsprogramm "GRAPHICS" geladen wurde. Weitere Informationen hierzu erhält der Leser in der Installationsanleitung.

B.1.2 Informationen über die Programmgröße und die erforderliche Geräteausstattung

Das Programm besteht aus den Dateien

SIGNAL.EXE   Hauptprogramm (Umfang ca. 200 KByte)

SIGNAL.OVR   Overlay-Datei (Umfang ca. 400 KByte)

SIGNAL.HLP   Hilfetext-Datei (Umfang ca. 20 KByte)

BEDIEN.TXT   Bedienungsanleitung (Umfang ca. 30 KByte)

READ.ME   Datei mit Hinweisen zur Programminstallation (Umfang ca. 6 KByte)

Bei dem ersten Aufruf des Programmes (Eingabe: SIGNAL) wird eine Konfigurationsdatei SIGNAL.CFG angelegt, in der die notwendigen Hardwareinformationen des Rechners abgespeichert werden. Wenn der Benutzer bei der Arbeit mit dem Programm erstmals Daten abspeichert, wird ein Unterverzeichnis DATEN angelegt, in das die Dateien mit den Daten abgelegt werden.

Das Programm erfordert einen Rechner IBM AT oder einen dazu kompatiblen, der mit dem Betriebssystem MS-DOS ab Version 3.0 ausgestattet ist. Im Hauptspeicher wird ein Platz von ca. 350 KByte (RAM) benötigt. Das Programm kann auch mit der Diskette betrieben werden.

Das Programm wurde für VGA-Graphikkarten ausgetestet. Prinzipiell ist es auch auf Rechnern mit den Graphikkarten CGA, MCGA, EGA, IBM 8114, Herkules, AT&T 400 und PC 3270 lauffähig. Die im Rechner installierte Graphikkarte wird automatisch eingestellt. Falls der Rechner über einen mathematischen Coprozessor verfügt, wird dieser automatisch mitbenutzt.

Hinweis:

Wegen der teilweise zeitaufwendigen Rechnungen, besonders bei der Anwendung des Faltungsintegrales, ist der Einsatz eines "schnelleren" Rechners (z.B. 386-Prozessor und mindestens 20 MHz) empfehlenswert. Die umfangreichen Darstellungsmöglichkeiten im Programmteil "Faltungsintegral" werden durch einen Farbmonitor besser unterstützt.

Das Programm wird noch weiter ausgebaut und stets in der aktuellen Version geliefert. Schließlich wird noch auf das ebenfalls zusätzlich erhältliche Programm FILTER (Beschreibung siehe [15]) verwiesen, aus dem Entwurfsdaten von Filterschaltungen in das Programm SIGNAL übernommen werden können.

B.2 Die Beschreibung der Teilprogramme

Programmaufruf: SIGNAL

Im Hauptmenue (siehe Bild B.1) wird anschliesend durch die Cursortasten ⊡, ⊡ ein Programm ausgewählt und mit ⊡ (ENTER) gestartet. Der Programmpunkt "Konfiguration" gestattet die Festlegung einer Druckerschnittstelle, an die der Drucker angeschlossen ist. Weiterhin kann hier festgelegt werden, ob die Programmsteuerung durch eine "Maus" unterstützt werden soll.

Systeme

Das Programm gestattet die Eingabe analoger und digitaler Systeme in folgender Art:
1. Koeffizienten der (gebrochen rationalen) Übertragungsfunktionen bis zum Grad 20.
2. PN-Schemata von $G(s)$ bzw. $G(z)$ bis zum Grad 20.
3. Wahl spezieller Impulsantworten.
4. Bei kontinuierlichen Systemen Eingabemöglichkeiten für ideale Systeme.

Für die Systemkenngrößen (z.B. Dämpfungs- oder Phasenverlauf) sind Darstellungsmöglichkeiten vorgesehen. Die eingegebenen Daten können in einer Datei abgespeichert und wieder eingelesen werden.

Signale

Aus einer Liste (Umfang etwa wie bei den Korrespondenztabellen im Anhang C) können bis zu 10 Teilsignale ausgewählt und zu einem Gesamtsignal addiert werden. Die Signale können auf Wunsch graphisch dargestellt werden.

Transformationen

Wenn zuvor ein Signal eingegeben oder auch berechnet worden ist, können in diesem Programmpunkt die Fourier- und die Laplace-Transformierte, bei zeitdiskreten Signalen die z-Transformierte des Signales formelmäßig angegeben werden. Dies im Einzelfall natürlich nur insoweit, wie diese Transformierten existieren.

Schnelle Fourier-Transformation

Für ein zuvor eingegebenes analoges Signal wird mit dem Algorithmus der schnellen Fourier-Transformation die diskrete Fourier-Transformierte an 1024 Punkten berechnet und dargestellt. Auf Wunsch kann ein weiteres Signal eingegeben und mit dem ersten Signal gefaltet werden. Das Ergebnis der Faltung wird ebenfalls dargestellt.

Systemreaktionen

Wenn zuvor ein System und ein Signal eingegeben worden ist, wird in diesem Programm die Systemreaktion auf dieses Signal berechnet. Bei analogen Signalen kann die Berechnung immer mit dem Faltungsintegral durchgeführt werden. Wenn möglich, sollte aber die viel schnellere Berechnung mit der Laplace-Transformation ausgewählt werden. Dieses Berechnungsmethode liefert neben der graphischen Darstellung auch noch eine Gleichung für die Systemreaktion. Bei zeitdiskreten Systemen stehen entsprechend die Methoden mit der Faltungssumme und der z-Transformation zur Verfügung.

Faltungsintegral

Hierbei handelt es sich um ein Demonstrationsprogramm zur Berechnung von Systemreaktionen mit dem Faltungsintegral. Der Benutzer kann ein Eingangssignal und die Impulsantwort eines Systems festlegen. Danach folgt eine Darstellung von $x(\tau)$ und $g(t-\tau)$. Mit den Cursortasten kann $g(t-\tau)$ "hin und hergeschoben" werden, wobei das Produkt $x(\tau)g(t-\tau)$ angezeigt wird. Die Fläche unter diesem Produkt entspricht der Systemreaktion, sie wird schraffiert dargestellt. Eine Reihe von Optionen gestattet weitere Darstellungsformen. Die Verwendung dieses Programmes erfordert einen etwas "schnelleren" Rechner und nach Möglichkeit einen Farbmonitor.

Dateiverwaltung

In diesem Programm kann der Benutzer zuvor eingegebene Daten und Ergebnisse von Rechnungen abspeichern. Diese Daten können zu einem späteren Zeitpunkt eingelesen und dann weiterverarbeitet werden. Dateien mit Daten aus dem Programm FILTER (siehe [15]) können ebenfalls eingelesen und verarbeitet werden.

Konfiguration

Der Benutzer wird hier über die in seinem Rechner installierte Graphikkarte informiert und er kann die Schnittstelle für den Drucker einstellen. Weiterhin kann er die Maus zur Programm-steuerung installieren.

Anhang C: Korrespondenzen

C.1 Korrespondenzen der Fourier-Transformation

$f(t)$	$F(j\omega)$
$\delta(t)$	1
1	$2\pi\delta(\omega)$
$\cos(\omega_0 t)$	$\pi\delta(\omega-\omega_0)+\pi\delta(\omega+\omega_0)$
$\sin(\omega_0 t)$	$\dfrac{\pi}{j}\delta(\omega-\omega_0)-\dfrac{\pi}{j}\delta(\omega+\omega_0)$
$e^{j\omega_0 t}$	$2\pi\delta(\omega-\omega_0)$
$\operatorname{sgn}t=\begin{cases}-1 \text{ für } t<0\\+1 \text{ für } t>0\end{cases}$	$\dfrac{2}{j\omega}$
$s(t)=\begin{cases}0 \text{ für } t<0\\1 \text{ für } t>0\end{cases}$	$\pi\delta(\omega)+\dfrac{1}{j\omega}$
$s(t)\cos(\omega_0 t)$	$\dfrac{\pi}{2}\delta(\omega-\omega_0)+\dfrac{\pi}{2}\delta(\omega+\omega_0)+\dfrac{j\omega}{\omega_0^2-\omega^2}$
$s(t)\sin(\omega_0 t)$	$\dfrac{\pi}{2j}\delta(\omega-\omega_0)-\dfrac{\pi}{2j}\delta(\omega+\omega_0)+\dfrac{\omega_0}{\omega_0^2-\omega^2}$
$s(t)e^{-at},\,a>0$ bzw. $\operatorname{Re}a>0$	$\dfrac{1}{a+j\omega}$
$s(t)\dfrac{t^n}{n!}e^{-at},\,a>0$ bzw. $\operatorname{Re}a>0\,,n=0,1,2,\ldots$	$\dfrac{1}{(a+j\omega)^{n+1}}$
$s(t)e^{-at}\cos(\omega_0 t),\,a>0$	$\dfrac{a+j\omega}{(a+j\omega)^2+\omega_0^2}$
$s(t)e^{-at}\sin(\omega_0 t),\,a>0$	$\dfrac{\omega_0}{(a+j\omega)^2+\omega_0^2}$
$e^{-a\,\vert t\vert},a>0$	$\dfrac{2a}{a^2+\omega^2}$
$e^{-a\,\vert t\vert}\cos(\omega_0 t),\,a>0$	$\dfrac{2a\,(\omega^2+\omega_0^2+a^2)}{(\omega^2-\omega_0^2)^2+a^2(2\omega^2+2\omega_0^2+a^2)}$
$e^{-at^2},a>0$	$\sqrt{\pi/a}\,e^{-\omega^2/(4a)}$
$f(t)=\begin{cases}1 \text{ für } \vert t\vert<T\\0 \text{ für } \vert t\vert>T\end{cases}$	$\dfrac{2\sin(\omega T)}{\omega}$
$f(t)=\begin{cases}1-\vert t\vert/T \text{ für } \vert t\vert<T\\0 \text{ für } \vert t\vert>T\end{cases}$	$\dfrac{4\sin^2(\omega T/2)}{T\omega^2}$
$\dfrac{\sin(\omega_0 t)}{\pi t}$	$F(j\omega)=\begin{cases}1 \text{ für } \vert\omega\vert<\omega_0\\0 \text{ für } \vert\omega\vert>\omega_0\end{cases}$

C.2 Korrespondenzen der Laplace-Transformation

$f(t)$	$F(s)$, Konvergenzbereich
$\delta(t)$	$1,\quad$ alle s
$s(t) = \begin{cases} 0 \text{ für } t < 0 \\ 1 \text{ für } t > 0 \end{cases}$	$\dfrac{1}{s},\operatorname{Re} s > 0$
$s(t)\cos(\omega_0 t)$	$\dfrac{s}{\omega_0^2 + s^2},\operatorname{Re} s > 0$
$s(t)\sin(\omega_0 t)$	$\dfrac{\omega_0}{\omega_0^2 + s^2},\operatorname{Re} s > 0$
$s(t)e^{-at}$	$\dfrac{1}{a+s},\operatorname{Re} s > -a$ bzw. $\operatorname{Re} s > -\operatorname{Re} a$
$s(t)\dfrac{t^n}{n!}e^{-at},\, n = 0,1,2,\ldots$	$\dfrac{1}{(a+s)^{n+1}},\operatorname{Re} s > -a$ bzw. $\operatorname{Re} s > -\operatorname{Re} a$
$s(t)\dfrac{t^n}{n!},\, n = 0,1,2\ldots$	$\dfrac{1}{s^{n+1}},\operatorname{Re} s > 0$
$s(t)e^{-at}\cos(\omega_0 t)$	$\dfrac{a+s}{(a+s)^2 + \omega_0^2},\operatorname{Re} s > -a$
$s(t)e^{-at}\sin(\omega_0 t)$	$\dfrac{\omega_0}{(a+s)^2 + \omega_0^2},\operatorname{Re} s > -a$
$s(t)t\cos(\omega_0 t)$	$\dfrac{s^2 - \omega_0^2}{(s^2 + \omega_0^2)^2},\operatorname{Re} s > 0$
$s(t)t\sin(\omega_0 t)$	$\dfrac{2s\,\omega_0}{(s^2 + \omega_0^2)^2},\operatorname{Re} s > 0$

C.3 Korrespondenzen der z-Transformation

$f(n)$	$F(z)$, Konvergenzbereich
$\delta(n)$	1, alle z
$\delta(n-i)$, $i = 0, 1, 2, \ldots$	$\dfrac{1}{z^i}$, alle z
$s(n) = \begin{cases} 0 \text{ für } n < 0 \\ 1 \text{ für } n \geq 0 \end{cases}$	$\dfrac{z}{z-1}$, $\lvert z \rvert > 1$
$s(n)\cos(n\omega_0 T)$	$\dfrac{z[z - \cos(\omega_0 T)]}{z^2 - 2z\cos(\omega_0 T) + 1}$, $\lvert z \rvert > 1$
$s(n)\sin(n\omega_0 T)$	$\dfrac{z\sin(\omega_0 T)}{z^2 - 2z\cos(\omega_0 T) + 1}$, $\lvert z \rvert > 1$
$s(n)e^{-anT}\cos(n\omega_0 T)$	$\dfrac{z[z - e^{-aT}\cos(\omega_0 T)]}{z^2 - 2ze^{-aT}\cos(\omega_0 T) + e^{-2aT}}$, $\lvert z \rvert > e^{-aT}$
$s(n)e^{-anT}\sin(n\omega_0 T)$	$\dfrac{ze^{-aT}\sin(\omega_0 T)}{z^2 - 2ze^{-aT}\cos(\omega_0 T) + e^{-2aT}}$, $\lvert z \rvert > e^{-aT}$
$s(n)e^{-anT}$	$\dfrac{z}{z - e^{-aT}}$, $\lvert z \rvert > e^{-aT}$
$s(n)n$	$\dfrac{z}{(z-1)^2}$, $\lvert z \rvert > 1$
$s(n)n e^{-anT}$	$\dfrac{ze^{-aT}}{(z - e^{-aT})^2}$, $\lvert z \rvert > e^{-aT}$
$s(n-1)a^{n-1}$	$\dfrac{1}{z-a}$, $\lvert z \rvert > \lvert a \rvert$, a auch komplex
$s(n-i)\dbinom{n-1}{i-1}a^{n-i}$, $i = 1, 2, \ldots$	$\dfrac{1}{(z-a)^i}$, $\lvert z \rvert > \lvert a \rvert$, a auch komplex

Literaturverzeichnis

[1]   Ameling, W.: Laplace-Transformation. Vieweg-Verlag, Wiesbaden 1984

[2]   Beneking, H.: Praxis des elektronischen Rauschens. Bibliograph. Institut, Mannheim 1971

[3]   Beyer, O., Hackel, H. u.a.: Wahrscheinlichkeitsrechnung und mathematische Statistik. Verlag Harri Deutsch, Frankfurt 1980

[4]   Brigham, E. O.: FFT, Schnelle Fourier-Transformation. Oldenbourg-Verlag, München 1992

[5]   Fischer, F. A.: Einführung in die statistische Übertragungstheorie. Bibliograph. Institut, Mannheim 1969

[6]   Fliege, N.: Systemtheorie. Teubner-Verlag, Stuttgart 1991

[7]   Föllinger, O.: Laplace- und Fourier-Transformation. Hüthig-Verlag, Heidelberg 1993

[8]   Fritzsche, G.: Theoretische Grundlagen der Nachrichtentechnik. Verlag Technik, Berlin 1972

[9]   Kreß, D., Irmer, R.: Angewandte Systemtheorie. Oldenbourg-Verlag, München 1990

[10]   Küpfmüller, K.: Die Systemtheorie der Elektrischen Nachrichtenübertragung. Hirzel-Verlag, Stuttgart 1974

[11]   Lighthill, M. J.: Einführung in die Theorie der Fourier-Analysis und der Verallgemeinerten Funktionen. Bibliogr. Institut, Mannheim 1966

[12]   Lüke, H. D.: Signalübertragung. Springer-Verlag, Berlin 1992

[13]   Marko, H.: Methoden der Systemtheorie. Springer-Verlag, Berlin 1986

[14]   Mildenberger, O.: Grundlagen der Statistischen Systemtheorie. Verlag Harri Deutsch, Frankfurt 1986

[15]   Mildenberger, O.: Entwurf analoger und digitaler Filter. Vieweg-Verlag, Wiesbaden 1991

[16]   Mildenberger, O.: Aufgabensammlung System- und Signaltheorie. Vieweg-Verlag, Wiesbaden 1994

[17]   Papoulis, A.: Probability, Random Variables, and Stochastic Processes. Mc Graw Hill, New York 1965

[18]   Rény, A.: Wahrscheinlichkeitsrechnung. Deutscher Verlag der Wissenschaften, Berlin 1971

[19] Schneeweiss, W. G.: Zufallsprozesse in dynamischen Systemen. Springer-Verlag, Berlin 1974

[20] Schüßler, H. W.: Digitale Systeme zur Signalverarbeitung. Springer-Verlag, Berlin 1988 (2. Aufl., Bd. 1 1988)

[21] Stearns, S. D.: Digitale Verarbeitung analoger Signale. Oldenbourg-Verlag, München 1991

[22] Unbehauen, R.: Systemtheorie. Oldenbourg-Verlag, München 1993

[23] Vielhauer, P.: Passive lineare Netzwerke. Hüthig-Verlag, Heidelberg 1974

[24] Wupper, H.: Einführung in die digitale Signalverarbeitung. Hüthig-Verlag, Heidelberg 1989

Sachregister